V&R

Holger Lindemann / Falko von Ameln / Nikola Siller

Systemisch-lösungsorientierte Gesprächsführung für Führungskräfte

Ein Lehr-, Lern- und Arbeitsbuch für Personen in leitender Position

Vandenhoeck & Ruprecht

Mit 35 Abbildungen und 16 Tabellen

Bibliografische Information der Deutschen Nationalbibliothek:
Die Deutsche Nationalbibliothek verzeichnet diese Publikation in der Deutschen Nationalbibliografie; detaillierte bibliografische Daten sind im Internet über https://dnb.de abrufbar.

Umschlagabbildung: Daniel Bauer, nach einem Motiv von Dmitry Yurchenko
Abbildungen, wenn nicht anders gekennzeichnet: Holger Lindemann
Symbole zu den Kernaufgaben der Gesprächsführung: Daniel Bauer

Gestaltung, Satz, Litho: SchwabScantechnik, Götingen
Druck und Bindung: ⊕ Hubert & Co. BuchPartner, Göttingen
Printed in the EU

Vandenhoeck & Ruprecht Verlage | www.vandenhoeck-ruprecht-verlage.com

ISBN 978-3-525-40784-4

Inhalt

1 Einleitung

Gespräche zu führen, gehört zu Ihren täglichen Aufgaben als Führungskraft. Die Entwicklung einer passenden Kommunikations- und Gesprächskultur ist maßgeblich für die Zufriedenheit und das Commitment der Mitarbeitenden und damit für den Erfolg der Unternehmung. Sie können Ihre Position als Führungskraft gezielt nutzen, um förderliche Kommunikationsmuster und effektive Zusammenarbeit anzuregen.

Anlässe für eine professionelle Gesprächsführung begegnen Ihnen tagtäglich: Sie sprechen mit dem Vorstand, legen strategische Ziele mit der Geschäftsführung fest, koordinieren die nächste Projektphase mit Ihrer Co-Leitung. Sie setzen sich für die Weiterbildung Ihres Teams beim Träger ein, müssen die IT-Leitung von der Implementierung eines neuen Systems überzeugen und wollen Netzwerkpartnerinnen für große gemeinsame Ziele gewinnen. Sie führen Entwicklungsgespräche mit Kolleginnen und Kollegen, sprechen sich mit der Personalentwicklung und dem Recruiting über das Onboarding-Verfahren ab, coachen Mitarbeitende, die sich in ihrer neuen Rolle noch unsicher fühlen. Sie führen Gespräche, um die Zusammenarbeit zwischen den Abteilungsleitungen und den Bereichsleitungen zu verbessern und einen kooperativen Austausch mit dem Betriebsrat zu pflegen. Die wichtigste Kompetenz für den Erfolg Ihres Unternehmens ist Ihre Bereitschaft und Ihre Fähigkeit, unterschiedliche Gespräche anlass- und zielbezogen zu führen und Kommunikationsprozesse nachvollziehbar zu gestalten.

So unterschiedlich die Gesprächsanlässe und -situationen sind, so unterschiedlich sind sie in ihrer Zielsetzung und ihrem Aufbau: Ressourcenplanung, Maßnahmenplanung, Leistungsrückmeldung (Feedback), Äußern von Kritik, Konfliktklärungsgespräch, Streitschlichtung, Kundengespräche, Akquisegespräche, Beschwerdegespräche, Teambesprechung, das Daily Meeting, Vorstandssitzung, Kooperationsgespräche, Leistungsverhandlung, kollegiale Beratung, Fachkonferenzen, Personalgespräch, Fachberatung, Vertragsverhandlungen, Moderation von Workshops und Mitgliederversammlungen.

Jedes Format und jede Gesprächsrunde bringt andere Fallstricke und Besonderheiten mit sich. Daher ist es für alle Beteiligten sinnvoll und hilfreich, über eine Basisqualifikation zum Führen von Gesprächen zu verfügen. Eine systemisch-lösungsorientierte Gesprächsführung stellt hierbei nur eine mögliche Haltung und Vorgehensweise dar, die im Kontext von Beratung, Coaching, Therapie und Supervision entwickelt wurde und nachfolgend in zahlreichen Arbeitsfeldern, von der Pädagogik bis zur Organisationsentwicklung und Führung, Eingang gefunden hat.

Im Unterschied zu externen Beraterinnen, Trainern oder Moderatorinnen können Sie viele Gespräche jedoch nicht ergebnisoffen und neutral moderieren, sondern haben als Führungskraft die Ziele und Interessen der Organisation zu vertreten. Sie müssen die internen und externen Stakeholder im Blick behalten und verfolgen zugleich eigene Ziele und Interessen. Auch Ihre persönlichen Haltungen, Lebensumstände und inneren Bilder von guter Führung haben einen Einfluss auf die Gesprächsgestaltung. Systemisch-lösungsorientiertes Denken sowie die damit verbundenen Haltungen und Vorgehensweisen bieten eine gute Basis, von der ausgehend Sie Ihre Führungsaufgaben ausüben können. Gegebenenfalls ist es als Führungskraft aber auch notwendig oder sinnvoll, eine andere Haltung einzunehmen oder alternative Vorgehensweisen und Strategien zu nutzen.

In diesem Buch finden Sie keine umfassende Darstellung aller möglichen Gesprächsführungstechniken, die für Führungskräfte nutzbringend sein können, sondern eine Beschreibung der Möglichkeiten, wie Sie systemisch-lösungsorientiert an Gespräche im Rahmen Ihrer Führungsaufgaben herangehen können.

Gesprächsführung bedeutet weitaus mehr als das Erlernen von Techniken und Methoden. Ein umfassendes Verständnis des Systems, seiner Bestandteile und Dynamiken ist ebenso notwendig wie die Sicherstellung von Rahmenbedingungen, Zeit und finanziellen Ressourcen, um den Gesprächen einen angemessenen Stellenwert geben zu können.

Eine leider allzu häufige Erfahrung besteht darin, dass Gespräche nicht vorbereitet und strukturiert geführt werden. Stattdessen scheinen sie zu »geschehen«, »über einen hereinzubrechen« oder »an einem vorbeizurauschen«. Oft ist noch nicht einmal klar, wer für die Führung – oder Leitung – des Gesprächs verantwortlich ist. Dieses Buch will in all diesen Punkten Abhilfe schaffen. Das Buch bietet einen Einblick in die Grundlagen und die Anwendung systemisch-lösungsorientierter Ansätze für das Feld der Führung. Es erklärt sehr praxisnah die Bausteine, Ablaufschemata und zentralen Techniken der Gesprächsführung, die Sie als Führungskraft benötigen.

Der Fokus liegt hierbei ausdrücklich auf der Gesprächsführung. Hierbei beziehen wir uns sowohl auf traditionell-hierarchische Organisations- und Führungsformen als auch auf Formen von New Work, agilem Arbeiten, Liberating Structures und dergleichen mehr. Bezogen auf die hier dargestellten Formen und Verläufe der Gesprächsführung kann, je nach organisationalem Kultur- und Führungsverständnis, entschieden werden, welche Techniken und Bausteine der Gesprächsführung anschlussfähig sind.

Um situationsgerecht und kontextangemessen agieren zu können, müssen die Techniken, Bausteine und Ablaufschema flexibel angewendet werden. Diese Flexibilität ergibt sich aber erst mit zunehmender Erfahrung. Das Buch bietet eine gute Grundlage für das Selbststudium sowie für alle Formen von Aus-, Fort- und Weiterbildungen zur Gesprächsführung.

Wir werden an dieser Stelle aber weder verschiedene Führungstheorien darstellen noch Unterschiede und Gemeinsamkeiten von systemischem Denken und neuen Formen der Organisation und Führung thematisieren. Wer sich ausführlicher zu Organisations- und Führungstheorie, demokratischen Unternehmensstrukturen, lernenden

Organisationen, New Work, Shared, Lateral und Servant Leadership, Agile Coaching, Kanban, Kaizen, Scrum, Liberating Structures etc. informieren möchte, sollte auf zusätzliche Literatur zurückgreifen.

Das Angebot an Modellen und Bezeichnungen in den Bereichen Führung, Organisation, Projektmanagement, Organisationsentwicklung und Change Management ist sehr vielfältig und unterliegt teilweise relativ schnelllebigen Modeströmungen. Dahinter lassen sich wiederkehrende Muster der Steuerung, Regulierung und Deregulierung erkennen, die auf zentrale, nicht generell lösbare Fragen von Organisation und Führung verweisen (Groth, Krejci u. Günther, 2021, S. 12 ff.). In ihren Bestrebungen um Agilität, Sinn, Purpose und Eigeninitiative scheint für Organisationen eher der gemeinsame Reflexions- und Veränderungsprozess bedeutsam zu sein und weniger das im Einzelfall genutzte Modell (S. 322–333).

Bei vielen Strömungen in den Bereichen Führung und Organisation lohnt es sich, auf dahinterliegende Strukturen zu schauen. Einige »alte Modelle«, etwa der »situativen Führung«, »guten Arbeit« oder der »Humanisierung von Arbeit«, finden sich hier – unter Verwendung anderer Begriffe und unter Einsatz zahlreicher Anglizismen – in ihren Grundzügen wieder. Unabhängig von den Kontexten, in denen Führungskräfte tätig sind, sind wir der Meinung, dass sich Aspekte systemischer Gesprächsführung für alle Kontexte von Führung und Organisation eignen und dass ihre theoretischen und methodischen Grundlagen langfristig von Nutzen sind.

Gleichwohl ist systemisch-lösungsorientierte Gesprächsführung kein Patentrezept, das alle Schwierigkeiten und Dilemmata der Führungsrolle zum Verschwinden bringt. Systemisch-lösungsorientierte Gesprächsführung ist moderierend und bemüht sich um einen Austausch, der die Kooperationsbereitschaft der Beteiligten voraussetzt. Wo diese Bereitschaft nicht vorhanden oder verloren gegangen ist, wo andere Kommunikationsformen vorherrschen oder aus strategischen Gründen andere Vorgehensweisen gewählt werden, stößt sie aber auch an Grenzen. Führung hat zwar die Aufgabe, eine gute Kultur der Zusammenarbeit zu etablieren und die Motivation der Mitarbeitenden zu unterstützen – im Zweifel muss Führung aber auch die Interessen der Organisation gegenüber Interessen von einzelnen Mitarbeitenden zur Geltung bringen. Wir werden daher im Verlauf dieses Buches die Chancen, aber auch die Grenzen systemisch-lösungsorientierter Vorgehensweisen reflektieren.

1.1 Der Aufbau des Buches

Das Buch ist als Lehrbuch für die Gesprächsführung aufgebaut:

Kapitel 2: Führung und systemisches Denken
Kapitel 3: Die Basistechniken
Kapitel 4: Bausteine der Gesprächsführung

Kapitel 5: Formate und Verläufe von Gesprächen
Kapitel 6: Umgang mit herausfordernden Situationen

In diesem Buch finden Sie einzelne Übungen, mit deren Hilfe Sie die vorgestellte Grundhaltung und die Basistechniken erproben und reflektieren können. Diese bilden das Handwerkszeug der Gesprächsführung. Viele Übungen können allein durchgeführt und anschließend in einer Gruppe reflektiert werden, einige setzen die Zusammenarbeit in einer Gruppe voraus. Die Übungen sind folgendermaßen gekennzeichnet:

Übung:
Selbstreflexion und Erprobung der vorgestellten Gesprächsführungstechniken
Zu allen Übungen stehen Ihnen in den ergänzenden Online-Materialien auf der Website des Verlages Übungsblätter zur Verfügung. Die Zugangsdaten finden Sie am Ende des Buches.

Im gesamten Buch, vor allem aber in → **Kapitel 4 »Bausteine der Gesprächsführung«**, finden Sie zahlreiche Hinweise zur praktischen Umsetzung der vorgestellten Basistechniken in Ihrer Gesprächsführung. »Praxistipps« helfen, die Methoden und Schritte der Gesprächsführung zielsicher anzuwenden und Anfangsfehler und Unsicherheiten zu umgehen.

Praxistipp:
Was sollte ich in der Gesprächsführung beachten?

Ein weiterer Punkt, der in diesem Buch genauer beleuchtet wird, ist die Frage nach Zielen und ihrer Klärung. Welche Aspekte von Zielen in bestimmten Bausteinen des Gesprächs von Bedeutung sind, wird daher besonders hervorgehoben:

Zielperspektive:
Welche Zielaspekte können in diesem Baustein geklärt werden?

An einigen Stellen finden Sie kritische Anmerkungen zu den vorgestellten Methoden und Vorgehensweisen sowie Hinweise darauf, wie Sie diesen begegnen können. Sie dienen auch als Reflexionsanlass und sollen verdeutlichen, dass das kritische Hinterfragen der Vorgehensweisen – auch durch Gesprächsteilnehmerinnen und -teilnehmer – nichts Ungewöhnliches oder Gefährliches ist. Vielmehr geht es darum, hierzu eine eigene Haltung zu entwickeln und zu wissen, wie diese erläutert werden kann.

Kritik:
Welche kritischen Anmerkungen gibt es zu dem dargestellten Vorgehen, und was kann dieser Kritik entgegnet werden?

Speziellen Fragen zur Gesprächsführung nach dem Muster »Was mache ich, wenn …?« widmet sich → **Kapitel 6**. Hier sind Fragen und Antworten zu speziellen Gesprächssituationen zusammengestellt.

1.2 Die Entstehung des Buches

Die hier vorgestellten Bausteine, Ablaufschemata und die dazugehörigen Übungen entstanden in zahlreichen Coachings, Organisationsentwicklungsprozessen, Seminaren, Workshops und Fortbildungen. Zu den Teilnehmenden zählten Führungskräfte aus Wirtschaft, Politik, Behörden und sozialen Einrichtungen, Lehrkräfte, Sozialpädagoginnen und Sozialpädagogen, Psychologinnen und Psychologen sowie Studierende unterschiedlicher Fachrichtungen.

In unsere Arbeit haben wir Elemente der verschiedensten Kommunikationstheorien und Gesprächsführungsmodelle integriert:

- lösungsorientierte Beratung,
- systemische Fragetechniken,
- Gewaltfreie Kommunikation,
- Ablaufmodelle der Beratung und Mediation.

Deren Inhalte haben wir auf das Wesentliche reduziert, um einen möglichst klaren und effizienten Einstieg in die Gesprächsführung zu ermöglichen. Die dargestellten Formen der Gesprächsführung lassen sich methodisch noch stark erweitern.

Die Basistechniken und Bausteine bieten ein generalisiertes Modell der Gesprächsführung, das für alle genannten Personengruppen gleichermaßen die Grundlage ihrer Schulungen bildete. In diesem Buch werden sie in Bezug auf Führungskräfte dargestellt und erläutert. In weiteren Bänden der Reihe »Systemisch-lösungsorientierte Gesprächsführung« werden sie auf weitere Handlungsfelder und Formen des Gesprächs übertragen und stehen dann als spezifische Anleitung für die verschiedensten Personengruppen und Anwendungsbereiche zur Verfügung.

1.3 Die Zielgruppe des Buches

Dieses Buch haben wir für Personen geschrieben, die Verantwortung für den Fortbestand und die Entwicklung ihrer Organisation und die darin agierenden Mitarbeitenden sowie für die Gestaltung von Rahmenbedingungen und Prozessen tragen. Es kann von Führungskräften aller Ebenen, Bereiche und Branchen genutzt werden. Hierzu gehören Geschäftsführung, Management, Vorgesetzte, fachliche Führungskräfte, Projektleitungen sowie Personen mit zeitlich begrenzter und projektbezogener Führungsverantwortung, die im Unternehmen beispielweise als Scrum Master oder

Agile Coaches tätig sind. Es eignet sich insbesondere für Menschen, die ein partizipatives, kooperatives Führungsverständnis vertreten und innerhalb ihrer Organisation Verantwortung dafür übernehmen möchten, die Mitarbeitenden an den organisationalen Prozessen zu beteiligen.

Wir wünschen den Leserinnen und Lesern viele spannende Erkenntnisse, Spaß am Ausprobieren und Experimentieren und den Mut, die Führung von Gesprächen zu übernehmen.

Holger Lindemann, Falko von Ameln und Nikola Siller

2 Führung und systemisches Denken

Bevor wir die Basistechniken der Gesprächsführung vorstellen und im Einzelnen auf die Bausteine und Formate der Gesprächsgestaltung eingehen, stellen wir in diesem Kapitel die Relevanz von Gesprächsführung heraus sowie die systemisch-lösungsorientierte Grundhaltung als Fundament konstruktiver Gesprächsgestaltung dar. Dazu definieren wir zunächst, was mit Gesprächsführung, der systemischen Perspektive und mit Lösungsorientierung im Kontext von Führung gemeint ist.

2.1 Was ist Gesprächsführung?

Gesprächsführung ist das zentrale Steuerungsinstrument von Führung. Es bedeutet, dass Gespräche strategisch geplant, vorbereitet und bewusst nach einem zielführenden Schema durchgeführt werden. Dabei helfen Modelle, Ablaufschemata und Gesprächsführungstechniken. Eine wichtige Grundlage der Gesprächsführung ist die Haltung, die Sie im Gespräch gegenüber den Beteiligten einnehmen und mit der Sie auf der Beziehungsebene Aussagen treffen. Hier gibt es eine weite Spanne von manipulativer Rhetorik bis zu dem Bestreben, eine Beteiligung auf Augenhöhe zu erreichen oder zumindest transparent auf die Möglichkeiten und Grenzen der Mitwirkung hinzuweisen.

Mit dem Stellenwert, den Sie als Führungskraft Gesprächen in Ihrer Organisation geben, stellen Sie entscheidende Weichen für das soziale Miteinander und der funktionalen Zusammenarbeit in Abteilungen, Arbeitsgruppen, Teams und im gesamten Unternehmen. Mit gut durchdachten Abläufen und einem entsprechenden Zeitmanagement können Sie Sitzungen und Prozesse optimieren. Das sorgt für mehr Zufriedenheit und Effektivität. Über die Art und Weise, wie Sie Gespräche gestalten, können Sie zudem Ihre Haltung und Wertschätzung gegenüber den Mitarbeiterinnen und Mitarbeitern ausdrücken und zu einer entsprechenden Unternehmenskultur beitragen.

Im Unterschied zum ungeplanten und sich ereignenden Gespräch zeichnet sich die Gesprächsführung durch eine bewusste Strukturierung und Lenkung aus. Das bewusst herbeigeführte Gespräch wird zu einem bestimmten Zweck arrangiert und ist durch seine Zielorientierung definiert. Ziele von Gesprächen können z. B. sein: Austausch von Sichtweisen, gegenseitige Information, bessere Kooperation im Team, Ziel- und Handlungsplanung, Zeigen von Anerkennung und Wertschätzung oder Personalentwicklung.

Die Moderation – also die Konzentration auf die Gestaltung des Gesprächsverlaufs – ist das zentrale Steuerungsinstrument in der Gesprächsführung. Sofern es nicht anders vereinbart ist, hat die Führungskraft den Auftrag der Moderation und damit die Gestaltungsmacht in der Hand. Das Design des Gesprächs – also die Art und Weise der Gestaltung – hängt vom Nutzen und der Funktion des Gesprächs ab. Das Gespräch kann dazu dienen, einen partizipativen Einigungsprozess zu gestalten, in dem sich die Beteiligten auf Augenhöhe begegnen. Es kann aber auch dazu dienen, Informationen zu vermitteln oder Anweisungen zu erteilen. Bevor Sie ein Gespräch konkret planen und entsprechende Bausteine der Gesprächsführung wählen, sollten Funktion und Nutzen des Gesprächs sowie Ihre eigene Rolle in dem Gespräch geklärt sein.

- Wozu dient das Gespräch oder das Meeting?
- Welche Themen und Inhalte sollen besprochen werden?
- Sind allen Beteiligten die Inhalte und der Zweck des Gesprächs bewusst?

Führen – auch das Führen von Gesprächen – ergibt nur dann einen Sinn, wenn alle Beteiligten wissen, weshalb und wozu sie zusammengekommen sind, kurz: was der Gesprächsanlass ist und worin die Gesprächsziele bestehen. Das heißt nicht, dass sich im Gespräch nichts Neues oder Ungeplantes entwickeln kann. Das Klären des Gesprächsrahmens ist vergleichbar mit einer geplanten und geführten Wanderung. Wenn Sie Ihr Ziel und die ungefähre Route kennen, können Sie die geeignete Karte herunterladen, Ihren Rucksack angemessen packen, das richtige Schuhwerk anziehen und die Teilnehmenden auf Herausforderungen und Sehenswürdigkeiten aufmerksam machen. Dennoch sollten Sie auf unerwartete Begegnungen und Ereignisse vorbereitet sein, die etwa in inspirierenden Momenten oder auch in einem plötzlichen Wolkenbruch bestehen können.

Gesprächsführung durch Führungskräfte

Den Begriff der »Führung« benutzen wir in diesem Buch ausschließlich für das Führen von Menschen im organisationalen oder unternehmerischen Kontext. Das Gestalten von Prozessen und Abläufen sowie die Schaffung von Strukturen definieren wir als »Management«. Management ist eine zentrale Aufgabe von Führungskräften, die direkte, kommunikative Führung verlangt jedoch andere Kompetenzen. Zusammengenommen kennzeichnet Führung die strategisch ausgerichtete Koordination von Aufgaben und die zielbezogene Einflussnahme auf Menschen und Menschengruppen aus einer bestimmten Position und Rolle heraus.

Führung bedeutet, sich für das Herbeiführen von Entscheidungen sowie das Festlegen und Verfolgen von Zielen zuständig zu zeigen und Verantwortung für Prozesse und Ergebnisse zu übernehmen. Diese Funktion kann prinzipiell jede Person in einer Organisation oder Gruppe übernehmen. Sie kann hierbei entweder ein explizites Mandat als Führungskraft innehaben oder auch implizit, inoffiziell und ohne Mandat Führung übernehmen.

Als Führungskraft bewegen Sie sich bei der Gesprächsführung qua Ihrer besonderen Rolle in einem Spannungsfeld. Je nach Organisation sind Sie den Gesprächsbeteiligten hierarchisch übergeordnet und weisungsbefugt oder aufgrund anderer Strukturen, beispielsweise bei geteilter Führung, nur in Teilbereichen in einer leitenden Verantwortung. Ihre herausgehobene und mit Machtbefugnissen ausgestattete Position hat Auswirkungen auf den Verlauf des Gesprächs sowie auf die Offenheit der Beteiligten. Dies gilt umso mehr, je üblicher es ist, zugleich vertraute Gespräche mit den Mitarbeitenden oder Kolleginnen und Kollegen zu führen, in denen Sie Persönliches erfahren und auch die Beziehungen zwischen den Mitgliedern der Organisation und des Teams thematisiert werden. Gesprächsführung ist oft eine Gratwanderung, bei der Sie zwischen Nähe und Distanz balancieren müssen, um eine ausgewogene Position zu finden und beizubehalten. Ein stetige Selbst- und Rollenklärung ist für die eigene Psychohygiene von Führungskräften ratsam.

Sie haben als Führungskraft in einem Gespräch viele unterschiedliche Rollen und Aufgaben inne. Auch wenn Sie einen kooperativen Führungsstil pflegen, werden Sie von den Kolleginnen und Kollegen als Vertreterin oder Vertreter der Interessen von Unternehmensführung und externen Stakeholdern betrachtet. Sie sollten sich dieses Machtunterschieds bewusst sein und Ihre Rolle dahingehend aufmerksam reflektieren. Besondere Aufmerksamkeit verdient die Selbst- und Rollenklärung, wenn Sie in Organisationen mit verteilten Führungsstrukturen tätig sind und Übergänge von Führungsverantwortung gestaltet werden müssen.

In Ihrem kommunikativen Auftreten gibt es – unabhängig vom organisationalen Führungsverständnis – vier Kompetenzbereiche, die Sie im Gespräch zeigen und einsetzen können. Die Kompetenzen setzen sich aus Wissen und Können zusammen und entwickeln sich mit Ihren Erfahrungen weiter. Diese vier Bereiche aufeinander abzustimmen, Schwerpunkte zu setzen und eine gute Balance zwischen ihnen zu erreichen, ist eine wichtige Herausforderung für Führungskräfte.

1. Fachkompetenz

Unter Fachkompetenz verstehen wir zunächst im weitesten Sinne branchenbezogenes Wissen und Können. Dies kann alles Mögliche umfassen, wie Maschinenbau, Finanzwesen, Erziehung, Kirchenrecht, Umweltschutz oder Straßenreinigung. Aber auch Wissen um Handwerkszeug, wie Computerprogramme und Büroausstattung oder um Antragstellung oder Steuerabgaben gehören hierzu.

- Was ist meine fachliche Expertise?
- Welche Fachkenntnis habe ich bezogen auf die Branche, wie z. B. Maschinenbau, Marketing, Pflegestufen, Logistik?
- Welche allgemeine und spezifische Feldkenntnis habe ich bezogen auf den relevanten Markt und die Stakeholder?
- Welches Wissen habe ich über die politischen, ökonomischen, sozialen und ökologischen Rahmenbedingungen?

- Was weiß ich über Kultur und Religion des Produktionslandes oder die Herkunft der Mitarbeitenden?
- Wie informiert bin ich über Erfahrungen von Diskriminierung am Arbeitsplatz? Wie ist meine Kenntnis über Gesetze, Vorgaben und Verfahren zur Minimierung von Diskriminierung, wie z. B. das allgemeine Gleichbehandlungsgesetz oder die Charta der Vielfalt?
- Welche Kenntnis habe ich von internen Regelungen und Verfahren in meinem Unternehmen, meiner Abteilung, meinem Team, z. B. dem Beschwerdemanagement?

2. Prozesskompetenz

Unter Prozesskompetenz verstehen wir das Wissen und Können bezogen auf die Gestaltung von Abläufen. In der Organisationsentwicklung spricht man auch von Architektur und Design (Königswieser u. Exner, 2002). Von der Gestaltung eines Meetings bis zum Entwurf eines Besprechungssystems oder Change-Prozesses lässt sich vieles unter diesen Kompetenzbereich fassen. Sofern die entsprechende Fachkompetenz durch andere Personen eingebracht wird, kann sich Führung stärker auf die Prozessgestaltung konzentrieren.

- Was ist meine Prozess-Expertise?
- Welche Kompetenzen habe ich in der Gestaltung von Veränderungs- und Organisationsentwicklungsprozessen?
- Welche Modelle der Projektgestaltung sowie des Projektmanagements kenne ich, wie z. B. Scrum?
- Welches Schema und welche Bausteine eignen sich für welches Gesprächsformat?
- Welches Gesprächsdesign wähle ich für welchen Anlass?
- Was ist mein Auftrag als Moderatorin oder Moderater von Team- und Gruppenprozessen?

3. Kommunikationskompetenz

Kommunikationskompetenz umfasst alles Wissen und Können im zwischenmenschlichen Miteinander. Hierzu zählen beispielsweise das Stellen von Fragen, die Formulierung verbaler oder schriftlicher Aussagen, Rhetorik, Visualisierung und Körpersprache. Die Gesprächsführung, so wie sie in diesem Buch dargestellt wird, dient der Stärkung der eigenen Kommunikationskompetenz.

- Über welchen Wortschatz verfüge ich und wie gestalte ich meine Wortwahl?
- Wie verwende ich Sprechtempo und -rhythmus, Lautstärke und Intonation?
- Wie kann ich meine Körpersprache einsetzen?
- Welches Wissen habe ich über die möglichen Wirkungen von Rhetorik, Begriffen und Sprache?
- Welches Wissen habe ich über die möglichen Effekte von Objektsprache, wie Kleidung, Raum, Statussymbole, Farben etc.?

- Welche Formen der Visualisierung nutze ich (Einsatz von Flipchart, Whiteboard, Visual Thinking, Systembrett etc.)?
- Wie zeige ich Mitgefühl, Empathie und Aufmerksamkeit?
- Wie kann ich den Redefluss meines Gegenübers wertschätzend unterbrechen?

4. Reflexionskompetenz

Reflexionskompetenz bezieht sich auf das Wissen und Können beim Herstellen von Zusammenhängen. Hierfür sind erklärende Modelle hilfreich, aber auch ein bestimmtes Menschen- und Weltbild sowie eine bestimmte Haltung. Eine systemisch-lösungsorientierte Sichtweise, wie sie im folgenden Kapitel dargestellt wird, kann hier sehr hilfreich sein. Grundsätzlich gehört zur Reflexionskompetenz, sich selbst und andere von außen zu betrachten und in verschiedenen Rollen wahrzunehmen, die miteinander in Wechselwirkung stehen, sowie in Hypothesen und Wahrscheinlichkeiten zu denken. Ein zentraler Aspekt der Reflexionskompetenz ist es, sich selbst als involvierte Person wahrzunehmen, als jemanden, die oder der Teil des Systems ist, von Entscheidungen auch persönlich betroffen ist und blinde Flecken entwickelt.

- In welcher Rolle werde ich wahrgenommen?
- Wie sehen die Beziehungsmuster, Abläufe und Dynamiken aus einer anderen Perspektive aus?
- Was könnte und was sollte ich tun oder lassen, damit sich die Wahrscheinlichkeit gewünschter Effekte erhöht?
- Welche Hypothesen habe ich bezogen auf die Teamdynamik? Mit welchen Modellen lässt sich die Beziehungsdynamik im Team erklären?
- Was bedeutet meine eigene Involviertheit für die Prozessgestaltung?
- Soll ich als involvierte Person das Gespräch moderieren oder ist eine externe Moderation mit einem Blick von außen in dieser Situation angemessener?

Die stimmige Gesprächsführung einer Führungskraft lebt von der Balance zwischen eigener Fachlichkeit und der Zurücknahme der eigenen Person samt des eigenen Wissens. Es geht bei den meisten Gesprächsformaten eher darum, zu moderieren und Fragen zu stellen, als Antworten zu geben. Es gilt daher, sich selbst in allen vier Kompetenzbereichen zu klären und zu reflektieren. Wie es Ihnen gelingen kann, das Mischungsverhältnis zwischen den verschiedenen Kompetenzen und Rollen zielführend zu bestimmen, werden wir an verschiedenen Stellen des Buches thematisieren. Für eine gelingende Gesprächsführung durch Sie als Führungskraft bedeutet dies zunächst:

1. Sich selbst als Fachperson zu definieren und zu klären, worin die eigene fachliche Sichtweise besteht,
2. zu überlegen, über welche Kompetenzen der Prozessgestaltung Sie verfügen und wie Sie diese einsetzen können,

3. sich der Wirkung verbaler und nonverbaler Sprache bewusst zu sein und anzuerkennen, dass jedes Gespräch auch jenseits des Gesagten einen Effekt auf die Beziehungen und damit auf die Kultur in der Organisation hat,
4. sich selbst, die eigenen Rollen, die Rollen anderer und die Geschehnisse aus der Distanz zu betrachten, um so die eigene Involviertheit erkennen und persönliche Ziele und Befindlichkeiten reflektieren zu können.

2.2 Systemisches Denken

2.2.1 Was ist ein System?

Der Begriff »System« ist uns aus unzähligen Zusammenhängen vertraut – oft ist von Computersystemen, Ökosystemen, dem Abwassersystem, dem Schulsystem, dem Gesundheitssystem oder dem Nervensystem die Rede. Von Organisationen als Systemen zu sprechen, ist schon weniger gebräuchlich. Wenn sich letztlich alles, Transistoren, Rohrleitungen, Krankenhäuser, Wälder und Nervennetze, mit demselben Begriff bezeichnen lässt, zeigt dies schon, dass der Systembegriff nichts »Greifbares« (im Sinne von: etwas, das man anfassen kann) benennt, sondern ein abstraktes Konzept, eine Art und Weise zu denken, charakterisiert. Um zu verstehen, warum die Verwendung des Begriffs »System« dann überhaupt einen Sinn ergibt, ist eine Definition notwendig:

Ein System ist ein Gebilde, das aus verschiedenen Einzelteilen (Komponenten) zusammengesetzt ist. Zwischen diesen Einzelteilen bestehen Beziehungen (Relationen). Die einfachste Form eines Systems besteht aus zwei Dingen und den Zusammenhängen zwischen ihnen. Durch die Festlegung der Komponenten und Relationen eines Systems erhält das System zudem eine Systemgrenze. Diese Grenze trennt das System von seiner Systemumwelt, also von allen Komponenten und Relationen, die nicht Bestandteil des beschriebenen Systems sind.

Beispiel:
Beschreibt man z. B. einen Wald als System, kann man Bäume, Sträucher und Tiere als Komponenten betrachten und die Beziehung (Relationen) zwischen ihnen beschreiben. Man kann aber auch detaillierter schauen und lediglich einen Baum als System beschreiben – die Komponenten wären in diesem Fall beispielsweise die Wurzeln, die Äste, die Blätter usw. Sträucher oder in der Baumkrone nistende Vögel gehören dann nicht mehr zum System, sondern zu seiner Umwelt.
Diese Möglichkeit, durch verschiedene Systemebenen zu »zoomen«, funktioniert auch in die andere Richtung. Der Wald ließe sich daraufhin als ein Element in einem größe-

ren Ökosystem betrachten, zu dem auch die Wolken, das Grundwasser, benachbarte Wälder usw. gehören.

Je nachdem, welchen Fokus man für seine Systembeschreibung wählt, kann ein System also (sub)atomare oder globale Ausmaße annehmen. Auf diese Weise können die verschiedensten Dinge miteinander in Beziehung gesetzt werden, genauso wie verschiedene Systeme (z. B. eine Organisation, das Wirtschaftssystem und das Gesellschaftssystem).

Was also zum System gehörig und was als Umwelt des Systems betrachtet wird, liegt immer im Auge einer Beobachterin oder eines Beobachters.

Über Systeme lässt sich zusammenfassend sagen:

- Es gibt keine Systeme »an sich«.
- Systeme entstehen *als* und *durch* Beschreibungen von Beobachterinnen und Beobachtern. Diese unterscheiden Komponenten voneinander, beschreiben sie und setzen sie zueinander in Beziehung.
- Durch ihre Systembeschreibung entscheiden Beobachterinnen und Beobachter, was zum System gehört und was nicht. Sie legen die Systemgrenze zwischen System und Systemumwelt fest.

Die griechische Bedeutung des Wortes System (Zusammenstellen oder Zusammenstellung) akzentuiert die aktive Tätigkeit hinter jeder Systembeschreibung. Wenn Beobachterinnen und Beobachter »systematisieren«, reduzieren sie die Komplexität möglicher Beobachtungen. Sie konkretisieren ihre Beobachtungen hinsichtlich der für sie relevanten Komponenten und Relationen.

Systembeschreibung als subjektiver Ausdruck

Der chilenische Biologe Humberto Maturana hat in seinen Überlegungen zur Funktionsweise von Wahrnehmungen und Erkenntnis die bereits geschilderte Bedeutung subjektiver Beobachtung hervorgehoben (Maturana, 1982). Er benennt jede Beobachtung und Beschreibung als eine subjektive Perspektive, in der sich jedes erkennende Wesen jederzeit befindet. Eine unabhängige, außenstehende Beobachtung, die objektiv beschreibt, was »tatsächlich« passiert, kann es nicht geben. Beobachtet wird immer auf Grundlage der jeweils individuellen Struktur und der damit verbundenen Sichtweisen, Vorlieben und blinden Flecken.

Während verschiedene Beobachtende sich in der Regel problemlos darauf einigen können, ob sie einen Tisch, einen Stuhl oder einen Elefanten vor sich haben, ist es in anderen Bereichen nicht so leicht, von einer objektiven Realität zu sprechen. Dennoch gehen wir an soziale Phänomene oftmals mit derselben Überzeugung heran, dass die Welt wirklich so ist, wie wir sie wahrnehmen.

Jede Wahrnehmung, jedes Wissen geht auf aktive Wahrnehmungs- und Bewertungsprozesse der beobachtenden Person zurück. Am Anfang steht dabei immer eine Unterscheidung – man kann beispielsweise Organisationen voneinander unterscheiden, Musikstile, Jahreszeiten, Sternbilder, motivierte und unmotivierte Mitarbeiter und Mitarbeiterinnen usw. Dieses aktive Treffen einer Unterscheidung ist uns aber oft gar nicht bewusst. Das, was wir als Wirklichkeit erleben, ist bereits ein Resultat der Unterscheidungen, die wir verwenden, wenn wir beobachten. Diese Unterscheidungen sind so, aber auch anders möglich: Das Glas »ist« eben nicht halb voll oder halb leer, sondern wir können selbst entscheiden, wie wir das Glas betrachten wollen. Das ändert natürlich nichts am Füllstand, aber an der Bewertung, die wir an diese Unterscheidung anschließen: halb voll ist gut, halb leer ist schlecht. Vielleicht ist »halb voll« oder »halb leer« bei näherer Betrachtung ja auch gar keine sinnvolle Unterscheidung. Auf ein führungsrelevantes Beispiel übertragen: Vielleicht hilft es uns im Führungsalltag ja gar nicht, motivierte und unmotivierte Kolleginnen und Kollegen zu unterscheiden und uns über die unmotivierten zu ärgern. »Motivation« ist erst einmal nur unsere Erklärung für ein Phänomen, das vielleicht ganz andere Ursachen hat. Alle möglichen Kontextfaktoren können hierbei eine Rolle spielen und bei der Beschreibung herangezogen werden. Dass unsere Wirklichkeit – bzw. unsere Systembeschreibung – auf unseren Unterscheidungen beruht, kommt dabei häufig nicht mehr in den Blick, vor allem wenn wir und die Menschen um uns herum schon lange mit diesen Unterscheidungen hantieren. Beobachtung, Unterscheidung und Bewertung finden oft unbewusst statt.

Die subjektive Wirklichkeit, die sich aus diesen beobachtungsleitenden Unterscheidungen ergibt, kann man anderen mitteilen und mit den Beschreibungen anderer Personen vergleichen. Hierbei können die Beteiligten bestenfalls Unterschiede und Gemeinsamkeiten feststellen, sich über Eigenes und Gemeinsames einig werden, aber nie endgültig und beobachterunabhängig sagen, »wie es ist«. Es gibt in diesem Sinne keine Möglichkeit objektiver und subjektunabhängiger Beobachtung. Beobachtung hat immer einen persönlichen und biografischen beziehungsweise einen sozialen und geschichtlichen Hintergrund. Objektivität und absolute Wahrheit kann es nach dieser Auffassung nicht geben, da alles Wissen als Ergebnis individueller und sozialer Konstruktionsprozesse betrachtet wird.[1]

Diese Sichtweise relativiert jeden absoluten Anspruch an Wahrheit und Objektivität. Wir können uns bestenfalls auf Gemeinsamkeiten in unseren Wahrnehmungen und Beschreibungen einigen, aber nie deren Allgemeingültigkeit für uns in Anspruch nehmen. Wer von der Wahrheit, Objektivität und Subjektunabhängigkeit der eigenen Sichtweise (Beobachtung) überzeugt ist, lehnt in der Regel andere Sichtweisen ab (»Es kann nur eine Wahrheit geben«). Angemessen wäre hingegen eine Anerkennung und

1 An dieser Stelle soll keine ausführliche Begründung für eine systemtheoretisch-konstruktivistische Erkenntnistheorie erfolgen, sondern eine Auseinandersetzung mit den Konsequenzen dieser Sichtweise. Zu den Grundlagen siehe z. B. Lindemann (2019), von Ameln (2004), Willemse und von Ameln (2018).

Akzeptanz unterschiedlicher Sichtweisen. Das bedeutet nicht, dass man alle anderen Sichtweisen gutheißen und tolerieren sollte, sondern lediglich, dass man ihre Existenz und Berechtigung akzeptiert.

In Organisationen zeigt sich eine Ablehnung anderer Sichtweisen z. B. im Falle, dass neue Mitarbeiter und Mitarbeiterinnen es schwer haben, sich mit guten Ideen durchzusetzen, da man das schließlich »noch nie so gemacht« oder »schon immer so gemacht« hat.

Humberto Maturana bewertet die Inanspruchnahme von Objektivität als Verlangen nach Gehorsam: Ob ich persönlich diese Beobachtung nun mache oder nicht, ist egal. Sie ist wahr. Und wenn du dich auf den Kopf stellst, du musst irgendwann einsehen, dass ich recht habe und du unrecht. »Sei vernünftig und befolge meine Anweisungen. Was ich dir sage, stimmt nämlich – nicht nur, weil ich es sage, sondern weil es sich nun einmal so verhält« (Maturana, 1996, S. 49).

Die Idee einer objektiven, subjektunabhängigen Feststellung von »tatsächlichen Gegebenheiten« gründet sich auf der Grundannahme, es könne nur eine richtige Sichtweise bestimmter Zusammenhänge geben. In dieser Form der Rechthaberei treten persönliche Motive, subjektive Standpunkte und soziale Einigungen in den Hintergrund vor dem Argument, dass bestimmte Dinge »nun einmal so sind, wie sie sind«. Maturana verdeutlicht seinen gegenläufigen Standpunkt einer Subjektbezogenheit von Wissen durch den Leitsatz: »Alles Gesagte ist von jemandem gesagt« (Maturana u. Varela, 1991, S. 32).

Systembeschreibung als Einigungsprozess

Aus einer sozialen Perspektive bedeutet systemisches Denken, dass Beschreibungen die Zustimmung anderer Personen brauchen, um einen Wert zu erlangen, der über den rein subjektiven Eindruck hinausgeht. Was gemeinhin als »objektive Beschreibung« oder als »objektive Beobachtung« betrachtet wird, ist bestenfalls eine soziale Einigung über bestimmte Beschreibungen und Beschreibungsmuster, die in bestimmten Situationen zur Geltung kommen.

Jede Beschreibung eines Systems schließt andere Beschreibungen aus. Wer ein System beschreibt, sagt, welche Komponenten dazugehören und wie sie miteinander in Zusammenhang stehen, was zum System gehört und was zu seiner Umwelt. Kommunikationen teilen die Welt nicht mit – indem sie abbilden und beschreiben, wie sie ist, – sondern sie teilen die Welt ein – indem sie Unterscheidungen treffen und diese kommunikativ aufrechterhalten (Luhmann, 1990, S. 27).

Diese Sichtweise von Beobachtung als Systembeschreibung hat weitreichende Konsequenzen für die Gesprächsführung, die an einem Beispiel beschrieben werden sollen.

In Abbildung 1 ist ein sogenanntes »multistabiles Muster« zu sehen, ein Bild, in dem mehrere Musterbildungen möglich sind. Sie haben die Aufgabe, eine Linie um das Muster zu zeichnen, das Sie in der Abbildung sehen.

Abbildung 1: Multistabiles Muster (aus: Stadler u. Kruse, 1992, S. 149)

Das Problem bei der Erfüllung der gestellten Aufgabe ist, dass es viele Möglichkeiten gibt, ein Muster zu sehen und einzuzeichnen. »Das Muster« gibt es nicht. Genauso ist es mit der Beschreibung eines Systems. Es gibt unzählige Möglichkeiten, es zu beschreiben (Abbildungen 2 bis 4). »Das System« gibt es nicht.

In Organisationen und auch in allen anderen Bereichen, in denen man Zusammenhänge, also Systeme, beschreibt, besteht die gleiche Mehrdeutigkeit und Vielfalt möglicher Beschreibungen wie in der Abbildung. Wir kommen in unserem Alltag aber

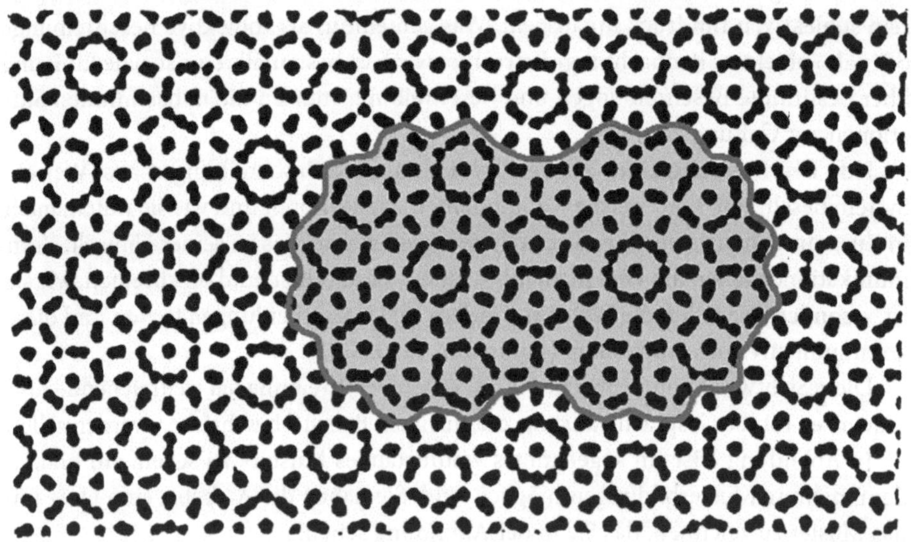

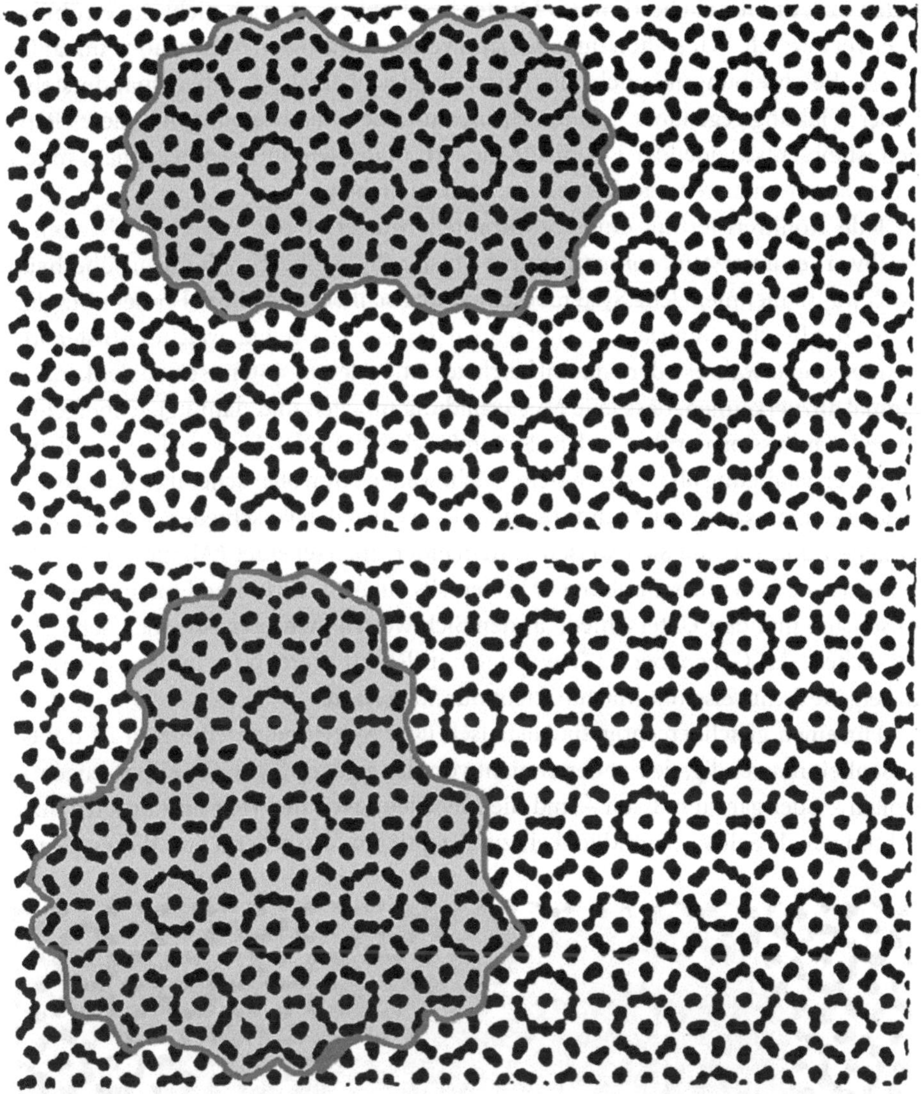

Abbildungen 2, 3 und 4: Verschiedene Möglichkeiten der Musterbildung (»Systembeschreibungen«)

nicht umhin, zu beschreiben, wie »etwas ist«, wie wir »etwas sehen«, wie bestimmte Dinge »zusammenhängen«. Immer wenn wir etwas beschreiben, schließen wir dadurch andere Beschreibungen aus, obwohl diese ebenso denkbar sind. Die Frage, woraus das »relevante System« besteht – also welche Bestandteile bezogen auf ein bestimmtes Thema oder eine bestimmte Fragestellung wie miteinander zusammenhängen, lässt sich auf ganz unterschiedliche Weise beantworten.

Im Grunde genommen müssten wir immer sagen: »Es könnte so sein …, aber auch so … oder so … oder so … oder so …« Dass wir eine bestimmte Sicht haben und vertreten bzw. oft nur ein bestimmtes Muster beschreiben, ist auch nicht ungewöhnlich oder verwerflich. Wir sollten uns aber stets vergegenwärtigen, dass es noch unzählige andere Beschreibungsmöglichkeiten gibt, die gleichberechtigt nebeneinanderstehen. Unsere Haltung gegenüber unseren eigenen und den Beschreibungen anderer Personen ist ein entscheidender Faktor für die Art, in der wir anderen begegnen, miteinander kommunizieren und Vereinbarungen anstreben.

Jede Konkretisierung eines bestimmten Musters (jede Systembeschreibung), erschwert es im ersten Moment, andere Muster (Systembeschreibungen) überhaupt noch wahrzunehmen. Jede Systembeschreibung schließt erst einmal andere Möglichkeiten der Beschreibung aus. Anstatt jedoch darüber zu streiten, welches Muster »das richtige«, »das wahre« oder »das hilfreichste« ist, bedeutet systemisch zu denken, erst einmal anzuerkennen, dass jede Musterbildung möglich und damit gleichberechtigt ist. Jede Diskussion darüber, welche Systembeschreibung den Vorrang haben soll, hilft einer Verständigung über »das System« nicht weiter. Sinnvoller scheint es festzustellen, welche Gemeinsamkeiten (Schnittmengen) zwischen den verschiedenen Sichtweisen bestehen und was die Sichtweisen voneinander unterscheidet (Abbildung 5). Eine gemeinsame Systembeschreibung ist bestenfalls ein Austausch- und Einigungsprozess. Ansonsten münden Unterschiede in den Sichtweisen mehrerer Personen schnell in Versuchen, das Gegenüber zu überzeugen, in Rechthaberei oder in dem Bestreben, die eigene Sichtweise mit Machtmitteln durchzusetzen.

Für einen gleichberechtigten Austausch über Systembeschreibungen ist die Gelassenheit notwendig, den anderen nicht von der eigenen Sichtweise überzeugen zu wollen – oder gar zu müssen – und die Mehrdeutigkeit der Welt und unserer Beobachtungen als Selbstverständlichkeit zu akzeptieren. Ausgehend von dieser Grund-

Abbildung 5: Überschneidungen verschiedener Musterbildungen (»Systembeschreibungen«)

haltung kann man sich dann auf die Suche nach einer gemeinsamen Systembeschreibung machen bzw. nach einer ersten gemeinsamen Arbeitshypothese, die man im Folgenden gemeinsam überprüfen möchte und anschließend erweitert, einengt, verändert und erneut überprüft. Alles andere wäre eine Frage der Macht: Wer schafft es, seine Systembeschreibung durchzusetzen – der Vorgesetzte, die Geschäftsführerin, der Praktikant, die Kundin? Systembeschreibungen entstehen nicht nur in Kommunikationen, sie benötigen auch weitere Kommunikationen, um sie miteinander abzugleichen, weiterzuentwickeln und in Form gemeinsamer Handlungen wirksam werden zu lassen. »Wahrheit« ist in dieser Betrachtungsweise nie absolut, sondern wandelbar und perspektivenabhängig. Sie ist immer nur eine momentane Übereinkunft, eine Einigung zwischen Beobachterinnen und Beobachtern.

Diese Orientierung auf Einigungsprozesse und Kommunikation findet sich auch bei dem Philosophen Karl Jaspers: »Wahrheit ist, was uns verbindet – und: in der Kommunikation hat Wahrheit ihren Ursprung. Der Mensch findet in der Welt den anderen Menschen als die einzige Wirklichkeit, mit der er sich verstehen und verlässlich verbünden kann« (Jaspers, 1948, S. 38). Jaspers führte klar aus, welchen Stellenwert Wahrheit haben kann: »Aber Wahrheit ist in der Tat in niemandes Besitz als endgültige und absolute. Wahrheit suchen, das heißt immer, zur Kommunikation bereit sein, Kommunikation auch von anderen erwarten« (Jaspers, 1949, S. 199). Im gleichen Sinne meint der Kommunikationsforscher Friedemann Schulz von Thun (2020, S. 28): »Bei allen wichtigen Lebensfragen gibt es nicht nur eine Wahrheit […]. Wer nur die eine Wahrheit gelten lässt, wird der Situation nicht gerecht und ist unfähig zum Dialog.«

Systembeschreibung als interdisziplinäre Mustererkennung

Frederic Vester hat die Bedeutung einer umfassenden bzw. systemischen Sichtweise in seinem Buch »Die Kunst vernetzt zu denken« anhand eines grob gerasterten Porträts Abraham Lincolns veranschaulicht (Abbildung 6).

Die Gesichtszüge des amerikanischen Präsidenten Abraham Lincoln sind nicht durch ein genaueres Betrachten der unterschiedlich hellen Quadrate zu erkennen, sondern erst durch die Betrachtung des gesamten Bildes. Es hilft sogar, das Bild aus größerer Entfernung anzuschauen, die Augen zusammenzukneifen oder die Brille (falls vorhanden) abzunehmen. In Abbildung 6 wurde dies durch eine zunehmende Unschärfe des Bildes dargestellt. Das Muster (Abraham Lincoln) lässt sich erst erkennen, wenn man eine spezialisierte und detailfixierte Sichtweise aufgibt.

> »Man kann zwar Anzahl und Größe der Quadrate messen, die Abstufungen der Grauwerte bestimmen und entsprechende Tabellen anfertigen. Für die Erfassung des Systems ist dies die falsche wissenschaftliche Methode, die auch dadurch nicht ›richtiger‹ wird, dass man sie mit besonderer Akribie betreibt. […] Um die Wirk-

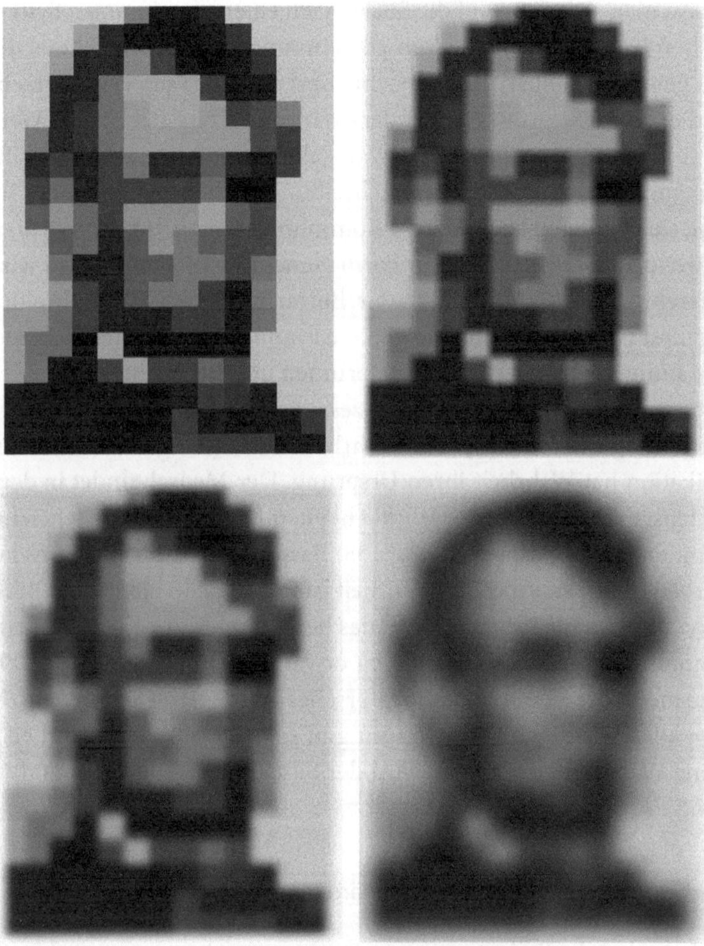

Abbildung 6: Mustererkennung durch Unschärfe (das erste Bild wurde auf der Grundlage der Abbildung bei Vester, 2002, S. 54, erstellt und dann schrittweise durch Unschärfe verfremdet; mit freundlicher Genehmigung der Frederic Vester GmbH, München; vertreten durch das Malik Management Zentrum St. Gallen AG)

lichkeit als Ganzes zu erfassen, genügt es nicht, nur die Details aufzunehmen. So erfahren wir zwar sehr viel über diese Details, aber nichts über das System als solches. Wir müssen die Details auch miteinander verbinden – und genau das geschieht, sobald das Bild undeutlich wird und die Trennlinien zwischen den Quadraten verschwinden. […] Wird das Bild unscharf, treten die Details zurück und dafür die Beziehungen zwischen ihnen stärker hervor. […] Statt waagerechte und senkrechte Linien und Sprünge von Grauwerten werden nun auf einmal Kurven und Flächenverhältnisse registriert, die Fähigkeit zur Mustererkennung wird aktiviert, sodass wesentliche Systemmerkmale erkannt werden können« (Vester, 2002, S. 54 f.).

Was auch immer wir als System betrachten oder mit welcher Fragestellung wir dies tun, es geht um das Erkennen von Zusammenhängen und Mustern. Alles, was nicht als Baustein in unserem »Beobachtungsbaukasten« vorhanden ist, kann folglich auch nicht beobachtet und mit anderen Komponenten verknüpft werden. Hierzu benötigt man nicht einfach nur den »richtigen Beobachtungsbogen«, die »totale Diagnostik« oder das »ultimative Testinstrument«. Wir müssen vor allem mit vielen anderen Beobachterinnen und Beobachtern kooperieren, da jede und jeder etwas anderes sieht und andere Zusammenhänge erkennt. Beobachtung wird hier zu einem gemeinschaftlichen und interdisziplinären Prozess.

Die vergebliche »Suche nach Objektivität« wird ersetzt durch »Einigungen im Kontext einer vorhandenen Perspektivenvielfalt«. Neben den Sichtweisen von Fachleuten im Sinne einer Interdisziplinarität ist es ebenso wichtig, die Sichtweisen der sogenannten Laien bzw. der direkt Betroffenen einzubeziehen. Beobachtung (und Praxisgestaltung) wird dann zu einer gemeinschaftlichen Aufgabe im Austausch über subjektive Beobachtungen und Sichtweisen.

Zusammenfassend lassen sich Systeme wie folgt beschreiben:

- Systeme sind beobachterabhängige Beschreibungen.
- Systeme sind Ausdruck der Wahrnehmung, des Wissens, der Vorlieben und Ziele von Beobachterinnen und Beobachtern.
- Systeme reduzieren Komplexität.
- Systembeschreibungen schließen zunächst andere Systembeschreibungen aus.
- Für den Vergleich von Systembeschreibungen ist die grundsätzliche Akzeptanz von Mehrdeutigkeiten, anderen Sichtweisen und vielfältigen Beschreibungsmöglichkeiten hilfreich.
- Um die Vielfalt möglicher Systembeschreibungen für das eigene Handeln nutzbar zu machen, braucht man Kommunikation.
- Entscheidend für den Bestand eines Systems bzw. einer Systembeschreibung ist, dass Kommunikationen über sie an andere Kommunikationen anschließen.

Bei diesen Systembeobachtungen und Systembeschreibungen handelt es sich um Beobachtungen und Beschreibungen erster Ordnung. Sie beziehen sich direkt auf einen Beobachtungsgegenstand, eine Situation und fassen diese als Sichtweise zusammen. Es lohnt sich ergänzend immer wieder einen Blick darauf zu werfen, wie wir beobachten und beschreiben, eine Beobachtung und Beschreibung zweiter Ordnung (von Foerster, 1993, S. 50; Maturana u. Varela, 1987, S. 28 ff.; Maturana, 2000, S. 68 f.; Luhmann, 2002, S. 146; Watzlawick, 1994, S. 142 f.).

Diese Beobachtung der Beobachtung, Beschreibung der Beschreibung, Reflexion der Reflexion oder Kommunikation über die Kommunikation ergänzt das Denken und Reden um eine Metaebene. Also um eine Ebene, die »über« oder »außerhalb«

der beschriebenen Systeme liegt. Hierdurch können die Prozesse, Mechanismen und Strukturen reflektiert werden, die zu bestimmten Beobachtungen und Beschreibungen erster Ordnung führen, also beispielsweise Beobachtungs- und Beschreibungsgewohnheiten, die sich aufgrund von Herkunft, Kultur, Ausbildung, Konventionen und Überzeugungen herausgebildet haben. Spezifische Formen der Beobachtung und Beschreibung gehen immer auch mit »blinden Flecken« einher, also mit Aspekten der Systembeschreibung, die man aufgrund der eigenen Gewohnheiten nicht sieht. Metareflexion und Metakommunikation können dazu dienen, die Art der Beobachtung und Beschreibung zu verändern und damit zu anderen Ergebnissen zu gelangen.

■ Die soziale Konstruktion von Wirklichkeit

Wie wir unsere Welt beobachten, macht nicht nur in unserem Kopf einen Unterschied. Die von uns verwendeten Unterscheidungen und die darauf aufbauenden Bewertungen bestimmen unser Handeln. Diese eigentlich ganz selbstverständliche Erkenntnis ist im Alltagshandeln dennoch oftmals nicht präsent und gesellschaftlich hoch umstritten. Aus Studien wissen wir z. B., dass die Noten von Schülerinnen und Schülern sich stark unterscheiden, je nachdem welche Vorinformationen die Lehrkräfte über sie erhalten haben: Schüler, die von der Versuchsleitung als besonders leistungsstark beschrieben wurden, haben am Ende des Schuljahres bessere Noten als die angeblich weniger leistungsstarken, auch wenn diese Informationen frei erfunden waren (Watzlawick, 1994, S. 96 ff.). Was bedeutet das? Die Lehrkräfte haben die ihnen vorliegenden Informationen als beobachtungsleitende Unterscheidungen genutzt und bei der einen Gruppe folglich eher auf die Stärken, bei der anderen Gruppe dagegen eher auf die Schwächen geachtet. Die daraus entstehenden, sich selbsterfüllenden Prophezeiungen treten in vielen Bereichen unseres Lebens auf, in der Regel, ohne dass wir sie bemerken.

Für die Art und Weise, wie wir mit Tieren umgehen, macht es einen Unterschied, ob wir sie in die Kategorien Nutztier oder Haustier, essbar oder nicht essbar, »Schädling« oder »geschützt« einordnen, obwohl diese Kategorien nicht der scheinbar gegebenen Realität, sondern unserer Beobachtungen und Entscheidungen entstammen. Führung, Organisationskultur und letztlich unsere gesamte Gesellschaft sind somit Ergebnis sozialer Konstruktionsprozesse. Die Unterscheidungen, die wir unseren Beobachtungen zugrunde legen, erschaffen neben unserem Bild von unserer Welt, gleichermaßen unsere Welt selbst.

2.2.2 Was ist Selbstorganisation?

Lebende und soziale Systeme sind keine statischen Objekte, vielmehr sind sie geprägt von Entwicklung, Wachstum und Interaktion. Neben der Frage »Was ist ein System?« stellt sich die Frage »Wie funktionieren Systeme?«. Bei einfachen Systemen, wie einer Maschine, mag dies leicht zu beantworten sein. Bei komplexen Systemen, wie Lebewesen, Ökosystemen, sozialen Systemen oder Organisationen, ist die Frage nach der Funktionsweise nicht mehr durch lineare Ursache-Wirkungs-Mechanismen beschreibbar. Eine grundlegende Erkenntnis der Theorie komplexer Systeme (Synergetik) besteht darin, dass sich in komplexen Systemen Wirkungen entfalten und Strukturen entstehen, die sich nicht mehr aus den Beiträgen der einzelnen Systembestandteile erklären lassen. Dieses Phänomen bezeichnet man als Selbstorganisation.

Selbstorganisation als nichtsteuerbare Musterentstehung

Selbstorganisation im Sinne der Systemtheorie und der Synergetik bedeutet nichts anderes, als dass komplexe Systeme – aufgrund des Zusammenwirkens ihrer Bestandteile – Strukturen und Muster ausbilden und dass diese nicht durch äußere Steuerung determiniert sind (Haken, 1991, S. 133; an der Heiden, 1992, S. 72). Selbstorganisation beschreibt das spontane Entstehen von Mustern »ohne ordnende Hand« (S. 72).

Was auch immer an »Ordnung« oder »Mustern« durch Selbstorganisationsprozesse entsteht, es ist nicht unbedingt wünschenswert oder gar gewollt. Auch Psychosen, Krankheiten, Krieg, Diktaturen, Diskriminierung, Bankenkrisen, Massentierhaltung, Wetter, Brandrodung, Überfischung, Klimaerwärmung und Überschwemmungen sind Ergebnisse von Selbstorganisationsprozessen komplexer Systeme. Selbstorganisation ist weder »gut« noch »schlecht« noch »wünschenswert«. Der Begriff beschreibt lediglich, nach welchen Prinzipien komplexe Systeme funktionieren.

Komplexe Systeme erlauben bestenfalls eine indirekte Beeinflussung, da sie aufgrund ihrer selbstorganisierenden Eigenschaften nicht linear gesteuert werden können. Da keine Steuerung oder lineare Verursachung möglich ist, wird für jede Form der Einflussnahme auch der Begriff der »Perturbation«, also »Verstörung« verwendet (Maturana u. Varela, 1987, S. 27). Man kann verstörend auf komplexe Systeme einwirken, woraufhin sich erneut Muster herausbilden werden. Welche Muster dies aber sein werden, hängt von so vielen Faktoren ab, sodass sie prinzipiell unvorhersagbar sind. Selbstorganisation ist also weder »machbar« noch »steuerbar«.

Musterbildung als Beobachterperspektive

Hinzu kommt, dass es immer Beobachterinnen und Beobachter sind, die Ordnungen und Muster gemäß ihrer Wahrnehmung und Erfahrung beschreiben bzw. konstruieren, und diese nicht in einem »tatsächlichen Sinn« erkennen können (Küppers u. Krohn, 1992, S. 11 f.). Die bereits ausführlich dargestellte Beobachterperspektive ist für ein Verständnis der Mustererkennung bezogen auf Selbstorganisationsprozesse entscheidend, da nur solche Muster erkannt bzw. konstruiert werden können, die zu den Erfahrungen, Kenntnissen und Gewohnheiten der beobachtenden Person passen. Mustererkennung findet immer innerhalb unserer Wahrnehmung statt und bezieht sich nicht auf irgendwelche vermeintlich »tatsächlichen« Muster in der Außerwelt. Sie ist gänzlich eine Konstruktion von Zusammenhängen, Gemeinsamkeiten und Unterschieden in unserer Wahrnehmung. Es wäre daher eindeutiger, von »Musterbildung« als von »Mustererkennung« zu sprechen. Ist ein Muster »erkannt« oder »gebildet«, bleibt zudem noch ein ebenso weites Feld der Bewertung dieser Muster. Verschiedene Personen können, auch wenn sie ähnliche Musterbildungen vornehmen, diese ganz unterschiedlich bewerten. Wie in dem Beispiel zu den Abbildungen 2 bis 6 erläutert, handelt es sich bei Musterbildungsprozessen jedes Mal um eine Verdichtung von Wahrnehmung zu einem stabilen Zusammenhangsgeflecht. In der Vielfalt möglicher Muster und Zusammenhänge ist Musterbildung immer eine Komplexitätsreduktion.

Bezogen auf Selbstorganisation bedeutet dies, dass bei der Musterbildung stets berücksichtigt werden sollte, dass wir komplexe, zirkuläre und nicht-lineare Dynamiken beobachten. Ein Muster ist also immer nur eine Momentaufnahme eines sich ständig bewegenden und entwickelnden Systems, in dem sich Dynamiken verdichten, abschwächen, auflösen, aufschaukeln oder zu spontanen Musterneubildungen führen. Selbstorganisation ist also weder »an sich« wünschenswert noch abzulehnen, sondern schlicht zu berücksichtigen, sobald man komplexe Systeme beobachtet oder versucht, ziel- und ergebnisorientiert in ihre Dynamik einzugreifen.

In diesem Zusammenhang ist es auch wichtig, auf eine missverständliche Verwendung des Begriffs Selbstorganisation hinzuweisen, die sich in vielen Bereichen findet. Mit Wortkombinationen wie »selbstorganisiertes Unternehmen«, »selbstorganisierte Teams« oder »selbstorganisierter Unterricht« wird der Begriff »Selbstorganisation« im Sinne einer Handlungsstrategie verwendet und nicht im Sinne einer allgemeingültigen Funktionsbeschreibung. Diese Idee der »Machbarkeit von Selbstorganisation« ist in Handlungsfeldern, wie der Sozialen Arbeit, Schulpädagogik, Organisationsentwicklung oder Unternehmensführung, ein gern verwendeter – und leider unpräziser – Gemeinplatz. Paradoxerweise werden unter dem Label »Selbstorganisation« die verschiedensten Versuche der Beeinflussung und Steuerung zusammengefasst, obwohl die Theorie der Selbstorganisation mit einer grundlegenden Anerkennung der prinzipiellen Nichtsteuerbarkeit komplexer Systeme einhergeht (Haken u. Schiepek, 2010, S. 47 ff.).

Einflussnahme durch Erhöhung und Reduktion der Vernetzungsdichte

Was bezogen auf soziale Systeme erweitert oder reduziert werden kann, ist nicht die Selbstorganisation, sondern der Rahmen, in dem diese stattfindet. Die Komplexität und Vernetzungsdichte von sozialen Systemen kann beispielsweise dadurch erhöht werden, dass Gruppenzusammensetzungen verändert werden, dass in verschiedenen Zusammensetzungen an unterschiedlichen Orten mit wechselnden Personen gearbeitet wird oder dass einzelnen Personen mehr Entscheidungsmöglichkeiten zugesprochen werden.

Eine Erhöhung der Vernetzungsdichte führt aber nicht zwangsläufig zu wünschenswerten Musterbildungen, sie kann auch in Überforderung und Orientierungslosigkeit münden. In einer globalisierten und digitalisierten Welt besteht ohnehin eine extrem hohe Vernetzungsdichte, was sich in Musterbildungen zeigt, die sowohl positiv als auch negativ bewertet werden können. Zu diesen Musterbildungen gehören beispielsweise kultureller Austausch, weltweiter Warenhandel, hohe Mobilität, ebenso wie Verbreitung von Pandemien, die digitale Beeinflussung von Wahlen oder die gezielte Streuung unbelegter Nachrichten.

Bezogen auf eine formulierte Zielsetzung kann es daher eine durchaus sinnvolle Strategie sein, die Vernetzungsdichte zu reduzieren, um gewünschte Musterbildungen zu begünstigen bzw. zu erschweren. Dies gilt für umfassende Systeme wie die Weltwirtschaft ebenso wie für abgegrenztere Systeme, etwa eine Familie. Braucht man zur Bewältigung einer Aufgabe »mehr Kontakte und Möglichkeiten« oder eine »Fokussierung und Begrenzung von Kontakten und Möglichkeiten«? Diese Frage lässt sich nicht allgemeingültig beantworten. Grundsätzlich können aufgrund der Hypothesen der beteiligten Personen Handlungen geplant und durchgeführt werden, woraufhin abzuwarten bleibt, welche Veränderungen bzw. Musterbildungen daraus entstehen.

Die Reduktion von Freiheitsgraden für Selbstorganisationsprozesse ist unter Umständen also ebenso zielführend wie ihre Erhöhung. Diese Eingrenzung oder Erweiterung des Rahmens *erzeugt* oder *fördert* aber keine Selbstorganisation. Selbstorganisation lässt sich nicht verordnen oder steuern. Jede Beeinflussung kann sich also in erwünschter oder unerwünschter Weise auf die Musterbildungen auswirken, die durch Selbstorganisationsprozesse entstehen. Selbstorganisation ist weder »an sich« wünschenswert noch abzulehnen, sondern schlicht zu berücksichtigen, sobald man ziel- und ergebnisorientiert in die Dynamik komplexer Systeme eingreift. Je nachdem, welche Muster der eigenen Zieldefinition am besten entsprechen, erfolgt prinzipiell immer erst im Nachhinein eine Bewertung.

Hierbei sollte man sich vor Augen halten, dass es nicht »das System an sich« ist, dessen Musterbildungen man beobachtet, sondern dass diese Systeme beobachterabhängig mit unterschiedlichen Schwerpunkten betrachtet und beschrieben werden. Eine wünschenswerte Musterbildung – beispielsweise bezogen auf das Zusammenleben einer Familie – mag daher mit einer unerwünschten Musterbildung – beispielsweise bezogen auf den Freundeskreis – einhergehen.

In unseren Handlungen leitet uns in diesem Sinne – statt einem »mehr« oder »weniger« an Selbstorganisation –, der Wunsch nach einer Veränderung von Musterbildungen. Bezogen auf die angesprochene missverständliche Verwendung des Begriffs »Selbstorganisation« sind hierbei in der Regel werteorientierte und strategische Aspekte von Veränderungsprozessen gemeint wie:

> Selbstbestimmung, Selbsterfahrung, Selbstverwirklichung, Selbstgestaltung, Selbststeuerung, Selbstverwaltung, Mitbestimmung, Partizipation, Teilhabe, Handlungsorientierung, Individualisierung, Verantwortungsübernahme, Dezentralisation, Vernetzung.

Diese Werte- und Handlungsorientierungen mögen im Einzelfall sinnvoll und erstrebenswert sein. Sicherlich kann man auch überlegen, wie man diese in einem bestimmten System unterstützen kann. Sie ergeben sich aber nicht aus der Systemtheorie oder aus der Theorie der Selbstorganisation.

2.2.3 Was ist systemisch?

Nachfolgend wird in Form von fünf Leitsätzen zusammengefasst, was unter dem Adjektiv »systemisch« verstanden werden kann. Diese Zusammenfassung bezieht sich vor allem auf die Implikationen systemischen Denkens für die Gesprächsführung und ließe sich sicherlich noch um weitere Aspekte ergänzen.

1. Perspektivenvielfalt

Was *als System* beschrieben wird, hängt in hohem Maße von der Person ab, die es beschreibt. Die Beschreibungen einer Kundenbeziehung durch die Geschäftsführerin, den Prokuristen, die Kundin, den Außendienstmitarbeiter, eine Rechtsanwältin oder ein Konkurrenzunternehmen unterscheiden sich aller Wahrscheinlichkeit nach erheblich voneinander. Wer etwas beobachtet, tut dies unter anderem aufgrund eigener Erfahrung, eigener Vorlieben und Interessen, eigener Herkunft und Ausbildung sowie des eigenen Wissens, eigener Ziele und Beobachtungsschwerpunkte. Jeder Mensch »konstruiert« sich seine ganz eigene Sichtweise des Systems.

> **Ein erster Leitsatz systemischen Denkens könnte also lauten:**
> Bedenke, dass es sehr viele Sichtweisen einer Sache (bzw. Beschreibungen eines Systems) gibt, die alle ihre Berechtigung haben. Jede Person, also auch du selbst, kann ein System immer nur so beschreiben, wie es der eigenen Erfahrung, den eigenen Vorlieben und Interessen, der Herkunft, der Ausbildung, dem Wissen und den eigenen Zielen und Beobachtungsgewohnheiten entspricht.

2. Lösungsvielfalt

Systemisches Denken bedeutet die Einsicht, dass *alles miteinander verbunden ist,* vergleichbar einem Mobile oder einem Spinnennetz. Egal, wo ein Mobile oder ein Spinnennetz angestoßen wird, es bewegen sich alle seine Teile – zwar unterschiedlich und in Abhängigkeit davon, wo die Berührung stattgefunden hat, aber Bewegung ist im gesamten System. Um einen bestimmten Teil eines Systems in Bewegung zu bringen, muss also nicht direkt an diesem Teil angesetzt werden, sondern es kommen auch alle anderen Stellen im System in Betracht. Häufig funktioniert der direkte Weg auch gar nicht, da wir keinen unmittelbaren Zugriff darauf haben (z. B. beim Versuch, die Kollegin aus der Nachbarabteilung zur Kooperation zu bewegen).

Ein zweiter Leitsatz systemischen Denkens könnte also lauten:
Bedenke, dass es viele Möglichkeiten gibt, ein Ziel oder eine Lösung zu erreichen. »Viele Wege führen nach Rom.« Man kann andere Personen dabei unterstützen, Landkarten ihrer Wirklichkeit zu entwickeln und Wegweiser für ihren eigenen Weg zu setzen. Es ist und bleibt aber immer »ihr Land« und gehen müssen sie den Weg auch selbst. Der direkte Weg zu einem Ziel ist nicht immer zugänglich oder kann sogar ganz versperrt sein, daher wird es auch immer Umwege geben.

3. Unvorhersagbarkeit

Nur triviale Systeme funktionieren vorhersagbar und lassen sich von außen steuern. Es ist beispielsweise für komplexe Systeme wie Menschen und den Umgang mit ihnen unmöglich, eine endgültige »Bedienungsanleitung« zu schreiben und sie auf immer gleiche Weise gezielt zu beeinflussen. Die Begründung liegt darin, dass komplexe Systeme selbstorganisiert funktionieren. »Selbstorganisation« heißt, dass sich durch das Zusammenwirken der einzelnen Bestandteile Muster und Strukturen herausbilden, ohne dass diese von außen vorgegeben oder gesteuert werden. Man kann in komplexen Systemen nur Impulse setzen oder »Verstörungen« (Perturbationen) auslösen, aber keine linearen Beeinflussungen vornehmen. Was übrig bleibt, um auf Menschen – etwa in der Führung – Einfluss zu nehmen, ist eine ständige Abfolge des Beobachtens, des Bildens von Hypothesen, des Ausprobierens und erneuten Beobachtens.

Ein dritter Leitsatz systemischen Denkens könnte also lauten:
Bedenke, dass es keine endgültigen Handlungsanleitungen geben kann, die dir eigene Entscheidungen und die Verantwortung für dein Handeln abnehmen. Und wenn du für dich eine gute Handlungsleitung gefunden hast, muss sie nicht zwangsläufig auch für andere hilfreich sein.

Aufbauend auf diesen drei Leitsätzen kommt man zu einem weiteren Aspekt systemischen Denkens:

4. Einigungsprozesse

Das Beobachten und Beschreiben von Systemen und der Versuch, auf sie einzuwirken, ist keine Frage »richtiger« oder »falscher« Sichtweisen, sondern eine *gemeinschaftliche Aufgabe des Aushandelns und der Einigung,* bei der alle Beteiligten ihre Sichtweise gleichermaßen einbringen.

Ein vierter Leitsatz systemischen Denkens könnte also lauten:
Bedenke, dass es oft entscheidend ist, ob die Beteiligten ihre Beobachtungen und Beschreibungen miteinander teilen und bei dem Versuch, auf ein System einzuwirken, zusammenarbeiten.

5. Metakommunikation
Es ist immer wieder hilfreich, das eigene Beobachten und Beschreiben auf einer Metaebene zu reflektieren und darüber mit anderen Personen zu sprechen. Beobachtungen und Beschreibungen zweiter Ordnung und jede Form der Metakommunikation erweitern Perspektiven.

Ein fünfter Leitsatz systemischen Denkens könnte also lauten:
Bedenke, dass deine Beobachtungen und Beschreibungen aufgrund deiner Gewohnheiten, deiner Herkunft, deiner Ausbildung und anderer Aspekte deines Gewordenseins, blinde Flecken aufweisen. Beobachte dich selbst beim Beobachten und beschreibe, wie du beschreibst. Setze dich kritisch mit deinen Beobachtungen und Beschreibungen auseinander und pflege Formen der Metareflexion und Metakommunikation.

2.2.4 Was ist Lösungs- und Ressourcenorientierung?

Lösungsorientierung und Ressourcenorientierung sind sicherlich nicht die einzigen, aber aus systemischer Sicht wichtige und oft vernachlässigte Haltungen in der Führung von Mitarbeiterinnen und Mitarbeitern. Eine wichtige Unterscheidung, die für ihr Verständnis hilfreich ist, ist diejenige zwischen Problem und Lösung bzw. zwischen Problemsystem und Lösungssystem. Die Lösungen für einzelne Probleme bestehen nie linear und ausschließlich in einer »Bekämpfung von Problemen«, sie können sich auch auf ganz andere beobachtete Aspekte des Systems beziehen. Zur Lösung beitragen kann vor allem ein Bewusstmachen und Stärken vorhandener Ressourcen.

Statt des Versuchs, das Verhalten in einer bestimmten Situation zu verändern, können auch andere Aspekte der Situation verändert werden, wie Rahmenbedingungen, zeitliche Abläufe, Anforderungen oder die Bewertung der Situation. Anstatt beispielsweise eine Mitarbeiterin im Stahlwerk nach einem Beinahe-Unfall nachträglich zu schulen, ließen sich auch besonders risikoträchtige Arbeitsabläufe verändern. Mit Vorgesetzten, Kolleginnen und Kollegen kann erarbeitet werden, wie alle achtsamer für Unfallrisiken werden, es könnten weniger gefährliche Werkstoffe eingesetzt werden etc. Eine Sichtweise, die versucht, die Systemzusammenhänge zu erfassen und einzubeziehen, schafft grundsätzlich eine größere Fülle von Handlungsmöglichkeiten, als es eine alleinige Fixierung auf ein Problem und seine Behebung erlaubt.

Es stellt sich hierbei nicht nur die Frage nach einer Verknüpfung verschiedener Sichtweisen, sondern auch die Frage nach dem »relevanten System«. Allein schon dieses relevante System zu beschreiben, einzugrenzen und zu erweitern, eröffnet neue Sichtweisen und Handlungsmöglichkeiten. Neben materiellen Aspekten gehören auch immaterielle und fiktive Aspekte der Lebenswelt von Mitarbeitenden zum relevanten System. Zu den Elementen des relevanten Systems können alle möglichen Elemente und ihre Beziehungen untereinander gehören (Abbildung 7).

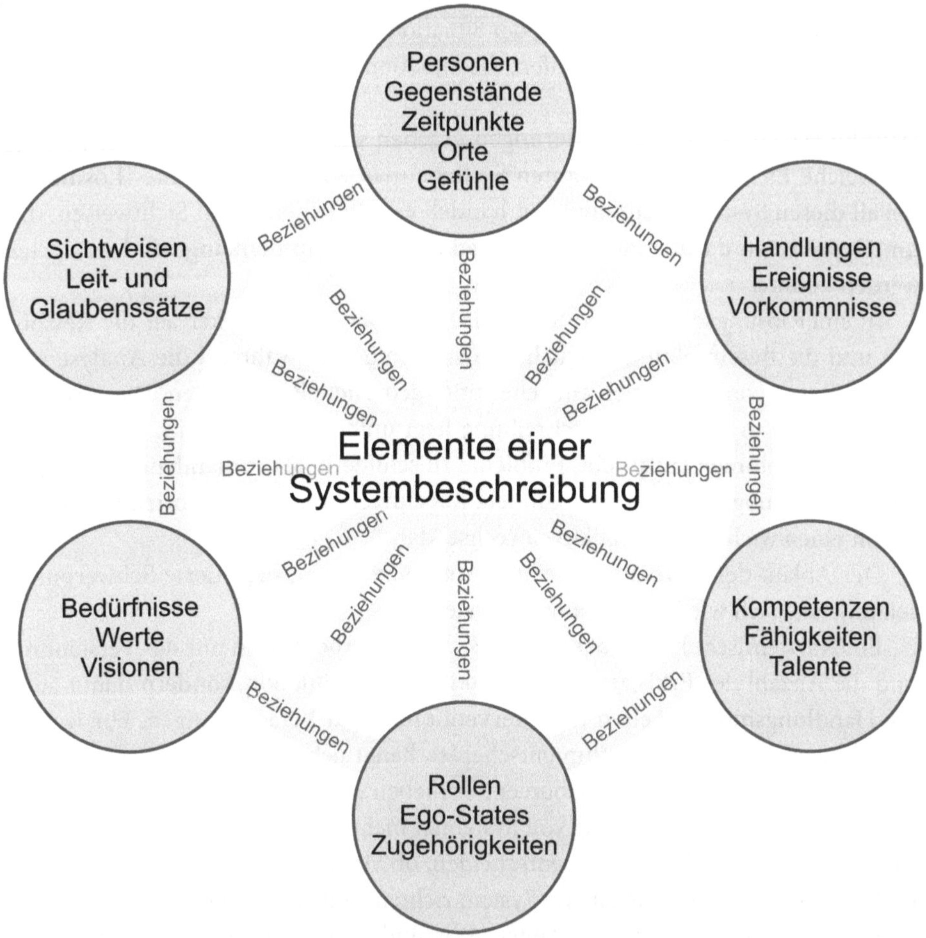

Abbildung 7: Mögliche Elemente einer Systembeschreibung

Alle diese Komponenten können als Beitrag zum Problem oder zur Lösung betrachtet werden. Jede Eingrenzung oder Erweiterung der Elemente des relevanten Systems kann daher für das Verständnis einer bestimmten Situation oder die Lösung eines Problems hilfreich sein. Neue Elemente führen unter Umständen zu Perspektivenwechseln und regen andere Problem- und Lösungsbeschreibungen an.

Zur Beschreibung und Exploration des relevanten Systems kann man wie folgt vorgehen:

- Aus allen möglichen Komponenten eines Systemzusammenhangs können zunächst diejenigen ausgesucht werden, die für eine Fragestellung oder ein Problem relevant sind (Relevanzfaktoren). Diese können aufgeteilt werden in diejenigen Komponenten,
- die zum Bestehen eines Problems beitragen (Probleme)
- und diejenigen, die dem Problem entgegenwirken, eine Alternative zum Problem darstellen, zu einer Verbesserung der Situation etwas beisteuern, eine Veränderung initiieren könnten oder die helfen, die Situation auszuhalten (Ressourcen).

Handlungsplanung und Veränderungen ergeben sich dann aus der Entscheidung, auf welche Elemente des relevanten Systems man einwirken möchte (Lösungen). Bei all diesen Systembeschreibungen handelt es sich lediglich um Sichtweisen, d. h. um Hypothesen darüber, wie etwas miteinander zusammenhängt und was getan werden könnte.

In einer lösungsorientierten Sichtweise wird der Fokus stärker auf die Ressourcen und die Beschreibung möglicher Lösungen gelegt, während die Analyse und Beschreibung von Problemen eine eher untergeordnete Rolle spielen. Diese Schwerpunktsetzung in der Systembeschreibung liegt unter anderem darin, dass es mehr unserer Gewohnheit entspricht, Probleme zu schildern, als vorhandene Ressourcen und Lösungsmöglichkeiten zu erkunden. Ressourcen- und Lösungsorientierung stellen oft einen wichtigen Perspektivenwechsel dar.

Der Ablauf der Systembeschreibung und eine lösungsorientierte Schwerpunktsetzung lässt sich wie in Abbildung 8 darstellen.

Eine (systemische) Veränderung der Sichtweise erhöht nicht nur das Verständnis und die Anzahl der Erklärungsmöglichkeiten einer Situation, sondern damit auch die Handlungsmöglichkeiten für Interventionen und Veränderungen. Für welche Handlungen man sich daraufhin entscheidet, hängt neben der Sichtweise auch von den eigenen Kompetenzen, Ressourcen, Vorlieben und vielen anderen Faktoren ab.

Es gibt bei der Beschreibung von Systemen mehrere Möglichkeiten der Fokussierung. Grundsätzlich können Sie entscheiden, ob Sie Ihr Augenmerk stärker auf das Problem und mögliche Defizite im System richten wollen oder auf die vorhandenen Ressourcen und Lösungsmöglichkeiten. Wir sind es eher gewohnt, uns an Problemfaktoren abzuarbeiten: Krankheiten werden geheilt, schlechte Kindheitserfahrungen werden aufgearbeitet, Familien wird in kritischen Situationen geholfen, gegen Leistungsmängel wird trainiert, man beschäftigt sich intensiv mit den Schwächen. Auch in der Wirtschaft liegt ein wichtiges Augenmerk auf der Behebung von Störquellen, dem Ausschalten von Fehlern und dem Beschwerdemanagement. Der Blick für Störungen, Mängel, Schwächen, Fehler und Defizite ist sehr gut entwickelt, der Blick für Stärken und Ressourcen weniger.

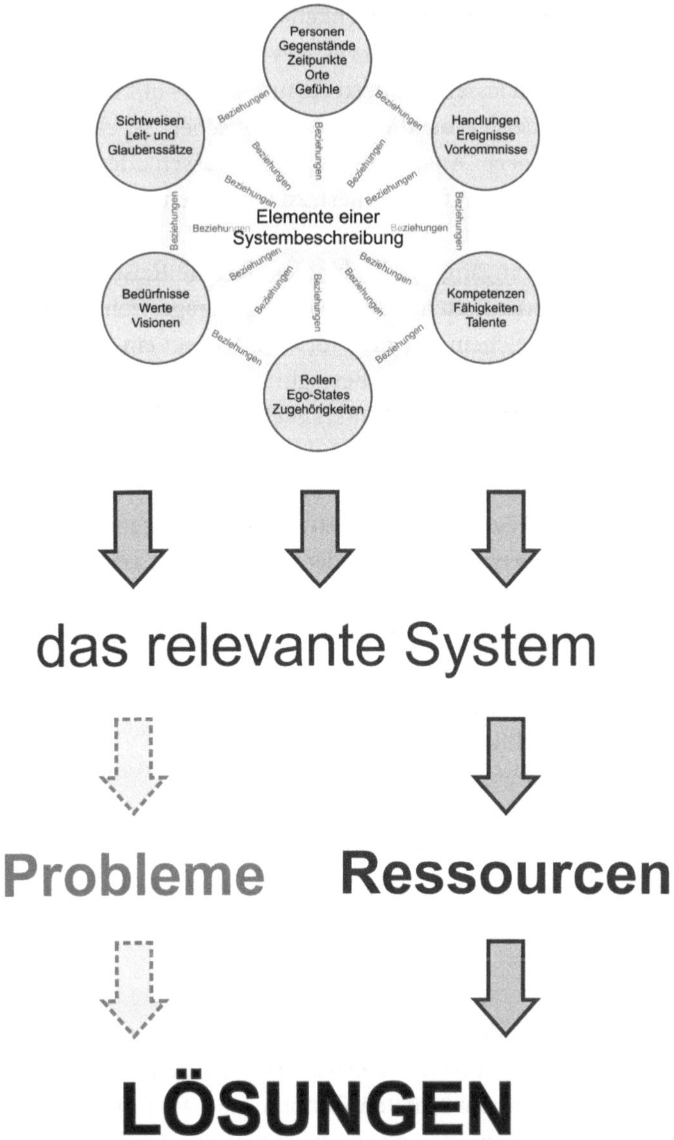

Abbildung 8: Systembeschreibung als problem- und lösungsorientierte Auswahl relevanter Elemente zur Entscheidung über Ansatzpunkte von Veränderung bzw. Stabilisierung (Lösung)

Dieser »Dreh in der Beobachtung« findet sich in vielen Disziplinen, z. B. unter dem Stichwort der Salutogenese (Gesundheitsentstehung). Es wird nicht geschaut, was krank macht – um diese Faktoren auszuschalten, sondern was gesund macht – um diese Faktoren zu bestärken (Antonovsky, 1997). Die Sichtweise einer »Schatzsuche statt Fehlerfahndung« (Schiffer, 2001), die Idee »von den Stärken auszugehen« (Eggert, 1997) oder der Perspektivenwechsel »vom Defizit zum Profizit« (Balgo, 1997) und von der »Ursachensuche zu systemischem Denken« (Lindemann, 2003) ist nicht neu und findet sich disziplinübergreifend. Hierbei geht es keinesfalls darum, Probleme zu ignorieren oder unbeachtet zu lassen, sondern darum, anders mit ihnen umzugehen und den Schwerpunkt von der Vermeidung problematischer Aspekte zur Stärkung hilfreicher Aspekte zu verlagern. Anstatt etwas zu unterlassen oder zu bekämpfen, steht im Vordergrund, etwas, das gut funktioniert, zu verstärken und nach Ausnahmen von beobachteten Problemen zu suchen.

Stellt man sich den Umgang mit Problemen als eine Reise vor, liegt der Schwerpunkt in dieser lösungsorientierten Sichtweise auf der Frage, wohin man reisen möchte, und nicht darauf, von welchem Ort man fortwill. Es liegt ein entscheidender Unterschied darin, ob man eine Lösung als »Bewegung auf etwas zu« (handeln, erreichen) oder als »Bewegung von etwas weg« (unterlassen, vermeiden) betrachtet (De Jong u. Berg, 1998, S. 131 f.; Andreas u. Faulkner, 2005, S. 62 ff.). Anstatt »Lasse dasse« zu formulieren, ist es viel hilfreicher »Tue dasse« zu beschreiben.

Wenn man sich primär zum Ziel setzt, etwas zu unterlassen, bleibt die Frage offen, was man denn *stattdessen* tun möchte. In der lösungsorientierten Gesprächsführung wird der Schwerpunkt der Beobachtung und Intervention bewusst auf Lösungen gelenkt, während die Probleme selbst weniger Beachtung finden und man »Problemsprache« möglichst vermeidet (De Jong u. Berg, 1998; Steiner u. Berg, 2005). Der Fokus liegt daher auf Aspekten wie:

- Ausnahmen von geschilderten Problemen,
- bisher erfolgreiche Strategien,
- gute Erfahrungen und Erfolge,
- vorhandene Fähigkeiten und Stärken,
- hilfreiche Personen (z. B. Freunde, Mentoren, Kolleginnen),
- Vorlieben und Neigungen,
- Wünsche und Visionen.

Der »Wirklichkeitsraum« der Wahrnehmung der beteiligten Personen wird durch Perspektivenwechsel und Austausch erweitert. Aus dem dadurch entstehenden »Möglichkeitsraum« aller beobachteten Faktoren und aller möglichen Handlungen werden diejenigen als »Lösungs- und Ressourcenraum« konkretisiert, die hilfreich erscheinen bzw. anschluss- oder konsensfähig sind. Die ausgewählten Ansatzpunkte für Handlungen und Veränderungen werden dann im »Handlungsraum« eingegrenzt und vereinbart. Mitarbeiterinnen und Mitarbeiter oder Kolleginnen und Kollegen »da abzuholen, wo sie stehen«, heißt demnach nicht, Veränderungsschritte als kompensatorische Maßnahmen hinsichtlich ihrer »Mängel« und »Unzulänglichkeiten« zu planen, sondern den Blick darauf zu lenken, mit welchen Fähigkeiten und Ressourcen sie es bis dorthin geschafft haben, welche Wünsche und Ziele sie für ihre weitere Entwicklung haben und welche Erfahrungen und Hilfestellungen sie hierbei unterstützen können.

2.2.5 Ein systemisches Menschenbild

Dass systemische Ansätze in Beratung, Therapie, Pädagogik und sozialer Arbeit in den letzten Jahren so großes Interesse erfahren haben, liegt auch an ihrem Menschenbild, das sich auf Stärken, Ressourcen und Lösungen konzentriert. Zudem wird auf Systemzusammenhänge und soziale Musterbildungen fokussiert, in denen eine lineare Zuschreibung von Ursachen im Sinne persönlicher Eigenschaften nicht mehr möglich ist. Persönliche Eigenschaften entwickeln sich immer als Selbst- und Fremdwahrnehmungen in konkreten Kontexten und sozialen Zusammenhängen. Um zu verstehen, in welchem Maße ein systemisches Menschenbild einen neuen Zugang zum Thema Führung ermöglicht, hilft es, sich zwei Grundannahmen in Erinnerung zu rufen, die wir in → **Kapitel 2.2 »Systemisches Denken und Lösungsorientierung«** erläutert haben:

- Das, was wir als Wirklichkeit erleben, ist niemals ein »objektiver« Niederschlag der Realität, sondern immer Resultat subjektiver Beobachtungen, die so, aber auch anders möglich sind.
- Die Art und Weise, wie wir Wirklichkeit konstruieren, wirkt auf die Wirklichkeit zurück.

Theorie X und Y

Es macht einen großen Unterschied, durch welche »Brille« wir auf den Menschen schauen. Diese Erkenntnis und ihre Auswirkungen auf Führung hat Douglas McGregor bereits 1960 in seiner führungsbezogenen Theorie X/Y formuliert, wobei seine Vorstellungen aber noch von einer eher linearen Beeinflussung und Wechselwirkung zwischen Führung und Geführten ausgehen (McGregor, 1970).

Eine Führungskraft, die Mitarbeitende als inkompetent und arbeitsunwillig ansieht, wird diese vermutlich eng führen, häufig kontrollieren, für Fehler kritisieren und sich insgesamt neutral bis abweisend ihnen gegenüber verhalten. Die Wahrscheinlichkeit ist hoch, dass sich die Mitarbeitenden durch diesen Führungsstil kontrolliert, unter Druck gesetzt, unfair behandelt, verunsichert und in der Gegenwart der Führungskraft eher unwohl fühlen. Infolgedessen werden sie wahrscheinlich versuchen, der Führungskraft aus dem Weg zu gehen, wenig nachfragen oder gar nicht eigenaktiv agieren. Die Verunsicherung kann auch dazu führen, dass die Mitarbeitenden häufiger Fehler begehen und diese nicht offenbaren, um Kritik und Abwertung zu entgehen. Wenn die Arbeit selbst auch noch als unangenehm und wenig motivierend empfunden wird, werden die Leistungen eher mittelmäßig ausfallen, schlimmstenfalls wird auf Dienst nach Vorschrift umgeschaltet. Unter Umständen entsteht ein überhöhter Konkurrenzkampf, da einige versuchen, sich durch bessere Leistung oder eine stärkere Anpassung hervorzutun. Vielleicht werden Mitarbeitende durch den erlebten Druck sogar krank, oder sie täuschen Krankheit vor, um sich der erlebten Abwertung zu entziehen.

Das Verhalten der Führungskraft führt also im Sinne einer sich selbsterfüllenden Prophezeiung dazu, dass Mitarbeitende das Bild der Führungskraft bestätigen. Dieser Teufelskreis »funktioniert« als selbstorganisierte Musterbildung, ohne dass sich die Führungskraft ihrer Grundannahmen bewusst sein muss. Dass ein anderes Führungsverhalten zur Folge haben könnte, dass sich auch die Mitarbeitenden anders verhalten, kommt nicht in den Blick.

Während dieses Negativmuster – das McGregor als »Theorie X« bezeichnet – in einen sich selbst bestätigenden Teufelskreis münden kann, führt eine positive Grundhaltung – »Theorie Y« – ebenfalls zu zirkulären Effekten, im besten Fall allerdings im positiven und stärkenden Sinne: Hält die Führungskraft Mitarbeitende für kompetent, engagiert und vertrauenswürdig, wird sie diese unterstützen, ihnen Verantwortung übertragen, positives Feedback geben, Fehler eher als Lernchance behandeln usw. Dadurch fühlen sich Mitarbeitende bestärkt und wertgeschätzt, was dazu führt, dass sie eigenverantwortlicher handeln, die Führungskraft bei Fragen und Unsicherheiten ansprechen und sich über das arbeitsvertraglich geschuldete Maß hinaus engagieren. Das positive Bild bestätigt sich ebenfalls als eine sich selbst erfüllende Prophezeiung.

■ Verhalten als Musterbildung

Beide Muster einer problem- oder ressourcenorientierten Wechselwirkung können sich hartnäckig im sozialen Miteinander festsetzen und werden durch wechselseitige Prozesse der Wahrnehmung und des Verhaltens aufrechterhalten. Einmal etabliert, sind solche Prozessmuster schwer zu verändern. Es ist auch denkbar, dass mit einigen Mitarbeitenden ein positiver Flow nach Theorie Y zustande kommt, mit anderen aber eine Zusammenarbeit des Misstrauens und der Abwertung nach Theorie X. Diese Wechselwirkungen können dann ganze Teams oder Abteilungen betreffen. Auch muss bedacht werden, dass jeder Mensch seine Erfahrungen aus früheren Zusammenhängen mit sich trägt. Wer längere Zeit ein bestimmtes Selbst- und Fremdbild erfahren hat, bringt dies auch in eine neue soziale Situation mit ein und reproduziert es gegebenenfalls dadurch. Das gemeinsam erzeugte Muster der Zusammenarbeit speist sich also immer auch aus dem, was Einzelne aus anderen Kontexten mitbringen und im geteilten Kontext zu Musterbildungen beitragen. Welches Prozessmuster dann in einem konkreten Arbeitsfeld entsteht, ist daher nicht allein durch die Führungskraft bestimmt. Eine einfache lineare Handlungsanweisung für Führungskräfte ergibt sich hieraus nicht. Es gilt daher, aufmerksam auf die Systemdynamik des Miteinanders zu schauen, immer auch vor dem Hintergrund des eigenen Beitrags, den man dazu leistet, dass ein Muster nach Modell X oder Modell Y entsteht.

Der systemische Ansatz geht nicht davon aus, dass der Mensch »gut« oder »böse« ist, sondern dass er das Potenzial sowohl für konstruktives als auch für destruktives Verhalten hat. Es liegt an der selbstorganisierenden Dynamik eines konkreten Umfelds, welche Denk- und Handlungsweisen sich im einzelnen Menschen und in ihrem sozialen Miteinander durchsetzen. Prinzipiell wird davon ausgegangen, dass jedes Systemverhalten einen Zweck erfüllt.

Für Führung und die Gesprächsführung in Führungskontexten bedeutet das, dass es häufig hilfreicher ist, den Blick auf das Positive zu richten. Das systemische Menschenbild geht davon aus, dass jede Mitarbeiterin und jeder Mitarbeiter über Kompetenzen, Ressourcen und Potenziale verfügt. Aufgabe der Führungskraft ist es, einen Kontext zu schaffen, die es den Mitarbeitenden ermöglicht, diese zu entdecken, zu verwirklichen und weiterzuentwickeln.

Kontextualisierung von Verhalten

Aus systemischer Sicht ist Verhalten immer nur in seinem jeweiligen spezifischen Kontext zu verstehen. Verhalten, das für sich betrachtet »verrückt« wirkt – wie z. B. Magersucht oder aggressives Verhalten – kann als sinnvolle Verhaltensantwort verstanden werden, wenn man die (oft unbewusste) Funktion betrachtet, die dieses Verhalten im System haben könnte (z. B. die Aufmerksamkeit der Eltern auf sich zu ziehen und diese damit von einer Trennung abzuhalten oder sich als selbstwirksam und machtvoll erleben zu können). Der Mensch erscheint in einem systemischen Verständnis eher als Symptomträger einer Dynamik, die im System entsteht. Ansatzpunkte für Veränderungen können daher an vielen verschiedenen Stellen gefunden werden und nicht nur bei der Person, die durch ihr Verhalten auf eine belastende Systemdynamik aufmerksam macht.

Für das Verhalten in Organisationen bedeutet dies: Problematisch erscheinende Verhaltensweisen können – je nachdem, für welche Beobachtungsperspektive wir uns entscheiden – der Persönlichkeit, dem sozialen Miteinander oder dem Kontext zugeschrieben werden. Gleiches gilt natürlich auch für erwünschte Verhaltensweisen und Leistungen.

Im *ersten Fall* muss der Mitarbeitende bei unerwünschtem Verhalten »verändert«, »auf Spur gebracht« bzw. »therapiert« oder »ausgeschlossen« werden. Dann fallen Sätze wie »Sie müssen an Ihrer Haltung arbeiten!«, »Ich denke, da ist eine Nachschulung fällig!« oder »Sie sollten sich mal überlegen, ob dieser Arbeitsplatz wirklich der richtige für Sie ist!«

Im *zweiten Fall* würde man genauer schauen, wie bestimmte Verhaltensmuster kommunikativ entstehen und aufrechterhalten werden. Eine Veränderung läge in einer Thematisierung, Reflexion und der gezielten Einführung von Musterunterbrechungen.

Im *dritten Fall* – also bei der Zuschreibung auf den Kontext – würde man untersuchen, welche Rahmenbedingungen verändert werden könnten, um das unproduktive Muster zu unterbrechen (z. B. veränderte Stellenbeschreibungen, klarer definierte Prozesse, Umgestaltung des Arbeitsplatzes).

Mit einem systemischen Menschenbild sind eindeutige, lineare Zuschreibungen von Ursache-Wirkungsbeziehungen oder gar Schuldzuweisungen nicht vereinbar. Es müssen immer die Beziehungsdynamik und die zahlreichen Wechselwirkungen in komplexen Systemen mitbedacht werden.

Zusammenfassend lässt sich sagen:

- Der systemische Blick sensibilisiert dafür, dass unser Bild von einem Menschen erst einmal *unsere eigene Wahrnehmung ist, die nicht die Person zeigt, so wie sie »wirklich« ist.*
- Der Blick auf das Positive, d. h. auf Stärken, Ressourcen, Potenziale, ist oftmals konstruktiver als der Blick auf das Negative, d. h. auf Fehler, Schwächen, Persönlichkeitsdefizite. Das ist auch deshalb wichtig, weil wir oft unbewusst so handeln, dass sich unser Bild in der Wirklichkeit bestätigt. Es können sich selbst erfüllende Prophezeiungen entstehen, in denen sich negative Zuschreibungen verstärken und Differenzen sowie Probleme zunehmen.
- Verhalten ist kontextabhängig, d. h. wer Verhalten (z. B. im Rahmen seiner Führungsrolle) verändern will, darf den Kontext nicht außer Acht lassen und muss ihn eventuell mitverändern, damit Verhaltensänderungen möglich werden.

2.2.6 Die Grundhaltung systemisch-lösungsorientierter Gesprächsführung

Allen Gesprächsführungskonzepten liegen spezifische Grundhaltungen zugrunde, die vor allem die Gestaltung der Beziehung zwischen der gesprächsführenden, moderierenden Person und den anderen Gesprächsbeteiligten beschreiben sollen. Die »systemische Haltung« ist als feststehender Begriff vor allem aus dem Kontext von Beratung, Coaching, Therapie, Supervision und Organisationsberatung bekannt (König u. Vollmer, 2000, S. 256–266; Schwing u. Fryszer, 2006; S. 30; von Schlippe u. Schweitzer, 2012, S. 199–211; Hanswille, 2016, S. 25 ff.).

Sie treten in Ihrer Gesprächsführung jedoch als Führungskraft in Erscheinung und nicht als externe Beratung. Sie sind selbst Teil der Organisation, in der Sie Gespräche führen und haben dort zudem eine besondere Rolle, die oft auch strukturell und hierarchisch mit Entscheidungsmacht und Weisungsbefugnissen ausgestattet ist. Sie sind als Führungskraft interessengeleitet selbst in Arbeitsprozesse involviert und von Entscheidungen betroffen. Die für externe Beratung wichtige Neutralität lässt sich daher nicht ohne Weiteres auf Führungskräfte übertragen.

Aspekte systemisch-lösungsorientierter Haltung

Eine systemische Haltung bietet für den Kontext Führung dennoch einige hilfreiche Anregungen bezogen auf die Kontakt- und Beziehungsgestaltung. Sie bezieht sich auf die grundlegende Akzeptanz verschiedener Perspektiven und Systembeschreibungen sowie auf eine Orientierung an Lösungen und Ressourcen. Hieraus lassen sich einige pragmatische Orientierungen für die Haltung von Führungskräften ableiten:

- **Nicht-Wissen und Neugier**

Will man die Systembeschreibungen und Wirklichkeiten anderer Personen kennenlernen, ist eine zuhörende, fragende und explorierende Grundhaltung hilfreich. Hierbei sollte der Fokus auf Lösungen und Ressourcen gelegt werden, nicht auf Probleme und Hindernisse. Grundsätzlich verfügen wir nur über Hypothesen, auf die wir uns bestenfalls mit anderen einigen können, aber es gibt keine absoluten Wahrheiten.

- **Kontext- und Diversitätssensibilität**

Bei allen Wahrnehmungen, Erzählungen und Systembeschreibungen sollte Beachtung finden, dass diese immer in einem erweiterten bzw. erweiterbaren Kontext stattfinden und aus verschiedenen Blickwinkeln ganz unterschiedlich erscheinen.

- **Annahme und Wertschätzung**

Auch wenn man die Welt anders sieht, Systeme anders beschreibt, so kann man doch für alles, was andere Menschen tun und sagen, gute Gründe unterstellen.

- **Würdigung zirkulärer und nicht-linearer Wechselwirkungen**

Alle Interaktionen finden in Wechselwirkungen statt und entfalten eine nicht-lineare Dynamik. Prozesse der Selbstorganisation sollten gewürdigt werden, der Versuch, sie zu steuern, ist oft zum Scheitern verurteilt.

- **Lösungs- und Ressourcenorientierung**

Bei der Bearbeitung von Themen, dem Erreichen von Zielen und der Führung von Menschen ist eine lösungs- und ressourcenorientierte Haltung hilfreich. Sie stärkt die beteiligten Personen und fokussiert auf die Anwesenheit, nicht auf die Abwesenheit notwendiger Aspekte der Systemgestaltung.

Spannungsfelder systemisch-lösungsorientierter Haltung

Um sich als Führungskraft authentisch und zielführend auf der Grundlage einer systemischen Haltung bewegen zu können, müssen hierbei mehrere Spannungsfelder reflektiert werden. Diese Spannungsfelder ergeben sich daraus, dass man von dem System, in dem man agiert, nicht unabhängig ist.

- **Spannungsfeld 1: Freiwilligkeit und Verpflichtung**

Bestenfalls nehmen die Beteiligten an einem Gespräch freiwillig teil. Sie wollen etwas klären und haben ein Anliegen. Oft besteht aber auch eine Verpflichtung, etwa bei Besprechungen mit Kolleginnen oder in Team-Meetings. Nicht zuletzt ist die Person, die die Gesprächsführung übernimmt, oft selbst dazu verpflichtet, ein Gespräch zu führen, sie kann diesen »Auftrag« nicht ohne Weiteres ablehnen.

- **Spannungsfeld 2: Allparteilichkeit und Parteilichkeit**

Aus einer systemischen Perspektive sollen Sie gegenüber allen Beteiligten gleichermaßen Verständnis zeigen, ohne Partei zu ergreifen. Eine derart neutrale Haltung ist in einem Handlungsfeld, in dem man selbst tätig ist und auch noch Führungsverantwortung hat, aber oft nur schwer einzunehmen. Vor allem, wenn man eigene Ziele verfolgt und einen klaren Auftrag hat, etwa falls es darum geht, für bestimmte Produktionsziele oder Werte einzustehen, oder sollte es eine Fürsorgepflicht oder Weisungsbefugnis, beispielsweise gegenüber Mitarbeiterinnen und Mitarbeitern, bestehen. Die Kunst liegt darin, Allparteilichkeit zu zeigen, wo diese auch authentisch vorhanden sein kann, und Partei zu ergreifen, wo dies notwendig ist. Häufig ist es schon ausreichend, diese beiden unterschiedlichen Haltungen klar voneinander zu trennen und zu markieren, in welchen Bereichen man parteiisch ist, gegebenenfalls sogar sein muss und worin diese Parteinahme besteht. Hierbei transparent und authentisch zwischen verschiedenen Rollen wechseln zu können, stellt eine wichtige Kompetenz für Führungskräfte dar.

- **Spannungsfeld 3: Wertfreiheit und Wertung**

Aus einer systemischen Haltung heraus sollte die gesprächsführende Person mit jeglicher Form von Wertung sehr zurückhaltend sein. Wertungen von Gesprächspartnerinnen und -partnern können wahrgenommen, visualisiert, aufgegriffen und in den Gesprächsprozess einbezogen werden. Eigene Wertungen sollten aber so wenig wie möglich vorgenommen werden. Sind Sie als Führungskraft jedoch inhaltlich und strukturell in die zu besprechenden Themen involviert, kommen Sie um die Äußerung eigener Wertungen nicht herum: sei es als fachverantwortliche Person, Vertretung der Organisation oder bei der Schilderung persönlicher Beobachtungen und Handlungsideen. In dieser Mehrfachrolle als Gesprächsführung und als Führungskraft, die in Entscheidungen und Konsequenzen involviert ist, sollten Sie zwischen wertfreier Gesprächsführung und fachlicher Wertung wechseln können.

- **Spannungsfeld 4: Unabhängigkeit und Abhängigkeit**

Systemische Gesprächsführung ist im besten Fall möglichst unabhängig von etwaigen Auftraggeberinnen und Auftraggebern. Dies ist im Kontext von Organisation und Führung in der Regel nicht gegeben, da Führung unternehmensgebundene Aufträge gegenüber Mitarbeitenden zu vertreten hat. Mitarbeitende, aber auch Kundinnen und Kunden, Zulieferer und Kooperationspartnerinnen, befinden sich oft in einem engeren Abhängigkeitsverhältnis. Immer wenn Ihr Gegenüber auf Ihr Wohlwollen oder Ihre Unterstützung angewiesen ist, um die eigene Arbeit zufriedenstellend erledigen zu können, und diese Person das Abhängigkeitsverhältnis nicht ohne große Nachteile beenden kann, findet Ihre Gesprächsführung nicht in einem Rahmen eines offenen Austausches, sondern einem der Abhängigkeit statt. Dies kann gegebenenfalls transparent kommuniziert werden, um bestehende Abhängigkeitsverhältnisse zu reflektieren.

- **Spannungsfeld 5: Augenhöhe und Hierarchie**

Gespräche als gleichberechtigte Fachpersonen auf Augenhöhe zu führen, stellt in vielen Fällen einen zu erfüllenden Anspruch der Gesprächsführung dar. Aber weder in Gesprächen mit Teammitgliedern, Kundinnen und Kunden noch mit externen Kooperationspartnern befindet man sich strukturell auf Augenhöhe. Auch zwischen Kolleginnen und Kollegen gibt es die verschiedensten hierarchischen Verhältnisse, etwa bezogen auf die Position im Unternehmen, die Dauer der Zugehörigkeit oder dem Zugang zu Ressourcen. Gegenüber einer externen Gesprächsführung besteht ein derartiges Hierarchiegefälle nicht in diesem Maße. Auch hier gilt das Prinzip der Transparenz: Es sollte deutlich gemacht werden, in welchen Bereichen man »auf Augenhöhe« verhandelt, gemeinsam plant und Ideen austauscht und in welchen Bereichen man das Gegenüber lediglich um eine Meinung oder einen Vorschlag bittet, eine Entscheidung aber unabhängig von ihm fällen möchte.

- **Spannungsfeld 6: Interdisziplinarität und Fachlichkeit**

Als unabhängige Person ist es leicht, ohne fachliche Vorbehalte einen interdisziplinären Austausch anzuleiten. Sie können gänzlich die Verantwortung für die Gestaltung des Gesprächsprozesses übernehmen, ohne sich für Inhalte zuständig fühlen zu müssen. Als Führungskraft sind Sie aber oft, ebenso wie andere am Gespräch beteiligte Personen, auch fachkundig. Das bedeutet für Ihre Gesprächsführung immer auch, dass die eigene Fachlichkeit Sie gedanklich beschäftigt und dass Sie von anderen Beteiligten hinsichtlich Ihrer Profession wahrgenommen werden (»Sie als Fachfrau …«, »Sie als Vertreter der Firma …«, »Sie als Ingenieurin …«). Sie müssen in der Gesprächsführung also Balance zwischen einer fachlich-inhaltlichen Beteiligung und einer eher neutralen, prozessorientierten Moderation und Gesprächsführung meistern.

- **Spannungsfeld 7: Prozessverantwortung und Ergebnisverantwortung**

Als Gesprächsführung sind Sie für die Gestaltung des Gesprächsprozesses verantwortlich. Kurz gesagt: Sie haben für die Einhaltung der Regeln und Abläufe Sorge zu tragen. Sie können als Gesprächsführung Phasen starten, steuern und stoppen. Sie können unterbrechen, abbremsen und zusammenfassen. Sie strukturieren und visualisieren. Sie können auch loben, ermutigen und ermahnen. Als Gesprächsführung sind Sie aber nicht verantwortlich für die Ergebnisse und auch nicht für das Verhalten der anderen Anwesenden.

Als Führungskraft bringen Sie auch eigene Themen in das Gespräch ein, vertreten eigene Ziele oder müssen dazu beitragen, dass Ziele der Organisation erfüllt werden. Eine ergebnisoffene Gesprächsführung, also ohne vorher bereits anvisierte Resultate, ist Ihnen daher nicht ohne Vorbehalte möglich. Die Kunst einer Gesprächsführung bei eigener inhaltlicher Expertise und Involviertheit besteht darin, an den entsprechenden Stellen des Gesprächs die eigenen Ideen und Vorschläge einzubringen und auf Vorgaben und Zielkonflikte hinzuweisen. Eine Selbstklärung und darauffolgende Transparenz über die eigenen Interessen und über die Position, die man zu einem bestimmten Thema einnehmen möchte, ist hierbei hilfreich.

- **Spannungsfeld 8: Ressourcenorientierung und Ressourcenverantwortung**

Der systemische Blick auf Ressourcen und die Orientierung an Lösungen ist nicht nur eine Frage der Haltung, sondern auch der Form der Gesprächsführung. Eine besondere Herausforderung bei der Gesprächsführung durch Führungskräfte besteht, falls Sie selbst auch für die Zuweisung oder Bereitstellung von Ressourcen zuständig sind. Im Hintergrund eines Gesprächs über vorhandene und benötigte Ressourcen wird daher oft auch der Auftrag an die Führungskraft mitverhandelt, diese zu organisieren.

Eine externe Gesprächsführung hat es hier einfacher, da sie den Ball der Verantwortung für Ressourcen und deren Beschaffung immer wieder an die Personen im System zurückspielen kann. Das bezogen auf Führungskräfte angesprochene Ressourcenverantwortungsdilemma ändert nichts an der ressourcen- und lösungsorientierten Grundhaltung, die für eine erfolgreiche Gesprächsführung hilfreich ist. Sie erfordert aber ein viel höheres Maß an Wachsamkeit und Transparenz. Die gesprächsführende Führungskraft sollte bei der Suche nach Lösungen und der Definition notwendiger Ressourcen immer auch ihre eigene Rolle bei der Bereitstellung von Ressourcen thematisieren.

Zusammenfassend kann man sagen: Eine externe, unabhängige Gesprächsführung hat es in einigen Punkten leichter als Personen, die selbst Mitglieder des Systems sind und zudem auch noch Führungsverantwortung tragen. Diese haben in der Regel immer mehrere Rollen und Verantwortungen einzunehmen: Gesprächsführung, Prozessverantwortung und Fachverantwortung. Sich die eigenen Rollen und Verantwortungen bewusst zu machen, ist schon ein erster Schritt zu einer erfolgreichen Gesprächsführung.

Übung 1: Meine Grundhaltungen

Stellen Sie die Grundhaltungen in einer Tabelle gegenüber. Notieren Sie für sich, worin sich die Grundhaltungen in Ihrem praktischen Handeln zeigen.

- Gibt es weitere Grundhaltungen und Spannungsfelder, die Sie ergänzen würden?
- Was genau tun Sie, wenn Sie die eine oder andere Seite berücksichtigen?
- Haben Sie Ideen dazu, wie Sie beide Seiten berücksichtigen können, ohne sich zu »verbiegen«?

2.3 Eine systemische Sicht auf Führung

Gespräche professionell führen zu können, ist eine zentrale Führungskompetenz. Kompetenz besteht darin, Wissen (z. B. über Kommunikationsmodelle) und Können (z. B. die Beherrschung der in diesem Buch dargestellten Gesprächsführungstechniken) im jeweiligen Kontext adäquat anzuwenden. Professionelle Gesprächsführung bedeutet für Erzieherinnen und Erzieher in einer Kindertagesstätte etwas ganz anderes als für Therapeutinnen und Therapeuten, Versicherungsvertreterinnen und -vertreter – oder eben für Führungskräfte in einer Organisation. Führung ist nicht losgekoppelt von Kontexten und Beziehungen. Führung *dient* zu etwas, sowohl bezogen auf die Organisation als auch auf ihr Umfeld, sowohl bezogen auf Führende als auch auf Folgende. Dies gilt auch in Kontexten, in denen Führen und Folgen nur situativ oder punktuell einzelnen Personen zugeordnet werden kann bzw. in denen sich die Grenzen zwischen Führen und Folgen zunehmend auflösen.

Die Frage, was »gute« Gesprächsführung in der Führungsrolle bedeutet, beinhaltet die Frage, was »gute Führung« eigentlich ist. Die Bewertung »gut« und das Verständnis von »guter Führung« hängen von mehreren Faktoren ab. Vor allem von der Frage: »gut wofür?« bzw. »gut für wen?« Für die Gesprächsführung in der Führungsrolle kann es aus systemischer Perspektive keinen einfachen Maßstab und kein Patentrezept geben, das nicht den jeweiligen Kontext reflektiert.

Aus systemischer Sicht lässt sich die Frage nach »guter Führung« je nach subjektiver Perspektive, wissenschaftlichem Standpunkt, Branche, gesellschaftlichem, kulturellem und zeitgeschichtlichem Kontext sehr unterschiedlich beantworten. Das Entstehen »blinder Flecken«, im Sinne einer kulturell und sozial begrenzten Sichtweise, ist hierbei unausweichlich. Die Wertung, was »gute Führung« ist, gibt vielmehr Auskunft über die Beschreibenden, ihre Sichtweisen und Gewohnheiten, als über das Beschriebene.

In diesem Kapitel geben wir daher konsequenterweise keine Antworten auf das, was Führung ist. Stattdessen setzen wir uns mit der Frage auseinander, woran Sie feststellen können, was »gute Führung« in Ihren gesellschaftlichen und organisationalen Kontexten bedeutet, was »gute Führung« für Sie persönlich gemessen an Ihren Werten ausmacht und welche Faktoren diese Bewertung beeinflussen.

2.3.1 Kontextfaktoren von Führung

Wozu ist es wichtig, Kontextfaktoren auszudifferenzieren? Ein simples Beispiel soll dies verdeutlichen: Für die Führung einer Schicht in einer Stahlfabrik im Zeitalter der Industrialisierung in Berlin werden andere Kompetenzen und Handlungen benötigt als für die Führung von ehrenamtlich Mitarbeitenden einer Unterkunft für Geflüchtete in einer deutschen Kleinstadt im Jahr 2017 oder für die Führung eines virtuell arbeitenden Teams einer global operierenden IT-Firma 2022. Viele Kontextfaktoren sind entscheidend für die Anforderungen, die an Führung in einem spezifischen Kontext gestellt werden.

Mit einer systemischen Sichtweise auf Führung ist aber nicht nur das direkte Umfeld gemeint, in dem Führung stattfindet. Neben diesem Blick auf den direkten Führungskontext ist es hilfreich, die Rahmenbedingungen weiter zu fassen und auch die Systembezüge außerhalb des direkten Umfeldes von Führungshandeln in den Blick zu nehmen. Darunter fallen Zeit und Raum, Wirtschafts- oder Dienstleistungssektor, gesellschaftliche Rahmenbedingungen, wie Wirtschaftssystem, Politik, Recht etc., andere Menschen, Gruppen und Organisationen mit ihren jeweils eigenen Interessen.

Kontextfaktor Zeit, Zeitgeist und Zeitgeschehen

Das Führungsverständnis hat sich im Laufe der Zeit mehrfach gewandelt. Was unter »guter Führung« verstanden wird, hängt mit dem Zeitgeist, Moden und Gewohnheiten im Betrachtungszeitraum zusammen. Das Selbstverständnis im Umgang zwischen Menschen unterschiedlicher Herkunft und von unterschiedlichem Stand hat sich verändert.

Heute ist es kaum mehr vorstellbar, dass es hierzulande bis 1977 selbstverständlich war, dass Frauen nur mit der Zustimmung ihres Ehemannes erwerbstätig sein durften. Bestrafung und Züchtigung galt in der Erziehung von Kindern, gegenüber Ehefrauen, aber auch im Betrieb und in der Fabrik gegenüber Lehrlingen und Arbeitern als angemessen. Unterschiede in Aspekten von Macht und Wohlstand wurden zu anderen Zeiten offen zur Schau gestellt. Heute gehören Gleichstellung und Partizipation zum guten Ton, Diversität wird gefördert.

Kontextfaktor Standort (Gesellschaftssystem, politisches System, Rechtssystem, Finanzsystem, Bildungssystem, Gesundheitssystem)

Neben der Zeit spielen für das Führungsverhalten auch alle regionalen Kontextfaktoren eine wichtige Rolle. Führung in einem urbanen Start-up muss anders gestaltet werden als in einer ländlich gelegenen Fabrik. In welchem Wirtschaftsraum befindet sich das Unternehmen? Wie gestaltet sich das politische System, das Rechts- und Finanzsystem, das Bildungssystem in den Ländern, in denen das Unternehmen ansässig ist? Welche kulturellen oder religiösen Besonderheiten sollten Sie kennen und beachten? Welche Beteiligung und Beteiligungsformen sind die Mitarbeitenden gewohnt? Ist es üblich, die eigene Meinung zu vertreten? Ist es für die Mitarbeitenden üblich, sich Autoritäten unterzuordnen?

Kontextfaktor Stakeholder und Märkte

Bei diesem Kontextfaktor geht es um die vielen divergierenden Interessen, die eine Führungskraft im Blick haben und die sie in ihre Handlungsplanung einbeziehen sollte. Welche Gruppen und Einzelpersonen erwarten was von Ihrer Organisation und von Ihnen als deren Repräsentantin? Was erwarten Kunden, Zulieferer, Aktionärinnen, Kooperations- und Netzwerkpartnerinnen, die Mitarbeitenden, der Betriebsrat etc.? Eine Stakeholder-Analyse könnte Ihnen bei der Handlungsplanung dienlich sein. Wer hat welche Interessen und welche davon sind für die Organisation prioritär zu behandeln? Wie möchten Sie sich in dem Spannungsfeld der Interessen bewegen? Wie können Sie verhindern, dass Sie sich im Spannungsfeld divergierender Interessen und Erwartungen aufreiben?

Kontextfaktor Sektor und Branche

In einer Behörde wird anders geführt als in der Fleischverarbeitungsindustrie, in einer IT-Firma oder einem Architekturbüro. Führung in einer Kindertagesstätte muss anders gestaltet werden als in einer Bank, bei der Polizei oder in einem Wasserkraftwerk. Führung in einer agilen, soziokratisch geführten Organisation braucht eine völlig andere Vorgehensweise als in einem hierarchischen Kontext.

Je nach Branche sind befristete Verträge, Leiharbeit und der Einsatz von Freelancern üblich, Festanstellungen »auf Lebenszeit« gibt es fast nur noch in der Verwaltung und im öffentlichen Dienst. Trotz Übereinstimmungen in zeitlichen und räumlichen Kontextfaktoren zeigen sich branchenspezifisch sehr divergierende Organisationsformen und Führungsstile. Führung unterscheidet sich in den Sektoren Dienstleistung, Handel, Industrie und Landwirtschaft, ebenso im öffentlichen Dienst, in Verwaltung und Privatwirtschaft. Überall gelten andere spezifische Regeln, Bezahlungssysteme und rechtliche Rahmenbedingungen.

Kontextfaktor Organisation und Organisationskultur

Frederic Laloux (2015) hat in seinem vielbeachteten Buch »Reinventing organizations« verschiedene Entwicklungsstufen von Organisationen beschrieben, die eine jeweils unterschiedliche Art der Führung verlangen (Tabelle 1). Doch auch innerhalb derselben Organisation können lokal unterschiedliche Führungsstile gefordert sein.

Zum organisationalen Rahmen gehören auch die Instrumente und Verfahren, die festlegen, wie Führung in der betreffenden Organisation gestaltet sein soll (z.B. Führungsgrundsätze, Aufgabenbeschreibungen der Führungsebenen, Mitarbeitergespräche, Führungsfeedback).

Tabelle 1: Entwicklungsstufen von Organisationen (nach Laloux, 2015, S. 36f.)

Organisationstypen	Beispiele heute	Wichtige Durchbrüche	Bestimmende Metapher
Traditionelle konformistische Organisationen *Merkmal:* Es gibt stark formalisierte Rollen innerhalb einer hierarchischen Pyramide, Anweisung und Kontrolle funktioniert von oben nach unten (was wie geschieht), Stabilität ist der höchste Wert und wird durch exakte Prozesse gesichert, die Zukunft ist die Wiederholung der Vergangenheit.	▪ Katholische Kirche ▪ Militär ▪ Regierungsbehörden ▪ Öffentliches Schulsystem	▪ Formale Rollen (stabile und skalierbare Hierarchien) ▪ Prozesse (langfristige Perspektiven)	▪ Armee

Organisationstypen	Beispiele heute	Wichtige Durchbrüche	Bestimmende Metapher
Moderne leistungsorientierte Organisationen *Merkmal:* Das Ziel ist, besser zu sein als die Konkurrenz, Profite zu erwirtschaften und zu expandieren. Durch Innovation kann man an der Spitze bleiben. Management durch Zielvorgaben (Anweisung und Kontrolle bei dem, was getan wird; Freiheit dabei, wie es getan wird).	▪ Multinationale Unternehmen ▪ Privatschulen (Charterschulen)	▪ Innovation ▪ Verlässlichkeit ▪ Leistungsprinzip	▪ Maschine
Postmoderne pluralistische Organisationen *Merkmal:* Innerhalb der klassischen Pyramidenstruktur liegt der Fokus auf Kultur und Empowerment, um eine herausragende Motivation der Mitarbeitenden zu erreichen.	▪ Kulturorientierte Organisationen (z. B. Southwest Airlines, Ben & Jerry's)	▪ Empowerment ▪ Werteorientierte Kultur ▪ Berücksichtigung aller Interessengruppen (Stakeholder-Modell)	▪ Familie

2.3.2 Handlungsfelder, Rollen und Aufgaben von Führung

Nachdem wir relevante Kontextfaktoren benannt haben, definieren wir im Folgenden Handlungsfelder, Rollen und Aufgaben von Führung. Diese Zuordnung ist unseres Erachtens als Ordnungssystem nützlich, da eine Führungskraft eine Fülle unterschiedlicher Aufgaben zu erledigen hat, die jeweils die Annahme spezifischer, damit verbundener Rollen bedeuten.

Wir halten folgende sechs Handlungsfelder für Führungskräfte relevant (Malik, 2014; Drucker, 2007; Yukl, 2012; Quinn u. Rohrbaugh, 1983; van Dick u. West, 2005, S. 28 f.; Seliger, 2014, 2021):

1. **Vision**
   Führungskräfte müssen hinter der Vision ihres Unternehmens stehen und sich aktiv daran beteiligen, diese weiterzuentwickeln.
2. **Strategie**
   Führungskräfte müssen die Anpassung der Organisation und ihrer Ziele an eine sich verändernde Umwelt sicherstellen. Strategien müssen die organisationalen Kontexte vorausdenkend adaptieren und auf eine Optimierung oder Neuausrichtung der Arbeitsprozesse ausgerichtet sein.

3. **Entscheidung**
   Führungskräfte müssen dafür sorgen, dass Entscheidungen getroffen werden, die die Erreichung der Ziele und die Umsetzung der Strategien unterstützen.
4. **Motivation**
   Führungskräfte müssen sicherstellen, dass sich die Organisationsmitglieder in ihrem Handeln an den Zielen und Strategien der Organisation ausrichten und dass sie ihre Energie und Aufmerksamkeit für diese zur Verfügung stellen.
5. **Personalentwicklung**
   Sie müssen die Mitarbeiterinnen und Mitarbeiter bei der Aufgabenerfüllung unterstützen (dazu gehört fachliche Anleitung, Beratung und die Weiterentwicklung ihrer persönlichen, fachlichen und sozialen Kompetenzen).
6. **Repräsentation**
   Führungskräfte müssen ihr Team, ihre Abteilung, ihr Unternehmen nach innen und außen vertreten.
7. **Kontrolle und Beurteilung**
   Führungskräfte müssen ihre Mitarbeitenden und deren Arbeitsleistung im Blick haben und die Qualität der Arbeitsergebnisse verantworten.

Diese sechs Handlungsfelder von Führung sind mit unterschiedlichen Rollen und Aufgaben verbunden (Tabelle 2).

Tabelle 2: Handlungsfelder, Rollen und Aufgaben von Führung

Handlungsfeld von Führung	Rollen von Führung	Führungsaufgaben
1. Vision	Visionärin, Querdenker	Umweltentwicklungen beobachten, Märkte erschließen, Visionen entwickeln
2. Strategie	Organisatorin, Reformer, Strategin, Planer, Verhandlungsführerin	Strategien formulieren, Arbeitsprozesse strukturieren, Veränderungsbedarfe beobachten, Change-Prozesse einleiten
3. Entscheidung	Entscheiderin, Moderator	Entscheidungen treffen, Entscheidungsverfahren definieren, Entscheidungsfindung anleiten
4. Motivation	Inspiratorin, Sinnstifter, Vorgesetzte	Gemeinsame Sinnsuche, auf Zielerreichung achten, Leistung fördern und fordern, loben und ermutigen
5. Personalentwicklung	Unterstützer, Beraterin, Coach, Konfliktmanagerin, Mentor	Mitarbeitende in ihrer fachlichen, persönlichen und sozialen Entwicklung unterstützen, Wissen weitergeben, Lernräume gestalten

Handlungsfeld von Führung	Rollen von Führung	Führungsaufgaben
6. Repräsentation	Repräsentantin, Sprecher, Vertreterin	Gesicht zeigen, das Team oder die Abteilung vertreten, ansprechbar sein, Verantwortung für Ergebnisse übernehmen
7. Kontrolle und Beurteilung	Kontrolleur, Qualitätsbeauftragte, Aufsicht	Informiert sein, überprüfen, bewerten, monitoren

Die Aufgaben in den Handlungsfeldern bedingen sich wechselseitig. Müssen z. B. Entscheidungen getroffen werden und Sie möchten die Mitarbeitenden ernsthaft an diesen Prozessen beteiligen, so ist eine Kultur der Partizipation notwendig. Die attraktivste unternehmerische Vision hat keine Chance auf Realisierung, wenn die Mitarbeitenden mit ihrer eigenen Motivation und ihren individuellen Zielen nicht an diese Vision anknüpfen können.

In dieser Aufgaben- und Rollenvielfalt lässt sich nicht mehr von »der Führungskraft« als einer einzigen Rolle sprechen. Vielmehr müssen die verschiedensten Rollen und damit verbundenen Kompetenzen und Handlungsmuster bezogen auf die anstehende Aufgabe, die Mitarbeitenden und den Kontext aufeinander abgestimmt werden. Die verschiedenen Rollenmuster, nach denen man als Führungskraft handeln kann, sind nicht nur mit äußeren Faktoren verbunden, sondern befinden sich auch innerpsychisch in einer dynamischen Abhängigkeit voneinander. Rollenreflexion und Rollenklärung sind daher wichtige Aspekte von Führung und stellen elementare Bestandteile jeder Gesprächsvorbereitung dar.

Besondere Beachtung verdienen Organisationsformen, in denen Modelle geteilter Führung etabliert sind. Hier sind die Handlungsfelder, Rollen und Aufgaben von Führung nicht mehr personalisiert auf eine Person zugeschnitten, sondern müssen in gemeinsamer oder verteilter Verantwortung umgesetzt werden. Prozesse der Rollenklärung verlangen hier eine größere Aufmerksamkeit und Koordination. Grundsätzlich ist es für alle Organisationsformen hilfreich, Führung statt allein als Position zu betrachten auch als Funktion zu konzipieren, die auch durch verschiedene Personen gemeinsam oder wechselweise ausgeübt werden kann.

2.3.3 Macht und Beteiligung – Führung zwischen Hierarchie und Augenhöhe

Ein Handlungsfeld von Führung möchten wir hier genauer betrachten: das Treffen von Entscheidungen. Als Führungskraft haben Sie eine Position in der Organisation, die Sie mit Macht ausstattet und Ihnen erlaubt, Entscheidungen zu treffen. Sie haben je nach Position und Funktion z. B. die Macht, Prozesse zu gestalten, Entscheidungen zu treffen und Rahmenbedingungen festzulegen, wie etwa den Grad der Beteiligung Ihrer Mitarbeitenden. Je nach Organisation und Führungsebene haben

Führungskräfte auch Personalverantwortung und disziplinarische Macht. Sie können und müssen Mitarbeitende auswählen und ihre Arbeitsergebnisse vergleichend bewerten, sie reglementieren, kontrollieren, abmahnen, befördern, kündigen. In anderen Kontexten werden Führungskräfte nur temporär, etwa projektbezogen, eingesetzt und haben keine Personal- oder Budgetverantwortung. Das Machtspektrum ist also je nach Organisation, Organisationstyp, Position und Funktion sehr unterschiedlich angelegt.

Bei der Auseinandersetzung mit Macht wird deutlich, dass Sie selbst nicht nur führen, sondern auch folgen (Klindworth, 2021). Sie müssen sich an Gesetze und Regelungen halten, Vorgaben des Vorstands oder der obersten Führungsebene umsetzen und sind rechenschaftspflichtig.

Führung als verteilte Macht

Um einen guten Umgang mit der Macht einer führenden Rolle (und den Grenzen dieser Macht) zu finden, hilft es, sich bewusst mit dem Thema Macht auseinanderzusetzen. Die Voraussetzung dafür ist, den Rahmen und die Grenzen Ihrer Gestaltungsmacht und Ihrer Handlungsspielräume zu kennen. Die Rollen- und Aufgabenklärung mit Ihren eigenen Vorgesetzen und mit Ihren Mitarbeitenden spielt hierbei eine wichtige Rolle (→ **Kapitel 3.7 »Rollen-, Anliegen- und Auftragsklärung«**).

In Ihrem Umgang mit Macht sollten Sie folgende Fragen reflektieren: Wen möchten und können Sie an Entscheidungen beteiligen? Wie soll die Einbindung von Mitarbeitenden in die Entwicklung neuer Ideen und Produkte gestaltet sein? Wie schaffen Sie Anreize, sodass sich die Mitarbeitenden tatsächlich der Organisation zugehörig fühlen und die Lust auf Mitgestaltung und Verantwortungsübername geweckt wird oder erhalten bleibt? Wie können Sie geschlechtliche und kulturelle Diversität auf allen Ebenen fördern und Zugänge zu machtvollen Positionen durchlässiger gestalten?

In vielen Bereichen können Sie selbst wählen, wie Sie das Treffen von Entscheidungen bzw. die Beteiligung von Mitarbeitenden ausgestalten möchten. Manche Menschen treffen Entscheidungen gern allein und visionieren bevorzugt nur mit und für sich bei einsamen Spaziergängen; andere Menschen entwickeln Ideen lieber gemeinschaftlich und erleben sich im Dialog kreativer und schöpferischer, sie bevorzugen Topsharing oder andere Formen geteilter Macht und kooperativer Entscheidungsfindung. Welcher Typ sind Sie? Binden Sie Mitarbeitende bereitwillig ein? Lassen Sie sich anstandslos unterstützen? Stellen Sie mit Freude Fragen und holen sich ein Feedback ein? Oder sind Sie eher »der einsame Wolf«, der Entscheidungen allein trifft? Wie gestalten Sie Nähe und Distanz zu Ihren Mitarbeitenden? Ein guter Rahmen für die Reflexion dieser Fragen bietet sich im Führungscoaching.

Auch wenn sich Führungsverständnis und die Führungskultur in den vergangenen Jahrzehnten stark gewandelt haben, ist in vielen Fällen und in bestimmten Branchen die Kontinuität des alten, tayloristischen Führungsverständnisses noch spürbar. Dieses beruht auf zwei lange Zeit unhinterfragten Prämissen:

1. Führung ist eine Top-down-Beziehung,
2. Das »Objekt« der Führung ist der einzelne Mitarbeiter bzw. die einzelne Mitarbeiterin.

Bezugnehmend auf die bereits beschriebenen systemischen Grundannahmen und auf die Herausforderungen der heutigen Arbeitswelt scheinen uns folgende Akzente und moderne Führungsansätze inspirierend:

1. Führung wird als im System verteilte Funktion und Rolle aufgefasst – jede und jeder kann und muss führen und jede und jeder kann und muss anderen folgen. Führung lässt sich nicht unter einer Entweder-oder-Perspektive von »entweder führen oder folgen« begreifen, stimmiger ist es, sie sich als Kontinuum vorzustellen. Führungskräfte folgen nicht nur im hierarchischen Sinne wiederum ihren Vorgesetzten, sondern folgen auch Mitarbeitenden, indem sie Entscheidungsmacht mit diesen teilen, Aufgaben delegieren und ihre Führung auf verschiedenste Weise organisieren. Führung muss immer häufiger in lateralen, d. h. nicht hierarchischen Beziehungen, geleistet werden, z. B. im Projektmanagement, im New Work oder in agilen Arbeitsweisen. Viele Organisationen gehen dazu über, Arbeitskulturen zu schaffen, in denen Hierarchie entweder durch ein kollegiales Führungsverständnis, durch agile Arbeitsformen oder durch »Checks und Balances« (wie periodische demokratische Wahlen der Führungskräfte) ausbalanciert wird. Diese Entwicklung hin zur nicht-hierarchischen Führung drückt sich aktuell in Diskussionen um »kollegiale Führung«, um die »Führungskraft als Coach«, um »dienende Führung« usw. aus.
2. Eine gute Leistung ist in aller Regel eher eine Teamleistung als eine Einzelleistung. Wenn der Kern der Leistungserbringung aber nicht länger der oder die Einzelne ist, sondern das Team, hat dies Auswirkungen auf Führung. Gute Führung besteht in diesem Verständnis daraus, das Team bei seiner Leistungserbringung zu unterstützen. Das Team soll in einem möglichst hohen Maße selbstverantwortlich und selbstreguliert arbeiten. Führung hat dann vor allem die Aufgabe, möglichst optimale Rahmenbedingungen für diese Selbstregulation zu schaffen.

Streng hierarchische Führung ohne Einbeziehung der Mitarbeitenden ist – obwohl sie in einem modernen Führungsverständnis als verpönt gilt – in der Praxis durchaus anzutreffen. Auf der anderen Seite ist Führung gänzlich ohne hierarchische Macht ebenfalls keine Ausnahmeerscheinung, sondern beispielsweise im New Work der Normalfall. Zwischen diesen Polen gibt es zahllose Schattierungen, wie Führung gelebt und gestaltet wird.

Funktioniert Führung ohne hierarchische Macht einzusetzen?

Während in hierarchisch aufgebauten Organisationen Führungskräfte immer auf Machteingriffe (Dienstanweisung, Sanktionsandrohung etc.) als Ultima Ratio zurückgreifen können, gibt es viele Kontexte, in denen (Gesprächs-)Führung auch ohne hierarchische Macht gelingen muss:

- Führung in hierarchiefreien/hierarchiearmen Organisationskontexten (z. B. holokratischen Organisationen),
- Führung in agilen Umgebungen (z. B. als Scrum Master),
- Projektleitung,
- fachliche Führung von Mitarbeitenden ohne disziplinarische Führungsfunktion, z. B. in Matrixorganisationen oder Bildungseinrichtungen.

Eine wichtige Orientierung gerade (aber nicht nur) für Führung ohne hierarchische Macht gibt das Modell der transformationalen Führung (Bass u. Avolio, 1994; Furtner, 2016). Dieser Führungsstil zeichnet sich durch vier Elemente aus:

1. Idealisierter Einfluss/Charisma: Das Potenzial für eine Führung ohne hierarchische Macht resultiert hier aus der Vorbildfunktion der Führungskraft für die Mitarbeitenden. Entscheidend ist dafür werteorientiertes Handeln und vor allem die Glaubwürdigkeit durch ein Handeln, das mit diesen Werten übereinstimmt.
2. Inspiration: Wenn es der Führungskraft gelingt, die Mitarbeitenden für eine gemeinsame Vision zu begeistern, können diese eine intrinsische Motivation entwickeln und die Vision verfolgen, auch ohne dass die Führungskraft Druck ausübt.
3. Intellektuelle Stimulierung: Die Führungskraft sollte kreatives, divergentes und lösungsorientiertes Denken fördern. Ein solches Empowerment stärkt die Eigenverantwortung und führt dazu, dass sich Mitarbeitende auch ohne hierarchischen Druck selbst führen.
4. Individuelles Eingehen auf die Mitarbeitenden: Führungskräfte sollten eine menschliche, fürsorgliche Beziehung zu ihren Mitarbeitenden aufbauen. Fühlen sich Menschen auf einer partnerschaftlichen Ebene angenommen und respektiert, sind sie auch bereit, aus freien Stücken etwas zurückzugeben, zu dem man sie vielleicht mit hierarchischem Druck nicht hätte zwingen können.

Die vier Prinzipien der transformationalen Führung passen gut zu einer systemischen Grundhaltung, wie sie in → **Kapitel 2.2.6 »Die Grundhaltung systemisch-lösungsorientierter Gesprächsführung«** skizziert wurde. Führung ist eine Rolle und eine systemrelevante Funktion, die von allen Organisationsmitgliedern übernommen werden kann und muss: Wenn Zusammenarbeit optimal gelingen soll, müssen alle Beteiligten – unabhängig von ihrer Rolle – auf die eine oder andere Weise Führung übernehmen. In diesem weiteren Sinne kann Führung ohne hierarchische Macht (»informelle Führung«,

Hansel, 2018) z.B. auch im Gespräch mit Kolleginnen und Kollegen (»laterale Führung«) und Vorgesetzten (»Führung von unten«) stattfinden.

Entscheidungsfindung und Beteiligung von Mitarbeitenden

In hierarchisch strukturierten Systemen stehen personifizierende Führungsvorstellungen und Machtzuweisungen einer wertschätzenden Perspektivenvielfalt häufig im Wege. Immer dort, wo eine hierarchisch höherstehende Person als »Bestimmerin« oder »Bestimmer« auftritt, entsteht für andere Beteiligte ein Sog zur Einnahme einer komplementären, untergeordneten Rolle.

Die »Alleinentscheidung« oder »Beteiligung« ist jedoch keine Entweder-oder-Entscheidung, vielmehr lassen sich viele verschiedene Abstufungen von Beteiligung differenzieren. Das sogenannte »Führungskontinuum« von Robert Tannenbaum und Warren Schmidt definierte erstmals verschiedene Formen der Entscheidungsfindung und Beteiligungspraxis und stellte diese in Zusammenhang mit verschiedenen Führungsstilen (Braunschweig, Kindermann u. Wehrlin, 2001, S. 140; Wunderer, 2007, S. 209; bezogen auf Tannenbaum u. Schmidt, 1958).

Obwohl das Modell bereits seit langem in der Führungstheorie etabliert ist und seither viele neue Formen der Beteiligungspraxis entwickelt wurden, macht es das weite Spektrum der Möglichkeiten zur Entscheidungsfindung nach wie vor deutlich. Dem Modell zufolge lassen sich sieben Formen der Entscheidungsfindung und Beteiligungspraxis differenzieren, je nachdem, welchen Anteil die Führung und die Geführten am Meinungsbildungsprozess und am Zustandekommen der Entscheidung haben (Abbildung 9).

Neben den Ergebnissen von Entscheidungen sind ebenso die Transparenz und Nachvollziehbarkeit des Entscheidungsweges, also die Spielregeln, nach denen eine Entscheidung getroffen wird, wesentlich dafür, ob sie akzeptiert werden. Bevor in hierarchischen Systemen über mögliche Beschlüsse und Lösungen gesprochen wird, ist es daher durchaus sinnvoll, zu klären, welche Form der Beteiligung die hierarchisch höherstehenden Personen (z.B. Vorstand oder Vorgesetzte) ihrem Gegenüber einräumen wollen. Wichtig ist es zudem, diese Spielregeln der Entscheidungsfindung nicht beliebig wieder zu verändern, sondern eine verlässliche Form der Mitsprache zuzusichern.

Als eine Gelingensbedingung der Führung möchten wir zusammenfassend festhalten, dass der Rahmen und die Spielregeln der Beteiligung geklärt sein sollten. Die Spielregeln sollten transparent und verbindlich sein und nicht willkürlich durch die hierarchisch höherstehende Person verändert werden. Es gibt kaum etwas Frustrierenderes als die Erfahrung, zur Mitsprache aufgefordert worden zu sein, sich beteiligt zu haben und dann doch mit einer Entscheidung »von oben« konfrontiert zu werden.

Wichtige Grundlage für jede Form von Beteiligungsprozessen ist es, den feststehenden, unveränderbaren Rahmen ebenso zu kommunizieren wie den verhandelbaren und gestaltbaren Spielraum gemeinsamer Willensbildung. Zur Gestaltung gemeinsamer Meinungsbildung und Entscheidungsfindung gibt es zahlreiche methodi-

Willensbildung	Stufe	Beschreibung	Stil
Willensbildung bei der Führung	1	Führung entscheidet allein.	**alleinentscheidend**
	2	Führung entscheidet allein, erläutert aber die Entscheidung und legt ihre Gründe offen.	**informierend**
	3	Führung kündigt ihre Entscheidung an, erläutert diese, wirbt für Verständnis und lässt Fragen zu.	**werbend**
	4	Führung informiert über eine anstehende Entscheidung, Geführte können ihre Meinung äußern und Ideen einbringen.	**beratend**
	5	Es werden gemeinsam oder durch Arbeitsgruppen Vorschläge erarbeitet, eine Entscheidung wird dann von der Führung oder gemeinsam getroffen.	**kooperierend**
	6	Geführte entscheiden nach Darstellung des Ziels, der Probleme und des Entscheidungsspielraums durch die Führung.	**delegierend**
Willensbildung bei Geführten	7	Geführte entscheiden, Führung fungiert moderierend und als Koordination nach innen und außen.	**(teil-)autonom**

Abbildung 9: Führungsverhalten und Beteiligungspraxis nach Tannenbaum und Schmidt (1958)

sche Formate im Change Management (Vahs u. Weiland, 2020), der Arbeitsformen mit Gruppen, etwa dem Open Space, Gemba Kaizen oder World Café (Holman u. Devane, 2006; Brown u. Isaacs, 2007), dem Game Storming (Gray, Brown u. Macanufo, 2011) oder die Modelle sogenannter Liberating Structures (Steinhöfer, 2021).

2.3.4 Stimmigkeit als Kriterium gelingender Führungskommunikation

»Das Rezept« für gelingende Kommunikation in der Führungsrolle gibt es, wie bereits dargelegt, nicht. Kommunikation ist immer ein Balanceakt zwischen verschiedenen Polen, die miteinander in eine »Stimmigkeit« gebracht werden müssen, obwohl sie oft in einem Spannungsfeld zueinanderstehen. Stimmigkeit heißt hier im systemischen Sinne, in mehreren Bereichen schlüssig ineinandergreifende Musterbildungen erkennen und beschreiben zu können. Stimmigkeit kann auch als Einigungs- und Aushandlungsprozess mit sich selbst und mit anderen betrachtet werden.

- **Kontextuelle Stimmigkeit:**
  Was ist z. B. bezogen auf geltendes Recht, Zeit und Region eine gelungene (Gesprächs-)Führung?

- **Organisationale Stimmigkeit:**
  Was ist aus der Sicht meiner Organisation gelungene (Gesprächs-)Führung?
- **Situative und interpersonelle Stimmigkeit:**
  Was ist in der jeweiligen Situation und für mein Gegenüber gelungene (Gesprächs-) Führung?
- **Intrapersonelle Stimmigkeit:**
  Was ist für mich selbst gelungene (Gesprächs-)Führung?

Kontextuelle Stimmigkeit

Früher hat der Meister in einem Industrieunternehmen seine Auszubildenden bei einem Fehlverhalten ordentlich »zusammengefaltet« und auch mal die eine oder andere Ohrfeige ausgeteilt. Während ein solches Verhalten seinerzeit durchaus noch als positives Beispiel für gelungene Führung, Strenge und Durchsetzungsvermögen genannt wurde, würde ein solches Führungsverhalten heute nicht mehr toleriert. Die sich wandelnden Erwartungen an Führung werden vielfach auch an unterschiedlichen Generationen (X, Y, Z …) festgemacht. Dieselben Organisationen, die vor zwanzig Jahren angesichts einer Vielzahl an Bewerbern hohe Fluktuationsraten und Krankenstände aufgrund von schlechter Führung noch in Kauf nehmen konnten, sind in den vergangenen Jahren durch den Fachkräftemangel zu einer Veränderung ihrer Führungskultur gezwungen worden. Führung muss also immer zum jeweiligen gesellschaftlichen Kontext passen.

Organisationale Stimmigkeit

Ihr Führungshandeln muss zum Organisationstyp und zur Organisationskultur passen. Machen Sie sich mit den typischen Merkmalen der Organisation und der Branche vertraut. Möchten Sie strukturelle Veränderungen vornehmen, sollten Sie das nicht mit der Brechstange tun, sondern sich zunächst anpassen und auf Anschlussfähigkeit achten.

Situative und interpersonelle Stimmigkeit

Führung ist immer ein dialogischer Prozess. Daraus erwächst die Herausforderung, dass Führung (und damit auch Gesprächsführung) für unterschiedliche Mitarbeiter und Mitarbeiterinnen anschlussfähig gestaltet werden muss. Kommunikation muss immer den Empfängerhorizont der Adressatinnen und Adressaten berücksichtigen.

Ein Führungsansatz, der in einer Situation passend ist, kann unpassend sein, wenn die Situation sich ändert. Zum Beispiel braucht ein neu zusammengestelltes Team in der Konfliktphase der Teambildung eine straffere Form der Führung als in der Performing-Phase, wenn das Team sich auf einen weitestgehend reibungsfreien Kooperationsmodus eingeschwungen hat. Ein Unternehmen in der Krise muss anders geführt werden als ein wachsendes Unternehmen. Diese wechselnden situativen Erfolgsbedingungen von Führung stellen Führungskräfte vor immer neue Herausforderungen. Hersey und

Blanchard (1977) sprachen bereits in der 1970er Jahren von »situativer Führung«. Das grundlegende Verständnis einer Kontext- und Systemorientierung bei der Nutzung verschiedener Führungsstile hat sich seither etabliert. Neben den klassischen Führungsstilen einer autoritären, integrativen, partizipativen und delegativen Führung haben sich nicht nur zahlreiche andere Rollenbeschreibungen von Führung entwickelt, auch die Rollen in Teams und in der Teamleitung wurden differenziert (z. B. Belbin, 2003; Margerison u. McCann, 1996; van Dick u. West, 2005, S. 28 f.). In modernen Führungs- und Projektmanagementmodellen werden die verschiedensten Rollen definiert. Statt die Person »an sich« zu beschreiben, charakterisieren sie allesamt situations- und aufgabenspezifische Haltungs- und Verhaltensmuster, etwa den Service Request Manager und Service Delivery Manager im Kanban, oder den Scrum Master und Product Owner im Scrum. Führungskräfte und Mitarbeitende müssen sich in dieser Rollenvielfalt aufeinander einstellen, da die Rollen teilweise auf die Art der Entscheidungsfindung und das soziale Miteinander fokussieren, teilweise auf spezifische Aufgaben und Handlungsfelder.

Für die Gesprächsführung ergeben sich je nach Mitarbeitenden, Situation und Anforderung ganz andere Schwerpunkte und Herausforderungen. In der Praxis ist es notwendig, verschiedene Führungsstile in Bezug auf unterschiedliche Aufgaben oder Mitarbeitende parallel anzuwenden. Führungsrollen müssen hierbei sehr situativ und kontextabhängig ausgestaltet werden, z. B. bei der Einarbeitung neuer Mitarbeiterinnen und Mitarbeiter, die mehr Anleitung, Mentoring und Führung erfordert als die Leitung bereits langjähriger Beschäftigter oder die Übernahme geteilter Führungsverantwortung in Organisationen ohne strikt hierarchische Führung.

Die eigenen Führungsstile des »Inneren Teams« auszubalancieren, ist eine wichtige Aufgabe von Führung, da jeder Stil je nach Zusammenarbeit und Beziehung positive wie negative Ausprägungen haben kann. Es kann durchaus hilfreich und sinnvoll sein, die Rollen, die man gegenüber Mitarbeitenden einnimmt, zu thematisieren und herauszufinden, was diese und man selbst benötigen, um gute Leistungen zu erbringen.

Intrapersonelle Stimmigkeit

Nicht zuletzt muss man »mit sich selbst im Reinen sein«, um Gespräche zielgerichtet und effizient führen zu können. Nur wer innerlich klar ist, ist in der Lage, auch nach außen klar zu kommunizieren. Dies gilt insbesondere für Führungskräfte, die oft mit konfligierenden Rollenanforderungen umgehen müssen. Dieser Aspekt der Selbstklärung als Voraussetzung gelingender Gesprächsführung wird in → **Kapitel 4.1 »Baustein 1: Klärung«** ausführlich behandelt.

2.3.5 Gibt es eine systemische Führung?

Systemisches Denken liefert, als eine vernetzte Form der Welt- und Systemsicht, eine gute Ausgangsbasis für die Reflexion von Kontexten, Rollen, Handlungen, Veränderungsprozessen, Zusammenhängen und Beziehungsdynamiken. Dies gilt für alle beratend tätigen Menschen, wie z. B. Coaches und Therapeutinnen, aber auch für Pädagogen, Ärztinnen und eben auch für Führungskräfte. Womit sich all diese Personen auseinandersetzen müssen, ist der Grad der Unabhängigkeit bzw. eigenen Involviertheit bezogen auf das System, mit dem sie in ihren unterschiedlichen Rollen professionell interagieren.

Ein freiberuflicher Coach, der seinen Coachee einmal pro Monat sieht und der von diesem Auftrag finanziell nicht abhängig ist, ist sicherlich persönlich weniger involviert als eine Therapeutin in der stationären Drogentherapie oder ein Sozialarbeiter in einer Jugendwohngruppe, die sich beide in einem häufigeren Kontakt mit ihren Klientinnen und Klienten befinden. Letztere haben ihren Arbeitsplatz am Aufenthaltsort der Personen, die sie begleiten, und begegnen ihnen oft täglich in den unterschiedlichsten Rollen. Das Maß des direkten Einflusses auf die Lebensumstände ihrer Klientel sowie die Möglichkeiten zu direkten Veränderungen in ihrem Lebensumfeld verdeutlichen den Umfang ihrer Macht. Eine Veränderung in den Lebensumständen der Klienten und Klientinnen bedeutet dann oft auch eine Veränderung für den Arbeitsplatz, welche die beratenden und begleitenden Personen betrifft und gegebenenfalls durch diese umgesetzt werden muss.

Für Führungskräfte ist der Grad der eigenen Involviertheit in der Regel noch weitaus höher. Im Gegensatz zur Arbeit mit »Klientinnen und Klienten« bezieht sich ihr Kontakt vor allem auf Mitarbeitende. Diese sind – ebenso wie die Führungskraft – finanziell vom gleichen Unternehmen abhängig. Ihr »Erfolg« zeigt sich als Wechselwirkung der Erfüllung ihrer Aufträge. Oft sind sie in arbeitstäglichem Kontakt. Viele Führungskräfte sind weisungsbefugt. Eigene Involviertheit und Macht haben für Führungskräfte in der Regel eine weitaus höhere Bedeutung als für die anderen der genannten Personen. Einen großen Unterschied sehen wir darin, dass Führung, im Gegensatz zu im weitesten Sinne beratenden Tätigkeiten, grundsätzlich stärker in das System, in welchem sie wirkt, involviert ist. Führung ist keine unabhängige Form der Begleitung oder Beratung von Menschen. Dennoch können Sichtweisen, Gesprächsformen und Methoden systemischer Arbeit für Führungskräfte nützlich sein.

Was alle genannten Handlungsfelder aus systemischer Sicht verbindet, ist die systemorientierte Reflexion ihrer Tätigkeit und ihrer Handlungskontexte. Bezogen auf eine systemische Haltung haben wir bereits in → **Kapitel 2.2.6 »Die Grundhaltung systemisch-lösungsorientierter Gesprächsführung«** auf zahlreiche Spannungsfelder aufmerksam gemacht. Während sich einfach – unabhängig vom Handlungsfeld – von »systemischer Reflexion« und »systemischer Gesprächsführung« sprechen lässt, ist die Verwendung des Adjektivs »systemisch« mit zunehmender eigener Involviertheit und Machtbefugnis problematisch, weil zentrale Elemente systemischer Haltung in solchen Fällen eingeschränkt sind, da eigene strategische Überlegungen und die Rückwirkung auf die eigenen Lebensumstände, das eigene Arbeitsfeld, an Bedeutung gewinnen.

Systemisch zu arbeiten lebt von der Distanz zum System, davon, involvierte und verstrickte Personen dabei zu unterstützen, andere Perspektiven einzunehmen. Bei eigener Involviertheit und Verstrickung ist dies nur eingeschränkt möglich. Wird diese in Beratung oder Therapie festgestellt, ist es in der Regel ein Anlass dafür, den Beratungs- oder Therapieauftrag zu beenden und an eine andere Person abzugeben. Dies ist für Personen innerhalb einer Organisation, gerade auch für Führungskräfte, normalerweise nicht möglich. Bezogen auf die dargestellten Einschränkungen durch die eigene Involviertheit und Macht ließe sich daher besser von einer »systemisch reflektierten Führung« sprechen, von »systemischer Praxis in der Führung« oder, wie für dieses Buch zutreffend, von »systemisch-lösungsorientierter Gesprächsführung für Führungskräfte«. Auf den Begriff »systemische Führung« möchten wir ausdrücklich verzichten, da er unserer Meinung nach einige unauflösbare Paradoxien beinhaltet.

Führung muss auch andere Handlungsmuster als eine eher neutrale und prozessorientierte Begleitung oder Formen nondirektiver Unterstützung in Betracht ziehen. Außerdem ist sie selbst stärker von kontextuellen Entwicklungen und Entscheidungen anderer Personen betroffen, als dies in Formen beratender Tätigkeit in der Regel der Fall ist. Es gibt aus systemischer Sicht keinen Führungsstil, keine Methode und keine Organisationsform, die Erfolg und Zufriedenheit von Führung und Mitarbeitenden garantieren kann. Allein im Zusammenspiel zahlreicher interner und externen Faktoren und unter Einsatz der verschiedensten Führungsstile können »Erfolgs- und Zufriedenheitsmuster« entstehen. Diese sind nicht linear auf einzelne Ursachen zurückzuführen, sondern immer mehrdimensional zu betrachten. Komplexe Systeme wie Menschen, Teams, Kunden, Abteilungen, Organisationen, Unternehmen, Märkte lassen sich nicht steuern, vielmehr müssen sie immer unter der Prämisse von Selbststeuerung und Selbstorganisation betrachtet werden, will man ihrer Komplexität gerecht werden (Lindemann, 2019, S. 81–88). Spezifisch »systemisch« wären in unserem Verständnis also einige Aspekte der Sichtweisen und Haltung sowie die Verwendung von systemischen Formen der Gesprächsführung.

Aspekte einer systemischen Reflexion über Führung wollen wir hier noch etwas genauer beleuchten. Peter Gomez und Gilbert Probst haben dies mit ihrer Übertragung von vernetztem (systemischem) Denken auf Management- und Führungsprozesse schon recht früh dargestellt (Gomez u. Probst, 1987). Sie forderten ein Umdenken, das auf der Akzeptanz von Komplexität, Nichtlinearität und prinzipieller Unsteuerbarkeit basiert (Tabelle 3):

Tabelle 3: Lineare und systemische Denkmuster im Umgang mit komplexen Situationen (erweitert nach Gomez u. Probst, 1987, S. 62)

Lineare Denkmuster	Systemisch-lösungsorientierte Denkmuster
1. Probleme sind objektiv gegeben und müssen nur noch klar formuliert werden.	*Abgrenzung des Problems:* Die Situation ist aus verschiedenen Blickwinkeln zu definieren. Ganzheitliches bzw. systemisches Denken bedeutet Perspektivenwechsel, die Akzeptanz von Widersprüchen und den Versuch einer Integration verschiedener Perspektiven.
2. Jedes Problem ist die direkte Konsequenz einer Ursache.	*Ermittlung der Vernetzung:* Zwischen den Elementen einer Problemsituation bestehen zahlreiche Beziehungen und Wechselwirkungen. Eine Problem- bzw. Lösungsanalyse muss daher auch nichtlineare, zirkuläre und paradoxe Wirkzusammenhänge untersuchen.
3. Um eine Situation zu verstehen, genügt eine »Fotografie« des Ist-Zustandes.	*Erfassung der Dynamik:* Situationen und Beziehungen müssen in ihrer zeitlichen Entwicklung betrachtet werden. Die Bedeutung der Beziehungen in Netzwerken wandelt sich aufgrund von Selbstorganisationsprozessen und wird beeinflusst durch Zyklen und saisonale Effekte.
4. Verhalten ist prognostizierbar, notwendig ist nur eine ausreichende Informationsbasis.	*Interpretation der Verhaltensmöglichkeiten:* Verhalten ist prinzipiell nicht vorhersagbar. Künftige Entwicklungspfade und ihre Möglichkeiten können entworfen und simuliert, aber nicht vorhergesagt werden.
5. Problemsituationen lassen sich beherrschen, es ist lediglich eine Frage des Aufwandes.	*Bestimmung der Lenkungsmöglichkeiten:* Problemsituationen lassen sich hinsichtlich lenkbarer, nicht lenkbarer und zu überwachender Aspekte definieren, aber nicht gänzlich abbilden und beeinflussen.
6. Eine »Macherin« oder ein »Macher« kann jede Problemlösung in der Praxis durchsetzen.	*Gestaltung der Lenkungseingriffe:* Lenkungseingriffe müssen situations- und kontextgerecht erfolgen. Sie sind immer nur Impulse, deren Wirkungen sich durch die Dynamik und Selbstorganisation sozialer Systeme entfaltet.
7. Mit der Einführung einer Lösung kann das Problem endgültig ad acta gelegt werden.	*Weiterentwicklung der Problemlösung:* Lösungen müssen immer wieder an aktuelle Veränderungen angeglichen werden. Eine Lösung ist ausschließlich zeitlich begrenzt in einem bestimmten Kontext nützlich und kann selbst zum Problem werden, wenn starr an ihr festgehalten wird.

Entscheidungen und Handlungen reduzieren die Komplexität möglicher Wirklichkeit. Sie konkretisieren die Vielfalt des Möglichen auf etwas Faktisches. Ihre Akzeptanz und Wirksamkeit zeigen sich aber nicht über allgemeine Konstrukte wie »Wahrheit«, »Richtigkeit«, »Notwendigkeit« oder »Effizienz«, sondern über das Zusammenspiel der verschiedenen Sichtweisen und Empfindungen der Beobachterinnen und Beobachter in den beteiligten – bzw. betroffenen – Systemen und Kontexten. So kann beispielsweise eine autoritäre Entscheidung des Managements in der Organisation begrüßt werden und erfolgreich sein, aber bei Kunden auf Unverständnis und Ablehnung stoßen. Es können auch Teile der Organisation negativ darauf reagieren, Spaltungen können sich abzeichnen und dergleichen mehr. Welches genaue Vorgehen hilfreich ist, kann in diesem Sinne nicht theoretisch vorgegeben, sondern muss im Einzelfall bestimmt werden. Grundsätzlich lässt sich die Qualität von unternehmerischen Entscheidungen, von Strategien und Führungshandeln immer erst im Nachhinein bestimmen. Ihren Erfolg zu prognostizieren oder als sichere Handlungsempfehlung vorzugeben, ist in komplexen, selbstorganisierenden Systemen nicht möglich. Prozessorientierung und der Abschied von scheinbarer Verlässlichkeit ist daher ein zentraler Bestandteil systemischen Denkens.

Unter »systemisch-lösungsorientierter Gesprächsführung für Führungskräfte« verstehen wir:

- Reflexivität, d. h. eine systemtheoretische Reflexion des Kontextes, der Aufgaben und der Rolle von Führung (→ **Kapitel 2.3 »Eine systemische Sicht auf Führung«**) vor dem Hintergrund der Vielfalt möglicher Systembeschreibungen und Lebenswirklichkeiten (→ **Kapitel 2.2.1 »Was ist ein System?«**, → **Kapitel 2.2.3 »Was ist systemisch?«**);
- Lösungs- und Ressourcenorientierung, d. h. die Gespräche richten sich an den Ressourcen und der Beschreibung möglicher Lösungen aus (→ **Kapitel 2.2.4 »Was ist Lösungs- und Ressourcenorientierung?«**);
- eine kooperationsorientierte, moderierende und neutrale Haltung, die sich der bestehenden Spannungsfelder bewusst ist (→ **Kapitel 2.2.6 »Die Grundhaltung systemisch-lösungsorientierter Gesprächsführung«**).

Führung ist hierbei – anders als eine unabhängige Beratung – einerseits mit Macht und Weisungsbefugnis ausgestattet und verfolgt andererseits eigene Ziele, bzw. hat die Ziele des Unternehmens zu vertreten. Es gibt also Situationen, in denen eine systemisch-lösungsorientierte Gesprächsführung nicht oder nur teilweise genutzt werden kann. Reflexivität ist hierbei immer möglich. Lösungs- und Ressourcenorientierung lassen sich oft nutzen. Eine systemische Haltung stößt wohl am häufigsten im Kontext von Führung an ihre Grenzen. Immer dann, wenn es nicht um Augenhöhe, Aushandlung und gemeinsame Planungen geht, können zwar Elemente systemisch-lösungsorientierter Gesprächsführung angewandt werden, stehen aber in einem Spannungsverhältnis zum Einsatz der eigenen Rollenmacht, die oft auch direktive Entscheidungen zulässt. Deshalb erweist sich die Annahme, es gäbe ein konsistentes und durchgängig lebbares Konzept »systemische Führung«, als Irrtum. Uns geht es darum, die Ambivalenzen und Spannungsfelder von Führungskräften hinsichtlich eines systemischen Welt- und Menschenbildes und einer systemischen Haltung deutlich zu markieren. Hieraus ergibt sich auch die Verpflichtung, Übergänge zwischen systemisch-lösungsorientierten Vorgehensweisen und anderen Formen des Führungshandelns zu reflektieren und diese Übergänge gegebenenfalls gegenüber Mitarbeitenden zu markieren.

3 Die Basistechniken

Es gibt zahlreiche Gesprächsführungs- und Fragetechniken.[2] Die folgenden Techniken bilden die Basis jeder Gesprächsführung. Viele der vorgestellten Techniken können in allen Phasen der Gesprächsführung eingesetzt werden, während sich einige nur für bestimmte Phasen eignen. Weitere Techniken und Methoden lassen sich aus der vielfältigen Literatur zur Gesprächsführung und Beratung ergänzen. Hier soll lediglich die methodische Grundausstattung dargestellt werden, mit der die Gesprächsführung in den verschiedenen Situationen gelingen kann.

3.1 Das Gegenüber zum Reden einladen

Es gibt in Gesprächen immer wieder Situationen, in denen man vom Gegenüber mehr erfahren möchte, es dazu ermuntern möchte, etwas zu konkretisieren oder auszuführen. Dies lässt sich zum einen durch direkte Fragen und Aufforderungen erreichen wie:

> »Möchten Sie mir mehr darüber erzählen?«
> »Können Sie das genauer beschreiben?«
> »Können Sie das konkretisieren?«
> »Das will ich im Detail verstehen! Erzähle mir mehr!«

Zum anderen gibt es einige einfache Techniken, die das Reden und Konkretisieren von Gesprächspartnerinnen und -partnern auf einfache Weise unterstützen, ohne dass diese direkt dazu aufgefordert werden müssen.

---

2 Genaugenommen sollte man zwischen »Techniken«, »Methoden« und »Modellen« unterscheiden. Während eine »Technik« eine in sich abgeschlossene Handlungsform ist, wie etwa die vorgestellten Fragetechniken, besteht eine »Methode« aus einer Abfolge verschiedener Techniken, was etwa auf Brainstorming, Mindmapping und Feedback zutrifft. Ein »Modell« bietet zunächst nur eine Übersicht über Aspekte eines Gegenstandsbereichs. Modelle finden sich beispielsweise bei der Darstellung von »Ich- und Du-Botschaften«, in der »Gewaltfreien Kommunikation« und in den Definitionen von »Zielen«. Der Einfachheit halber wird für alle Bereiche der Begriff »Basistechniken« verwendet.

3.1.1 Spiegeln

Das Spiegeln ist eine einfache Technik, die schlicht darin besteht, ein Wort, einen Satzteil oder einen Satz eines Sprechers zu wiederholen. Diese Wiederholung ist gleichsam wie das Vorhalten eines Spiegels. Man kann diese Technik auch als Echo bezeichnen.

Die Wiederholung des Gesagten durch eine andere Person kann das Gesagte sowohl hervorheben als auch infrage stellen. Im Sinne einer Rückversicherung gibt sie dem Sprecher die Möglichkeit, das Wiederholte zu bestätigen oder zu konkretisieren. Spiegeln lädt die Sprecherin oder den Sprecher in der Regel dazu ein, mehr zu erzählen.

> »Unser IT-Support hat noch nie funktioniert.« – »Noch nie?« – »Na ja, letztes Jahr war es zumindest noch möglich …«
> »Das hat mich schon ein bisschen geärgert.« – »Ein bisschen?« – »Nein, eigentlich war ich schon stinksauer …«
> »Mit der einen Woche Fristverlängerung für das Projekt können wir überhaupt nichts anfangen.« – »Überhaupt nichts?« – »Na ja, schon etwas, aber eben nicht genug.« – »Was genau könnten Sie denn mit der einen Woche anfangen?«

Besonders gut eignet sich das Spiegeln, um das Gegenüber genauer berichten zu lassen. In der Regel animiert es dazu, weiter auszuholen, zu konkretisieren und zu relativieren.

Das Spiegeln bietet sich ebenso als Entgegnung auf Verabsolutierungen an, wie *immer, nie, ständig, dauernd, absolut, jeder, alle, wahr, falsch, objektiv, bewiesenermaßen, tatsächlich* (→ **Kapitel 3.4.2 »Du-Botschaften und Killerphrasen«**, → **Kapitel 6.13 »Wie kann ich auf Du-Botschaften und Killerphrasen reagieren?«**).

Übung 2: Spieglein, Spieglein, Spieglein
Wenn Sie sich das nächste Mal in einem Gespräch befinden und möchten, dass Ihr Gegenüber mehr erzählt, spiegeln Sie von ihm verwendete Wörter oder Phrasen. Machen Sie dies genau dreimal hintereinander, immer, um ein Stück mehr zu erfahren:

- Wie reagiert Ihr Gegenüber?
- Ist es beim zweiten oder dritten Spiegeln irritiert?
- Was glauben Sie, geht in Ihrem Gegenüber vor, wenn Sie spiegeln?

Wenn Sie mutig sind und Ihr Gegenüber eine vertraute Person ist, versuchen Sie einmal so lange zu spiegeln, bis Ihr Gegenüber Sie fragt, was das soll. Zählen Sie mit: Wie oft konnten Sie spiegeln, ohne dass Ihr Gegenüber irritiert nachgefragt hat?

3.1.2 »Was noch?«

Oft besteht die Gefahr, dass man sich auf die ersten in einem Gespräch genannten Aspekte eines Themas beschränkt und den ganzen weiteren Verlauf auf diesen aufbaut, ohne mögliche weitere Aspekte und Ideen zu erkunden. Die zuerst genannten Aspekte sind jedoch in der Regel die offensichtlichsten und banalsten, wohingegen tieferliegende, kreative oder auch verborgene Aspekte nicht direkt benannt werden. Bevor Sie also ein Thema oder eine Idee aufgreifen und vertiefen, eignen sich »Was-noch-Fragen«, um vollständig und tiefgreifend zu sammeln.

> »Welche Themen möchten Sie besprechen? […] Welche noch?«
> »Was erwarten Sie von der Schulung? […] Was noch?«
> »Was könnten wir Ihrer Meinung nach tun, um die Zusammenarbeit im Team zu verbessern? […] Was noch? […] Und was noch?«

Übung 3: Was denn noch alles? … Und was noch?
Wenn Sie sich das nächste Mal in einem Gespräch befinden und möchten, dass Ihr Gegenüber noch weitere Aspekte seines Themas benennt und weitere Ideen entwickelt, stellen Sie »Was-noch-Fragen«.

- Wie reagiert Ihr Gegenüber?
- Wie viel Zeit braucht es für die Benennung weiterer Aspekte?
- Wie viele »Was-noch-Fragen« sind notwendig, bis ihm nichts mehr einfällt?

3.1.3 Pausen und Schweigen

Ein wichtiges Element der Gesprächsführung besteht darin zu schweigen. Wenn Sie beispielsweise eine Frage stellen oder eine Erwiderung des Gegenübers erwarten, aber nicht direkt eine Reaktion erfolgt, neigen Sie möglicherweise dazu, die entstehende Stille dadurch zu beenden, dass Sie selbst etwas sagen oder zum nächsten Thema übergehen. Oft ist es aber so, dass Ihr Gegenüber Zeit für seine Antwort braucht. Vor allem, wenn es Ihnen gelungen ist, eine gute oder unerwartete Frage zu stellen, benötigt Ihr Gegenüber einen Moment für die Beantwortung.

Pausen können zudem eine willkommene Unterbrechung sein, um die eigenen Gedanken zu sortieren. Selbst zu Beginn eines Gesprächs ist eine angeleitete Pause unter Umständen hilfreich, damit sich alle auf ihre Themen im Gespräch besinnen können:

> »Schön, dass Sie alle hier sind. Überlegen Sie bitte kurz, was Ihre Themen sind, die Sie gern besprechen möchten. Ich gebe Ihnen mal eine Minute Zeit, sich zu besinnen.« (eine Minute Schweigen)
> »Um die gerade geäußerten Aspekte des Themas zu überdenken, schlage ich eine fünfminütige Unterbrechung vor. Ich möchte Sie darum bitten, diese Zeit nicht für Gespräche zu nutzen, sondern für sich selbst zu überlegen, wie wir mit der Situation weiter verfahren können.«

Übung 4: Große Pause!
Wenn Sie einer Person eine Frage stellen und diese nicht sofort antwortet, schweigen Sie.

- Wie reagiert Ihr Gegenüber?
- Wie lange dauert es, bis die andere Person das Schweigen bricht?
- Wie lange dauert es, bis Ihnen die Stille selbst unangenehm wird?

3.2 In Kontakt kommen

Kommunikation bedeutet immer Begegnung in der Beziehung. Der Kontakt mit dem Gegenüber gelingt in der Regel bei aufrichtigem Interesse, Offenheit und Mitfühlen – schlicht: durch eine wertschätzende Haltung, die ich meiner Gesprächspartnerin oder meinem Gesprächspartner entgegenbringe. Die in diesem Kapitel vorgestellten Gesprächstechniken dienen dazu, diese Haltung im Gespräch zum Ausdruck zu bringen und zu nutzen, um gegenseitiges Verständnis zu schaffen.

3.2.1 Zuhören

Zuhören ist vielleicht die wichtigste und gleichzeitig die am meisten unterschätzte Gesprächstechnik – und mehr als das: Zuhören als Gesprächstechnik zu bezeichnen, geht eigentlich am Kern vorbei. Zuhören ist nicht allein eine Technik, sondern vor allem Ausdruck einer Haltung, die auf Offenheit, Interesse und Respekt gegenüber anderen Personen basiert. Diese (systemische) Haltung ist die Grundlage für Begegnung und Verständigung, die mit einer rein auf Techniken basierenden Gesprächsführung nicht zustande kommen könnte. Gerade für Führungskräfte ist Zuhören die wertvollste Möglichkeit, um Vertrauen zu den Mitarbeitenden, Motivation und Arbeitszufriedenheit zu fördern.

Zuhören ist nicht gleich Zuhören. Wir unterscheiden vier verschiedene Arten des Zuhörens, die im Anschluss näher erläutert werden:

1. Pseudo-Zuhören,
2. einfaches Zuhören ohne verbales Feedback,
3. einfaches Zuhören mit verbalem Feedback,
4. aktives Zuhören.

1. Pseudo-Zuhören
Diese Form des Zuhörens begegnet uns im Alltag wohl (leider) am häufigsten und lässt sich gut auf Partys und bei anderen sozialen Anlässen beobachten. Pseudo-Zuhören sieht von außen wie »echtes« Zuhören aus, d. h. der bzw. die Zuhörende schaut den Sprecher an und sendet nonverbale Signale der Aufmerksamkeit (Nicken, bestätigende Laute), hört aber in Wirklichkeit ab einem bestimmten Punkt im Gespräch nicht mehr

zu, sondern formuliert schon seine Antwort oder denkt an etwas völlig anderes (stellt z. B. im Kopf eine Liste für den noch anstehenden Einkauf zusammen).

2. Einfaches Zuhören ohne verbales Feedback

Anders als im Fall des Pseudo-Zuhörens wendet die zuhörende Person hier ihre Aufmerksamkeit tatsächlich ihrem Gegenüber zu, ohne im Kopf »zweigleisig« zu fahren. Dabei sendet sie (meist vorbewusst) nonverbale Signale, die vermitteln, dass sie zuhört. Dies können zustimmende und auffordernde Geräusche sein, ebenso wie ein bestätigendes Kopfnicken oder unterstützende Handgesten.

3. Einfaches Zuhören mit verbalem Feedback

Über diese üblichen nonverbalen Signale hinaus kann man dem Gegenüber auch verbal zeigen, dass ihm oder ihr zugehört wird. Dieses verbale Feedback in Form von Sätzen wie

> »Echt?«
> »Das ist ja interessant!«
> »Das kann ich gut verstehen!«

signalisiert dem Gesprächspartner oder der Gesprächspartnerin – stärker noch als die nonverbale Rückmeldung –, dass man sich für das Gesagte interessiert, dass man Anteil an dem Erzählten nimmt und mitfühlt.

In einer erweiterten Form, die in Beratung und Coaching auch als »Cheerleading« bezeichnet wird, geht es um darüber hinausgehende Formen der positiven Unterstützung. Dies können kurze Worte oder Floskeln sein wie:

> »Wow!«
> »Ausgezeichnet!«
> »Ich bin ganz begeistert, wie viele Ideen Sie da gemeinsam entwickelt haben!«
> »Da haben Sie sich aber schon eine Menge Gedanken gemacht!«

Verbale Kommentare zu dem, was das Gegenüber sagt, müssen authentisch sein, allenfalls wirken sie nicht unterstützend, sondern irritierend, und provozieren unter Umständen Störungen auf der Beziehungsebene. Menschen können im Normalfall intuitiv gut unterscheiden, ob es die Gesprächspartnerin oder der Gesprächspartner ernst meint, oder ob die bekundete Begeisterung, das Interesse oder das Mitgefühl nur geheuchelt sind. Dies gilt natürlich in besonderem Maße für Cheerleading und Komplimente. Probieren Sie aus, was zu Ihnen passt, ohne Ihre Glaubwürdigkeit zu verlieren.

4. Aktives Zuhören

Die vierte Form und sozusagen die »Königsdisziplin« des Zuhörens ist das aktive Zuhören. Aktives Zuhören bedeutet, nicht nur auf das zu achten, was gesagt wird, sondern auch darauf, wie es gesagt wird und was der Sprecher damit über sich selbst aussagt. Der Hamburger Kommunikationspsychologe Friedemann Schulz von Thun spricht in seinem Modell der vier Seiten einer Nachricht davon, sein »Selbstkundgabeohr« zu aktivieren und aus dem Gesagten herauszuhören, welche Gefühle und Bedürfnisse nicht ausgesprochen werden und nur zwischen den Zeilen mitschwingen.

Beispiel 1:

Führungskraft: »Jessica, ich habe den Eindruck, dass du mit deinen Gedanken in den letzten Tagen woanders bist. Bei unserem Teamabend gestern hast du auf mich abwesend gewirkt und auch irgendwie bedrückt. Ich mache mir Gedanken, ob bei dir alles okay ist. Magst du mir sagen, wie es dir geht?«

Mitarbeiterin: »Oh, ist das so aufgefallen? Weißt du, meine Mutter ist seit einem halben Jahr im Heim und ich kann sie wegen Corona nicht besuchen. Ich bin sonst jeden Tag hingegangen und jetzt gar nicht, das versteht sie natürlich nicht, sie ist auch schon ein bisschen dement. Das geht mir sehr nahe. Und dann habe ich das Gefühl, dass ich mich deshalb gar nicht so richtig konzentrieren kann und dass Nyoman alles ausbügeln muss, was ich im Team irgendwie momentan nicht hinbekomme.«

Führungskraft (aktives Zuhören): »Das muss für dich wirklich schwierig sein. Du hast das Gefühl, dass du deine Mutter und jetzt auch noch das Team allein lässt – ist das so?«

Beispiel 2:

Führungskraft: »Frau Thanh, in den kommenden Jahren werden wir immer mehr mit agilen Methoden arbeiten. Wir brauchen noch Leute, die eine Ausbildung zum Scrum Master machen. Ich kann mir Sie mit Ihrer sozialen Kompetenz in dieser Rolle sehr gut vorstellen. Hätten Sie daran Interesse?«

Mitarbeiterin: »Das wäre natürlich eine tolle neue Herausforderung, andererseits hat man es als Frau nicht so leicht in unserer männerlastigen IT-Kultur. Da muss man ja schon sehr durchsetzungsstark sein.«

Führungskraft (aktives Zuhören): »Aus dem, was Sie sagen, klingt für mich einiges an Frustration heraus, und Ärger darüber, dass Sie es als Frau hier immer noch schwer haben. Sicherlich haben Sie damit einige Erfahrungen gemacht und könnten eigene Erlebnisse berichten. Ich höre auch Zweifel, ob Sie sich dem aussetzen möchten – ist das richtig?«

Beispiel 3:

Führungskraft: »Ich brauche jemanden, der unsere Dienststelle im Projekt ›digitale Polizei‹ vertritt – können Sie sich das vorstellen?«

Mitarbeiter: »Das ist ja ein anspruchsvoller Job. Wollen Sie nicht besser die Kollegin Sahim fragen, die hat doch viel mehr Ahnung von dem Thema?«

Führungskraft (aktives Zuhören): »Für mich klingt das, als wären Sie sich unsicher, ob Sie sich das selbst fachlich zutrauen oder als würden Sie vor der Verantwortung zurückschrecken – könnte das sein?«

Beispiel 4:
Kollege 1: »Ich brauch jetzt erst mal einen Kaffee.«
Kollege 2: »War eine anstrengende Nachtschicht, was? Setz dich erst mal in Ruhe hin, ich kümmere mich so lange um das Telefon.«

Die Grundlage des aktiven Zuhörens ist Empathie, d. h. das Einfühlungsvermögen in die Wahrnehmung, Gefühls- und Bedürfniswelt der anderen Person. Bei aller Empathie ist das, was wir aus der Aussage des anderen heraushören, letztlich aber immer unsere eigene Deutung des Gesagten und somit überprüfungsbedürftig. Deshalb empfiehlt es sich, aktives Zuhören mit Überprüfungsfragen zu kombinieren, mit denen dazu aufgefordert wird, die geäußerte Vermutung zu konkretisieren, zu bestätigen oder auch zu widersprechen:

»Liege ich da richtig?«
»Möchten Sie mehr darüber erzählen?«
»Trifft das so zu?«
»Können Sie dem zustimmen oder sehen Sie das anders?«

Noch wichtiger ist es allerdings, aktives Zuhören nur dann einzusetzen, wenn man sich wirklich in das Gegenüber einfühlen kann. Sobald man sich kennt und auf einer persönlichen Ebene miteinander vertraut ist, fällt aktives Zuhören leichter als bei fremden Personen. Hilfreich ist es, die Rolle, die Lebensumstände oder die persönliche Situation der berichtenden Person aus dem eigenen Erleben zu kennen. Aktives Zuhören kann aber auch unvorbereitet und im Gespräch mit Fremden sehr wirksam und passend eingesetzt werden. So ist es beispielsweise eine klassische Gesprächstechnik, um Kundenbeschwerden aufzufangen.

Falls man sich nicht in das Gegenüber einfühlen kann, ist aktives Zuhören riskant und kann sogar schädlich sein: Angenommen, Ihr Gegenüber fühlt sich aufgrund Ihrer geäußerten Vermutungen völlig falsch verstanden oder bekommt sogar den Eindruck, Sie wollten ihm eine bestimmte Gefühls- und Bedürfnislage unterstellen, dann kann das eine massive Störung auf der Beziehungsebene zur Folge haben. Wenn man sich also nicht sicher ist, wie die andere Person empfindet, sollte man vermutete Gefühle und Bedürfnisse nicht zuschreiben, sondern aktiv erfragen:

»Wenn ich Sie so höre, frage ich mich, wie Sie sich in der Situation gefühlt haben. Wie ging es Ihnen?«
»Sie erzählen, dass das auf diese Weise bearbeitet werden soll. Warum ist Ihnen das wichtig? Welche Bedürfnisse und Werte treiben Sie dabei an?«

Im persönlichen Gespräch mit Mitarbeitern und Mitarbeiterinnen kann aktives Zuhören auch dazu genutzt werden, um von einer fachlichen auf die persönliche

Ebene zu wechseln, etwa bei Mitarbeitergesprächen, in Wiedereingliederungsgesprächen und in Beratungssituationen aller Art. Dabei ist der Persönlichkeitsschutz des Gegenübers zu wahren. Keinesfalls darf das aktive Zuhören als Manipulationstechnik missbraucht werden, um in Konfliktsituationen vermeintliche Eigenanteile anderer Personen anzusprechen (»Das klingt, als wären Sie da nicht ganz ehrlich zu sich selbst«) oder gar vermeidliche Ursachen dafür zu diagnostizieren (»Ich höre da einen starken Ärger auf mich und meine Führung – das hat wahrscheinlich etwas mit Ihrer Kindheit zu tun«). Auch hier gehört eine Überprüfungs- oder Erlaubnisfrage zum aktiven Zuhören dazu:

> »Wenn Sie nun Ihre Stunden wieder erhöhen, wird sich das ja auch bei Ihnen zu Hause bemerkbar machen. Darf ich mich danach erkundigen, ob Sie das gut mit Ihrer Familie klären konnten?«
> »Sie hatten erzählt, dass Sie aufgrund des Standortwechsels in einen neuen Sportverein eingetreten sind. Möchten Sie mir kurz erzählen, wie Sie dort aufgenommen wurden und wie der Wechsel für Sie war?«

In Vieraugengesprächen ist aktives Zuhören sicherlich einfacher als in Team- und Gruppensituationen. Nur wenn dort ein offener und persönlicher Umgang miteinander gepflegt wird, gehört aktives Zuhören zur gelebten Kultur. In eher distanzierten und unpersönlichen Gruppensituationen kann aktives Zuhören hingegen als Übergriff oder Bloßstellung empfunden werden.

Die Technik des »Doppelns« erweitert das aktive Zuhören um umfangreichere hypothetische Rückmeldungen und ist grundsätzlich mit Erlaubnis- und Überprüfungsfragen kombiniert (→ **Kapitel 3.4.3**).

5. Negative Gesprächssignale

Neben dem »Pseudo-Zuhören« gibt es beim Zuhören weitere Aspekte, die für eine gelingende Gesprächsführung hinderlich sein können. Hierzu zählen Zweifel und Widerspruch als aktive Formen der Rückmeldung, die während Gesprächen gegeben werden. Diese reichen von Geräuschen wie Brummen und Schnauben und Gesten wie Kopfschütteln und Abwinken bis hin zu verbalen Äußerungen wie:

> »Na, na, na, na, na!«
> »Unglaublich!«
> »Niemals!«
> »Das hast du dir doch ausgedacht!«
> »Das meinst du doch nicht ernst!«

Auf den Einsatz negativer und abwertender Gestik, Mimik und erst recht verbaler Rückmeldungen sollte die Gesprächsführung selbst verzichten. Ein gezielter Einsatz verbaler und nonverbaler Signale – etwa als Hinweis auf Regelverletzungen z. B. durch Zwischenrufe – kann jedoch sehr effektiv sein. Oft ist dies sogar hilfreicher als ein direktes Ansprechen von Fehlverhalten. Beschwichtigende Gesten mit den Händen oder ein Kopfschütteln mit hochgezogener Augenbraue sind ebenfalls häufig sehr wirkungsvoll. Ob sich diese in einer Gruppe zielführend einsetzen lassen, kann man als Gesprächsführung ausprobieren und dabei einen eigenen Stil entwickeln. Auf jeden Fall ist es sinnvoll, zustimmende und auch ablehnende Signale der anderen Teilnehmerinnen und Teilnehmer zu beobachten und diese gegebenenfalls auf die wahrgenommenen Gesprächssignale anzusprechen (→ **Kapitel 3.2.2 »Rückmeldung zur Körpersprache geben«**).

Übung 5: Das eigene Cheerleading entdecken
Beobachten Sie sich selbst in Gesprächen oder fragen Sie Personen, mit denen Sie häufig Gespräche führen: Wie signalisieren Sie Zustimmung und Aufmerksamkeit? In welchem Maße und in welcher Form signalisieren Sie Ihren Mitarbeitenden Wertschätzung? Erfinden Sie dann weitere Formen oder schauen Sie sich diese bei anderen Personen ab. Erstellen Sie Ihr eigenes Repertoire.

3.2.2 Rückmeldung zur Körpersprache geben

Körpersprache kann eine wichtige Informationsquelle über Befindlichkeiten der Gesprächspartnerinnen und -partner sein, die diese nicht explizit benennen. Der Körper verrät, wenn wir uns unwohl oder verletzt fühlen, wenn wir verwirrt sind oder das Interesse verlieren. Widersprüche zwischen Körpersprache und verbalen Äußerungen (Inkongruenz) können Hinweise geben, dass unser Gegenüber mit sich selbst nicht im Reinen ist. Für ein gelungenes Gespräch kann es förderlich sein, solche körpersprachlichen Signale wahrzunehmen und gegebenenfalls anzusprechen:

> »Sie schütteln gerade Ihren Kopf … was bedeutet das?«
> »Sie haben jetzt bereits einige Male auf die Uhr geschaut. Woran liegt das?«
> »Wenn Sie an dieser Stelle lachen, worüber?«
> »Während des Gesprächs sind Sie immer weiter aus dem Kreis gerückt. Was hat Sie dazu veranlasst?«
> »Zu dieser Aussage habe ich zustimmendes Gemurmel und Kopfnicken wahrgenommen. Es scheint also auch noch anderen so zu gehen. Sehe ich das richtig?«
> »Sie machen gerade ein Gesicht, als hätten Sie auf eine besonders saure Zitrone gebissen. Möchten Sie gern etwas dazu äußern?«

Wichtig ist es, dass das Ansprechen verbaler und nonverbaler Reaktionen anderer beteiligter Personen wertschätzend stattfindet. Die Signale des Gegenübers sollten nicht bewertet werden. Stattdessen soll durch das Stellen offener Fragen die Möglichkeit gegeben werden, das Signal in Worte zu fassen und sich den anderen mitzuteilen.

Es geht nicht darum, das Gegenüber bloßzustellen, sondern ihm die Möglichkeit der Äußerung zu geben. In der folgenden Übersicht sind verschiedene Körpersignale zusammengefasst (Tabelle 8).

Tabelle 4: Übersicht über Körpersignale

Körperteil	Signale	
Kopf/Gesicht	▪ Kopf schief legen ▪ Nicken ▪ Kopfschütteln ▪ Bewegung	▪ Rotwerden ▪ Stirnfalten ▪ Schweiß auf der Stirn
Augen	▪ Blickkontakt ▪ Senken des Blicks ▪ Schließen der Augen	▪ unstetes Umherblicken ▪ Blinzeln ▪ Augen verdrehen
Nase	▪ Nasenflügel zittern ▪ Nase rümpfen	▪ Schnaufen
Mund und Kiefer	▪ zitternde, bebende Lippen ▪ auf die Lippe beißen	▪ Mundwinkel verziehen ▪ Kiefer zusammenpressen
Stimme	▪ hoch – tief ▪ laut – leise ▪ langsam – schnell	▪ gepresst – abgehackt ▪ sanft – schrill ▪ Seufzen und Stöhnen
Nacken und Schultern	▪ Nacken reiben ▪ Hals bewegen ▪ rote Flecken am Hals bekommen	▪ Schultern hochziehen ▪ Schultern hängen lassen ▪ Schultern nach hinten ziehen
Hände und Arme	▪ Gestikulieren ▪ Zeigen und Deuten ▪ Hände oder Finger aneinander reiben	▪ Arme verschränken ▪ Bauch schützen bzw. festhalten
Beine und Füße	▪ mit den Füßen tippeln ▪ Beine überkreuzen ▪ Beine übereinanderschlagen	▪ breitbeinig sitzen ▪ Beine ausstrecken
Gesamteindruck	▪ ruhig – hektisch ▪ entspannt – angespannt ▪ steif – beweglich	▪ rund – eckig ▪ Atmung, Herzklopfen

Körpersignale sind zunächst nur Signale, die einen bewussten oder unbewussten Ausdruck eigener Gefühle und Bedürfnisse darstellen können. Diese wahrzunehmen und die Möglichkeit einer verbalen Erklärung zu bieten, eröffnet die Gelegenheit, diese Gefühle und Bedürfnisse, Zustimmung und auch Ablehnung explizit zu äußern. Oft sind Gesprächsteilnehmerinnen und -teilnehmer über ihre körperlichen Reaktionen sogar selbst überrascht, weil sie diese gar nicht wahrgenommen haben. Darauf angesprochen, reagieren Menschen sehr unterschiedlich: erleichtert, etwas sagen zu können; erstaunt über die eigene Reaktion, vielleicht fühlen sie sich auch ertappt oder verneinen die Reaktion. Das Ansprechen von Körpersignalen durch die Gesprächsführung sollte intuitiv, wertschätzend und empathisch erfolgen. Eindeutige Regeln oder Anleitungen gibt es hierfür nicht.

Allerdings sollte man Körpersprache weder überbewerten noch als objektive Informationsquelle missverstehen. Wie in allen Bereichen der Kommunikation gilt auch hier: Unsere Wahrnehmung ist zunächst einmal *unsere* Wahrnehmung. Im Abgleich mit dem Gegenüber (z. B. durch eine Frage) muss überprüft werden, ob der Eindruck, den wir vom anderen gewinnen, tatsächlich stimmt.

Übung 6: Die Körpersprache anderer Personen beobachten
Filmen Sie ein Gespräch, in dem Sie selbst die Gesprächsführung übernehmen. Beobachten Sie beim Anschauen des Films zunächst ausschließlich die nonverbalen Signale der anderen Beteiligten. Schreiben Sie sich auf, welche Formen von Körpersprache Sie beobachten konnten. Notieren Sie sich, wie Sie selbst in dem Gespräch auf diese Ausdrucksformen reagiert haben oder hätten reagieren können. Üben Sie diese Reaktionen vor dem Spiegel oder wiederum mithilfe einer Kamera. Überlegen Sie:
Wie können Sie eine andere Person selbstsicher und wertschätzend auf körpersprachliche Signale ansprechen?

3.3 Gesprächsbeiträge sammeln, zusammenfassen und ordnen

3.3.1 Paraphrasieren

Das Paraphrasieren ist die grundlegendste Gesprächsführungstechnik und bezeichnet das umschreibende Zusammenfassen und Wiedergeben dessen, was gesagt wurde. Bei dieser Technik geht es zum einen darum, zusammenzufassen oder zu wiederholen, was die Gesprächspartnerin oder der Gesprächspartner gesagt hat, zum anderen geht es darum, das Gesagte mit anderen Worten auf den Punkt zu bringen. In vielen Phasen eines Gesprächs hilft diese Technik dem Gegenüber dabei, Themen und Argumente zu sortieren und zu überprüfen, ob alles benannt wurde, was relevant ist. Daher ist es sinnvoll, das Paraphrasieren mit einer Überprüfungsfrage zu schließen.

»Also Sie haben jetzt drei Themen benannt, die Sie hier besprechen möchten: 1. …, 2. …, 3. …. Habe ich Sie da richtig verstanden? Gibt es noch ein weiteres Thema, das Sie besprechen möchten?«
»Ich habe gehört, dass Ihnen bezogen auf die neue strategische Ausrichtung vor allem zwei Dinge wichtig sind, nämlich 1. … und 2. …. Stimmt das? Und gibt es sonst noch etwas?«
»Gegen die Sanierung der Heizungsanlage sprechen aus Ihrer Sicht vier Argumente: 1. …, 2. …, 3. …, 4. …. Sind das alle, oder gibt es noch ein weiteres Argument?«

Das Paraphrasieren dient der Vermeidung von Missverständnissen und sorgt dafür, dass alle Themen, Argumente, Wünsche, Befürchtungen etc. der Beteiligten auch benannt werden. Ansonsten kann es leicht passieren, dass nur die offensichtlichsten Aspekte angemerkt werden, andere aber fehlen, weil sich alle sofort an den zuerst genannten Punkten festhalten.

Übung 7: Paraphrasieren zur Strukturierung von Besprechungen
In Meetings und Sitzungen kommt man häufig nicht auf den Punkt und neigt dazu, Themen länger zu besprechen als erforderlich. Vereinbaren Sie für eines Ihrer nächsten Meetings, dass der Moderator oder die Moderatorin in bestimmten Zeitabständen (z.B. alle drei bis fünf Minuten) eingreift und das bis dahin Gesagte in der beschriebenen Form paraphrasiert. Nehmen Sie sich am Ende der Besprechung Zeit, um die Sitzung auszuwerten:

- Wo war das Paraphrasieren hilfreich?
- Inwieweit hat es sich auf das Ergebnis und den Arbeitsprozess ausgewirkt?
- Wurden die Aussagen der Beteiligten korrekt und vollständig wiedergegeben?
- Wie könnte Paraphrasieren bei den nächsten Besprechungen sinnvoll eingesetzt werden?

Es kann hilfreich sein, die Aufgabe der Moderation rotieren zu lassen. Hierbei sollte darauf geachtet werden, dass alle Personen auch über die hierfür erforderlichen Kompetenzen verfügen.

3.3.2 Lösungsorientiertes Paraphrasieren

Ein Vorteil des Paraphrasierens besteht darin, dass die Gesprächsführung die Formulierung der anderen Beteiligten an eine *ressourcen- und lösungsorientierte Sprache* anpassen kann. Hierbei handelt es sich um eine Erweiterung der bereits beschriebenen Technik des Paraphrasierens, da die Aussage einer anderen Person »in lösungsorientierte Sprache übersetzt wird«.

Dazu gehört es:

Negative Formulierungen positiv umzuformulieren,
damit ein Gespräch nicht zu einem Klagen über Missstände und dem Beschreiben all der Dinge wird, die man nicht hat.

> »Ich ärgere mich über die mangelnde Unterstützung des Projekts durch die anderen Abteilungen.« – »Sie möchten also über Unterstützungsmöglichkeiten für das Projekt sprechen?«
> »Die Kommunikationsprobleme mit dem Betriebsrat nehmen in letzter Zeit echt überhand.« – »Es geht dir also um die Verbesserung der Kommunikation mit dem Betriebsrat?«
> »Mit der Fristverlängerung von zwei Wochen können wir ja nichts machen.« – »Möch-

> test du hier gemeinsam besprechen, was man in den zwei Wochen machen kann, die zur Verfügung stehen, oder darüber, was man machen könnte, wenn wir noch mehr Zeit hätten?«

Wertungen und Beleidigungen zu entfernen,
damit durch die Formulierung eines Themas nicht bereits eine Bewertung vorweggenommen wird und die Beteiligten gemeinsam an einem neutral gehaltenen Thema arbeiten können, das alle als wertfrei akzeptieren und die jeweiligen Bewertungen (zunächst)ausblendet.

> »Es geht um die vorsintflutlichen Arbeitsmethoden einiger Kollegen hier.« – »Sie möchten also über unsere Arbeitsmethoden sprechen?«
> »Es geht um diesen dämlichen und ungerechten Dienstplan.« – »Sie möchten also die Gestaltung des Dienstplans thematisieren?«
> »Diese ewig langen unverständlichen Protokolle sind das Papier nicht wert, auf dem sie gedruckt sind!« – »Es ist Ihnen also wichtig, den Umfang der Protokolle zu reduzieren und ihre Prägnanz zu erhöhen?«

Dogmatische und absolute Aussagen zu relativieren bzw. nach Ausnahmen zu fragen,
damit ein Gespräch nicht zu einem Kampf um die »absolute Wahrheit« wird.

> »Andauernd macht er mir ungerechtfertigte Vorwürfe!« – »Was hat er genau gesagt? Wann? Wie oft?« oder: »Gibt es einen Teil der Vorwürfe, der Sie trifft, weil er ein bisschen zutrifft?« oder: »Wie müsste er seine Rückmeldung formulieren, damit Sie keinen Vorwurf darin hören?«
> »Sie macht nie die Maschine sauber!« – »Wie oft ist das in den letzten zwei Wochen passiert?« oder: »Erinnern Sie sich an eine Situation, in der es geklappt hat? Was war da anders?«
> »Dieses ständige Gemecker nervt mich!« – »Wenn Ihre Kollegin Sie kritisiert, sind Sie verärgert. Können Sie mir sagen, wann das vorkommt und wie oft?« oder: »Können Sie eine Situation benennen, in der Ihre Kollegin Sie kritisiert hat und Sie die Kritik gut annehmen konnten?«
> »Immer soll ich zusätzliche Aufgaben übernehmen!« – »Immer?«

Weitere gute Möglichkeiten zur Relativierung absoluter Aussagen bestehen in der Verwendung von »Skalierungsfragen« (→ **Kapitel 3.6.2**), der Umformulierung von Aussagen des Gegenübers als Ich-Botschaft (→ **Kapitel 3.4.1 »Ich-Botschaften«**) oder in der Übersetzung des Gesagten in Elemente der Gewaltfreien Kommunikation (→ **Kapitel 3.5.5 »Gewaltfreie Kommunikation als Fragetechnik«**).

Übung 8: Besprechungen lösungsorientiert paraphrasieren
Führen Sie Übung 7 nochmals durch, diesmal mit der zusätzlichen Aufgabe für die gesprächsführende Person, negative und wertende Aussagen positiv und wertfrei zusammenzufassen.

3.3.3 Schriftliches Paraphrasieren und Clustern

Schriftliches Paraphrasieren

Eine verbale Zusammenfassung des Gesagten (Paraphrase) ist manchmal schnell vergessen. Den Beteiligten ist meist gar nicht mehr präsent, was bereits alles gesagt wurde, selbst wenn es deutlich paraphrasiert wurde. Lediglich die Gesprächsführung hat dann gegebenenfalls noch eine Übersicht über die genannten Themen und Argumente, vorausgesetzt, dass sie über ein gutes Gedächtnis verfügt oder sich Notizen angefertigt hat. Um bisherige Inhalte präsent zu halten, empfiehlt sich deshalb das schriftliche Paraphrasieren. Dabei hält die Gesprächsführung auf Moderationskarten alle Themen, Ideen und Argumente für alle Beteiligten sichtbar fest.

Für das Beschriften von Moderationskarten oder digitalen Post-its gibt es einige Grundsätze:[3]

- Immer nur ein Thema pro Karte notieren, gut leserlich schreiben, mit maximal sechs Worten formulieren, Überschriften können durch Großbuchstaben gekennzeichnet werden. Nutzen Sie zur Beschriftung von Moderationskarten am besten nur Stifte, die schwarz schreiben.
- Die beschrifteten Karten werden so ausgelegt oder aufgehängt, dass alle Beteiligten sie gut sehen können.
- Wenn mit verschiedenfarbigen Moderationskarten gearbeitet wird, sollten die Farben für verschiedene Begriffskategorien eingesetzt werden. Soll alles gleichberechtigt und zunächst wertfrei und neutral aufgenommen werden, verwenden Sie nur weiße Moderationskarten. Sollen die paraphrasierten Aussagen nach Kategorien unterschieden werden, bietet es sich an, sechs Bereiche farblich voneinander zu unterscheiden. Diese finden sich auch später in den »Bausteinen der Gesprächsführung« wieder (→ **Kapitel 4**):
  - Themen = weiße Moderationskarten,
  - Probleme = rote Moderationskarten,
  - Ressourcen = gelbe Moderationskarten,
  - Bedürfnisse und Werte = blaue Moderationskarten,

3 Bei der Kommunikation mithilfe von Online-Plattformen gelten die nachfolgenden Aussagen in gleicher Weise wie auch für die Nutzung digitaler Whiteboards und andere Werkzeuge zur Visualisierung und Strukturierung.

- Handlungsideen und mögliche Maßnahmen = grüne Moderationskarten,
- offene Fragen = orange Moderationskarten.

Es sollte vermieden werden, Themen oder Beiträge verschiedener Personen oder Gruppen durch verschiedenfarbige Karten zu unterscheiden. Denn dadurch entsteht sonst leicht der Eindruck, ein benanntes Thema wäre nur das Thema einer Person oder Gruppe. Von da ist es nur ein kleiner Schritt bis zur Aufrechnung: »Wenn wir eines von deinen Themen besprechen, will ich auch eines von meinen besprechen«, »Wenn du fünf Karten da liegen hast, brauche ich auch fünf.«

Vermeiden Sie es auch, durch die Kartenfarben Wertungen zu symbolisieren, wie »sehr wichtig«, »wichtig«, »weniger wichtig«. Priorisierungen können besser durch die ausgelegte bzw. angepinnte Reihenfolge oder durch eine Abfrage mit Klebepunkten oder Skalierungen erfolgen.

Übung 9: Die eigene Moderationsschrift entwickeln
Nehmen Sie sich einen Permanentmarker und zehn Moderationskarten. Diese beschriften Sie mit jeweils sechs Wörtern. Variieren Sie die Geschwindigkeit, in der Sie schreiben. Hängen Sie die Karten dann an eine Wand, treten Sie sechs Schritte zurück und schauen Sie auf die Karten:

- Welche können Sie gut lesen?
- Welche können Sie nur schwer entziffern?
- Wenn Sie eine Fotodokumentation erstellen würden: Wäre die Schrift auf dem Foto lesbar?

Clustern[4]

Grundsätzlich können Sie alle beschrifteten Moderationskarten sofort auslegen und Schritt für Schritt eine Ordnungsstruktur aufbauen, indem Sie die Karten immer wieder verschieben bzw. umhängen und neue Ordnungen erzeugen. Hierbei können Sie die Teilnehmenden einbinden: »Wo, denken Sie, soll ich diese Karte zuordnen?« Sie dürfen aber zunächst auch für sich mehrere Moderationskarten beschriften und diese dann zusammenfassend auslegen oder an eine Moderationswand pinnen. Durch diese Zusammenfassung entsteht für die Teilnehmenden eine Pause, in der sie über das bisher Gesagte nachdenken können. Oft fallen ihnen dann Ergänzungen ein, die sie gern hinzufügen möchten.

Beim Sortieren bzw. Clustern der beschrifteten Karten werden diese nach Themen sortiert, Doppelnennungen werden zusammengefasst oder es werden Aussagen unterschiedlicher Gruppen von Beteiligten gegenübergestellt. Die Fragen, die beim Clus-

4 Ein »Cluster« ist ein Bündel, ein Haufen oder eine Gruppe. In der Moderation bezeichnet man zusammenhängende Aussagen als Cluster und das Herausstellen dieser Zusammenhänge als »Clustern«.

tern beantwortet werden, lauten: »Gibt es eine gemeinsame Überschrift für mehrere Themen oder Aussagen auf den Moderationskarten?« oder »Welche Karten gehören inhaltlich zusammen?«

Für das Clustern können Sie verschiedene Vorgehensweisen wählen:

- Bei kleinen Gruppen und einer geringen Anzahl von Karten können die Karten direkt auf dem Fußboden oder auf dem Tisch vor den Beteiligten ausgelegt werden. Hierbei sollte die Gesprächsführung darauf achten, dass alle Beteiligten die Karten gut lesen können. Sie selbst sollten die Schrift »über Kopf« lesen können.
- Sobald die zentralen oder zu bearbeitenden Karten ausgewählt sind, können diese an eine Pinnwand geheftet oder an eine Wand geklebt werden.
- Überlassen Sie das Sortieren oder Aufhängen der Karten nie einzelnen Beteiligten. Sie geben hierdurch einerseits ein Stück Definitionsmacht an Einzelne ab, was zu einem Ungleichgewicht in der Gruppe führen und als parteilich gewertet werden kann. Andererseits verlieren Sie die Chance, die Karten direkt zu kommentieren und ein eigenes Ordnungsschema anzuwenden.
- Wollen Sie hingegen schauen, welche Ordnung sich durch das Sortieren anderer Beteiligter ergibt, können Sie diese Aufgabe an mehrere Personen abgeben, die dies gemeinsam tun, oder Sie können einen Gruppenprozess moderieren.

Übung 10: Ein Zwiegespräch schriftlich paraphrasieren und clustern
Führen Sie Übung 7 ein weiteres Mal durch, diesmal mit der zusätzlichen Aufgabe für die Gesprächsführung, die Zusammenfassungen auf Moderationskarten festzuhalten. Die Dauer der Übung beträgt 30 Minuten inklusive der abschließenden Zusammenfassung. Im Verlauf oder am Ende des Gesprächs sollen die Ergebnisse anhand der gesammelten Karten zusammengefasst und geclustert werden.

Der Nutzen von schriftlichem Paraphrasieren und Clustern

Das schriftliche Paraphrasieren auf einzelnen Moderationskarten und das Clustern von zusammengehörigen Aussagen bietet mehrere Vorteile:

1. Sprache ist linear. Um etwas bereits Gesagtes in Erinnerung zu halten, wird es daher gern wiederholt. Durch schriftliches Paraphrasieren bleiben den Beteiligten die zentralen Gesprächsinhalte präsent. Sie müssen diese nicht wiederholen aus Angst, dass sie in Vergessenheit geraten.
2. Die Gesprächsführung kann wertschätzend darauf verweisen, dass etwas schon benannt wurde und dabei auf die entsprechende Moderationskarte zeigen.
3. Die Farben der Moderationskarten können genutzt werden, um einzelne Aussagen zu kennzeichnen, zuzuordnen und zu strukturieren:
   - nach thematischen Gesichtspunkten (z. B. grün für Aussagen zum geplanten Projekt, blau für Aussagen zur Teamzusammenarbeit, gelb für Aussagen zur Verwaltung),

- nach Kriterien oder Funktionen (z. B. rot für Probleme, grün für Lösungsvorschläge bzw. Handlungsideen, blau für Bedürfnisse, gelb für Ressourcen, orange für offene Fragen).

4. Die einzelnen Moderationskarten können jederzeit in eine Reihenfolge gebracht, ergänzt, sortiert oder in Gruppen (»Cluster«) geordnet werden. Gemeinsamkeiten, Unterschiede und Häufigkeiten der Nennung lassen sich sichtbar machen.
5. Zusammenhänge, Unterschiede und Gemeinsamkeiten können durch die Anordnung der Karten verdeutlicht werden. Sie ermöglicht einen Blick auf die Gesamtheit der Themen und Argumente.
6. Ergebnisse einzelner Arbeitsschritte sind einfach zu fotografieren und als Ergebnis (»Fotoprotokoll«) an alle Beteiligten zu mailen.
7. Die Gesprächsführung kann sich der Formulierung ihrer Paraphrase rückversichern (»Soll ich das so aufschreiben, oder haben Sie einen anderen Vorschlag?«).
8. Durch das Aufschreiben verlangsamt die Gesprächsführung die Geschwindigkeit des Gesprächs. Sie kann sich hierfür Zeit nehmen und dadurch kleine Denk- und Atempausen einführen: »Geben Sie mir bitte noch einen Augenblick, um das zu notieren. Soll ich das so aufschreiben? Ist die Formulierung für Sie in Ordnung?« So kann sie die Geschwindigkeit des Gesprächs regulieren, ohne einzelne Teilnehmende ermahnen oder bremsen zu müssen.
9. Die Beteiligten haben einen festen Ort, an den sie schauen können (ausgelegte Moderationskarten, Pinnwand) und müssen auf diese Weise nicht unbedingt Blickkontakt aufnehmen, wenn ihnen dieser unangenehm ist. Sie dürfen dann auf die »Sache« schauen.
10. Dadurch, dass die zentralen Aussagen auf Moderationskarten sichtbar bleiben, schauen die Beteiligten diese an, wenn andere sprechen oder wenn es eine Pause gibt. Dadurch kommen sie oft auf weiterführende Gedanken, ihnen fallen Ergänzungen oder Veränderungen ein, die für den weiteren Verlauf hilfreich sein können.

3.3.4 Priorisieren

Bei jedem Entscheidungsprozess, bei der Auswahl oder dem Ranking von Themen oder alternativen Handlungsoptionen kann es zu Unstimmigkeiten kommen. Ein Stimmungsbild der Beteiligten einzuholen, ist umso schwieriger, je größer die Gruppe ist: Verbale Rückmeldungen brauchen Zeit. Wenn in einer Gruppe von 30 Personen jede Person auch nur eine Minute ihre Meinung äußert, ist eine halbe Stunde vergangen. Redezeitbegrenzungen sind schwer einzuhalten, oft wird die Austauschrunde von einigen Wortführerinnen und -führern »gekapert« und die Stilleren kommen nicht zu Wort, sodass am Ende oft immer noch kein umfassendes Meinungsbild entstanden ist. Falls sich die Beteiligten nicht einigen können, gibt es einige Möglichkeiten, Themen oder Handlungsoptionen auszuwählen und ihre Reihenfolge festzulegen:

- **Die offene Abstimmung:** Alle Teilnehmenden bekommen eine abgezählte Anzahl Klebepunkte und kleben diese auf die Moderationskarten mit jenen Themen, die sie gern zuerst bearbeiten möchten.
- **Die verdeckte Abstimmung:** In großen Gruppen kann auch eine Liste mit den Themen oder Handlungsoptionen erstellt und gedruckt an die Teilnehmenden ausgegeben werden. Diese verteilen dann eine festgelegte Punktzahl auf die Themen.
- **Das Abwählen von Themen oder Handlungsoptionen:** Fällt es einer Gruppe schwer, Prioritäten oder eine Reihenfolge festzulegen, bietet die Gesprächsführung den Teilnehmenden ein Ausschlussverfahren an, in welchem sie festlegen, welche Themen nicht oder am wenigsten dringend besprochen werden sollen. Anschließend werden Klebepunkte auf den Karten platziert, deren Themen ausgeschlossen werden können.
- **Das Ampelverfahren:** Will man die Auswahl und Abwahl von Themen oder Handlungsoptionen miteinander verbinden, teilt man beispielsweise auch drei grüne und drei rote Klebepunkte den Teilnehmenden zu, sodass sie in beide Richtungen eine Wahl treffen können. Will man eine Zwischenposition hinzuziehen, werden zusätzlich gelbe Klebepunkte verteilt.
- **Skalierung:** Soll eine feinere Abstufung vorgenommen werden, lässt sich eine Zahlenskala einsetzen, 1 bis 4, 1 bis 6, 1 bis 10. Teilnehmende notieren dann verdeckt ihre Zahl zu jedem Thema und nehmen dadurch eine Priorisierung vor. Bei einer 5er- oder 10er-Skala können die Teilnehmenden auch die entsprechende Anzahl Finger hochhalten. Bei diesem Vorgehen ist die Einschätzung für alle sichtbar. Weiteres zu Skalierungen finden Sie in → **Kapitel 3.6.2 »Skalierungsfragen«**.
- **Online-Voting:** Eine Online-Umfrage mit einem der gängigen Tools (z. B. Microsoft Forms, Mentimeter, easyfeedback.de) ist eine etwas formalere Möglichkeit, ein Stimmungsbild zu erheben. Die Vorteile sind, dass sich die Teilnehmenden anonym zu mehreren Fragen äußern können und dass sich die Ergebnisse in Echtzeit ins Plenum einbringen lassen, um mit ihnen weiterzuarbeiten.
- **Aktionssoziometrie:** Bitten Sie die Teilnehmenden, aufzustehen und sich im Raum zu einer Skalierungsfrage zu positionieren. Hierfür können Sie beispielsweise mit Zahlen beschriftete Moderationskarten auf dem Boden auslegen.

  Bei der Verteilung von Aufgaben oder der Entscheidung zwischen mehreren Optionen lassen sich diese auch als Felder auf dem Fußboden legen, und die Teilnehmenden können aufgefordert werden, sich zu den Aufgaben oder Inhalten zu stellen, die sie gern übernehmen oder bearbeiten möchten. So wird auch sichtbar, welche Aufgaben von mehreren und welche vielleicht von niemandem übernommen werden wollen. Es kann dann darüber gesprochen werden, wer in einer Gruppe welche Aufgaben wahrnimmt oder wen man für noch offene Aufgaben gewinnen könnte.

Bei allen Prozessen der Priorisierung und Entscheidungsfindung in Gruppen gibt es bei Uneinigkeit sowohl Gewinnerinnen und Gewinner als auch Verlierer und Verliererinnen, weil es sich prinzipiell um Mehrheitsentscheidungen handelt. Es sollte daher gut überlegt werden, ob ein Konsens erzielt werden sollte oder ob man auch darüber spricht, was die überstimmten Personen als Ausgleich erhalten könnten, sodass sie die getroffene Entscheidung gut mittragen und unterstützen können.

Übung 11: Wie soll man sich nur entscheiden …?
Unterhalten Sie sich mit anderen Personen über vergangene Entscheidungsprozesse und wie diese gestaltet wurden.

- Welche Form der Priorisierung und Entscheidungsfindung wurde gewählt?
- Wie haben die Beteiligten auf die Entscheidung und den Entscheidungsprozess reagiert?
- Gab es Gewinner und Gewinnerinnen sowie Verliererinnen und Verlierer der Entscheidung?
- Welche anderen Formen der Entscheidungsfindung wären sinnvoll gewesen?
- Was hätte für überstimmte Personen ein guter Ausgleich sein können?

3.3.5 Moderationsmaterialien

Bezogen auf das Moderationsmaterial bietet sich eine Reduzierung auf das Wesentliche an. Dies sollte aber in guter Qualität und ausreichender Menge vorhanden sein. Wer bereits Moderationskoffer in Besprechungsräumen und Schulungszentren gesehen hat, weiß, wie schnell diese durcheinandergeraten, nicht mehr vollständig sind und wie viele Dinge sie oft enthalten, die gar nicht benötigt werden. Kaufen Sie nicht unbedingt einen großen, teuren Moderationskoffer, stellen Sie sich lieber eine eigene Tasche oder einen eigenen Koffer zusammen (Abbildungen 10 und 11).

Für eine gute Moderation reichen in der Regel:

- **rechteckige Moderationskarten** in verschiedenen Farben (Rot, Grün, Blau, Gelb, Orange, Weiß) und ausreichender Anzahl. Kreise, Ovale und dergleichen gibt es zwar auch, die meisten Personen differenzieren aber eher über die Farbe als über die Form. Werden mehrere Differenzierungsmöglichkeiten benötigt, sind die fünf üblichen Farben von Moderationskarten in kräftigen und blassen Farbtönen erhältlich, sodass zehn Farben und weiß zur Verfügung stehen. Moderationskarten in sehr dunklen Farben (Dunkelblau, Lila, Dunkelrot usw.) sind ungeeignet, da sich selbst eine schwarze oder dunkelblaue Schriftfarbe zu wenig von ihnen abhebt.
- **schwarze Permanentmarker** in ausreichender Anzahl, sodass in Einzel- oder Gruppenarbeitsphasen jeder Beteiligte einen Stift benutzen könnte, der auch aus der Entfernung gut sichtbar ist. Bei roter oder grüner Stiftfarbe ist das oft schwierig. Soll auch durch die Stiftfarbe differenziert werden, verwenden Sie Schwarz, Rot und Grün. Blau ist, gerade in Fotodokumentationen, dem Schwarz oft ähnlich.
- **Klebefilm, Klebestift oder Pinnnadeln**, um die Karten aufzuhängen oder Poster zu gestalten.

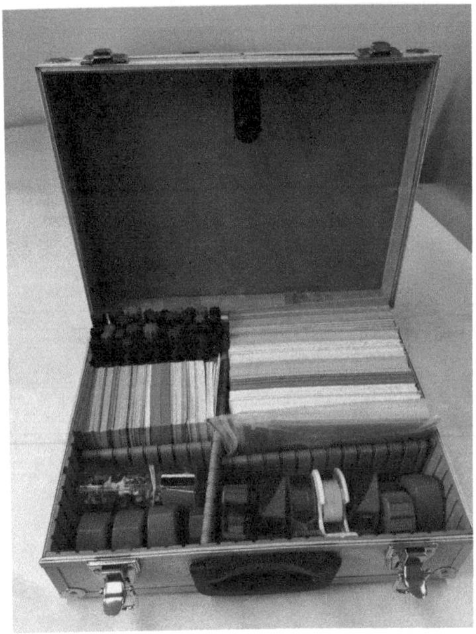

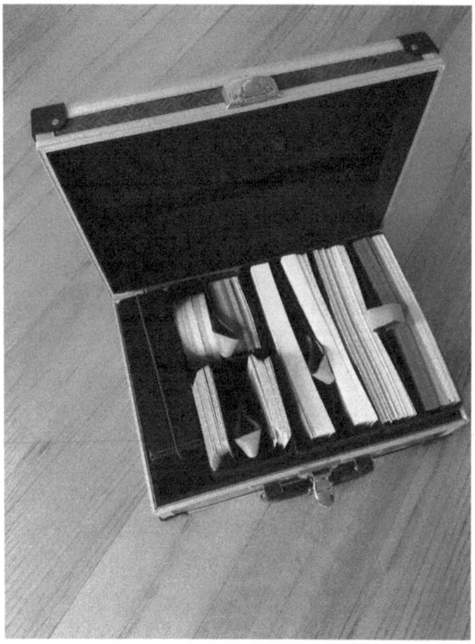

Abbildungen 10 und 11: Beispiele selbst zusammengestellter Moderationssets in einem großen und einem kleinen Werkzeugkoffer

- **kleine (!) Klebepunkte**, wenn diese für Abstimmungsprozesse an die Beteiligten verteilt werden sollen (»Sie erhalten jetzt jeder drei Klebepunkte, die Sie auf die Ideen-Karten kleben können, die Ihnen am besten gefallen«). Praktisch sind Klebepunkte auf einem Abrollstreifen, damit die gewünschte Anzahl von Klebepunkten leicht abgerissen und verteilt werden kann, ohne diese noch aufwendig zuschneiden zu müssen.
- **eine Schere oder einen Cutter**, um gegebenenfalls etwas zuschneiden zu können.
- **Pinnwände, Wände oder Türen**, an denen Ergebnisse angepinnt oder aufgeklebt werden können. Es gehen auch hochkant aufgestellte Tische, auf deren Tischplatte man etwas aufklebt.
- **Flipchart-Papier und Flipchart-Ständer, Pinnwand- oder Paketpapier**, um Ergebnisse zu notieren oder um in Gruppenarbeitsphasen Plakate erstellen zu lassen.
- **quadratische Notizzettel in verschiedenen Farben oder farbige Post-its.** Sie eignen sich besonders gut für das Arbeiten mit wenig Platz oder für das Sammeln von Begriffen, wenn diese später auf einem Flipchart oder Poster aufgeklebt werden sollen.

Für die Begleitung der Arbeit von mehreren Gruppen lassen sich beispielsweise kleine Moderationssets zusammenstellen, die in einfachen Fototaschen verstaut sind (Abbildungen 12 und 13).

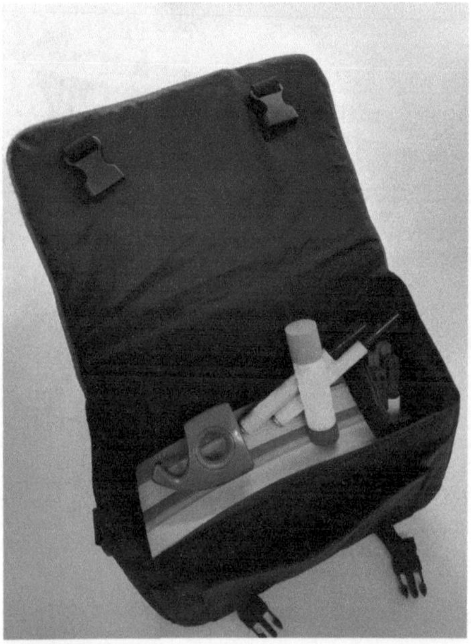

Abbildungen 12 und 13: Beispiel eines selbst zusammengestellten Moderationssets in einer Fototasche und einem Rollcontainers mit acht Moderationssets und Flipchartpapier

Übung 12: Ich packe meinen Koffer
Erstellen Sie für sich eine Liste der Materialien, die Sie auf jeden Fall für die Moderation brauchen. Beachten Sie dabei auch mögliche Gruppensituationen und Kleingruppenarbeit.

3.3.6 Brainstorming

Das Brainstorming ist die wohl bekannteste Kreativmethode. Sie wird überall angewendet, jeder scheint sie zu kennen und zu beherrschen. Dennoch wird sie in der Vielzahl der Anwendungen nicht richtig umgesetzt: Häufig bringen sich nicht alle mit ihrer Kreativität ein und nur einige Beteiligte nennen Ideen, die dann durch die Gruppe diskutiert werden; wenn Moderationsmaterial zur Verfügung steht, wird dieses nicht zielführend oder sogar gar nicht verwendet (→ **Kapitel 3.3.3 »Schriftliches Paraphrasieren und Clustern«**).

Brainstorming bedeutet:
- In kurzer Zeit
- viele Ideen zu erzeugen,
- dabei auch ungewöhnliche Ideen zuzulassen
- und schriftlich oder gezeichnet festzuhalten,
- ohne sie zu diskutieren und
- ohne sie zu bewerten.

Eine Möglichkeit, diese Kriterien zu erfüllen, besteht darin, in drei Schritten vorzugehen:

1. Jede beteiligte Person erhält einen Stift und einen Stapel Moderationskarten. Auf diesen sollen Ideen zum Thema (z. B. Lösungsvorschläge, Maßnahmen) notiert werden (nur eine Idee pro Karte!). Beschriebene Karten werden verdeckt zur Seite gelegt oder optional offen in die Mitte, wenn sich die Teilnehmerinnen und Teilnehmer von den Ideen der anderen inspirieren lassen sollen. Während dieses Arbeitsschrittes wird nicht gesprochen. Für diesen Schritt kann ein Zeitlimit festgelegt werden, oder eine Person schaut, wann die ersten Beteiligten mit dem Schreiben fertig sind und nennt den anderen dann eine »Restlaufzeit«.
2. Die beschrifteten Karten werden ausgelegt, sortiert und zusammengefasst (»geclustert«). In diesem Schritt werden die Ergebnisse geordnet und bewertet. Die Cluster können auch in Form einer »Mind-Map« oder anderer Darstellungsweisen weiter differenziert werden. Oft entstehen während des Ordnens noch weitere Ideen. Diese lassen sich ergänzen, bis die »Ideenlandkarte« vollständig ist.
3. Abschließend werden die gesammelten Ideen, gegebenenfalls auch Teilideen, bewertet. Dies kann durch das Verteilen und Anbringen von Klebepunkten geschehen, indem etwa jeder Beteiligte fünf Klebepunkte auf die Ideenkarten klebt, die er bevorzugt.

Zum Brainstorming gibt es unzählige Variationen (siehe z. B. Gray, Brown u. Macanufo, 2011). Es können beispielsweise auch Bilder dazu gemalt werden, wie eine Situation nach ihrer Verbesserung aussehen soll. Bei der Betrachtung der Bilder werden anschließend Ideen gesammelt, wie man zu dem erwünschten Zustand kommen könnte.

Oder es werden von allen Beteiligten drei Ideen auf ein DIN-A4-Blatt geschrieben, das diese dann reihum weiterreichen, um den Sitznachbarn drei weitere Ideen ergänzen zu lassen. Dieses Weitergeben wird fünfmal wiederholt. Durch diese »Brainwriting«-Methode (sogenannte »6-3-5-Methode«: 6 Personen, 3 Ideen, 5 Durchgänge) entstehen, bei der genannten Zusammensetzung und Vorgehensweise, insgesamt 90 Ideen.

Für schwierige Situationen, in denen zunächst nur wenige Lösungsideen zur Verfügung stehen, bietet sich das »Kopfstand-Brainstorming« als äußerst effektive Variation des Brainstormings an. Hierbei wird nicht gesammelt, was man tun könnte, um eine Situation zu verbessern, sondern was man tun könnte, um sie zu verschlimmern. Es werden also Maßnahmen und Ideen für das Gegenteil dessen gesucht, was man erreichen möchte. Wenn diese Sammlung abgeschlossen ist, werden die Verschlimmerungen in eine Positivliste übertragen, indem man fragt: »Was könnten wir stattdessen tun?« Der so erarbeitete »Statt-Plan« wird dann genutzt, um Maßnahmen auszuwählen und Vereinbarungen zu treffen.

Beobachtet man solche Kreativprozesse, wird man feststellen, dass die zuerst genannten Ideen oft nur das Offensichtliche und Banale abbilden. Wenn kein tatsächliches Brainstorming erfolgt, weil die Diskussion den Prozess unterbricht, besteht die Gefahr, sich auch auf diese ersten, meist offensichtlichen und banalen Ideen zu beschränken. In der Folge bleiben tiefergehende Erkenntnisse aus.

Übung 13: Storm your brain

Setzen Sie sich mit einigen Kolleginnen und Kollegen zusammen. Es sollten insgesamt aber nicht mehr als sechs Personen sein. Sie brauchen Papier, Stifte und einen Timer (z. B. Eieruhr oder Smartphone).

Jede Person bekommt ein Blatt Papier und notiert auf ihm oben eine Frage. Haben dies alle getan, geben sie ihre Blätter an den linken Nachbarn weiter. Dieser hat nun drei Minuten Zeit (Timer starten!), seine Ideen zu der Frage auf das Blatt zu schreiben. Nach Ablauf der drei Minuten gibt jeder das Blatt an seinen linken Nachbarn weiter. Dieser hat dann wieder drei Minuten Zeit, seine Ideen zu ergänzen. Das geht so lange, bis das Blatt bei der Person angekommen ist, die die Frage formuliert hat. Diese schaut sich alle Ergebnisse in Ruhe an.

- Was sind die verblüffendsten Antworten und Erkenntnisse, die die Fragesteller gewonnen haben?
- Was wäre passiert, wenn die Frage mündlich gestellt statt aufgeschrieben worden wäre?
- Wie lange hätte es vermutlich gedauert, über alle Fragen zu sprechen, anstatt die Ideen schriftlich zu sammeln?
- Wie hätten sich die diskutierten Ergebnisse vermutlich von den aufgeschriebenen Ideen unterschieden?

Als Variation dieser Übung kann zu Anfang auch der Titel einer Geschichte auf das Blatt Papier geschrieben werden. Die anderen Personen sollen dann der Reihe nach ihre Ideen zu dieser Geschichte aufschreiben.

Tipp: Da es von Mal zu Mal länger dauert, die bereits geschriebenen Ideen der anderen zu lesen, kann mit drei Minuten als Zeitlimit begonnen werden, um dieses anschließend in jedem Durchgang um eine Minute zu verlängern. Oder man startet die drei Minuten, nachdem alle sich eine Übersicht über die bereits auf dem Blatt vorhandenen Ideen verschafft haben.

3.3.7 Mindmaps und Systemlandkarten

In diesem Kapitel geht es um Techniken, die Ideensammlungen strukturieren oder Zusammenhänge in komplexen Systemen darstellen. Beim »schriftlichen Paraphrasieren und Clustern« (→ **Kapitel 3.3.3**) werden zunächst nur Systembestandteile gesammelt, verschriftlicht, in Gruppen zusammengefasst und gegebenenfalls priorisiert (→ **Kapitel 3.3.4**). Mindmaps und Systemlandkarten gehen über das Visualisieren und Clustern hinaus, da die gesammelten Elemente zueinander in Beziehung gesetzt werden. Weitere moderierende Visualisierungstechniken werden innerhalb der Bausteine der Gesprächsführung dargestellt.

Mindmaps

Eine Mindmap oder Gedankenlandkarte setzt verschiedene Einzelelemente – wie Begriffe oder Ideen – miteinander in Beziehung. Das Erstellen einer Mindmap (Mindmapping) besteht im Sortieren von Begriffen und Ideen nach ihrer logischen Struktur, Zugehörigkeit oder Reihenfolge. Im Ursprungsmodell der Mindmap gibt es einen zentralen Begriff oder ein zentrales Thema, von dem ausgehend sich Unterthemen immer weiter ausdifferenzieren (Abbildung 14). Das bereits beschriebene »Clustern« ist eine Vorstufe der Mindmap, da beim Clustern zunächst Ordnung in die Begriffe gebracht wird, bevor sie miteinander in Beziehung gesetzt werden.

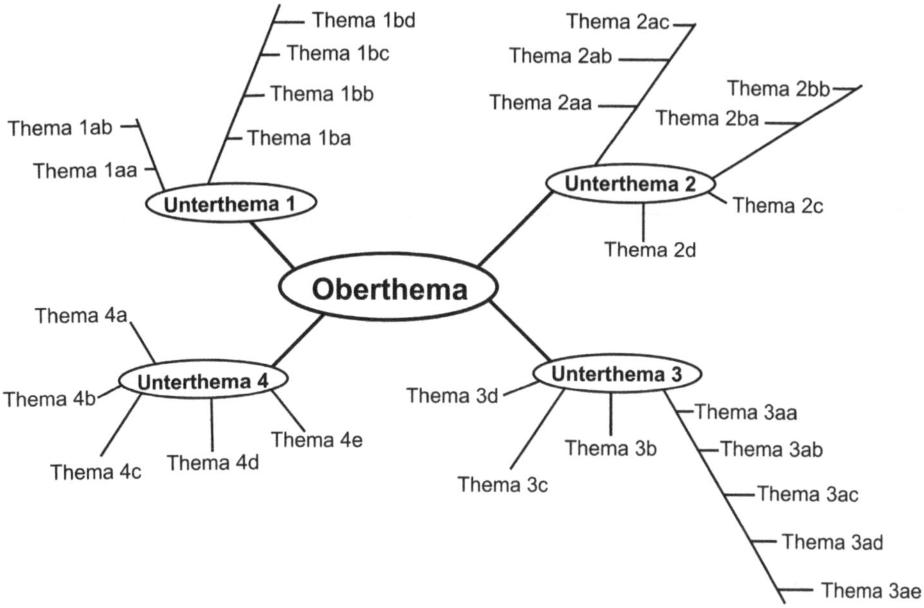

Abbildung 14: Beispiel einer Mindmap mit mehreren Themenclustern

Die Beziehungen zwischen Begriffen, Ideen oder Themen können in verschiedenen Mustern angeordnet sein, je nachdem, was damit verdeutlicht werden soll (Gray et al., 2011, S. 37–42). Sie können daher auch als Gegenüberstellung, Tabelle, Matrix, Netzwerk, Hierarchie und in vielen anderen Anordnungen visualisiert werden.

Übung 14: Ordnung in ein Thema bringen
Wählen Sie ein beliebiges Thema aus Ihrem beruflichen Alltag und schreiben Sie es in die Mitte eines großen Blattes (z. B. DIN A3). Sammeln Sie dann alle weiteren Begriffe, die Sie zu diesem Thema finden, und schreiben Sie diese einzeln auf kleine Zettel oder Post-its. Geben Sie den zentralen Begriff auch in eine Internetsuchmaschine ein und schauen Sie, welche Unterthemen und Begriffe sich noch ergänzen lassen. Sortieren Sie die Begriffe anschließend in Unterthemen, kleben Sie die Zettel auf das Blatt und ziehen Sie Verbindungslinien.

- Haben Sie jetzt ein umfassendes Bild des Themas?
- Welche Bereiche sind jetzt sichtbar, an die Sie vorher gar nicht gedacht haben?

Systemlandkarten

In Systemlandkarten werden keine logischen Strukturen visualisiert, sondern Zusammenhänge und Beziehungen. Bezogen auf ein Thema oder eine Fragestellung werden alle Elemente des »relevanten Systems« gesammelt und als Beziehungsnetzwerk visualisiert (→ **Kapitel 2.2.4 Was ist Lösungs- und Ressourcenorientierung?**). Hierbei stehen die Nähe und Distanz zwischen den Elementen sowie die Qualität und Ausgestaltung der Beziehungen zwischen den Elementen im Vordergrund.

Die Beziehungen, Informations- und Kommunikationskanäle lassen sich durch verschiedene Pfeile und Verbindungslinien darstellen, wobei durch die Form, Dicke und Farbe der Striche auf Beziehungen, Abhängigkeiten, Freundschaft, Zuneigung, Abneigung und dergleichen mehr hingewiesen werden kann (Abbildung 15). Ergänzend können Sie die verwendeten Symbole und die zwischen ihnen eingezeichneten Beziehungen ebenfalls beschriften.

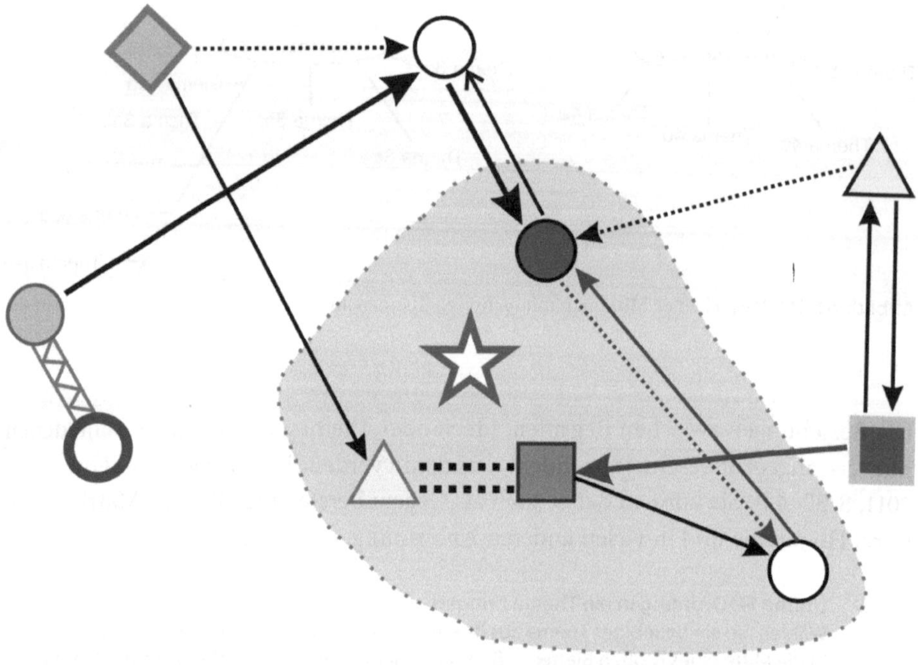

Abbildung 15: Beispiel einer Systemlandkarte

Es gibt viele verschiedene Formen von Systemlandkarten, wie das »Soziogramm«, die »Netzwerkkarte« oder das »soziale Atom«, die ursprünglich nur dazu gedacht waren, Beziehungsstrukturen zwischen Menschen, beispielsweise in Familien und Teams, darzustellen (Moreno, 1974; Früchtel, Budde u. Cyprian, 2012). Als Visualisierungstechnik können sie aber ebenso genutzt werden, um Abläufe in der Zusammenarbeit mit Zulieferern abzubilden, technische oder organisationale Zusammenhänge in einem Unternehmen zu verdeutlichen oder um sich mit den Werten und der Führungskultur des Unternehmens auseinanderzusetzen.

Grundsätzlich soll eine bildhafte Darstellung eines Themenkomplexes oder von Beziehungsstrukturen es erlauben, alles gleichzeitig im Blick zu haben, statt nur linear und verkürzt verschiedenen Erzählungen zu folgen. Für die moderierende Person bietet es sich an, eine Systemlandkarte zu erstellen, während über ein Thema gesprochen wird oder direkt, ohne Erzählung, mit einer visuellen Bearbeitung zu beginnen.

Übung 15: Zusammenhänge und Beziehungen in ein Thema bringen
Wählen Sie ein beliebiges Thema aus Ihrem beruflichen Alltag und schreiben Sie alle Ihnen dazu in den Sinn kommenden Personen, Gegenstände, Begriffe, Werte, Bedürfnisse und dergleichen auf kleine Zettel oder Post-its. Legen Sie diese dann so auf einem Tisch aus oder kleben Sie diese so auf eine Wand oder ein Whiteboard, wie Sie denken, dass die Zusammenhänge und Beziehungen gut dargestellt sind.

- Welche Verbindungslinien kommen Ihnen spontan in den Sinn?
- Was würden Sie beim Betrachten der fertigen Karte gern noch ergänzen?
- Haben Sie jetzt ein umfassendes Bild des Themas?
- Welche Bereiche sind jetzt sichtbar, an die Sie vorher gar nicht gedacht haben?

3.4 Gesprächsbeiträge leisten

Neben der Animation der Gesprächsteilnehmerinnen und -teilnehmer zur Beteiligung am Gespräch und der Zusammenfassung ihrer Redebeiträge ist es auch wichtig, sich selbst auf eine angemessene Weise am Gespräch zu beteiligen. Auch sollten unangemessene Formen von Gesprächsbeiträgen erkannt und ihre Verwendung durch die gesprächsführende Person selbst vermieden werden.

3.4.1 Ich-Botschaften

Oft ist missverständlich, was mit *Ich-Botschaften* gemeint ist. Es ist bei Weitem nicht so, dass jede Formulierung, die das Personalpronomen »ich« beinhaltet, eine Ich-Botschaft ist. Ich-Botschaften lassen sich am besten dadurch beschreiben, dass man zum einen Kriterien nennt, die eine Aussage erfüllen soll, damit sie eine Ich-Botschaft darstellt, und zum anderen verdeutlicht, was eine Ich-Botschaft nicht enthalten soll.

Eine Ich-Botschaft beinhaltet:[5]

5 Was eine Wahrnehmung, ein Gefühl, ein Bedürfnis und eine Bitte ausmacht, wird im Konzept der »Gewaltfreien Kommunikation« nach Marshall B. Rosenberg sehr genau beschrieben (Rosenberg, 2005). Für eine erfolgreiche Gesprächsführung kann es entscheidend sein, diese vier Bereiche von

- **Aussagen über die eigenen Wahrnehmungen.**
  Hierbei wird nicht gewertet und interpretiert, sondern lediglich geschildert, was beobachtbar war, also alles, was passiert ist, was getan und gesagt wurde:

> »Ich habe gesehen, wie …«
> »Ich habe Sie sagen hören, …«
> »Folgendes konnte ich beobachten: …«

- **Aussagen über die eigenen Gefühle.**
  Ein eigenes Gefühl beinhaltet nie eine Unterstellung gegenüber einer anderen Person. Aussagen wie: »Sie setzen mich unter Druck« – »Ich fühle mich an die Wand gedrängt«, benennen demnach keine Gefühle (→ **Kapitel 3.4.2 »Eigene Gefühle ausdrücken«**), anders geht es so:

> »Ich bin besorgt, …«
> »Ich werde nervös, …«
> »Ich bin traurig, …«

- **Aussagen über die eigenen Bedürfnisse.**
  Ein Bedürfnis ist ein Zustand, den man sich wünscht, wie Ruhe, Zufriedenheit, Auslastung oder Sättigung, und der auf verschiedene Weise erfüllt werden kann.

> »Ich hätte gern Sicherheit darüber, dass …«
> »Mir ist Transparenz in diesem Prozess sehr wichtig.«
> »Ich möchte den Termin gern pünktlich beenden.«

- **Aussagen darüber, worum ich mein Gegenüber bitte.**
  Eine Bitte bezieht sich hierbei immer auf eine positiv formulierte, konkrete, beobachtbare und messbare Handlung des Gegenübers. Sie richtet sich also nicht auf die direkte Veränderung eigener Gefühle (»Machen Sie mich glücklich!« – »Setzen Sie mich bitte nicht unter Druck!«) oder die direkte Erfüllung eigener Bedürfnisse (»Ich möchte, dass du mich besser verstehst.« – »Lassen Sie mich in Ruhe!«).

> »Ich bitte Sie darum, die Sitzung für fünf Minuten zu unterbrechen, damit ich einmal in Ruhe darüber nachdenken kann.«
> »Können Sie bitte Ihren Stift zur Seite legen, wenn Sie nicht damit schreiben?«
> »Können Sie mir bitte drei Dinge nennen, die Sie an unserer Teamarbeit schätzen, und drei Dinge, die sie verbessern würden?«

Ich-Botschaften zu beherrschen. Bei der Darstellung der Gewaltfreien Kommunikation im folgenden Kapitel (→ **Kapitel 3.5**) werden die verschiedenen Formen der Ich-Botschaften aufgegriffen und ausführlicher dargestellt.

Praxistipp 1: ICH bin nicht WIR
Was auf jeden Fall zu vermeiden ist, sind »Wir-Aussagen«, wenn Sie über sich selbst oder über Ihr Gegenüber sprechen. Indem Sie das »Wir« verwenden, schreiben Sie eigene Wahrnehmungen, Gefühle, Bedürfnisse oder Bitten Ihrem Gegenüber zu (»Verallgemeinerungen«, → Kapitel 3.4.2 »Du-Botschaften und Killerphrasen«).
Sicherlich kennen Sie die »Krankenhaus-Floskel«: »Wie geht es uns denn heute?«, und die entlarvende Antwort: »Mir geht es gut. Und wie geht es Ihnen?«

In Gesprächen tauchen gelegentlich Wir-Aussagen auf, die besser vermieden werden sollten. Hier einige Beispiele:
»Wir wollten die anderen doch ausreden lassen!«
»Können wir das bitte noch etwas genauer beschreiben?«
»Ich denke, wir brauchen jetzt alle eine Pause!«
»So können wir hier nicht zusammenarbeiten! Wir sollten uns alle an die Gesprächsregeln halten!«

Überlegen Sie stattdessen eher, was Sie selbst über sich aussagen möchten, welche Aussagen von anderen Personen kamen und welche Bitten Sie an andere haben:
»Zu Beginn hatten Sie vereinbart, sich ausreden lassen. Ich beobachte aber, dass Sie sich dennoch gegenseitig unterbrechen. Haben Sie einen Vorschlag, was ich als Gesprächsführung tun kann, um darauf zu reagieren?«
»Ich habe das noch nicht verstanden. Können Sie das bitte noch etwas genauer beschreiben?«
»Ich denke, ich brauche jetzt eine Pause! Wie geht es Ihnen?«
»Mir fällt die Zusammenarbeit gerade schwer. Ich habe den Eindruck, sehr intensiv auf die Einhaltung der Gesprächsregeln achten zu müssen. Ich möchte daher kurz unterbrechen, um noch einmal mit Ihnen zu schauen, wie wir diese Situation gestalten wollen.«

Eine Ich-Botschaft kann im Gespräch sehr unterschiedlich formuliert werden. Die Elemente einer Ich-Botschaft lassen sich dabei sehr strukturiert benennen oder eher frei formulieren:

Strukturiert:
»Es freut mich, dass Sie schon Ideen für Lösungen haben.« (Gefühl: Freude)
»Ich möchte gern an meiner Struktur für dieses Gespräch festhalten.« (Bedürfnisse: Strukturiertheit, Halt)
»Ich bitte Sie daher, Ihren Vorschlag im Kopf zu behalten und später noch einmal zu benennen, wenn ich die Phase einleite, in der wir Lösungen sammeln.« (Bitte: erneutes Äußern des Vorschlags zu einem späteren Zeitpunkt)

Frei formuliert:
»Ich kann es sehr gut verstehen, dass Sie schon jetzt auf Lösungen zu sprechen kommen wollen. Wir befinden uns derzeit noch in der Phase der Themensammlung. Lösungen werde ich später gemeinsam mit Ihnen sammeln. Ich notiere Ihren Vorschlag schon einmal für später und lege ihn beiseite. Sie haben nachher noch ausreichend Zeit und Gelegenheit, Ihre Lösungsvorschläge einzubringen. Ist es für Sie in Ordnung, wenn ich Sie gegebenenfalls unterbreche, um die Struktur dieses Gesprächs einzuhalten?«

Neben dem eigenen Aussprechen von Ich-Botschaften besteht eine weitere Kunst der Gesprächsführung darin, die Aussagen von anderen Beteiligten so zu paraphrasieren, dass daraus eine Ich-Botschaft entsteht (→ **Kapitel 3.3.2 »Lösungsorientiertes Paraphrasieren«**).

Übung 16: Ich-Botschaften entdecken
Schauen Sie einen beliebigen Film, eine Fernsehserie oder eine Gesprächsrunde im Fernsehen. Achten Sie darauf, wann Personen Ich-Botschaften formulieren (Wahrnehmung, Gefühl, Bedürfnis, Bitte). Wie genau macht die Person das? Warum macht sie es? Was erreicht sie damit?

3.4.2 Du-Botschaften und Killerphrasen

Was eine Ich-Botschaft *nicht* beinhalten soll, ist jede Form von Wertung, Verallgemeinerung, Forderung, Vergleich, Verabsolutierung und Schuldzuweisung. Man kann hierbei im Gegensatz zu Ich-Botschaften auch von »Du-Botschaften« und »Ist-Botschaften« sprechen, da sich diese Aussagen auf andere Personen oder die Umstände beziehen und die Sprecherin oder den Sprecher als Person mit einer subjektiven Sichtweise weitestgehend ausblenden. Ein weiterer Begriff, der für viele solche Aussagen Verwendung findet, ist der Begriff »Killerphrase«. Mit dieser Kommunikationsweise wird das Gegenüber angegriffen, abgewertet oder es wird in anderer Weise versucht, einen offenen Dialog zu unterbrechen oder zu beenden.

Du-Botschaften und Killerphrasen intendieren, eigene Wertungen zu platzieren, dem Gegenüber Schuld zu geben, es »mundtot« zu machen oder die weitere Kommunikation zu beenden. Diese in Verhandlungen oft unbewusst, aber zum Teil auch bewusst eingesetzten rhetorischen Sprachmuster werden in den verschiedensten Fachbüchern beschrieben (Rosenberg, 2005, S. 35–42; Gührs u. Nowak, 2014, S. 173–184; Palmowski, 1995, S. 77–88).

Die »Gegenspieler der Ich-Botschaften« werden in diesem Kapitel zusammengefasst, um darauf vorzubereiten, welche Formulierungen es zu erkennen, selbst zu vermeiden und gegebenenfalls zu kommentieren gilt. Du-Botschaften und Killerphrasen werden Ihnen in Gesprächen immer wieder begegnen. Hinweise, wie man in der Gesprächsführung auf diese Kommunikationsformen reagieren kann, finden sich in → **Kapitel 6.13 »Wie kann ich auf Du-Botschaften und Killerphrasen reagieren?«**.

Wertungen
Der Sprecher bewertet eine Handlung, ein Ereignis, einen Gegenstand oder eine Person.

> »Das ist hässlich!«
> »Das ist ja widerlich!«
> »Ich finde dich dumm!«
> »Das ist der schlechteste Vorschlag, den wir bisher gehört haben!«

»Das Beste wäre, …«
»Das Schlimmste wäre ja, wenn …«

Abwertungen
Die Sprecherin greift eine Aussage oder Handlung anderer Personen auf und wertet diese durch die Verwendung negativer Substantive oder Verben (z. B. laufen – schlurfen), Abschwächung von Attributen (klasse – ganz okay) oder Komparative und Superlative (schön – schöner – am schönsten) ab.

»Wir sollten uns damit Zeit lassen!« – »Wenn wir jetzt trödeln, schaffen wir es nie!«
»Ich ruhe mich mal etwas aus.« – »Du hast jetzt keine Zeit zum Rumgammeln!«
»Das habe ich gut gemacht!« – »Schon, aber es geht noch besser!«
»Schau mal, wie schön das ist!« – »Ja, aber noch schöner wäre es …!«
»Waren Sie mit dem Protokoll einverstanden?« – »Für unsere Zwecke reicht es.«

Verallgemeinerungen
Der Sprecher redet nicht über sich, sondern über »man«, »wir«, »die Allgemeinheit«, »die Gesellschaft«, »jeder«; »jedermann«, »niemand«, »alle« oder eine Gruppe.

»Man kann doch nicht einfach, …«
»Wir sind doch hier zusammengekommen, um …«
»Das ganze Team wird mir zustimmen, wenn …«
»Das können wir dem Kooperationspartner nicht zumuten!«
»Das kann Ihnen hier jeder bestätigen!«
»Das können wir als Organisation nicht mittragen!«

Forderungen
Die Sprecherin fordert oder droht sogar, anstatt eine Bitte auszusprechen.

»Als Fachbereichsleiterin müssen Sie doch …«
»Dann machen Sie es doch erst einmal besser!«
»Das sollten Sie aber besser wissen!«
»Das ist allein die Aufgabe des Sicherheitsbeauftragten!«
»Wenn Sie das haben wollen, müssen Sie es auch tun!«
»Wenn du das jetzt nicht machst, brauchst du auch nicht mehr zu mir zu kommen, wenn du etwas willst!«

Vergleiche
Der Sprecher vergleicht Situationen oder Personen mit anderen Situationen und Personen, wobei der Vergleich einen Hinweis darauf geben soll, wie die aktuelle Situation verlaufen wird.

> »Das ist ja wie damals, als …«
> »Du bist wie mein Vater, …«
> »Aber das kann doch selbst unsere Praktikantin schon!«
> »Das hat schon beim letzten Mal nicht funktioniert!«
> »Und dann stehen wir wieder allein da wie damals, als …«
> »Meine letztes Projektteam ist damit auch nicht gut klargekommen!«
> »Du hast ja auch eine kleineres Projektteam als ich!«
> »Deine Mitarbeiter sind ja auch engagiert!«
> »Räumst du bitte deinen Arbeitsplatz auf?« – »Die anderen sind auch noch nicht fertig!«

Verabsolutierungen und Übertreibungen
Die Sprecherin behandelt ein Vorkommnis, als würde es »immer« oder »nie« auftreten. Sie dramatisiert eine Beschreibung durch starke Wertungen.

> »Das wird nie etwas!«
> »Das machen Sie immer, …«
> »Dauernd unterbrechen Sie mich, …«
> »Das hat noch nie funktioniert!«
> »Das ist grundsätzlich falsch!«
> »Das kann gar nicht funktionieren!«

Schuldzuweisungen
Der Sprecher benennt eine andere Person oder einen äußeren Umstand als Ursache für sein eigenes Verhalten oder für ein Problem.

> »Bei dem Einarbeitungskonzept kann er ja auch nichts lernen!«
> »Sie machen mich wütend!«
> »Du machst mich traurig!«
> »Ich kann da leider nichts machen, mein Teamleiter hat gesagt, dass ich das nicht tun soll!«
> »Ich fühle mich in die Ecke gedrängt!«

Wechsel des Referenzrahmens
Die Sprecherin wechselt in ihrer Aussage die Zeit, den Ort, den sozialen Kontext, das Thema oder die Bedeutung dessen, was ein Vorredner gesagt hat.

> »Das mag ja jetzt funktionieren, aber wie sieht es in Zukunft aus?«
> »Heute hat es vielleicht mal geklappt, aber in den letzten Wochen ging es gar nicht!«
> »Das ist doch alles Zukunftsmusik, wir müssen im Hier und Jetzt leben!«
> »Hier mag das ja gehen, aber kommen Sie mal in unsere Filiale!«

»In deiner Werkstatt ist immer alles in Ordnung, aber wie sieht es in den anderen Werkstätten aus?«
»Ich brauche jetzt mal Ruhe!« – »Entschuldigung, dass es mich gibt!«
»Schrei mich bitte nicht an!« – »Man wird doch noch mal etwas sagen dürfen!«
»Wann werden Sie diese Aufgabe erledigen?« – »Diese Woche nicht mehr!«
»Hier hast du einen Fehler gemacht!« – »Ich weiß ja, dass ich blöd bin und dass Sie mich nicht mögen! Das müssen Sie mir nicht ständig unter die Nase reiben!«

Viele dieser Gesprächsstrategien werden als »Killerphrasen« bezeichnet, da sie nicht zu einer offenen Kommunikation führen, sondern das Gegenüber dazu bringen sollen, zuzustimmen und sich unterzuordnen (zum Umgang mit Killerphrasen siehe → **Kapitel 6.13 »Wie kann ich auf Du-Botschaften und Killerphrasen reagieren?«**). Dies ist immer dann der Fall, wenn der Sprecher für sich besseres Wissen, mehr Erfahrung, Wahrheit oder Objektivität beansprucht. Dieser Trick, sich selbst als Person und subjektive Beobachterin bzw. Beobachter von den gemachten Aussagen auszuschließen, steht in einer Denktradition, die vor allem im Konstruktivismus und seinen philosophischen Vorläufern kritisiert wird. Letztlich stellt sie eine Form der Rhetorik und Gesprächsführung dar, die Einigungsprozesse durch den Einsatz von Macht beeinflussen möchte. Oder, um es mit Zitaten von Vertretern konstruktivistischen Denkens zu verdeutlichen:

> »Alles, was gesagt wird, wird von einem Beobachter gesagt« (Maturana, 1982, S. 34).

> »Objektivität ist das Verlangen nach Gehorsam« (Maturana, 1996, S. 49).

> »Objektivität ist die Illusion eines Beobachters, eine Beobachtung könne ohne einen Beobachter gemacht werden« (von Glasersfeld, 1992, S. 31).

> »Jede Festlegung auf das Reale begrenzt das große Meer an Alternativen und jede Unterdrückung alternativer Diskussion schränkt unsere Handlungsmöglichkeiten ein. […] Mit anderen Worten: Indem wir bestimmen, was wirklich ist und wahr ist, was tatsächlich passierte und was offensichtlich vorliegen muss, verschließen wir uns vor anderen Optionen des Dialogs« (Gergen, 2002, S. 276 f.).

> »Wahrheit ist die Erfindung eines Lügners« (von Foerster u. Pörksen, 1998, S. 29).

Übung 17: Das Gegenteil von Ich-Botschaften entdecken
Schauen Sie einen beliebigen Film, eine Fernsehserie oder eine Gesprächsrunde im Fernsehen. Achten Sie darauf, wann Personen *keine* Ich-Botschaft formulieren (Verallgemeinerungen, Forderungen, Vergleiche, Verabsolutierungen).

- Wie genau macht das die beobachtete Person?
- Warum macht sie es?
- Was erreicht sie damit?

3.4.3 Doppeln

Eine über das »aktive Zuhören« und das »lösungsorientierte Paraphrasieren« (→ **Kapitel 3.2.1**; → **Kapitel 3.3.2**) – also eine wertfreie und relativierende Zusammenfassung eines Gesprächsbeitrags – hinausgehende Technik, besteht darin, einem Gesprächsteilnehmer die stellvertretende Formulierung eines Gesprächsbeitrags anzubieten. Wenn ein Gesprächsbeteiligter beispielsweise etwas Wertendes, Verletzendes oder Beleidigendes sagt, oder sich zu einem Aspekt des Gesprächs gar nicht äußert, können Sie selbst mehrere wertschätzende Sätze »für ihn« formulieren. Hierdurch übernehmen Sie sozusagen eine Rolle als »Fürsprecherin« oder »Dolmetscher«, indem Sie etwas zum Ausdruck bringen, was die Sprecherin oder der Sprecher selbst nicht auf eine wertschätzende Weise und als Ich-Botschaft formulieren kann. Hierbei dürfen Sie Hinweise und Informationen einbeziehen, die Sie aus dem bisherigen Gesprächsverlauf bereits gesammelt haben. Auch von Ihnen gebildete Hypothesen lassen sich ansprechen.

Neben der Umformulierung von Gesprächsbeiträgen können auch Auslassungen, »blinde Flecken«, unausgesprochene Gefühle, Bedürfnisse und Sichtweisen mithilfe dieser Technik in das Gespräch eingebracht werden. Sie können Vermutungen aus der Position eines Gesprächsbeteiligten äußern oder auch aus seiner Position heraus eine Frage an eine andere Person richten.

Das »Doppeln« ist ursprünglich eine Technik aus dem Beratungs- und Coachingkontext, bei dem die Gesprächsführung sehr strukturiert vorgeht (Thomann u. Schulz von Thun, 1988, S. 108–122). Dabei tritt die gesprächsführende Person, nachdem sie sich die Erlaubnis hierfür eingeholt hat, neben die zu beratende Person und formuliert die stellvertretende Aussage in der Ich-Form, wie etwa im folgenden Beispiel:

Teammitglied: »Ich bin der Meinung, dass unsere Abteilungsleiterin entscheiden muss, ob wir den Auftrag annehmen oder nicht! Wir sind ja so schon überlastet mit all den Entwicklungsaufträgen, dann soll sie klipp und klar sagen, was sie will und auch den Kopf hinhalten, wenn es überall zu Verzögerungen kommt!«

Führungskraft: »Wäre es für Sie in Ordnung, wenn ich mich einmal neben Sie stelle und etwas für Sie ausspreche, und Sie sagen mir dann, ob das so richtig ist oder nicht?«

Teammitglied: »Na gut …, wenn Sie meinen.« (Führungskraft tritt neben das Teammitglied.)

Führungskraft: »Ich ärgere mich darüber, dass nach der Umstellung auf agiles Arbeiten die Entscheidungsbefugnisse und -verfahren bei uns immer noch nicht klar sind. Ich wünsche mir eine klare Zurechenbarkeit, damit ich nicht für an anderer Stelle getroffene Entscheidungen verantwortlich gemacht werde. Stimmt das so?«

Teammitglied: »Na ja. Im Großen und Ganzen schon.«

Führungskraft »Im Großen und Ganzen? Was würden Sie denn gern ergänzen?«

Teammitglied: »Mir geht es auch darum, gute Arbeit zu leisten. Ich will mich nicht mit Aufträgen zuschütten lassen, was dazu führt, dass wir die Qualität nicht halten können.«

> Führungskraft »Okay. Das heißt, wir müssen über Entscheidungsfindung, Verantwortung und Qualität sprechen?«
> Teammitglied: »Ja. Dann wären wir wirklich einen großen Schritt weiter.« (Führungskraft geht wieder auf ihren Platz.)

Wenn Du-Botschaften und Killerphrasen verwendet werden oder wenn Sie vermuten, dass etwas Unausgesprochenes den Gesprächsverlauf zum Stocken bringt, kann diese Intervention den Gesprächsverlauf wieder in Fluss bringen oder auch einen Gesprächsabbruch verhindern. Grundsätzlich besteht die Idee darin, für einen Gesprächsbeteiligten etwas so auszudrücken, dass es auch bei einem anderen Gesprächsbeteiligten ankommt. Sehr gut eignen sich hierzu auch die einzelnen Aspekte der »Gewaltfreien Kommunikation« (→ **Kapitel 3.5**).

Leitfragen, um eine Aussage für das Doppeln zu formulieren, sind:

> »Welche Gefühle, Bedürfnisse und Bitten verbergen sich hinter den Angriffen und Vorwürfen?«
> »Welche Ich-Botschaft könnte hinter einer Du-Botschaft oder Paraphrase stecken?«
> »Was sagt die betreffende Person nicht, verbirgt sich aber vermutlich hinter ihren Aussagen? Welche Hypothesen habe ich darüber?«
> »Was traut sich die bestreffende Person möglicherweise nicht zu sagen?«
> »Wenn ich anstelle der betreffenden Person wäre, was würde ich sagen, um mein Gegenüber zu erreichen?«

Doppeln ist eine machtvolle Intervention, die sehr gezielt eingesetzt werden sollte. Wie bereits gesagt, handelt es sich um eine Beratungstechnik, die nur verwendet werden darf, wenn man tatsächlich in einer Beratungsrolle ist, das Rollenverhältnis klar und hierarchiefrei ist und wenn die zu doppelnde Person hierzu den expliziten Auftrag erteilt hat (eine Variante wird im Folgenden besprochen). Daher muss immer die Erlaubnis der Person, für die man eine Aussage formulieren möchte, eingeholt werden. Anschließend fragt man nach der Zustimmung zu der getroffenen Aussage und bittet gegebenenfalls um Ergänzungen oder Korrekturen.

Das beschriebene Doppeln ist lediglich eine methodische Form eines für unser soziales Zusammenleben elementaren Prozesses: Wir versetzen uns in unser Gegenüber hinein, betrachten die Welt aus seinen Augen und fühlen mit ihm. Dieser Prozess des Perspektivenwechsels und der Empathie ist für die Gesprächsführung auch in Führungssituationen hilfreich, in denen die Führungskraft keine explizite Beraterrolle innehat. In dieser »mentalen« Form des Doppelns wechselt die Führungskraft nicht die Position, sondern bleibt auf ihrem Platz. Für die Formulierung gibt es verschiedene Möglichkeiten, die wir in den folgenden Beispielen illustrieren:

Variante 1: »Ich an Ihrer Stelle …«

Führungskraft: »In der Leistungsbeurteilung würde ich Ihnen 85 von 100 Punkten geben.«

Mitarbeiter: »85 Punkte? Da muss ich noch einmal nachfragen. Ich finde eigentlich, dass ich mich in diesem Jahr sehr engagiert habe. Frau Schneider haben Sie ja, wie ich gehört habe, mit 95 Punkten bewertet, da würde ich mich schon auch sehen.«

Führungskraft: »Herr Wagner, ich glaube, ich kann Sie ganz gut verstehen. Wenn ich mich mal in Ihre Position versetze: Da versuche ich mein Bestes zu geben und bekomme am Ende nur 85 Punkte. Das ist schon eine Enttäuschung. Und dann wird Frau Schneiders Leistung noch höher bewertet. Das gibt schon ein Gefühl von Ungerechtigkeit. Habe ich Ihr Empfinden da so ungefähr getroffen?«

Indem die Führungskraft aus der Rolle des Mitarbeiters heraus spricht, agiert sie recht mutig. Denn falls die Führungskraft mit diesem imaginären Rollentausch nicht das Erleben des Mitarbeiters trifft, kann es sein, dass sich dieser erst recht unverstanden fühlt.

Eine etwas »abgemilderte« Variante stellt das Doppeln nicht als Behauptung in den Raum, sondern formuliert die Empathie mit dem Mitarbeiter als Hypothese.

Variante 2: »Ich kann mir vorstellen …«

Führungskraft: »Herr Wagner, ich glaube, ich kann Sie ganz gut verstehen. Ich kann mir vorstellen, dass die 85 Punkte für Sie eine Enttäuschung darstellen. Und dass Sie sich ungerecht bewertet fühlen, gerade im Vergleich mit der Kollegin Schneider. Kann das sein?«

Eine noch vorsichtigere Art zu formulieren, bezeichnen wir als »hypothetisches Sprechen«. Diese Variante eignet sich, wenn besonders auf die Beziehungsebene geachtet werden muss, z. B. weil das Gegenüber »dichtmacht«. Hypothetisches Sprechen ist in solchen Situationen eine Alternative zu direkten Fragen, die das Gegenüber möglicherweise als Bedrängung erleben würde. Stattdessen bietet es ihm eine Formulierungshilfe für die Gedanken und Emotionen, die zu äußern ihm offenbar schwerfällt und lässt dem Gegenüber die Freiheit, zu den Äußerungen der Führungskraft Stellung zu beziehen – oder auch nicht.

Variante 3: »Vielleicht ist es ja so …«

Führungskraft: »In der Leistungsbeurteilung würde ich Ihnen 85 von 100 Punkten geben.«

Mitarbeiter: (schweigt, offensichtlich im inneren Rückzug)

Führungskraft: »Sie schweigen – mich würde interessieren, was Ihnen durch den Kopf geht.«

Mitarbeiter: (schweigt)

Führungskraft: »Herr Wagner, ich möchte Ihre Situation gern nachvollziehen, merke aber, dass es für Sie schwierig ist, sich direkt zu äußern. Es ist nicht meine Absicht, unsere gute Zusammenarbeit durch diese Bewertung zu belasten. Ich weiß nicht genau, wie es Ihnen geht, mache mir aber Gedanken dazu. Möglicherweise haben Sie das Gefühl, dass Sie weit mehr geleistet haben, als sich in diesen 85 Punkten abbilden. Vielleicht fühlen Sie sich auch ungerecht bewertet, gerade im Vergleich mit der Kollegin Schneider. Ich weiß, dass viele Kolleginnen und Kollegen das gesamte System der leistungsorientierten Bezahlung nicht nachvollziehen können und als frustrierend empfinden. Ich wüsste wirklich gern, was Sie dazu meinen, damit wir wieder ins Gespräch kommen.«

Übung 18: Gemischtes Doppel

Wenn Sie im Gespräch mit einer Freundin oder einem Freund sind, und Sie vermuten, dass sie oder er etwas nicht ausspricht, wenden Sie die Technik des Doppelns einmal versuchsweise an.

- Wie reagiert Ihr Gegenüber?
- Inwieweit kann es Ihrer Formulierung zustimmen?
- Was möchte es ergänzen oder korrigieren?
- Wie wirkt sich das Doppeln auf den Gesprächsverlauf aus?

Wenn Sie selbst einmal gedoppelt werden möchten, fordern Sie Ihr Gegenüber dazu auf: »Nachdem ich jetzt eine Weile erzählt habe, möchte ich dich bitten, das einmal in anderen Worten für mich zu formulieren. Ich sage dir dann, ob das so stimmt und was ich anders sehe. Okay?«

- Welche Auslassungen oder Umformulierungen bietet Ihnen Ihre Gesprächspartnerin oder Ihr Gesprächspartner an?
- Wie sehr können Sie dem zustimmen?

3.4.4 Metakommunikation

Kommunikation bezieht sich in Unternehmenszusammenhängen vordergründig meist auf ein Sachthema – es geht um die anstehenden Aufgaben, den Fortschritt des Projekts, die neuesten Kennzahlen, die Überarbeitung der Marketingstrategie oder die Einhaltung der Vorschriften zur Arbeitssicherheit. Ungewöhnlicher war es lange Zeit, über die eigene Zusammenarbeit zu sprechen: Wie hat unsere Teamarbeit in den letzten drei Monaten geklappt? Inwieweit halten wir uns in unserer Besprechung an die vereinbarten Gesprächsregeln? Erleben wir unsere Teammeetings eher als ein Miteinander oder als ein Gegeneinander? Das Sprechen über diese und ähnliche Fragen heißt in der Kommunikationspsychologie Metakommunikation, d. h. das Kommunizieren über Kommunikation: Man steigt für einen Moment aus dem aktuellen Thema aus, um gemeinsam mit Abstand auf das Gespräch zu schauen. Metaphern für diese distanzierte Perspektive sind die Adlerperspektive, der »Feldherrenhügel« (Schulz von Thun), der »innere Balkon« oder die Vorstellung, zwei Außerirdische, die die ungeschriebenen Regeln der betreffenden Kommunikationssituation nicht kennen, würden vom Mars aus über das Gespräch diskutieren: Was machen die da eigentlich? Wie kommt es dazu, dass die Kommunikation ins Stocken geraten ist? Was wäre jetzt hilfreich, was nicht? Eine Voraussetzung für das Gelingen einer solchen »Beobachtung 2. Ordnung«, wie es die systemischen Ansätze nennen, ist natürlich, dass die Beteiligten eine möglichst neutrale Position einnehmen, mit der sie auch ihr eigenes Handeln infrage stellen und Schuldzuweisungen vermeiden.

Metakommunikation ist ein wichtiges Mittel, um die Zusammenarbeit zu verbessern oder Störungen in der Kommunikation auf die Spur zu kommen. Sie ist ein Beispiel par excellence, wie die in diesem Buch beschriebene systemisch-lösungsorientierte Haltung praktisch umgesetzt werden kann.

Folgende Situationen sind typische Anwendungsfelder für Metakommunikation:

1. Feedbackrunden

Ein allen vertrautes Beispiel für Metakommunikation sind Feedbackrunden am Ende eines Fortbildungstages. Hier fragt die Trainerin bzw. der Trainer die Teilnehmenden, wie sie das Seminar erlebt haben, um gemeinsam mit der Gruppe den nächsten Tag zu planen.

2. Situationsklärung

Manchmal laufen Besprechungen »aus dem Ruder«, man verliert das Ziel aus den Augen, das Gespräch dreht sich im Kreis. Geübte Moderatorinnen und Moderatoren nutzen in solchen Situationen Metakommunikation, um die Diskussion wieder zurück auf das richtige Gleis zu bringen, etwa mit der Rückmeldung »Ich habe den Eindruck, dass eigentlich alles gesagt ist. Ich schlage vor, dass wir zum nächsten Tagesordnungspunkt übergehen – einverstanden?«

3. Konfliktsituationen

In der Kommunikation entstehen mitunter Missverständnisse, eine Einigung ist nicht in Sicht und der Ton wird gereizter. In solchen Situationen haben Konflikte häufig ihren Ursprung, falls die auftretenden Störungen in der Zusammenarbeit nicht unmittelbar geklärt werden. Metakommunikation kann zu einer solchen Klärung beitragen, indem man das Gespräch unterbricht, zusammen auf den »Feldherrenhügel« steigt, die Situation aus einer möglichst konstruktiven Haltung heraus analysiert und gemeinsam Lösungsmöglichkeiten erarbeitet.

4. Mitarbeitergespräche

Auch in Mitarbeitergesprächen findet Metakommunikation statt, allerdings wird die Kooperation zwischen Mitarbeitern, Mitarbeiterinnen und Führungskraft hier in einer zeitlich übergreifenden Perspektive thematisiert: Wie sind wir in den letzten 12 Monaten miteinander umgegangen? Wie haben wir zusammengearbeitet? Was lief gut, was könnten wir zukünftig besser machen?

5. Agile Dailys, Team-Reviews etc.
In der agilen Arbeitswelt ist Metakommunikation in den Kooperationsprozessen fest verankert. In Dailys, Retrospektiven, Team-Reviews und anderen Formaten wird die Kommunikation im Team regelmäßig und systematisch auf den Prüfstand gestellt.

Das Beispiel der agilen Arbeit macht deutlich, dass Metakommunikation nicht nur eine situative Troubleshooting-Technik ist, sondern ein Kulturmerkmal von gut funktionierenden Kooperationsbeziehungen. Die Fähigkeit zur Metakommunikation ist somit eine zentrale Kompetenz systemisch-lösungsorientierter Gesprächsführung, über die jede Führungskraft verfügen sollte und auch in Teams erlernt und kultiviert werden kann.

3.5 Gewaltfreie Kommunikation

Als Kommunikationsmodell und Methode der Gesprächsführung hilft die Gewaltfreie Kommunikation dabei, eigene Interessen und Wünsche zu äußern, ohne auf Wertungen, Verallgemeinerungen, Forderungen, Vergleiche, Verabsolutierungen und Schuldzuweisungen, also auf rhetorische Machtmittel, zurückzugreifen (Rosenberg, 2005).

Das Modell der Gewaltfreien Kommunikation besteht aus vier Schritten und setzt strikt auf Ich-Botschaften zu den Bereichen Beobachtungen, Gefühle, Bedürfnisse und Bitten. Es geht darum,

1. eigene Beobachtungen zu schildern, ohne zu werten;
2. eigene Gefühle auszudrücken;
3. eigene Bedürfnisse zu benennen;
4. eine erfüllbare Bitte auszusprechen.

Grundsätzlich können diese vier Schritte der Gewaltfreien Kommunikation auf drei Arten eingesetzt werden:

- Sie können Ihre eigenen Aussagen gewaltfrei gestalten;
- Sie können Ihr Gegenüber gezielt nach Beobachtungen, Gefühlen, Bedürfnissen und Bitten fragen;
- Sie können Aussagen anderer Personen »übersetzen« und »gewaltfrei paraphrasieren«.

Generell, gerade aber bei der Gewaltfreien Kommunikation, gilt, dass man die Sprache der Adressaten treffen muss. Gewaltfreie Kommunikation ist in allen Kontexten, Branchen, Organisationen und Milieus möglich, in einer Kindertagesstätte wird man die gleiche inhaltliche Aussage aber anders formulieren als in der Führungsklausur einer Bank und auf dem Shopfloor eines Chemiewerkes anders als in einer Universität. Das Modell hat große Ähnlichkeit mit den »vier Seiten einer Nachricht«, wie sie durch Friedemann Schulz von Thun dargestellt wurden (Schulz von Thun, 1981). Auch bei ihm werden die vier Aspekte genutzt, um eigene Aussagen zu gestalten, differenziert vom Gegenüber zu erfragen oder Aussagen anderer zu übersetzen, umzudeuten oder zu paraphrasieren. Der größte Unterschied besteht darin, dass Rosenberg auf Formulierung des Beziehungsaspektes verzichtet – da dieser in der Regel immer eine Wertung beinhaltet –, dafür aber den Aspekt der »Selbstoffenbarung« differenziert. Da in vielen Beratungskontexten mit dem Kommunikationsquadrat von Schulz von Thun gearbeitet wird, soll hier vorab der Zusammenhang zwischen den beiden Modellen kurz visualisiert werden, um eine bessere Anschlussfähigkeit zu gewährleisten (Tabelle 9).

Tabelle 5: Gegenüberstellung von »Kommunikationsquadrat« und »Gewaltfreier Kommunikation«

Kommunikationsquadrat (Schulz von Thun, 1981)	Gewaltfreie Kommunikation (Rosenberg, 2005)
▪ Sachinhalt	▪ eigene Beobachtungen schildern, ohne zu werten
▪ Selbstkundgabe	▪ eigene Gefühle ausdrücken ▪ eigene Bedürfnisse benennen
▪ Appell	▪ eine erfüllbare Bitte aussprechen
▪ Beziehung	Das gesamte Modell der Gewaltfreien Kommunikation dient einer positiven Gestaltung der Beziehungsebene, ohne diesen Aspekt direkt zum Ausdruck zu bringen. Es werden keine expliziten Beziehungsaussagen getroffen.

3.5.1 Eigene Beobachtungen schildern, ohne zu werten

Der erste Schritt der Gewaltfreien Kommunikation besteht darin, Beobachtungen zu schildern, ohne zu werten:

> »Was habe ich gesehen?«
> »Was habe ich gehört?«
> »Was hat X gemacht?«
> »Was hat X gesagt?«
> »Wann? Wie lange? Wie oft?«
> »Was ist eine zählbare, messbare und sichtbare Tatsache?«

Es werden alle Formen der Wertung und Interpretation vermieden. »Die Sache« wird so beschrieben, wie sie wahrnehmbar ist. Qualitative Wertungen (z. B. *schön, richtig, faul, pünktlich, gut, schlecht*), quantitative Wertungen (z. B. *viel, wenig, oft, selten, groß, klein, viel, wenig*) und Verallgemeinerungen (z. B. *immer, nie, ständig, alle, jeder, man, wir*) sollen nicht verwendet werden.

Praxistipp 2: Beobachtungen erfragen
Es gibt gute Fragen, die andere Gesprächsbeteiligte dabei unterstützen, Beobachtungen zu schildern.

»Was genau tut und sagt Ihr Kollege, wenn Sie den Eindruck haben, dass er respektlos ist?«
»Was hat er schon einmal getan oder gesagt, was Sie als respektvoll erlebt haben?«
»Können Sie einmal schildern, wie es genau aussieht, wenn er ins Büro kommt?«

Übung 19: Wert-voll zuhören – wert-frei nachfragen
Achten Sie in einem Gespräch einmal gezielt auf Wertungen. Fragen Sie dann nach Beobachtungen, die zu einer Wertung geführt haben:

»Was genau hast du gesehen oder gehört, das zu dieser Wertung geführt hat?«
»Wie oft ist das passiert, dass du sagst: ›schon immer‹? Und: Gab es bereits einmal eine Ausnahme?«

Was passiert durch die Nachfragen?

3.5.2 Eigene Gefühle ausdrücken

Der zweite Schritt der Gewaltfreien Kommunikation besteht darin, eigene Gefühle zu benennen. Das fällt vielen Menschen schwer, zumal unsere Sprache scheinbar zahlreiche Möglichkeiten bietet, Gefühle auszudrücken, die eigentlich dazu dienen, eine Sichtweise abzumildern, anderen Personen Vorwürfe zu machen und die Verantwortung für die eigenen Gefühle abzugeben. Aussagen mit den Floskeln: »Ich habe das Gefühl, …«, »Ich fühle mich …«, »Ich fühle, dass du …« und »Du gibst mir das Gefühl, …«, drücken in den allermeisten Fällen keine Gefühle aus:

»Ich habe das Gefühl, Sie wollen mich verarschen.«
»Ich habe das Gefühl, gleich knallt's.«
»Ich habe das Gefühl, das kann nicht so weitergehen.«
»Ich habe das Gefühl, als ob das nichts bringt.«
»Ich fühle mich wie auf der Anklagebank.«
»Ich fühle mich über den Tisch gezogen.«
»Ich fühle, dass du an mich denkst.«
»Ich fühle, dass dich das gar nicht interessiert.«
»Du gibst mir das Gefühl, gebraucht zu werden.«
»Du gibst mir das Gefühl, ein Niemand zu sein.«

Solche Formulierungen beschreiben keine Gefühle und sollen letztlich nur – oftmals unbewusst – eine Sichtweise abmildern oder eine Analogie herstellen: »Es ist keine Tatsache, sondern nur ein Gefühl« oder »Es ist so, als ob …«.

Um die verschiedensten Gefühlsäußerungen kategorisieren und verstehen zu können, ist es hilfreich, sich einige Aspekte von Gefühlen zu verdeutlichen. Ein Gefühl entsteht durch eine Wahrnehmung oder eine Handlung, die entweder ein Bedürfnis befriedigt oder einem Bedürfnis zuwiderläuft. Gefühle selbst können wir nicht direkt beeinflussen. Sie sind aber gute Indikatoren dafür, dass etwas in unserer Umgebung gut (bei positiven Gefühlen) oder schlecht läuft (bei negativen Gefühlen). Menschen schildern ihre Gefühle daher oft als Ergebnis eines bestimmten Auslösers oder als Ergebnis von etwas, das eine andere Person getan hat oder das in ihrer Umgebung passiert ist.

Gefühle lassen sich in zwei Gruppen einteilen: solche, die entstehen, wenn Bedürfnisse befriedigt werden, und solche, die auf unbefriedigten Bedürfnissen basieren. Die Wörter, mit denen diese Gefühle beschrieben werden, enthalten häufig auch den Hinweis auf einen Auslöser und drücken etwas aus, was andere tun oder was durch äußere Einflüsse passiert. Sie verweisen direkt oder indirekt auf einen Verursacher des Gefühls und geben somit die Verantwortung für das Gefühl ab (Rosenberg, 2005, S. 62).

Es wird dann kein Gefühl benannt, sondern auf eine äußere Ursache für die Entstehung eines Gefühls verwiesen. Anstatt »munter« zu sein, ist man »aufgemuntert«, anstatt sich »wertvoll« zu fühlen, ist man »wertgeschätzt«, anstatt sich »einsam« zu fühlen, fühlt man sich »verlassen«, anstatt »Angst« zu spüren, fühlt man sich »bedroht«. Diese Äußerung von »Unterstellungen« statt »Gefühlen« betrifft sowohl Gefühle, die aufgrund befriedigter Bedürfnisse entstehen – wie »beschützt« oder »getröstet« – als auch Gefühle, die aufgrund unbefriedigter Bedürfnisse entstehen – wie »übergangen« oder »verarscht«.

Bei positiven Gefühlen ist eine solche Unterstellung weniger problematisch, da sie letztlich auch ein Kompliment an eine andere Person darstellt (z. B. »unterstützt«, »erheitert«). Bei negativen Gefühlen sind Unterstellungen jedoch immer mit einem Vorwurf verbunden (z. B. »gekränkt«, »ungehört«).
Um »Unterstellungen« zu identifizieren, reicht es in vielen Fällen schon, auf die folgenden Vorsilben zu achten:

an-, ab-, be-, ent-, er-, ge-, un-, unter-, über-, ver-, zer-.

Diese Vorsilben verweisen in den allermeisten Fällen auf einen Verursacher, dem die Verantwortung für das eigene Gefühl zugeschrieben wird.

Gefühlsäußerungen, die keine Unterstellung beinhalten, lassen sich auf einige wenige Begriffe zusammenfassen.

Gefühle bei befriedigten Bedürfnissen

Glück, Liebe, Begeisterung, Freude, Neugier, Mut, Abenteuerlust, Stärke, Entspannung, Achtung, Ekstase

Gefühle bei unbefriedigten Bedürfnissen

Ärger, Wut, Angst, Frustration, Verwirrung, Erschrecken, Ekel, Scham, Neid, Eifersucht, Einsamkeit, Enge, Trauer, Gleichgültigkeit, Ohnmacht

Die Grundidee der Gewaltfreien Kommunikation besteht darin, sich über »Gefühle« mitzuteilen und seinem Gegenüber nicht die Verantwortung für die eigenen Gefühle in Form von »Unterstellungen« zuzuschreiben. In der Gesprächsführung kommt es vor allem darauf an, wie die Beteiligten die Äußerung von Gefühlen aufgreifen. Die gesprächsführende Person kann »Unterstellungen« beispielsweise lösungsorientiert als »Gefühle« paraphrasieren bzw. nach »Gefühlen« fragen, wenn »Unterstellungen« geäußert werden. Der Nutzen der Gefühlsäußerungen besteht letztlich darin, in den folgenden zwei Schritten zu erkunden, welche erfüllten oder unerfüllten Bedürfnisse damit verbunden sind (Schritt 3), und was die Beteiligten an erfüllbaren Handlungen ausführen können, um diese Bedürfnisse zu befriedigen (Schritt 4).

Kritik 1: Sachlichkeit
»Kann man die Gefühle nicht herauslassen und sachlich über die Themen reden?«
Gefühle kann man nicht herauslassen. Da sie nicht direkt beeinflussbar sind, stellt sich immer nur die Frage, »wie« man mit Gefühlen umgehen soll, nicht »ob«. Prinzipiell gibt es dazu drei Optionen:

1. Herkunft der Gefühle analysieren: »Was führt dazu, dass dieses Gefühl entsteht?«
2. Faktoren für andere Gefühle herausfinden: »Welches Gefühl hätten Sie gern und was könnte dazu beitragen?«
3. Gefühle ignorieren: »Das gehört nicht hierher. Seien Sie mal sachlicher. Lassen Sie Ihre Gefühle da mal raus!«

Aus einer lösungsorientierten Perspektive auf »Sachlichkeit« ist bei positiven Gefühlen die erste Option hilfreich, da sie es ermöglicht, Ressourcen und Gelingensbedingungen zu identifizieren. Bei negativen Gefühlen ist Option 2 sinnvoll, da auch sie dabei hilft, Ressourcen und Gelingensbedingungen herauszufinden. Option 3 ist gänzlich unproduktiv, da sie Gefühle lediglich beiseiteschiebt, anstatt nach den dahinterliegenden Aspekten wie Ressourcen und Gelingensbedingungen zu fragen.

Kritik 2: Empathie
»Wenn ich bei Gefühlen sofort frage, wodurch sie ausgelöst wurden oder was man verändern müsste, bin ich ja total unempathisch. Muss ich nicht zuerst auf das Gefühl selbst eingehen?«
Selbstverständlich soll ein Gefühl, das benannt wird oder sich in einem Gespräch zeigt, nicht ignoriert werden. Es gehört sicherlich dazu, gegebenenfalls Trost zu spenden, Verständnis zu signalisieren und Mitgefühl zu zeigen. Genaueres hierzu findet sich in → Kapitel 6.8 »Wie kann ich reagieren, wenn Teilnehmende starke Emotionen zeigen?«.
Ausführliche Schilderungen negativer Gefühle sollten jedoch vermieden werden, weil diese oft – wenn auch nicht immer bewusst – dem Ziel dienen, andere auf die eigene Seite zu ziehen, Recht zu haben, Mitleid zu bekommen, gerettet zu werden und eigene Verantwortung abzugeben. Auch führen sie dazu, dass andere Beteiligte sich aufgefordert fühlen, ihr eigenes Leid ebenfalls in allen Details mitzuteilen. Es besteht die Gefahr, dass ein »emotionales Wettrüsten« beginnt, in dem immer »schwerere Geschütze« aufgefahren werden. Oft entwickelt sich dann eine Dynamik, die sich an den Regeln orientiert:

Wer am lautesten klagt, hat recht.
Wer am stärksten leidet, dem wird geholfen.
Wer am höchsten belastet ist, muss selbst nichts verändern.

Empathie und Lösungsorientierung bedeuten, Gefühle wertschätzend wahrzunehmen und ihre Ursachen zu bearbeiten. Da negative Emotionen ihren Ursprung in unbefriedigten Bedürfnissen und unbeachteten Werten haben, sollte gefragt werden: »Welche Bedürfnisse und Werte sind für dich unbeachtet geblieben?« Und: »Was denkst du, könnten wir ganz praktisch tun, um ihnen Beachtung zu schenken?«

Übung 20: Ich habe da so ein Gefühl ...
Hören Sie genau hin, wenn jemand von einem Gefühl spricht. Überprüfen Sie, ob es sich um ein »Gefühl« handelt oder um eine »Unterstellung«. Wenn es sich nicht um ein »Gefühl« handelt, schauen Sie in der Liste nach, welches »Gefühl« es sein könnte und bieten Sie dieses Ihrem Gegenüber an:

»Wenn du sagst, du hast das Gefühl, dass ... meinst du dann ... oder vielleicht ...?«

Was erreichen Sie durch dieses Angebot einer Gefühlsbezeichnung?

3.5.3 Eigene Bedürfnisse benennen

Bedürfnisse sind allgemeine Begriffe für Werte, Zustände oder Kompetenzen, die durch die unterschiedlichsten Maßnahmen erreicht werden können. Menschen streiten sich sehr oft über die Art und Weise, wie etwas erreicht werden soll, jedoch seltener über den Wert oder das Bedürfnis, die dadurch erfüllt werden sollen.

Dass »Mobilität« ein wichtiges Bedürfnis ist, wird kaum jemand abstreiten. Aber die Frage, ob diese mit einem Auto, in Fahrgemeinschaften, mit der Bahn, dem Bus, einem Schiff, Boot, Flugzeug, dem Fahrrad oder zu Fuß befriedigt werden sollte, lässt sich kontrovers diskutieren. Das hängt nicht nur von dem Ziel ab, das man erreichen möchte, sondern auch von persönlichen Vorlieben, zur Verfügung stehenden Mitteln und vielen anderen Faktoren. Hier erfolgt oft eine Verknüpfung von Werten, z. B. Mobilität und Umweltschutz oder Mobilität, Status und Anerkennung.

Als Grundregel kann auch gelten: Bedürfnisse können nachvollzogen, verstanden und akzeptiert werden. Aber die Art und Weise der Bedürfnisbefriedigung ist erklärungswürdig und benötigt, bezogen auf soziale Kontexte, Absprachen und Vereinbarungen.

Bedürfnisse sind beispielsweise:

Abgrenzung, Anerkennung, Nähe, Distanz, Kontinuität, Abwechslung, Ruhe, Verantwortung, Ästhetik, Vorhersagbarkeit, Bildung, Mobilität, Besitz, Raum, Gelassenheit, Erfolg, Müßiggang, Sicherheit, Stabilität, Teilhabe, Gesundheit, Balance von ... und ...

Herauszufinden, welche Bedürfnisse jemand hat, kann schwierig sein. Oft ist es auch kompliziert herauszufinden, welche Bedürfnisse man selbst hat. Häufig werden Rahmenbedingungen (z. B. mehr Personal, mehr Zeit, ein Dienstwagen, andere Prozesse) oder Maßnahmen (z. B. eine Versetzung, ein Klärungsgespräch, eine Renovierung) benannt statt der dadurch zu befriedigenden Bedürfnisse oder Werte. Geeignete Fragen, die zu einer Verallgemeinerung von Rahmenbedingungen und Maßnahmen in Richtung Bedürfnisse und Werte führen können, sind:

»Angenommen, Sie hätten das, was wäre dann anders als jetzt?«
»Wenn wir das hätten, was für Vorteile ergäben sich daraus?«
»Angenommen, wir würden das tun, was würde sich dadurch ändern?«
»Was hätten wir davon, wenn wir das machten?«
»Was ist Ihnen daran wichtig?«
»Was genau?«
»Was noch?«
»Was bedeutet das für Sie ganz persönlich?«

Auch die im vorhergehenden Schritt durch die Beteiligten geäußerten Gefühle bieten einen guten Ansatzpunkt, die dahinterliegenden erfüllten oder unerfüllten Bedürfnisse zu erkunden. Wenn Gefühle benannt werden, kann nach den Bedingungsfaktoren gefragt werden, die zu einer Verbesserung führen können. Hierbei ist es völlig unbedeutend, ob Gesprächsteilnehmerinnen und -teilnehmer »Gefühle« benennen oder ob sie mit »Unterstellungen« lediglich auf äußere Verursacher verweisen.

Ziel einer lösungsorientierten Gesprächsführung ist es, etwas über die Bedürfnisse der Beteiligten zu erfahren und über die konkreten Handlungen und Umgebungsbedingungen, die sie brauchen, damit ihre Bedürfnisse erfüllt werden. Man könnte auch sagen, dass jede Gefühlsäußerung, ganz gleich, wie diese formuliert wird, einen Anlass bietet, Fragen zu stellen, die zu Schritt 3 und 4 der Gewaltfreien Kommunikation führen.

Bei der Äußerung von positiven Gefühlen wären dazu beispielsweise folgende Fragen hilfreich:

»Welche Umgebungsbedingungen sollten vorhanden sein (wie müssen wir hier zusammenarbeiten, welche Entscheidungen müssten getroffen werden, wie müssten wir die Projektstruktur aufsetzen ...), damit Ihr Bedürfnis erfüllt wird und Sie sich ... (ernst genommen, selbstwirksam, zuversichtlich) fühlen können?«
»Was könnten Sie dazu beitragen, diese Umgebungsbedingungen herbeizuführen?«
»Was könnten andere Personen dazu beitragen, diese Umgebungsbedingungen herbeizuführen?«

Bei der Äußerung von negativen Gefühlen wären dazu beispielsweise folgende Fragen hilfreich:

»Welches Bedürfnis (welchen Wunsch) haben Sie in dieser Situation, das unerfüllt bleibt?«
»Was könnten andere Personen tun, damit dieses Bedürfnis befriedigt wird?«
»Was könnten Sie tun, damit Ihr Bedürfnis erfüllt wird?«
»Welche Umgebungsbedingungen sollten vorhanden sein, damit Ihr Bedürfnis erfüllt werden kann?«
»Was genau könnten andere Personen sagen, das dazu beiträgt, dass Ihr Bedürfnis erfüllt werden kann?«
»Was könnten Sie dazu beitragen, diese Umgebungsbedingungen herbeizuführen?«
»Was könnten andere Personen dazu beitragen, diese Umgebungsbedingungen herbeizuführen?«

Jedes in Schritt 2 geäußerte Gefühl dient in einer lösungsorientierten Gesprächsführung dazu, in Schritt 3 die dahinterliegenden Bedürfnisse zu erkennen und dann in Schritt 4 konkrete Maßnahmen herauszuarbeiten, die zu ihrer Erfüllung beitragen können. Vor allem bei negativen Gefühlen ist es nicht hilfreich zu fragen, warum diese entstehen, wie lange man sie schon hat, wer oder was sie verursacht, sondern Fragen zu stellen, die auf einen wünschenswerten Zustand fokussieren. Der Fokus verschiebt sich also von Detailfragen zur Ergründung von Ursachen zu lösungsorientierten Fragen nach den Bedingungen, unter denen das Problem nicht bestünde.

Diese Abfolge ist in den Bausteinen der Gesprächsführung integriert (→ **Kapitel 4 »Bausteine der Gesprächsführung«**).

Übung 21: Bedürfnisse erfragen
Wenn Ihr Gegenüber etwas darüber äußert, was er oder sie gernhätte, stellen Sie vertiefende Fragen wie:

»Angenommen, du hättest das (würdest das tun etc.), was wäre dann anders als jetzt?«

Welche Wendung nimmt das Gespräch? Wann braucht Ihr Gegenüber mehr Zeit, um zu antworten? Und was passiert danach?

3.5.4 Eine erfüllbare Bitte aussprechen

Der vierte Schritt der Gewaltfreien Kommunikation besteht im Aussprechen einer Bitte oder eines Wunsches, die oder der erfüllbar ist. Letztlich geht es darum, eine Bitte auf der Ebene von Handlungen und konkreten Veränderungen des Umfeldes zu formulieren. Die Erfüllung der Bitte soll überprüfbar sein. Es handelt sich also um eine beobachtbare, zählbare, messbare und umsetzbare Handlungs- und Umgebungsveränderung.

Stellt man sich den Weg zur Erreichung eines Ziels als eine Reise vor, sollte der Schwerpunkt auf der Frage liegen, wohin man reisen möchte, und nicht, von welchem Ort man fortwill. Es liegt ein entscheidender Unterschied darin, ob man ein Ziel als »Bewegung auf etwas zu« (handeln, erreichen) oder als »Bewegung von etwas weg«

(unterlassen, vermeiden) betrachtet (Andreas u. Faulkner, 2005, S. 62 ff.). Wenn man sich primär zum Ziel setzt, etwas zu unterlassen, bleibt die Frage offen, was man denn »stattdessen« tun sollte. Bei der Bekämpfung des Krankenstandes in einer Organisation stellt sich beispielsweise die Frage, was statt des Krankenstandes da sein sollte und wie Gesundheit gefördert werden kann: »Was ist eine attraktive Alternative, etwas anderes anzufangen?« Anders formuliert geht es um die Formulierung von »Mach das« und nicht von »Lass das«.

Gute Fragen, die zu einer Konkretisierung von Rahmenbedingungen und Maßnahmen führen können, sind:

> »Was könnten wir tun, um das zu erreichen?«
> »Was könnten Sie selbst dazu beitragen, um das zu erreichen?«
> »Was würden Sie sich von mir wünschen, um das erreichen zu können?«
> »Wer könnte noch daran mitwirken?«
> »Was bräuchten wir alles dazu?«
> »Woran würden wir sehen, dass wir das erreicht haben?«

Gerade in Klärungsprozessen mit mehreren Beteiligten ist darauf zu achten, dass es nicht um »die einzige Lösung« geht, sondern immer um viele verschiedene Lösungsoptionen, aus denen man auswählt und die man miteinander kombiniert.

Das lösungsorientierte Formulieren von Bitten bzw. Zielen ist ein zentraler Aspekt von Vereinbarungen, die im Rahmen von Gesprächen getroffen werden sollen, damit diese in konkrete Handlungs- und Veränderungsschritte münden, statt vage und hypothetisch zu bleiben:

> »Wir brauchen mehr Zeit in der Dienstbesprechung.«
> »Wofür genau brauchen Sie mehr Zeit?«
> »Für den fachlichen Austausch zu aktuellen Fällen.«
> »Was ist Ihnen daran wichtig?«
> »Mir ist wichtig, die fachliche Ansicht der Kollegen zu hören und meine eigene Sicht zu reflektieren.«
> »Was bedeutet das für Sie?«
> »Wir hinterfragen unseren eigenen fachlichen Standpunkt, bleiben offen für fachliche Anregungen und stimmen uns in diesem Kreis ab.«
> »Was wäre dann anders?«
> »Die Dienstbesprechung wäre ein wertvoller Austausch und würde uns als Leitungsteam fachlich gemeinsam ausrichten, wir wären informiert und hätten Rückhalt aus der Runde.«
> »Wie viel Zeit bräuchten Sie dafür genau? Und was noch?«
> »Wir bräuchten eine effektive Methode, z. B. ein kollegiales Beratungsmodell, und alle zwei Wochen ca. 30 Minuten pro Fall.«

Übung 22: Bitten konkretisieren
Wenn eine Gesprächspartnerin oder ein Gesprächspartner einen Wunsch oder eine Bitte äußert, haken Sie mit konkretisierenden Fragen nach wie:

»Woran genau könntest du erkennen, dass das erfüllt wird?«

Welche Wendung nimmt das Gespräch? Kann Ihr Gegenüber genau benennen, was es möchte? An welchen Stellen braucht Ihr Gegenüber mehr Zeit, um zu antworten? Und was passiert dadurch?

3.5.5 Gewaltfreie Kommunikation als Fragetechnik

Wie bereits in → **Kapitel 3.3.2 »Lösungsorientiertes Paraphrasieren«** und → **Kapitel 3.4.1 »Ich-Botschaften«** geschildert, besteht eine Kunst der Gesprächsführung darin, den anderen Beteiligten gute Fragen zu stellen und ihre Äußerungen beim Paraphrasieren so umzuformulieren, dass sie für den weiteren Gesprächsverlauf besser genutzt werden können. Die vier Schritte der Gewaltfreien Kommunikation eignen sich gut dafür, Fragen zu formulieren, die neue Perspektiven anregen:

Fragen zu den Wahrnehmungen des Gegenübers
»Was genau haben Sie gesehen?«
»Was wurde gesagt?«
»Wenn die Situation gefilmt worden wäre und wir sie jetzt anschauen könnten, was genau würden wir sehen und hören?«

Fragen zu den Gefühlen des Gegenübers
»Welches Gefühl haben Sie?«
»Wie haben Sie sich in dieser Situation gefühlt?«
»Welches Gefühl werden Sie vermutlich haben, wenn das passiert?«

Fragen zu den Bedürfnissen des Gegenübers
»Können Sie mir sagen, welches Bedürfnis hinter dieser Bitte steht?«
»Angenommen, Sie täten das, welches Bedürfnis würden Sie dadurch befriedigen?«
»Wenn Sie das hätten, was wäre dann anders?«

Fragen dazu, um welche erfüllbare Handlung das Gegenüber andere bitten möchte
»Gibt es etwas, worum Sie gern jemanden bitten möchten?«
»Wenn Sie das als Bitte um eine erfüllbare Handlung formulieren, wie würde diese Bitte lauten?«
»Was genau könnte Ihr Kollege tun, um Ihr Bedürfnis nach Ordnung zu befriedigen?«

Kritik 3: Umständlichkeit
»Wenn ich immer ›gewaltfrei kommuniziere‹, ist das total anstrengend! Ich kann doch nicht immer alle vier Schritte benennen und dann auch noch bei meinem Gegenüber danach fragen! Und mal ehrlich: So gestelzt redet doch auch niemand! Oder?«

Es ist nicht das Ziel, »immer alle Schritte anzusprechen«. Vielmehr geht es darum, die einzelnen Ebenen in Situationen anzusprechen, in denen man möchte, dass es zu keinen Missverständnissen kommt oder wenn diese bereits eingetreten sind. Solange man sich mit einem Gegenüber »gut versteht«, kann man einfach so drauflosreden, auch Scherze machen oder sich spaßhaft gegenseitig necken.
Das Modell der Gewaltfreien Kommunikation soll für die Kommunikationsformen sensibilisieren, die zu Missverständnissen, Streit und Machtspielen führen. Es kann als Gesamtes oder nur in Teilen eingesetzt werden. Finden Sie selbst heraus, in welchen Situationen und zu welchen Anlässen Ihnen Gewaltfreie Kommunikation oder auch einzelne Elemente dieser Form der Gesprächsführung weiterhelfen.

3.5.6 Feedback geben und Feedback nehmen

Jede Reaktion auf ein Gegenüber, sei es verbal oder nonverbal, stellt letztlich ein Feedback dar. Man erhält durch Mimik, Gestik, ein Ja oder Nein eine Reaktion auf das eigene Verhalten. Diese kann als Rückmeldung und Rückkopplung dienen. Ein strukturiertes, verbales Feedback ist hingegen eine gezielte und offene Verhaltensrückmeldung, die man einer anderen Person gibt oder von dieser bekommt. Solche Feedbacks zu geben und zu empfangen, ist ein wesentlicher Bestandteil der Führungsrolle. In der Praxis werden unterschiedlichste Arten der Rückmeldung als Feedback bezeichnet, vom Lob über den wertschätzenden Hinweis auf Weiterentwicklungsmöglichkeiten bis hin zur konfrontativen Rückspiegelung von Leistungs- oder Verhaltensdefiziten.

Anderen Rückmeldungen zu ihrem als veränderungsbedürftig erlebten Verhalten zu geben, ist heikel: Die Wahrscheinlichkeit ist hoch, dass das Gegenüber sich angegriffen oder verletzt fühlt. Dadurch sinkt die Wahrscheinlichkeit, dass der Empfänger die Rückmeldung annimmt, außerdem kommt es zu einer Störung auf der Beziehungsebene, die sich negativ auf die weitere Zusammenarbeit auswirkt. Die Feedbackregeln der Gewaltfreien Kommunikation sollen dazu beitragen, diese Probleme zu vermeiden. Sie sollen sicherstellen, dass das Gegenüber sein Gesicht wahren kann, dass die Rückmeldung nicht abgewehrt wird und dass die Beziehungsebene möglichst unbeeinträchtigt bleibt. (Natürlich lässt sich letztlich nicht ausschließen, dass das Gegenüber sich verletzt fühlt: Kommunikation wird beim Empfänger »gemacht«. Insofern ist mit der Berücksichtigung der Feedbackregeln keine Garantie verbunden.) Verwendet man das Modell der Gewaltfreien Kommunikation zum Geben eines Feedbacks, werden vier Aspekte angesprochen:

1. Was habe ich gesehen oder gehört?
2. Wie habe ich mich dabei gefühlt?
3. Was war bzw. ist mein Bedürfnis?

4. Was hätte ich mir in der Situation gewünscht, dass die andere Person tut bzw. was würde ich sie bitten, in Zukunft in einer vergleichbaren Situation zu tun?

Das Geben und Nehmen von Feedback folgt einigen Regeln, die nachfolgend zusammengefasst sind (Lindemann, 2017a, S. 149 f.; Fengler, 2004, S. 19 ff.; Schulz von Thun, 1981, S. 69 ff.; Rosenberg, 2005, S. 213; Doppler, Fuhrmann, Lebbe-Waschke u. Voigt, 2002, S. 263):

- **Ein Feedback wird angeboten oder erbeten, nicht einfach gegeben.**
  Es erfolgt vonseiten des Feedbackgebers ebenso freiwillig, wie es vonseiten des Feedbacknehmers angenommen wird.
- **Ein Feedback ist sachlich, offen, konkret, direkt und ehrlich.**
  Die Rückmeldungen sollen sich auf konkrete (beobachtbare) Tatsachen stützen. Im Feedback sollen diese offen angesprochen werden, ohne sie zu dramatisieren oder zu beschönigen.
- **Feedbacks erfolgen in »Ich-Botschaften« und nicht als Wir-, Man-, Es-Aussagen (→ Kapitel 3.4.1).**
  Der Feedbackgeber fungiert nicht als »Stimme der Gruppe« oder »der Allgemeinheit«, sondern spricht über sich, über eigene Wahrnehmungen und Wünsche. Der oder die Feedback-Nehmende dient nicht als »Sammelbecken der Gruppe« oder »der Allgemeinheit« (»ihr habt …«, »euch kann man …« etc.).
- **Feedbacks vermeiden »Killerphrasen« (→ Kapitel 3.4.2 »Du-Botschaften und Killerphrasen«).**
  Umgangen werden Formulierungen wie z. B.: »So geht das nicht!«, »Dafür sind Sie gar nicht zuständig!«, »Das hat noch nie funktioniert!«. Vermeiden sollte man auch Wörter wie: *immer, nie, ständig, dauernd, absolut, wahr, falsch, objektiv, tatsächlich, bewiesenermaßen.*
- **Ein Feedback erfolgt zeitnah und nicht als »Endabrechnung«.**
  Ein Feedback soll keine Sammlung von Kleinigkeiten sein, die sich über einen längeren Zeitraum aufgestaut haben, sondern eine möglichst konkrete Rückmeldung darstellen. Je näher diese auf das direkt Geschehene folgt, desto präsenter sind die Erfahrung und die Einzelheiten der angesprochenen Situation.
- **Ein Feedback erfolgt in einem vertraulichen Rahmen.**
  Ein Feedback wird nicht »vor versammelter Mannschaft« gegeben oder im Beisein von Kollegen, Kundinnen oder anderen Personen. Zu einem Feedback kann im besten Fall eingeladen werden, es sollte nicht »zwischen Tür und Angel« stattfinden.
- **Die Persönlichkeit des anderen bleibt unangetastet.**
  Die Persönlichkeit des Gegenübers und entsprechende Zuschreibungen gehören nicht in ein Feedback. Bewertungen der Person sollten vermieden werden.
- **Der Empfänger eines Feedbacks entscheidet, was er »mitnimmt«.**
  Die Aufgabe der oder des Feedbacknehmenden besteht nicht darin, sich zu rechtfertigen oder zu verteidigen. Stattdessen sollte er wertschätzend zuhören und gegebenenfalls nachfragen.

Übung 23: Feedback auf dem Kopf
Sicherlich haben Sie selbst schon unzählige Male Rückmeldungen durch andere Personen bekommen. Und ebenso sicher haben Sie dabei Situationen erlebt, in denen Sie sich angegriffen und abgewertet gefühlt haben. Überlegen Sie einmal für sich, woran das gelegen haben könnte. Schreiben Sie dann auf, welche Regeln man befolgen sollte, damit sich ein Gegenüber durch ein Feedback nicht angegriffen und abgewertet fühlt (»Kopfstand-Brainstorming« in → Kapitel 3.3.6 »Brainstorming«). Wenn Ihre Regelsammlung vollständig ist, erstellen Sie als Nächstes einen Statt-Plan: Was könnten Sie stattdessen tun, damit das Feedback wertschätzend und hilfreich für den Feedbacknehmer ist? Haben Sie Regeln gefunden, die in diesem Kapitel noch nicht aufgeführt wurden?

3.6 Fragetechniken

Fragetechniken sind ein Kernstück systemischer Praxis. Nachfolgend werden die zentralen Fragetechniken aufgeführt und erläutert.

3.6.1 Erlaubnisfragen

Immer wenn es um das Fällen einer Entscheidung geht, darum, einen eigenen Beitrag zu leisten, eine andere Person zu unterbrechen, eine Idee zu äußern oder eine neue Phase des Gesprächs zu beginnen, lohnt es sich, die Erlaubnis der Beteiligten einzuholen. Wenn Sie um Erlaubnis bitten, sollten Sie jedoch auch eine Idee davon haben, was Sie tun können, wenn Ihnen die Erlaubnis nicht erteilt wird.

Führungskräfte sollten im Sinne einer kommunikativen Klarheit wissen, wann sie um Erlaubnis bitten oder Entscheidungen an ihre Mitarbeiterinnen und Mitarbeiter abgeben und wann sie etwas mitteilen, informieren oder selbst entscheiden möchten. Souveränität in der Gesprächsführung bedeutet nicht, das Gespräch zu dominieren, sondern einen konstruktiven Führungswechsel zwischen Partizipation und eigenen strukturierenden Impulsen zu gestalten.

»In dieser Phase soll jeder die Möglichkeit haben, Themen zu benennen. Wer möchte gern anfangen?«
»Wie soll ich Ihr Thema auf der Moderationskarte benennen? ... Ist es für Sie okay, wenn ich das wertende Adjektiv weglasse?«
»Welches Thema möchten Sie als erstes besprechen?«
»Sie haben mittlerweile beide spitze Bemerkungen und Sticheleien miteinander ausgetauscht. Ich wüsste gern, ab welchem Grad der Intensität ich bei solchen Bemerkungen eingreifen soll. Können Sie mir dazu einen Hinweis geben?«
»Darf ich Sie einmal unterbrechen, um ausreichend Zeit zu haben, Ihre Beiträge auf Moderationskarten zusammenzufassen? Ist das für Sie in Ordnung?«
»Ich denke, dass jetzt alle Beteiligten zu Wort gekommen sind und ich alle entscheidenden Aspekte hier auf der Pinnwand festgehalten habe. Schauen Sie noch einmal

> darauf. Wenn Sie nichts mehr ergänzen möchten, würde ich gern zur nächsten Phase übergehen. Wäre das in Ordnung?«
> »Ich würde gern noch eine Pause einlegen, um die letzten vierzig Minuten konzentriert weiterarbeiten zu können. Ist es Ihnen recht, wenn wir jetzt fünf Minuten unterbrechen, durchlüften, uns ein bisschen bewegen und dann weiterarbeiten?«
> »Ich würde die bisherigen Ergebnisse gern noch einmal zusammenfassen, wenn das für Sie in Ordnung ist.«

Durch Erlaubnisfragen erreicht die Führungskraft bestenfalls, dass sie im Gespräch Steuerungsimpulse setzt, ohne dass das Gegenüber dies als Machteingriff erlebt. Erlaubnisfragen steigern die Chance der Akzeptanz. Sie dienen auch als Muster eines wertschätzenden Umgangs, das von den Beteiligten gern imitiert wird und zu neuen Verhaltensweisen im Miteinander führen kann.

Diese Technik funktioniert aber nur, wenn man von den anderen Beteiligten die verbale oder nonverbale Zustimmung zu der erbetenen Erlaubnis erhält. Diese Zustimmung kann beim Ausbleiben bestätigender Signale aktiv eingefordert werden (»Herr Meyer, sind auch Sie damit einverstanden, dass …«). Ablehnende Signale sollten aufgegriffen werden (»Sie schütteln den Kopf, was sollte Ihrer Meinung nach als Nächstes passieren?«; → **Kapitel 3.2.2 »Rückmeldung zur Körpersprache geben«**).

Übung 24: Ein Experiment am Abend
Wenn Sie heute Abend jemandem begegnen, egal wem, fragen Sie dreimal für einen Ihrer Redebeiträge um Erlaubnis. Beispielsweise: »Heute auf der Arbeit war ganz schön was los! Soll ich dir davon erzählen oder willst du lieber über etwas anderes reden?«

- Wie reagiert Ihr Gegenüber?
- Wird die Erlaubnis erteilt?
- Was glauben Sie, geht in Ihrem Gegenüber vor, wenn Sie um Erlaubnis bitten?
- Wie geht es Ihnen damit?

3.6.2 Skalierungsfragen

Skalierungsfragen bieten sich immer dann an, wenn es darum geht, etwas differenziert zu bewerten oder zu messen. Übliche Bewertungsfragen wie: »Sind Sie mit dem Ergebnis zufrieden?« – »Wie war die Fortbildung?« – »Wie gut arbeitet Ihr Team zusammen?« – »Wer war verantwortlich für den Arbeitsunfall?« werden oft sehr undifferenziert beantwortet, etwa mit: »Ja«, »Nein«, »Geht so«, »Gut«, »Schlecht«, »Ich nicht«. Eine Skalierungsfrage verlangt vom Gegenüber eine Differenzierung in Bezug auf einen Wertebereich, aus dem die angesprochene Person wählen kann.

> »Wie zufrieden sind Sie mit dem Ergebnis, wenn Sie es auf einer Skala von 1 bis 10 bewerten, wobei 1 für ›nur ein bisschen zufrieden‹ steht und 10 für ›absolut zufrieden‹?«
> »Wie war die Fortbildung, auf einer Skala von 1 bis 10, wobei 1 bedeutet ›gar nicht hilfreich für meine Praxis‹ und 10 ›sehr hilfreich für meine Praxis‹?«

> »Wie würden Sie die Zusammenarbeit im Team auf einer Skala von 1 bis 10 bewerten, wobei 1 bedeutet ›sehr konfliktträchtig‹ und 10 ›völlig konfliktfrei‹?«
> »Auf einer Skala von 1 bis 10, welche Rolle hat das Fehlverhalten des Mitarbeiters für den Arbeitsunfall gespielt, welche Rolle Unklarheit in den Sicherheitsvorschriften und welche Rolle mangelnde Abstimmung zwischen den Beteiligten?«

Einige Führungskräfte verwenden eine Skala von 0 bis 10. 0 suggeriert die »völlige Abwesenheit«, während 1 nahelegt, dass zumindest immer »ein bisschen« vorhanden ist. Welchen Skalenumfang Sie einsetzen, ist letztlich Geschmackssache. Aber auch Ihre Präferenz wird Gesprächsbeteiligte nicht davon abhalten, auf einer 10er-Skala eine 12 zu skalieren, oder sogar auf negative Zahlen zurückzugreifen, etwa »minus 2«. Es bietet sich an, die veränderte Skalenvorstellung aufzugreifen und mit der durch das Gegenüber angebotenen Vorstellung zu arbeiten. Auch sehr feinschrittige Skalierungen werden mitunter genutzt, etwa eine 0,1 oder 6,5. In diesen Fällen kann die »Schrittgröße« an die genutzte Zahl angepasst werden, indem nach einer Veränderung zu 0,2 bzw. 7,0 gefragt wird.

Der große Vorteil von Skalierungen ist, dass sie dabei helfen, absolute Kategorien und Entweder-oder-Bewertungen aufzuweichen. Jede Wertung, egal welche, kann kleinschrittig hinterfragt und erweitert werden:

> »Wenn Sie sagen ›7‹, was denken Sie, könnten wir dazu beitragen, dass Sie sagen ›8‹? Was könnte hier und heute noch passieren, dass Sie eine Stufe höher skalieren?«
> »Wenn du eine 3 angibst, frage ich mich, was dazu führen könnte, dass du ›4‹ sagst. Und warum war es heute keine 2?«
> »Wenn Sie ›5‹ sagen, was wäre der nächste Entwicklungsschritt Ihres Teams, bei dem Sie sagen würden: ›6‹?«

Skalierungen können auch genutzt werden, um die zehn Punkte auf mehrere Faktoren aufzuteilen:

> »Wenn die Verantwortung des Mitarbeiters für den Unfall bei 3 liegt, die ungenaue Formulierung der Sicherheitsregeln bei 2 und der Beitrag der mangelnden Abstimmung ebenfalls einen Anteil von 2 hat: Waren die restlichen zwei Punkte, die noch bis zu 10 fehlen, dann einfach Pech oder wodurch kommen die zustande?«

Mit Skalierungen lassen sich kleinschrittige Verbesserungen und Verschlechterungen thematisieren, wobei der Beantwortende der Frage festlegen kann, was der skalierte Wert für ihn bedeutet, was zu einer Ab- und Aufwertung führen könnte und welcher Wert für ihn ausreichend wäre. Eine 10 zu erreichen, wird nur selten als Ziel genannt.

Es kann auch hilfreich sein, den Teilnehmenden zu erläutern, dass eine Stufe auf der Skala – etwa eine 3 – für verschiedene Personen eine ganz andere Bedeutung haben kann und darf. Dadurch lässt sich das Verständnis und die Akzeptanz dafür verbessern, dass Menschen unterschiedliche Bedürfnisse, Werte und Ziele haben und daher zu verschiedenen Wertungen und Interpretationen kommen. Die gegenseitige Anerkennung verschiedener Sichtweisen ist ein entscheidender Schritt systemisch-lösungsorientierter Beratung.

Es hat sich bewährt, positive und wünschenswerte Aspekte auf der Skala mit der 10 zu assoziieren und negative und hinderliche Aspekte mit der 1 (Hammel, 2011, S. 84). Bei einer Skalierung von Lautstärke wäre dann die 0 (oder 1) »absoluter Lärm« und die 10 »absolute Stille«. Die Fokussierung auf das Ausmaß der Lösung als 10 (als maximaler Wunschzustand) und nicht auf das »Ausmaß des Problems«, wo 10 den Maximalzustand des Problems anzeigen würde, scheint Auswirkungen auf den Gesprächsprozess und die Gesprächsergebnisse zu haben. Durch die Orientierung nimmt das Wünschenswerte zu (»Hin zu«).

Praxistipp 3: Fronten aufweichen
Gerade in Konflikten sind Skalierungsfragen sehr hilfreich, da sie starre Entweder-oder-Positionen aufweichen können. Durch die kleinschrittigeren Abstufungen der Skalierung bewegen sich verhärtete Positionen oftmals differenzierter und konsensorientierter aufeinander zu. Unterschiedliche Meinungen sind akzeptiert und ihre Anerkennung ist Teil der Lösungsfindung.

Wenn man mit Gruppen arbeitet, lassen sich die Werte von 1 bis 10 auch auf dem Boden ausgelegen. Die Beteiligten können sich dann zu Fragen, die an alle gestellt werden, positionieren. Anschließend befragt man Einzelne in der Gruppe zu Ihrer Entscheidung und führt so ein Gruppenfeedback durch:

> »Sie stehen auf der 4. Was für Gründe hätte es geben können, sich nur auf die 3 zu stellen?«
> »Wenn Sie von Ihrer 7 nach hinten schauen, was glauben Sie, könnten Sie den Kollegen dort auf der 4 sagen, damit sie auf eine 5 kommen?«
> »Wenn Sie sehen, wie weit hierbei die Meinungen auseinandergehen, ist das für Sie in Ordnung, oder sollten alle näher beieinanderstehen?«

Die Skalierung ist immer subjektiv, individuell und relativ. Wo für den einen eine 4 gut und ausreichend ist, muss es für einen anderen mindestens eine 7 sein. Auch um diese Wertungsunterschiede transparent zu machen, ist der Einsatz von Skalierungsfragen sehr sinnvoll.

Übung 25: Skalieren im Alltag
Wenden Sie Skalierungsfragen in drei Alltagssituationen an.
- Wie reagiert Ihr Gegenüber darauf?
- Was erreichen Sie mit der Skalierung?
- Wie wäre eine Antwort ohne Skalierungsfrage ausgefallen?

3.6.3 Fragen nach Ausnahmen

Das Fragen nach Ausnahmen ist eine systemische Fragetechnik, die zur Grundstruktur der lösungsorientierten Arbeit gehört. Dabei wird nach den – möglicherweise seltenen und verborgenen – Situationen gefragt, in denen etwas geklappt oder ein bisschen besser funktioniert hat. Es ist hilfreich, statt zu fragen, »ob« oder »wann« diese Ausnahmen aufgetreten sind, zu fragen, »wie« es war, »was« den Unterschied gemacht und »was« dazu beigetragen hat, dass die Ausnahme auftrat. So wird suggeriert, dass es immer auch Ausnahmen gibt. Die Idee der Frage nach Ausnahmen besteht darin zu zeigen, dass es auch anders geht bzw. dass das erwünschte Verhalten von den Beteiligten schon jetzt – vielleicht nur in manchen Situationen oder phasenweise – gezeigt wird und gezeigt werden kann. Dadurch wird es möglich, an den genannten Aspekten des Gelingens anzusetzen und diese auszuweiten, anstatt die Misslingensbedingungen zu verstärken:

> »Erzählen Sie mir von Zeiten, in denen es eine Ausnahme von diesem Problem gab, zu denen es vielleicht auch nur ein kleines bisschen besser war.«
> »Erzählen Sie mir von Momenten, in denen es besser ist. Wann sind Sie auf einer 4 statt einer 3. Was macht den Unterschied aus?
> »Was genau war an dem Tag anders, an dem es funktionierte?«
> »Was hat dich an diesem Tag motiviert, es so zu tun?«
> »Was unterstützt dich dabei, es so zu machen?«
> »Welche Personen sind wichtig dafür, dass es klappt?«
> »Wie könnte man mehr solcher Ausnahmetage schaffen?«

Es geht bei der Lösungsorientierung nicht darum, Mängel oder Ärger zu kaschieren, sondern das Gespräch in eine Richtung zu lenken, die auf eine Erarbeitung von Handlungsstrategien ausgerichtet ist, ohne lediglich Mängel zu benennen und diese bestenfalls zu beseitigen. Oder – um einen Ausspruch von Steve de Shazer zu nutzen:

> »Das Reden über Probleme erzeugt Probleme.
> Das Reden über Lösungen erzeugt Lösungen.«

Das Zitat besagt nicht, dass man nicht über Probleme reden darf. Oft ist dies wichtig, um sich mitzuteilen, sich verstanden und angenommen zu fühlen oder um »Dampf abzulassen«. Der Entwicklung von Lösungen kommt man dadurch aber nicht unbedingt näher. Da wir es in unserem westlichen kulturellen Kontext eher gewohnt sind, Probleme zu beschreiben als Lösungen zu entwickeln, steckt hinter dem Zitat von Steve de Shazer die Aufforderung zum Perspektivenwechsel: die Problembeschreibungen und Analysen zurückzustellen und den Blick direkt auf mögliche Lösungen zu lenken.

Will man den Vorteil einer lösungsorientierten Sichtweise gegenüber einer problem-analytischen Sichtweise verdeutlichen, bietet sich folgende Metapher an:

> »Ich möchte Ihnen an einem kurzen Beispiel aufzeigen, warum es meiner Ansicht nach nicht so hilfreich ist, ein Problem zu analysieren, um eine Lösung zu erarbeiten. Dafür sollte man seinen Blick auf ganz andere Aspekte lenken. Nehmen Sie das Problem der Atomenergie. Da können Sie alle Facetten der Strahlung, der Endlagerung und dergleichen aufzählen, analysieren und bewerten. Es wird Ihnen dadurch möglicherweise klar, wie groß das Problem ist. Und Sie wissen genauer, was Sie alles nicht mehr wollen. Aber erfahren Sie durch diese Problemanalyse auch nur eine Kleinigkeit über erneuerbare Energien? Hierzu müssen Sie in eine andere Richtung denken. Sie müssen überlegen, was Alternativen zur Atomenergie sein könnten, welche Ergebnisse Sie gern erzielen möchten, wie Sie es gern hätten, welche Bedürfnisse Sie haben und was Sie *stattdessen* tun wollen. Aus diesem Grund möchte ich Sie hier gern dazu einladen, den Blick nicht auf die Problemanalyse zu richten, sondern auf die Suche nach Lösungen.«

Übung 26: Die Ausnahme … widerlegt die Regel
Sobald jemand von einem Problem erzählt oder von einem Sachverhalt, der »immer«, ständig«, »dauernd« oder »nie« auftritt, fragen Sie nach Ausnahmen.

> »Wie war es, als es schon einmal anders war, vielleicht auch nur ein bisschen?«
> »Welche Ausnahmen haben Sie davon schon einmal erlebt, so klein sie auch sein mögen?«

- Wie reagiert Ihr Gegenüber? Fällt ihm eine Ausnahme ein?
- Welchen Einfluss hat die Frage nach Ausnahmen auf die Körperhaltung und Mimik?
- Welchen Einfluss hat die Frage nach Ausnahmen auf den Gesprächsverlauf?

3.6.4 Copingfragen

Auch in schwierigen Situationen oder bei schwerwiegenden Problemen gibt es in der Regel Ressourcen, die dabei unterstützen, die Situation oder das Problem zu ertragen. Diese Ressourcen tragen aber nicht nur dazu bei, dass man »durchhält«, sondern können auch dabei helfen, ein Problem zu überwinden. Hierfür muss man die »Copingstrategien« – also die Strategien, die jemand nutzt, um mit schwierigen Situationen klarzukommen – durch gezielte Fragen identifizieren. Anschließend kann dann darauf aufbauend überlegt werden, wie man diese ausweiten und für weitere Unterstützung sorgen kann.

> »Wenn Sie so von Ihrem anstrengenden Alltag erzählen, frage ich mich, wo sind da die Ruheinseln und Tankstellen, an denen Sie Ihre Energie wieder auffüllen. Fällt Ihnen da etwas ein?«
> »Welche Personen helfen Ihnen, damit fertig zu werden?«
> »Welche Aktivitäten und Situationen entlasten Sie in dieser schwierigen Lebensphase?«

»Was hilft Ihnen auf die Beine, wenn Sie denken: ›Jetzt geht gar nichts mehr‹?«

Copingfragen können auch auf die Vergangenheit gerichtet sein oder auf andere Personen:

»Gab es früher in Ihrem Leben schon einmal eine Situation, in der Sie etwas Ähnliches durchgemacht haben? Was haben Sie damals getan, um das zu überstehen?«
»Kennst du Kollegen oder Kolleginnen, die so etwas schon einmal erlebt haben? Was hat ihnen dabei geholfen, damit klarzukommen?«

Eine Strategie lösungsorientierter Veränderung besteht darin, die genannten unterstützenden und positiven Aspekte zunächst wahrzunehmen, gegebenenfalls zu ergänzen und zu erweitern. Oft ist es bereits ausreichend, das Gegenüber dabei zu unterstützen, seine Ressourcen wahrzunehmen, diese auszusprechen und anschließend bewusster einzusetzen.

Mit Copingfragen können auch bisherige – aber nicht erfolgreiche – Lösungsstrategien erkundet werden. Dies kann äußerst hilfreich sein, um Problemmuster zu erkennen und Hypothesen über deren Unterbrechung zu entwickeln:

»Was haben Sie denn schon alles versucht? Und auf einer Skala von 1 bis 10: Wie hilfreich war es?«
»Welche Situationen gibt es, bei denen Sie sagen würden: ›Oh nein, nicht schon wieder!‹?«
»Das klingt für mich danach, als würden Sie, wenn Sie damit nicht zum Ziel kommen, einfach ›mehr davon‹ machen. Dieses ›mehr desselben‹ scheint es aber eher schlimmer zu machen als besser. Wie sehen Sie das?«

Übung 27: Wie schaffst du das bloß?
Wenn jemand in einem Gespräch, an dem Sie teilnehmen, beginnt, über Schwierigkeiten und Probleme zu erzählen, fangen Sie an, ausschließlich Copingfragen zu stellen, d. h. Sie fragen, was Ihr Gegenüber dabei unterstützt, mit der Situation zurechtzukommen.

»Und was machst du, damit es dir etwas besser geht?«
»Was hilft dir dabei, das zu ertragen?«
»Hattest du schon einmal ein ähnliches Problem? Wie hast du es damals geschafft?«

- Wie reagiert Ihr Gegenüber? Fallen ihm Copingstrategien ein?
- Welchen Einfluss hat die Frage nach Copingstrategien auf den Gesprächsverlauf?

3.6.5 Hypothetische Fragen

Hypothetische Fragen basieren immer auf der imaginären Vorstellung: »Was wäre, wenn …«. Sie laden ein, zu spekulieren, zu fantasieren und den Blick auf mögliche Alternativen zu lenken.

Best-Case- und Alternative-Case-Fragen

Bei »Best-Case-Fragen« und »Alternative-Case-Fragen« stellen Sie die Frage danach, »wie es wäre, wenn«. Durch diese Fragen können Sie »so tun, als ob«, Veränderungsmöglichkeiten und Konsequenzen ausloten oder beleuchten, wie das bestmögliche Ergebnis, der »Best Case«, aussähe, oder welche Alternativen, also »Alternative Cases«, in einer Situation bestehen:

> »Angenommen, unsere Netzwerkpartner würden einen Teil der Öffentlichkeitsarbeit abdecken, was wäre dann anders?«
> »Angenommen, wir würden die neue Kommunikationsplattform installieren, was könnte das für Sie und Ihr Team für Vorteile haben?«
> »Stellen Sie sich vor, die Messanordnung wäre so gestaltet, wie Ihr Kollege es vorgeschlagen hat. Was würde sich dadurch für Sie verändern?«
> »Was müssten Sie in dieser Situation tun, um Ihre Kolleginnen und Kollegen völlig zu überraschen?«
> »Was würde passieren, wenn Sie in dieser Situation sagen würden: ›Okay, ich mach das‹, und würden die Aufgabe dann einfach erledigen?«
> »Sammeln Sie mal alle anderen denkbaren und undenkbaren Handlungsalternativen, die Sie in dieser Situation haben, ungeachtet möglicher Konsequenzen. Wir können diese dann der Reihe nach einmal durchspielen.«
> »Was wäre das Verrückteste, das Sie stattdessen tun könnten?«
> »Was würde passieren, wenn sich nichts verändert? Wenn alles so bleibt, wie es jetzt ist?«

Die Wunderfrage

Eine wichtige Fragetechnik der lösungsorientierten Arbeit kann auf dem Weg von den Bedürfnissen zu Handlungsideen sehr anregend sein: die Wunderfrage (de Shazer, 1989, zit. nach De Jong u. Berg, 1998, S. 139):

> »Ich möchte Ihnen jetzt eine ungewöhnliche Frage stellen. Stellen Sie sich vor, während Sie heute Nacht schlafen und das ganze Haus ruhig ist, geschieht ein Wunder. Das Wunder besteht darin, dass das Problem, das Sie hierhergeführt hat, gelöst ist. Allerdings wissen Sie nicht, dass das Wunder geschehen ist, weil Sie ja schlafen. Wenn Sie also morgen früh aufwachen, was wird dann anders sein, das Ihnen sagt, dass ein Wunder geschehen ist, und das Problem, das Sie hierhergeführt hat, gelöst ist?«

Für die Formulierung eines Wunders können auch andere Metaphern verwendet werden:

> »Stellen Sie sich vor, das hier wäre ein Wunschkonzert. Sie wissen nun, was das Publikum hören will und was die Musiker spielen möchten. Sie haben jetzt die Möglichkeit, das Konzert zu organisieren und die Notenblätter zu schreiben!«

> »Jetzt können Sie ein Luftschloss bauen … oder ein Traumhaus … oder eine Traumstadt. Wie sieht der Bauplan aus? Was könnte alles getan werden? (….) Wer sind die Architekten, wer ist die Bauherrin, wer sind die Handwerker? Wer würde Sie dabei unterstützen und wie?«

In der Nachreflexion kann dann gemeinsam herausgearbeitet werden, welche der in der Antwort genannten Strategien die Beteiligten zur Minderung oder gar Lösung des Problems einsetzen könnten, ohne dass vorher ein Wunder geschehen muss.

Gute Fragen, um die »Zeit nach dem Wunder« zu explorieren, sind (Schwing u. Fryszer, 2006, S. 230 f.; De Jong u. Berg, 1998, S. 144):

> »Woran würden Sie nach dem Aufwachen als Erstes merken, dass das Problem verschwunden ist?«
> »Was würden Sie als Erstes tun?«
> Wer aus Ihrem Umfeld würde als Erstes bemerken, dass das Problem nicht mehr besteht?«
> »Was würden Sie am meisten vermissen, wenn das Problem nicht mehr da ist?«
> »Was von allem, das Sie nach dem Wunder tun würden, könnten Sie morgen früh am leichtesten umsetzen?«

Übung 28: Verwunderung schaffen
Wenn Ihnen jemand von einem Problem berichtet, stellen Sie doch einfach mal die Wunderfrage.

- Wie reagiert Ihr Gegenüber?
- Welchen Einfluss hat das Stellen der Wunderfrage auf den Gesprächsverlauf?

Worst-Case- und Verschlimmerungsfragen

Hypothetische Fragen können sich auch damit befassen, wie es wäre, wenn es schlimmer wäre als jetzt; wie es wäre, wenn man nichts verändert, oder was man tun könnte, um es schlimmer zu machen. Diese Verschlimmerungs- oder »Worst-Case«-Fragen führen idealerweise dazu, dass die Beteiligten feststellen, dass es hier und jetzt gar nicht so schlimm ist. Oder sie erkennen, was sie auf jeden Fall vermeiden sollten, damit es nicht noch schlimmer wird. Diese Fragetechnik wird auch im sogenannten »Kopfstand-Brainstorming« angewendet (→ **Kapitel 3.3.6 »Brainstorming«**):

»Wenn Sie gar nichts verändern und einfach so weitermachen wie bisher, was würde sich dadurch verändern?«
»Was könnten Sie tun, damit es zwischen Ihnen und Herrn Meißner so richtig knallt?«
»Was könnten Sie tun, damit es die langweiligste Besprechung wird, die Sie je erlebt haben?«

Wenn ein Worst-Case- oder Verschlimmerungsszenario entworfen wurde, besteht der lösungsorientierte Dreh darin, zu schauen, was man stattdessen tun könnte.

Übung 29: Schlimmer … geht immer!
Wenn jemand mit Ihnen über Verbesserungen einer Situation ins Gespräch kommt, lenken Sie die Aufmerksamkeit darauf, was man tun könnte, um die Situation zu verschlechtern, oder darauf, etwas ganz Ungewöhnliches zu machen:
- Wie reagiert Ihr Gegenüber darauf?
- Was erreichen Sie mit Worst-Case- und Verschlimmerungsfragen?
- Wie wäre das Gespräch vermutlich ohne diese Fragen weitergegangen?

3.6.6 Zirkuläre Fragen

Eine der bekanntesten Fragetechniken der systemisch-lösungsorientierten Gesprächsführung ist das »zirkuläre Fragen«. Bei ihm geht es einfach ausgedrückt darum, die Situation oder das Problem aus der Sichtweise anderer Personen zu beschreiben. Zirkulär heißt diese Fragetechnik, da aus wechselnden, zirkulären Perspektiven ein Blick auf die Situation, das Problem und mögliche Lösungen geworfen wird. Hierbei soll sich das Gegenüber in andere Personen »hineinversetzen«. Dieses Hineinversetzen in andere Sichtweisen unterstützt dabei, eigene Perspektiven zu hinterfragen und zu erweitern. Es eröffnen sich neue Blickwinkel auf eine Situation, aus denen wiederum neue und andere Schlüsse gezogen werden können. Die Person betrachtet sich selbst oder eine Situation durch die Augen von anderen. Wie intensiv ihr das Hineinversetzen gelingt, zeigt sich beispielsweise in der Emotionalität, ihren Antworten, der Zeit, die sie braucht, um eine Antwort zu finden und oft auch in der Überraschung über die Antworten, die sie findet.

Zirkuläre Fragen können sich auf die Sichtweisen von anwesenden oder abwesenden, beteiligten oder unbeteiligten Personen oder auch auf verschiedene Rollen und fiktive Personen beziehen. Zirkuläre Fragen lassen sich aus einer anderen Beobachtungsposition und aus verschiedenen zeitlichen Perspektiven stellen (Tabelle 6).

Tabelle 6: Beispiele für mögliche zirkuläre Fragen bezogen auf die beobachtende Positionen anderer beteiligter oder unbeteiligter Personen

Beobachtende Position andere beteiligte oder unbeteiligte Person (z. B. meine Kollegin, mein Ausbilder, meine Chefin)
Vergangenheit
»Angenommen, du wärst an seiner Stelle gewesen, was hättest du gemacht?« »Und wenn ich deinen Azubi-Kollegen Benni frage, was du hättest tun sollen, was würde er mir erzählen?« »Wenn Ihr Ex-Chef das wüsste, wie würde er sich vermutlich fühlen?« »Was hätte Ihr damaliger Vorgesetzter und Mentor Ihnen damals in einer vergleichbaren Situation geraten?«
Gegenwart
»Wenn ich Ihre Kollegin fragen würde, wie sie diese Situation erlebt, was würde sie mir sagen?« Wenn Ihre Lieblingskollegin Ihnen einen Rat geben würde, was Sie tun sollen, was würde sie Ihnen sagen?« »Wenn ich diese Person jetzt fragen würde, was sie darüber denkt, was würde sie erzählen?« »Wenn ich jetzt Ihren Finanzchef fragen könnte, wie er die Situation regeln würde, was würde er sagen?« »Wer ist in dem Konkurrenzunternehmen Ihr – vielleicht heimliches – Vorbild? Was glauben Sie, wie diese Person über Sie denkt?«
Zukunft
»Wenn Ihre Kollegin die Situation beschreiben würde, nachdem Sie es geschafft haben, diese Krise zu meistern, was würde sie erzählen?« »Was werden sich Ihre Kolleginnen und Kollegen rückblickend denken, wenn sie später einmal von Ihrem jetzigen Vorhaben erfahren?« »Wenn Ihre Co-Leitung später einmal Ihren Nachfolgerinnen und Nachfolgern von Ihrer heutigen Situation erzählt, was wird sie vermutlich sagen?«

Eine Darstellung aus der »Ich-Position« im Hier und Jetzt ist die Erzählposition, aus der heraus wir alle üblicherweise unsere Lebenswelt beschreiben. Diese Sichtweise ist noch nicht zirkulär. Zirkuläre Fragen können bezogen auf die Ich-Position gestellt werden, indem die zeitliche Perspektive verändert wird, oder indem die Sichtweisen verschiedener eigener Rollen erfragt werden (Tabelle 7).

Sobald wir aus der Ich-Position sprechen, ohne dabei eine sich selbst beobachtende Außenperspektive einzunehmen, bzw. innere Anteile oder Rollen zu adressieren, handelt es sich nicht um zirkuläre Fragen. Man bleibt dann weiter in seiner Ich-Perspektive assoziiert, ohne sich zirkulär in einen Kopf hineinzudenken. Beispiele solcher nichtzirkulären Fragen aus der Ich-Position wären:

> »Wie fühlt es sich für Sie an? Wie ist es für Sie? Was denken Sie darüber?«
> »Wie ist es dazu gekommen? Wie bewerten Sie das? Was wollen Sie tun?«
> »Was haben Sie gesehen? Wer hat was getan? Wer hat was gesagt?«

»Wer sind Sie? Wie sehen Sie aus? Was tun Sie?«
»Wie denken Sie über Ihre Vergangenheit?«
»Was werden Sie morgen unternehmen?«
»Erzählen Sie mir einmal von Ihrer Kindheit.«

Zirkuläre Fragen zur Ich-Perspektive verlangen hingegen immer das Hineindenken in einen früheren, gegenwärtigen oder künftigen Ich-Zustand, bzw. in eine Rolle.

Tabelle 7: Beispiele für mögliche zirkuläre Fragen bezogen auf die Ich-Position

Beobachtende Position: Ich-Position und eigene Rollen
Vergangenheit
»Was würde Ihrem früheren Ich durch den Kopf gehen, wenn es das sähe?« »Wie würde der Junge, der Sie damals waren, das beschreiben?« »Wenn ich Ihnen vor fünf Jahren erzählt hätte, wie es Ihnen heute geht, was hätten Sie mir damals für einen Ratschlag gegeben, wie ich Ihnen heute helfen könnte?« »Wenn Sie das so sagen ›als Generaldirektor‹, wie würden Sie das formulieren ›als Auszubildende‹, der sie einmal waren und der selbst einmal vor der Entscheidung stand, einen Beruf zu wählen?« »Angenommen, Sie könnten in die Vergangenheit reisen und Ihrem früheren Ich zwei Dinge nennen, die es auf jeden Fall so machen soll, wie Sie es ja auch getan haben, welche wären das?«
Gegenwart
»Wenn sich das ›revolutionäre ökologische Gewissen‹ von dem Sie erzählt haben, dass Sie es damals hatten, zu Wort melden würde, was würde es Ihnen raten?« »Das klingt nach der ›strengen Teamleitung‹, wenn Sie das so formulieren. Gibt es auch etwas, dass Sie als ›stolze Teamleitung‹ ergänzen könnten?« »Das hast du jetzt als ›Geschädigte‹ so gesagt. Wie würdest du es sagen als ihre ›beste Freundin‹?« »Wenn das die ›Stimme der Vernunft‹ war, was würde dann die ›Stimme der Unvernunft‹ sagen?« »Ich habe jetzt von Ihnen etwas aus den Rollen des Arbeiters und des Vaters und des Ehemanns gehört. Gibt es in Ihnen auch eine Stimme des Abenteurers oder des Narren? Und was würden diese sagen?«
Zukunft
»Wenn Sie später einmal auf diese Situation zurückschauen, wie werden Sie sich vermutlich fühlen?« »Was würden Sie sich als Rentnerin wünschen, was Sie heute tun sollten?« »Wenn ich Sie am Ende des Jahres fragen würde, was Sie erreicht haben, was würden Sie mir erzählen?« »Wenn Sie einmal, wenn Sie alt und grau sind, Ihren Enkeln von dieser Entscheidung berichten, was würden Sie ihnen gern erzählen?« »Stell dir vor, du säßest heute Abend bei dir zuhause und würdest denken: ›Wow, das Gespräch ist ja echt gut gewesen!‹ Was müsste dazu in diesem Gespräch passiert sein?« »Wenn später einmal eine Statue für Sie errichtet würde, wie sähe die aus und was stünde auf dem Sockel?«

Zirkularität kann zudem darin bestehen, eine fiktive oder metaphorische Beobachterposition einzuführen (Tabelle 8).

Tabelle 8: Beispiele für mögliche zirkuläre Fragen aus der Position einer fiktiven Person oder metaphorische Rolle

Beobachtende Position: eine fiktive Person oder metaphorische Rolle (z. B. ein Tier, ein Gegenstand, eine Film- oder Romanfigur)
Vergangenheit
»Wenn die Heldin Ihrer Kindertage Ihnen etwas raten würde, was würde sie sagen?« »Was würde der gute Geist der Firma, der damals bei der Gründung spürbar war, Ihnen raten, wenn er sähe, wie es Ihnen heute geht?«
Gegenwart
»Was würde Batman in solch einer Situation tun?« »Wenn die Mitglieder Ihres Teams Tiere wären, welche Tiere wären sie dann? Und welchen Beitrag würden diese Tiere zum Problem leisten? Welche Lösungsstrategie würden sie anwenden?« »Wenn ich den Baum vor Ihrem Firmensitz dazu befragen könnte, was Ihre Firma zusammenhält, was würde er mir erzählen?« »Wenn jetzt ein guter Zauberer um die Ecke käme und Ihnen drei Gegenstände nehmen würde, um Ihnen zu helfen, besser mit Ihrem Leben klarzukommen, welche drei Gegenstände würde er Ihnen nehmen?« »Und wenn dieser Zauberer Ihnen einen Gegenstand schenken würde, welcher wäre das?«
Zukunft
»Wenn in der Zukunft einmal ein Raumschiff landet und ein Alien aussteigt, um Ihnen zu sagen: ›Ich bin den weiten, weiten Weg hierhergekommen, um dir für eine Sache, die du damals getan hast, zu danken. Welche Sache wäre das?« »Wenn wir unseren Teamgeist in fünf Jahren fragen, wie wir diese Herausforderung gemeistert haben werden, was wird er uns antworten?«

Übung 30: Zirkuläre Fragen erfinden

Formulieren Sie zunächst Fragen, die Sie als zirkulär betrachten.
Versuchen Sie dann, diese einer Beobachterperspektive und einer Zeit zuzuordnen.
Gehen Sie dann umgekehrt vor: Entscheiden Sie sich für eine Beobachterperspektive sowie für eine Zeit, und versuchen Sie als Nächstes, eine zirkuläre Frage hierfür zu formulieren.

Übung 31: Zirkuläre Fragen im Alltag

Wenn eine Person sehr erbost oder begeistert über eine andere Person berichtet, stellen Sie verschiedene zirkuläre Fragen. Beobachten Sie:

- Wie reagiert Ihr Gegenüber darauf?
- Was erreichen Sie mit zirkulären Fragen?
- Wie wäre das Gespräch vermutlich ohne zirkuläre Fragen weitergegangen?

3.7 Rollen-, Anliegen- und Auftragsklärung

In einem systemischen Führungsverständnis ist die Klärung der jeweiligen Rollen und Aufträge der Führenden und der Geführten ein zentraler Bestandteil. In diesem Kapitel sollen daher drei Aspekte der Rollen-, Anliegen- und Auftragsklärung erläutert werden, die im kommunikativen Miteinander zutage treten:

1. mögliche Grundhaltungen von Gesprächsbeteiligten,
2. ein Modell zum Verständnis von Fallstricken der Rollendynamik (»Das Drama-Dreieck«) sowie
3. Anliegen- und Auftragsklärung als notwendiger Aushandlungsprozess.

Im Folgenden wird aufgezeigt, wie man die Fragetechniken (→ **Kapitel 3.3**) zur Anliegen- und Auftragsklärung entsprechend einsetzt, je nachdem, welche Grundhaltungen die Gesprächsteilnehmenden einnehmen. Auf notwendige Selbstklärungsprozesse hinsichtlich der eigenen Rollen und Aufträge werden wir bei der Darstellung der Gesprächsvorbereitung noch genauer eingehen (→ **Kapitel 4.1 »Baustein 1: Klärung«**).

3.7.1 Mögliche Grundhaltungen von Gesprächsbeteiligten

Im Vorfeld von Gesprächsterminen sollten Sie sich zunächst das Folgende bewusst machen: Die Beteiligten wurden zu einem Gespräch eingeladen oder haben darum gebeten. Einige von ihnen haben vielleicht selbst ein Anliegen, möchten etwas klären oder besprechen. Für manche mag es sich um einen »Pflichttermin« handeln, um ein eher »notwendiges Übel« oder gar um einen Termin, bei dem schon vorher klar ist, dass es um Beschwerden, Beschuldigungen und Konflikte gehen wird. Je nach Erwartungen an das Gespräch und ihren bisherigen Erfahrungen kommen die Beteiligten mit einer bestimmten Einstellung zu einem Termin, sprechen Sie als Führungskraft aus einer bestimmten Rolle heraus an oder reagieren, wenn sie von Ihnen angesprochen werden, aus einer entsprechenden Haltung heraus. Die dadurch entstehende Gesprächsdynamik hängt von vielen Faktoren ab: dem Thema, den Beteiligten, den bisherigen Erfahrungen und Erlebnissen, dem Zeitpunkt, und davon, ob es wechselseitig gelingt, den »richtigen Ton« zu treffen.

Wichtig ist uns an dieser Stelle, die unterschiedlichen Grundhaltungen herauszustreichen, mit denen Sie als Führungskraft in diesen Terminen zu rechnen haben. Bezogen auf Gesprächssituationen stellen wir Ihnen fünf Grundhaltungen vor, auf die Sie in Ihren Gesprächen möglicherweise stoßen werden, und auf die sie jeweils anders angemessen reagieren sollten.

Die Beschreibung von Grundhaltungen, die Gesprächsteilnehmerinnen und -teilnehmer einnehmen können, dient nicht zur Bewertung der anwesenden Personen, sondern zur Verdeutlichung der verschiedenen Rollen- und Verhaltensmuster, die sie im Verlauf des Gesprächs einnehmen können.[6] Diese Haltungen können während eines Gesprächs wechseln. So ist es möglich, dass eine Teilnehmerin bezogen auf ein Thema als »Kundin« auftritt, bezogen auf ein anderes als »Anklagende«. Einige Hinweise, wie Sie den unterschiedlichen Haltungen begegnen und ein konstruktives Gespräch führen, finden Sie in → **Kapitel 3.7.4 »Verwendung der Fragetechniken bei der Anliegen- und Auftragsklärung«**.

Kundinnen und Kunden

Das ist die Gruppe derer, die selbst »etwas wollen« und sich als aktive Akteure und Beteiligte im Gespräch konstruktiv einbringen. Mit diesen Personen haben andere Beteiligte etwas zu klären und sie wollen selbst ebenfalls eine Klärung herbeiführen. Sie haben ein eigenes Anliegen. Sie erwarten, dass die anderen etwas zu dessen Erledigung beitragen, und sind auch bereit, selbst etwas dazu beizutragen.

> »Ich bin in dieser Gruppe an der Analyse und Verbesserung der Situation beteiligt. Ich sehe meinen eigenen Teil am Problem und an der Lösung und bin bereit, etwas beizutragen!«

Bestimmerinnen und Bestimmer

Dies können alle Personen sein, die anderen sagen wollen, was sie zu tun haben. Möglicherweise betrifft sie ein Thema gar nicht, sie beschränken sich aber nicht darauf, Sichtweisen zu äußern oder Vorschläge zu machen, sondern wollen anderen vorschreiben, was zu tun ist. Es können Teammitglieder sein, die höhere hierarchische Positionen innehaben, die über eine das Thema betreffende Fachqualifikation oder einen bestimmten sozialen Status, z. B. aufgrund ihrer Dienstjahre, verfügen. Als Führungskraft kann es schnell passieren, dass Ihnen diese Rolle zugeschrieben wird.

> »Es ist etwas zu tun. Ich weiß auch um alle Gegebenheiten und was zu tun ist! Wenn die anderen machen, was ich sage, wird alles gut!«

Besucherinnen und Besucher

Eine solche Haltung wird von Teilnehmenden eingenommen, die sich nicht zuständig fühlen oder bezogen auf ein Thema keine eigene Betroffenheit oder Beteiligungsnotwendigkeit erkennen. Sie wurden zwar zu einem Gespräch eingeladen, nehmen oft

6 Die ursprüngliche Unterscheidung von drei Grundhaltungen wurde von Steve der Shazer in der lösungsfokussierten Beratung entwickelt und wird hier um zwei weitere Grundhaltungen erweitert (de Shazer, 1989, S. 102–109; DeJong u. Berg, 1998, S. 97–123).

auch daran teil, wollen sich aber nicht beteiligen. Sie haben kein eigenes Anliegen oder Interesse. Sie kommen z. B. zum Personalgespräch, weil es von der Organisation so vorgeschrieben ist, nicht aber um es tatsächlich zum konstruktiven Austausch zu nutzen. Oft ist es mehr eine Pflichterfüllung.

> »Ich weiß gar nicht, was ich hier eigentlich soll! Ich bin nur hier, weil ich muss.«

■ Ausharrende

Eine solche Haltung kann von Teilnehmenden aus zwei Gründen eingenommen werden:

1. Andere anwesende oder abwesende Personen möchten etwas von ihr, oder
2. sie selbst wünscht eine Veränderung, sieht aber keine Möglichkeit, etwas zum Thema oder zu einer Lösung beizutragen.

In solchen Fällen tendieren Ausharrende dazu, ein Thema oder eine Anforderung eher abzuwarten oder auszusitzen. Gegebenenfalls schmollen sie, zeigen sich hilflos oder verweigern sich ganz dem Gespräch.

> »Es ist etwas zu tun, zu dessen Erledigung ich aber nichts beitragen kann. Ich habe schon alles mir Mögliche versucht. Ich kann nichts tun!«

■ Anklagende

Eine anklagende Haltung basiert ebenfalls darauf, dass andere etwas von dieser Person möchten oder sie selbst eine Veränderung wünscht. Anklagende fühlen sich jedoch nicht zuständig, sind überfordert oder der Meinung, sie werden ungerecht behandelt. Anklagende fühlen sich schnell angegriffen, oftmals fühlen sie sich ungerecht behandelt und sind darüber wütend. Es kann auch sein, dass Anklagenden etwas vorgeworfen wird, was sie selbst aber ganz anders beurteilen. Sie werden sich daher verteidigen und selbst Forderungen an andere stellen.

> »Es ist etwas zu tun, zu dessen Erledigung ich aber nichts (mehr) beitragen kann. Ich bin nicht schuld. Andere sind schuld. Deshalb müssen andere etwas tun!«

Für die Vorbereitung von Gesprächen ist es zunächst ausreichend, eine grundlegende Idee davon zu haben, mit welchen Grundhaltungen man es vermutlich zu tun bekommen wird. Als Führungskraft können Sie sich dann darauf einstellen und das Gespräch entsprechend gestalten. Oft kann eine Einschätzung, auf welche Grundhaltungen man in einem Gespräch treffen wird, nur vorgenommen werden, wenn man die Beteiligten bereits kennt und weiß, wie diese zu einzelnen Themen stehen. Vorausgesetzt, dass man wiederholt Gespräche mit den gleichen Personen führt, lässt sich eine solche Einschätzung gut vornehmen. Häufig treten die aufgeführten Denk- und Verhaltensmuster aber erst im Gespräch auf und Sie müssen entsprechend spontan reagieren.

Als Führungskraft fallen Ihnen sicherlich einige typische Gesprächsmuster ein, in denen Sie die geschilderten Grundhaltungen wiedererkennen. Eine gute Vorbereitung auf typische Beziehungsmuster ist, diese Situationen für sich zu reflektieren, mit anderen Führungskräften zu besprechen oder im Rahmen eines Coachings oder einer Supervision zu bearbeiten. Grundsätzlich stellt sich hierbei die Frage, wie es Ihnen gelingen kann, Gesprächsbeteiligte dazu einzuladen, ihre gruppen- oder kontextdynamischen Rollenmuster zu verändern, sodass sie als aktiv Beteiligte an Gesprächen teilnehmen.

3.7.2 Das Dramadreieck

In vielen Fällen entwickeln sich in Gesprächen Kommunikationsmuster, in denen sich einige Personen beklagen, andere beschuldigen und sich ungerecht behandelt fühlen. Auch hierbei werden verschiedene Rollen eingenommen, denn zu jeder »Opferrolle« muss es jemanden oder etwas geben, dass die beklagte Situation verschuldet hat. Es wird automatisch eine »Täterin«, ein »Täter« oder eine »Ursache« identifiziert. In dieser Dynamik fehlt nur noch eine dritte Rolle: »die Retterin« oder »der Retter«. Diese Konstellation bietet einige Fallstricke für die Gesprächsführung, vor allem durch Führungskräfte. Es ist daher hilfreich, sie frühzeitig zu erkennen und sich wohlüberlegt zu positionieren.

Ein Modell, das sich zum Verständnis der geschilderten Dynamik zwischen Gesprächsbeteiligten eignet, ist das sogenannte »Dramadreieck« von Stephen Karpman (Karpman, 1968; Stewart u. Joines, 2000, S. 338 ff.).

Im Dramadreieck gibt es drei Rollen, die die Beteiligten in konflikthaften Situationen einnehmen können und die sich gegenseitig bedingen:

1. »Täterin« oder »Täter« (auch »Verfolgerin/Verfolger« oder »Verbesserin/Verbesserer«),
2. »Opfer« (auch »Objekt«),
3. »Retterin« oder »Retter« (auch »Ratgeberin/Ratgeber« oder »Richterin/Richter«).

Die Einnahme der Rollen des Dramadreiecks ist situationsbedingt und hängt oft mit früher erfahrenen Situationen zusammen, in denen man selbst bestimmte Rollenerfahrungen gemacht oder andere Personen beobachtet hat. Eine Bewusstheit der jeweils eingenommenen Rolle und der daraus entstehenden Dynamik ist sehr hilfreich, wenn man sich wiederholende, unproduktive Muster unterbrechen möchte. Hierfür ist es nützlich, auf die offenen und verdeckten Botschaften zwischen den Beteiligten zu achten, um etwas über deren in der Regel unausgesprochene Bedürfnisse zu erfahren.

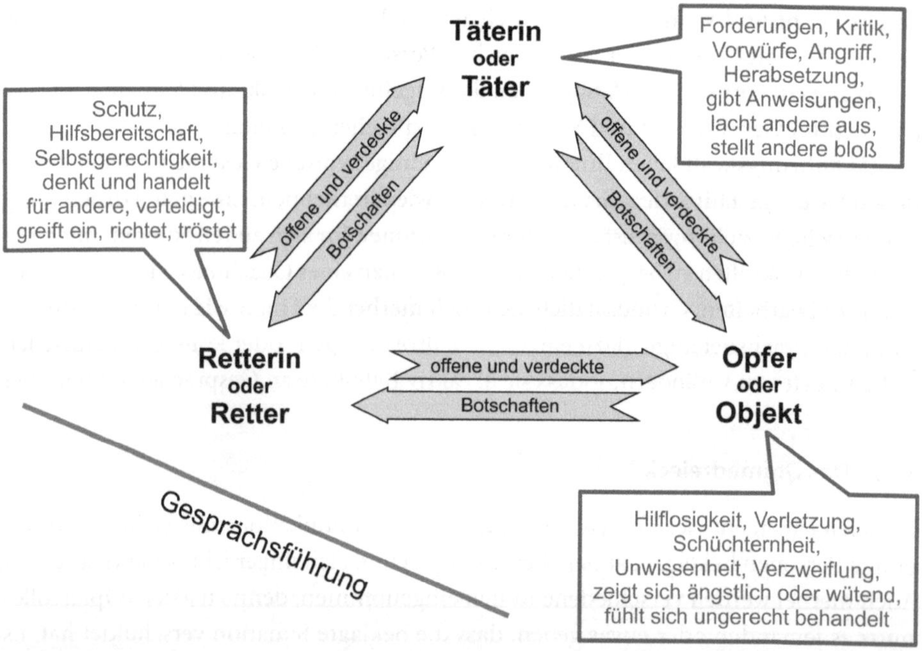

Abbildung 16: Das Dramadreieck

In der Gesprächsführung sollte man – vor allem, wenn es um Konflikte geht – vermeiden, selbst eine der drei im Dramadreieck beschriebenen Rollen einzunehmen. Vielmehr sollte man versuchen, sich außerhalb dieser Dynamik zu positionieren (Abbildung 16). Am besten gelingt dies, indem man eine neutrale, allparteiliche, vermittelnde, fragende und wertfreie Haltung einnimmt. Selbstverständlich gibt es Situationen, in denen man selbst eine Forderung stellt (»Täterin«), sich angegriffen zeigt (»Opfer«) oder andere in Schutz nimmt (»Retter«). Dann sollte man sich aber darüber im Klaren sein, dass man damit in die Dynamik eines Dramadreiecks einsteigt.

Die drei Rollen des Dramadreiecks wechseln in Gesprächen mitunter schneller, als man dessen gewahr wird. Fängt eine beteiligte Person an, aus einer der Rollen heraus zu kommunizieren, ist dies immer auch eine verdeckte Botschaft an andere Beteiligte. Es ist ein »Kommunikationsangebot«, dem man folgen kann, und der Sog, hierbei eine der korrespondierenden Rollen einzunehmen, ist groß.

Die Dynamik zwischen den Rollen entsteht durch die wechselseitigen Zuweisungen der Rollen und durch das Maß, in dem man die jeweilige Rolle für sich selbst annimmt. Letztlich geht es immer um Fragen von richtig oder falsch bzw. Schuld und Unschuld. Das Wechselspiel der Rollen ist in Videoanalysen sehr gut zu beobachten, da man hier jederzeit unterbrechen und Sequenzen erneut betrachten kann. Neben Videoaufzeichnungen eignen sich auch Simulationen oder das Feedback von beobachtenden Personen, um das Verhalten von sich und anderen zu reflektieren und die Gesprächsführung nachfolgend zu üben. Das folgende Beispiel zeigt, wie schnell die Rollen innerhalb eines Gesprächs wechseln können:

> Gesprächsteilnehmerin A macht einen Vorschlag, was Teilnehmer B tun könnte. Teilnehmer B fühlt sich dadurch beleidigt und beschwert sich (Opfer), wodurch A zur Täterin wird. Teilnehmerin C kann nun entweder B zu Hilfe eilen (Retterin) und somit die Rollenzuweisung bestätigen, oder sie kann A in Schutz nehmen und dadurch ein anderes Rollenangebot in die Situation einbringen. Gehen wir davon aus, dass C – als vermeintliche Retterin – auf die Situation reagiert, indem sie A Vorwürfe wegen ihres Vorschlags macht. Daraufhin fängt Teilnehmerin A an zu weinen, wodurch sie sich in die Rolle des Opfers begibt. Teilnehmer B kritisiert nun Teilnehmerin C, weil diese Teilnehmerin A zum Weinen gebracht hat und wird dadurch zum Retter, während Teilnehmerin C zur Verfolgerin wird. Teilnehmerin C steht auf und verlässt wutschnaubend den Raum, weil sie sich missverstanden fühlt, wodurch sie die Position eines Opfers einnimmt.

Hierbei sind die offenen und verdeckten Botschaften zwischen den Rollen im Dramadreieck vielfältig.

> **Opfer:**
> »Sieht denn keiner, wie schlecht es mir geht?«
> »Wenn ich mich schwach zeige, muss ich nichts tun!«
> »Gib mir recht!«
> »Ich will keine Verantwortung übernehmen!«
> »Schenke mir Aufmerksamkeit!«
> »Wer weint, hat recht!«

> **Täterin oder Täter:**
> »Ich bin sowieso schon die Außenseiterin, jetzt ist eh alles egal!«
> »Wenn ich mich stur stelle, muss ich nicht mitarbeiten!«
> »Biete mir Angriffsfläche, damit ich mich abreagieren kann!«
> »Beachte mich!«
> »Beweise mir, dass ich schlecht bin!«
> »Ich kann nicht zugeben, dass ich falsch lag!«

> **Retterin oder Retter:**
> »Habe ich dich (Täter) erwischt!«
> »Ich weiß, was richtig ist!«
> »Ich kann dich beschützen!«

> »Wenn ich dich rette, bekomme ich Anerkennung!«
> »Ich bin eine der Guten!«
> »Ihr bekommt das nicht ohne meine Hilfe hin!«

Das Karussell der Rollenwechsel dreht sich oftmals lange, insbesondere in Fällen, in denen die Gesprächsführung ebenfalls mitmischt. Eine vom Dramadreieck unabhängige Position zu erreichen, erfordert in der Doppelfunktion einer involvierten Gesprächsführung, die eigene Themen und Aufträge zu klären hat, eine große Rollenklarheit. Sicherlich wird man es nicht vermeiden können, gelegentlich als Retterin/Ratgeber, Täterin/Verfolger/Verbesserin oder Opfer/Objekt zu erscheinen, selbst wenn man sehr genau darauf achtet, diese Rollen nicht anzunehmen.

Damit Ihnen eine neutrale, unparteiische bzw. allparteiliche Haltung gelingt, sollten Sie in der Gesprächsführung einige Grundsätze beachten:

- Stellen Sie sich nie auf die Seite einer Person oder Partei. Zeigen Sie Verständnis für jede Sichtweise und jedes Befinden.
- Bieten Sie keine unerbetene Unterstützung an, sondern fragen Sie nach, welche Unterstützung gewünscht ist. Entscheiden Sie dann, welchen an Sie gerichteten Wünschen Sie – vor allem hinsichtlich Ihrer allparteilichen Position als Gesprächsführung – entsprechen möchten.
- Seien Sie keine Richterin. Moderieren Sie Entscheidungsprozesse, treffen Sie aber selbst keine Entscheidungen für andere.
- Übernehmen Sie die Verantwortung für die Gestaltung des Gesprächs, nicht für seine Ergebnisse.
- Werten Sie die Aussagen der anderen Beteiligten möglichst nicht.
- Wenden Sie die Techniken »Lösungsorientiertes Paraphrasieren« (→ **Kapitel 3.3.2**) und »Ich-Botschaften« (→ **Kapitel 3.4.1**) an.
- Sorgen Sie für Pausen und steigen Sie dann, mit etwas mehr Ruhe, wieder in das Thema ein. Nutzen Sie die Zeit auch, um sich selbst zu sortieren und auf die zu erwartende Dynamik vorzubereiten.

Als Führungskraft werden Sie eine neutrale Haltung nicht immer einnehmen können und wollen. Oft genug werden Sie Entscheidungen treffen, Anweisungen geben oder zwischen verschiedenen Positionen wählen müssen. In diesen Fällen kann es aber auch schon hilfreich sein, sich der Dynamik des Dramadreiecks bewusst zu sein und zu verstehen, dass man gelegentlich als Verfolgerin oder auch Retter betrachtet werden kann und wie leicht man sich selbst als Opfer fühlt.

Die Grundhaltungen der Gesprächsbeteiligten im Dramadreieck

Die fünf bereits beschriebenen Grundhaltungen können auch mithilfe der Rollen des Dramadreiecks interpretiert werden.

Aktiv Beteiligte verstehen sich – zunächst – weder als Opfer, Täter oder Retter. Sie sind bereit, aktiv mitzuarbeiten. Im Gesprächsverlauf können sie aber in jede der Rollen hineingeraten, falls ihnen das entsprechende Kommunikationsangebot gemacht wird und sie diesem folgen. Sie beachten Aspekte der Vergangenheit, Gegenwart und Zukunft.

Bestimmerinnen und Bestimmer nehmen sich in der Regel als Verbesserer wahr. Wenn andere tun, was sie sagen, wird alles besser. Von ihrem Gegenüber werden sie aber oft als Verfolger gesehen, da sie Gehorsam fordern anstatt Kooperation auf Augenhöhe anzubieten. Sie schauen hauptsächlich in die Zukunft.

Besucherinnen und Besucher sehen sich selbst als Opfer und geben sich gleichzeitig unbeteiligt. Sie »müssen« bei dem Termin anwesend sein, wollen dies aber eigentlich nicht. Sie sehen keinen Sinn in einem Gespräch, geben vor, an den Themen der anderen keinen Anteil zu haben und keine eigenen Themen klären zu wollen. Sie sind sehr in der Gegenwart, im Hier und Jetzt, verankert.

Auch *Ausharrende* empfinden sich als Opfer. Sie sind resigniert und zurückgezogen oder halten nach möglichen Rettern Ausschau. Sie blicken eher in die Vergangenheit und auf die schlechten Bedingungen in der Gegenwart.

Anklagende betrachten sich ebenfalls als Opfer. Sie sind wütend und richten ihre Aufmerksamkeit auf Täter. Dies können auch widrige Umstände sein oder Personen, die nicht anwesend sind. Hierbei schauen sie oft in die Vergangenheit und auf die schlechten Bedingungen in der Gegenwart. Potenzielle Retter laufen Gefahr, mit ihren Ideen abgewertet und als Verfolger betrachtet zu werden.

Wie man im Gespräch mit guten Fragen auf die einzelnen Grundhaltungen reagieren kann, lesen Sie in → **Kapitel 3.7.4 »Verwendung der Fragetechniken bei der Anliegen- und Auftragsklärung«**.

3.7.3 Anliegen- und Auftragsklärung

In vielen Situationen scheint es offensichtlich zu sein, warum ein Gespräch notwendig ist: ein Projekt muss geplant werden, ein Problem in der Herstellung ist aufgetreten, das jährliche Personalentwicklungsgespräch steht an. Aber weder der Ausgangspunkt noch die Ziele des Gesprächs sind selbstverständlich. Eine explizite Benennung von Themen und eine Klärung der Anliegen und Aufträge stellt daher eine wichtige Aufgabe der Führung dar und trägt zum Gelingen des Gesprächs und der in und mit ihm verfolgten Ziele bei.

Grundsätzlich stehen immer mehrere Anliegen nebeneinander: die Interessen der Firma, der Kundinnen und Kunden, der Zulieferfirmen, der Führungskraft, der einzelnen Mitarbeiterinnen und Mitarbeiter. Neben den verschiedenen Interessen finden sich Unterschiede auch in den Wahrnehmungen, Bedürfnissen und Kompetenzen der direkt und indirekt beteiligten Personen. Erfolgreiche Führung heißt, nicht nur diese Vielfalt der Anliegen, Wahrnehmungen, Bedürfnisse und Kompetenzen zu reflektieren, sondern auch, diese im Gespräch sichtbar zu machen und daraus aufeinander abgestimmte Aufträge zu entwickeln. Die Beteiligten sollen Positionen erkennen und sich selbst positionieren können. In welchem Umfang Führungskräfte hierbei Mitarbeitende beteiligen und Aufträge gemeinsam im Gespräch entwickeln, ist eine wichtige Führungsentscheidung (→ **Kapitel 2.3.3 »Macht und Beteiligung – Führung zwischen Hierarchie und Augenhöhe«**).

Der Prozess der Anliegen- und Auftragsklärung dient sowohl dazu, sich selbst Klarheit über Ausgangspunkte und Zielrichtungen des Gesprächs zu verschaffen, als auch dazu, dass die Führungskraft und die Mitarbeitenden Klarheit über die Erwartungen erhalten, die sie wechselseitig aneinander haben. Letztlich ist auch zentral, ob die beteiligten Personen bereit sind, Aufträge anzunehmen und einen vereinbarten Beitrag zu leisten. In Unternehmensstrukturen, in denen es nicht mehr um das unhinterfragte Übernehmen von Aufträgen und das Gehorchen auf Anweisungen geht, müssen solche Aushandlungsprozesse geführt werden. Sinn, Zweck und Werteorientierung gilt es hierbei auf der Ebene des Unternehmens und der einzelnen beteiligten Personen auszubalancieren (Corporate und Individual Purpose).

Die Anliegen- und Auftragsklärung dient zudem dazu, eine Unterscheidung einzuführen zwischen den Zielen des Gesprächs (»Gesprächsziele«) und den Zielen von daraus resultierenden Handlungen, Maßnahmen und Vorhaben (»Handlungsziele«). Diese Unterscheidung wird in → **Kapitel 3.8.4 »Gesprächsziele und Handlungsziele«** noch genauer dargestellt.

Um den Prozess der Anliegen- und Auftragsklärung zu strukturieren, werden in vielen Lehrbüchern und Ausbildungen vier Begriffe voneinander unterschieden (von Schlippe u. Schweitzer, 2012, S. 238–242): Anlass, Anliegen, Auftrag und Kontrakt. Diese Begriffe werden im Folgenden erläutert und erweitert.

■ Anlass

> »Was ist passiert?«
> »Was ist vorgefallen?«
> »Aus welchem Anlass möchten Sie mit mir sprechen?«
> »Warum wollen (sollen, müssen) wir ein Gespräch führen?«

Das Warum kann ein Vorkommnis sein, ein Unfall, aktuelle Verkaufszahlen oder das regelmäßige Teammeeting. Andere Begriffe für Anlass wären Auslöser oder Initialzündung. Ein Anlass besteht oft zunächst nur für einige direkt oder indirekt Beteiligte. Andere nehmen gegebenenfalls nur teil, weil sie zu dem Gespräch geladen wurden, haben aber selbst keine Veranlassung, ein Gespräch zu suchen.

Anliegen

> »Was ist mir wichtig?«
> »Was ist den Mitarbeitenden wichtig?«
> »Was ist anderen Beteiligten wichtig?«
> »Was möchte der Vorstand gern erreichen?«
> »Können Sie mir bitte erzählen, welche Wünsche und Erwartungen Sie bezogen auf das Thema haben?«

Anliegen entstehen dadurch, dass ein Wunsch nach Veränderung vorliegt oder etwas wieder so werden soll wie früher. Es kann ein Anliegen sein, dass etwas getan wird, dass etwas wieder passiert oder nicht wieder vorkommt. Hierbei spielen die unterschiedlichsten Bedürfnisse und Werte eine Rolle, wie Effizienz, Nachhaltigkeit, Gerechtigkeit, Sauberkeit, Weiterentwicklung und vieles mehr. Anliegen werden nicht immer offen kommuniziert.

Das grundlegende Anliegen eines Mitarbeitenden kann es ebenso sein, jeden Monat ein bestimmtes Gehalt auf seinem Konto zu haben, als auch, sich im Beruf selbst zu verwirklichen oder Karriere zu machen. Bezogen auf ein bestimmtes Thema können Anliegen darin bestehen, eine bestimmte Aufgabe übertragen zu bekommen, Klarheit über zur Verfügung stehende Ressourcen zu erlangen, die Sichtweisen anderer Kolleginnen und Kollegen zu hören, gemeinsam eine anstehende Entscheidung zu reflektieren oder Tipps für die Umsetzung eines Projektes zu erhalten. Irgendwer will irgendwas von irgendwem. Wer etwas will, von wem und was dies ist, steht aber nicht offensichtlich fest, sondern sollte herausgearbeitet werden. Nicht zuletzt kann dann auch die Frage gestellt werden, wozu das, was da gewollt wird, dienen soll.

> »Wenn du das bekommst, was ist dann anders als jetzt?«
> »Wozu ist das nützlich?«
> »Wozu soll das gut sein?«
> »Welche Werte und Bedürfnisse werden dadurch befriedigt?«

Für Führungskräfte bedeutet Anliegenklärung, zu reflektieren, welche Anliegen an sie – beispielsweise durch die Unternehmensführung oder Auftraggebenden – herangetragen wurden, was ihre eigenen Anliegen sind und wie sie Mitarbeitende dabei unterstützen, diese Anliegen nachzuvollziehen und zielführend zu formulieren. Selbstverständlich kann im Prozess der Anliegenklärung Dissens entstehen, wenn Werte oder Bedürfnisse keine Beachtung finden. Das sollte Führungskräfte aber nicht schrecken, da allein eine transparente Kommunikation hierüber bewirken kann, eine gemeinsame Werte- und Handlungsorientierung zu finden.

Oft ist den Beteiligten an einem Gespräch noch gar nicht klar, was genau ihr Anliegen ist. Das betrifft sowohl Kundinnen und Kunden als auch Geschäftsführende oder Mitarbeitende. Es besteht dann möglicherweise eher ein diffuser Wunsch nach Veränderung. Das Anliegen herauszuarbeiten und zu hinterfragen, ist ein wichtiger Schritt im Klärungsprozess. Allein schon die Formulierung eines Anliegens kann dazu beitragen, dass es gut umgesetzt werden kann. Schwierig wird es beispielsweise immer, wenn Anliegen darin bestehen, »etwas zu lassen«, »mit etwas aufzuhören«, oder wenn sie so formuliert sind, dass andere Personen etwas tun oder lassen sollen. Diese sind als Zielperspektiven wenig hilfreich, da sie nur durch Vermeidung oder Unterdrückung erreichbar sind (»weg von« statt »hin zu«) bzw. nicht im direkten Einflussbereich der beteiligten Personen liegen (→ **Kapitel 3.8.1 »Vollständige und unvollständige Zielformulierungen«**).

■ Aufträge

> »Wer will was von wem?«
> »Was will ich, das andere Personen tun?«
> »Was wollen Mitarbeitende gern und aus eigenem Antrieb tun?«
> »Wer könnte was tun, um die Anliegen zu erfüllen?«

Aufträge konkretisieren, wie Anliegen umgesetzt werden. Sie legen fest, wer mit welchen Mitteln einen Beitrag hierzu leistet. Aufträge können gemeinsam entwickelt, erteilt, angenommen, aber auch abgelehnt werden. Bezogen auf die Gesprächsführung lohnt es sich, zwischen Gesprächsaufträgen und Handlungsaufträgen zu unterscheiden.

> **Gesprächsaufträge:**
> »Was denken Sie wäre ein gutes Ergebnis dieses Gesprächs?«
> »Wenn Sie sich in einer halben Stunde, nachdem wir miteinander gesprochen haben, von mir verabschieden, was soll dann anders sein als jetzt?«
> »Was müssen wir in der halben Stunde, die wir Zeit haben, besprechen und mit welchem Ergebnis wollen wir am Ende des Gesprächs hier rausgehen?«

Ein Gespräch kann dazu dienen, sich auszusprechen, sich Gehör zu verschaffen, jemanden zu informieren, einen Plan zu machen oder Aufgaben zu verteilen. Der Gesprächsauftrag sollte am Ende des Termins erfüllt sein können.

> **Handlungsaufträge:**
> »Welche Handlungen und Maßnahmen könnten helfen, unsere Anliegen und Erwartungen zu erfüllen?«
> »Wer könnte was wann tun, um Probleme zu lösen und Entwicklungen voranzubringen?«
> »Was sollen und was wollen Mitarbeitende gern beitragen?«
> »Was ist meine Aufgabe als Führungskraft?«

Handlungen bewirken beispielsweise, dass ein Produkt fertiggestellt oder ein Antrag fristgereicht eingereicht wird, dass ein Kontakt zum Zulieferer stattfindet oder ein Fehler im Abrechnungssystem behoben wird.

Bei der Auftragsklärung müssen Sie nicht nur entscheiden, welche Aufträge Sie gemeinsam erarbeiten oder als Weisung erteilen möchten, sondern auch welche Aufträge, die Ihnen entgegengebracht werden, Sie bereit sind, anzunehmen. Als gesprächsführende Person ist es Ihre vornehmliche Aufgabe, *Gesprächsaufträge* zu benennen oder herauszuarbeiten, um eine geteilte Klarheit darüber zu erzeugen, was am Ende des Gesprächs erreicht sein soll. *Handlungsaufträge* können sich aus dem Gespräch sowohl für Sie als auch für andere ergeben, wenn die Verteilung von Aufgaben oder die Entwicklung von Handlungsstrategien zum Gesprächsauftrag gehören.

In vielen Fällen sind Sie selbst in die Erledigung von Aufgaben involviert oder haben bereits Aufträge von nichtanwesenden Personen (Zulieferer, Geschäftsführung, Kundinnen) übernommen. In diesen Fällen ist es sinnvoll, die eigene Involviertheit sowie bereits vorliegende Anforderungen transparent anzusprechen.

Anliegen sowie Gesprächs- und Handlungsaufträge wandeln sich nicht nur von Gespräch zu Gespräch, sie können auch von Thema zu Thema sehr unterschiedlich aussehen. Es lohnt sich daher, die Anliegen- und Auftragsklärung für jedes Gespräch und jedes Thema im Blick zu haben und sie als fortlaufenden Prozess zu betrachten.

Kontrakt

> »Wer einigt sich mit wem worauf?«
> »Was vereinbaren Mitarbeitende mit mir?«
> »Was vereinbaren Sie miteinander?«
> »Was wollen Sie mit anderen vereinbaren?«

Im Kontrakt werden Aufgaben und Grenzen der Zusammenarbeit vereinbart. Ein Kontrakt bedeutet immer die Annahme bzw. Zuweisung eines Auftrags. Es ist zweckmäßig, auch hier zwischen Gespräch und Handlung bzw. zwischen Gesprächs- und Handlungskontrakt zu unterscheiden.

> **Gesprächskontrakt:**
> »Auf welche Inhalte und welche Form der Zusammenarbeit können wir uns für das Gespräch einigen?«
> »Am Ende des Termins wollen Sie also eine Übersicht haben, was Sie alles tun könnten, um Ihre Situation zu verbessern.«

Es sollte geklärt werden, welche Aufgaben das Gespräch erfüllen soll. Im Gesprächskontrakt – der oft nur mündlich geschlossen wird – lassen sich neben den Aufgaben und Grenzen des Gesprächs auch die Rahmenbedingungen (wie Ort, Zeit, Dauer) verdeutlichen. In Einzelfällen kann es zudem hilfreich sein, festzuhalten, welche Aufgaben das Gespräch *nicht* erfüllen kann oder soll: »Heute sollen nur Ideen gesammelt werden. Ich bitte daher darum, noch keine Details zu diskutieren oder Entscheidungen anzustreben.«

> **Handlungskontrakt:**
> »Auf welche Handlungen und Maßnahmen bezogen auf unser Thema können wir uns einigen?«
> »Was wird als Ergebnis des Gesprächs wessen Aufgabe sein?«
> »Wer erledigt was bis wann?«

Es wird vereinbart, wer bereit oder dazu aufgefordert ist, etwas zu tun. In vielen Gesprächen geht es hierbei um eine Selbstverpflichtung, eine Terminierung oder eine Anweisung. Es ist häufig die Aufgabe der Führungskraft, Handlungsaufträge herauszuarbeiten, zu konkretisieren und ihre Erledigung zu vereinbaren (→ **Kapitel 3.8 » Ziele, Zielformulierung und Zielvereinbarung«**).

Gibt es mehrere Beteiligte, kann es notwendig sein, die verschiedenen Anliegen und Handlungsaufträge transparent zu machen und die Beteiligten dabei zu unterstützen, Aufgaben zu verteilen und miteinander einen Handlungskontrakt zu schließen. Betreffen Anliegen und Handlungsaufträge andere beteiligte, aber nicht anwesende Personen, können Möglichkeiten und Strategien überlegt werden, mit denen es gelingen kann, diese Personen um etwas zu bitten bzw. mit ihnen eine Vereinbarung, also einen Handlungskontrakt, zu schließen (Abbildung 17).

Die Anliegen- und Auftragsklärung fällt sehr unterschiedlich aus, je nachdem, wie viele Personen direkt und indirekt beteiligt sind und abhängig davon, mit welcher Grundhaltung die Teilnehmenden zu einem Gespräch kommen. Was man bei einer Anliegen- und Auftragsklärung bezogen auf die Grundhaltungen beachten sollte, wird in → **Kapitel 3.7.4 »Verwendung der Fragetechniken bei der Anliegen- und Auftragsklärung«** dargestellt.

Anliegen und Aufträge nichtanwesender Personen

In den allermeisten Gesprächssituationen sind nicht alle relevanten Personen direkt beteiligt. Auch nichtanwesende Beteiligte eines Teams oder einer Firma können ein unausgesprochenes oder ungehörtes Anliegen, eigene Ziele und Aufträge bezogen auf ein Gespräch haben. Diese nichtanwesenden Akteure müssen in der Anliegen- und Auftragsklärung bedacht werden, zumindest in der Form, dass geklärt sein muss, wie sie Informationen über Inhalte und Ergebnisse des Gesprächs erhalten.

Zudem gibt es direkte oder indirekte Auftraggeberinnen und Auftraggeber, die selbst nicht als Akteure im Führungsgeschehen auftauchen, sondern außerhalb der direkten organisationalen Zusammenarbeit stehen. Diese Personen können beauftragende Vorgesetzte und Vorstände sein, Behörden, aber auch Kundinnen, Kunden,

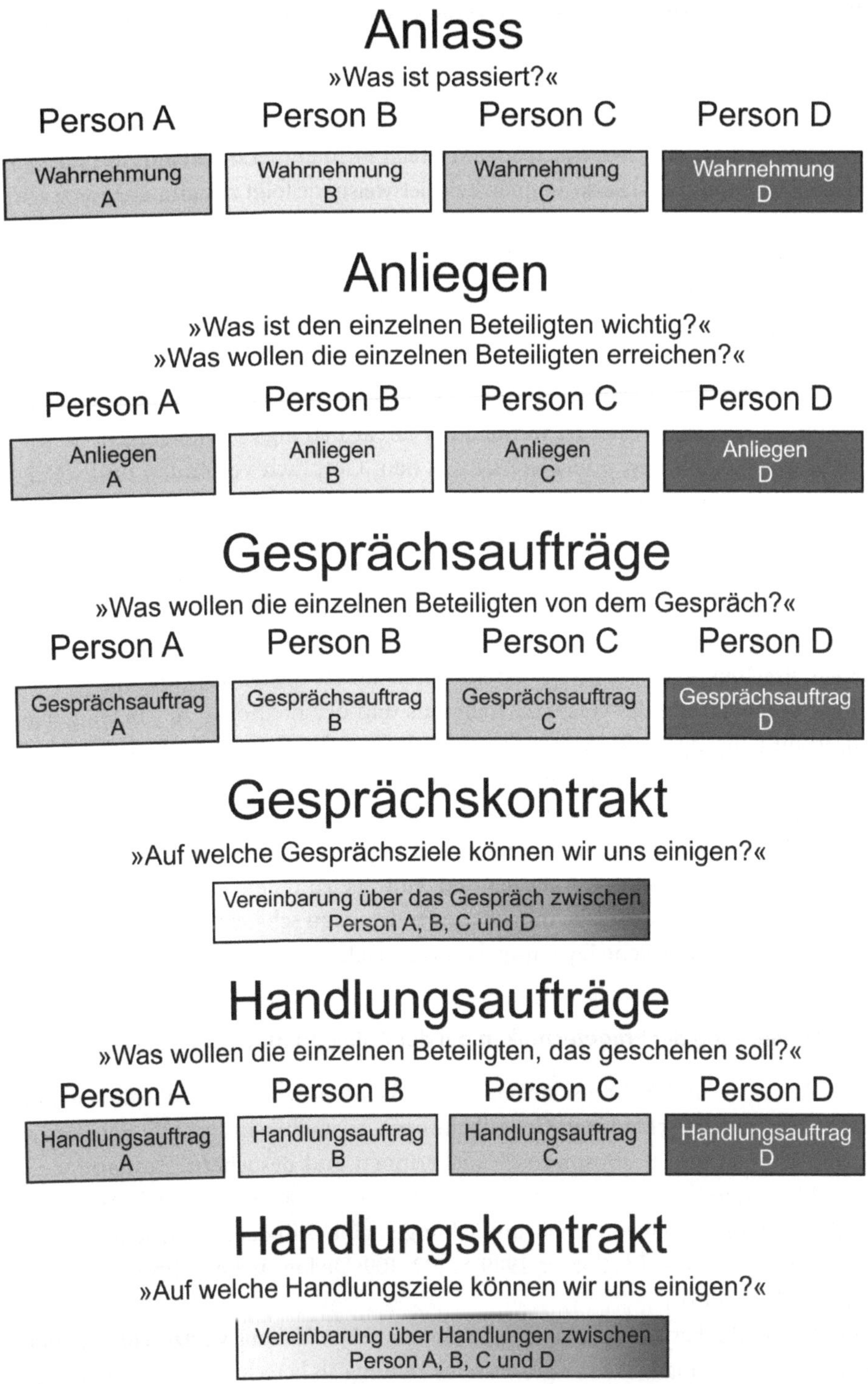

Abbildung 17: Anliegen- und Auftragsklärung zwischen vier Personen (A, B, C und D)

Zulieferer oder Beschwerdeführende (von Schlippe u. Schweitzer, 2012, S. 243 ff.; Liechti, 2009). Diese haben in der Regel eigene offene oder verdeckte Ziele, die auf das Gespräch einwirken und die daher möglichst Beachtung finden sollten.

Durch die Vielfalt der Anspruchsgruppen entstehen »Auftragsdreiecke« bzw. Auftragsvielecke«, deren Vertreterinnen oder Vertreter nicht immer direkt am Gespräch teilnehmen. Diese Auftragsvielecke können beispielsweise wie folgt zusammengesetzt sein:

- Geschäftsführung, Führung, Team,
- Vorstand, Einrichtungsleitung, Mitarbeiterin,
- Gesundheitsamt, Schichtleitung, Mitarbeitende,
- Kundenbetreuung, Beschwerdeführerin (Kundin), Auslieferer, Teamleitung, Team.

Im Sinne einer systemischen Haltung ist es zunächst wichtig, sich dieser Anliegen- und Auftragsvielfalt bewusst zu werden, bei direkt Beteiligten zu erfragen, ob und wenn ja welche Anliegen und Ziele sie mit dem Gespräch verbinden und welche Aufträge sie noch von anderer Seite »im Gepäck haben«. Auch Aufträge, die man als gesprächsführende Person übernommen hat und in das Gespräch »mitbringt«, sollten transparent angesprochen werden. Es sollte geklärt werden, ob ein Gespräch ziel- und ergebnisoffen geführt werden »kann«, »soll« oder »darf« (→ **Kapitel 2.3.3 »Macht und Beteiligung – Führung zwischen Hierarchie und Augenhöhe«**). Gegebenenfalls sind einige Themen, Ergebnisse oder Aufträge bereits durch äußere Stellen vorgegeben.

Eine Vorabklärung des Gesprächsrahmens und der Freiheits- und Beteiligungsgrade ist für Führungskräfte zwingend notwendig, um den Gesprächsbeteiligten hierüber Klarheit vermitteln zu können. Eine vorherige Klärung eigener Anliegen und Aufträge gehört daher zu jeder Gesprächsvorbereitung (→ **Kapitel 4.1 »Baustein 1: Klärung«**).

Ein hilfreicher Bestandteil systemisch-lösungsorientierter Gesprächsführung besteht darin, die vielfältigen Anliegen und Aufträge zu thematisieren und auch im Verlauf von Gesprächsprozessen immer wieder darauf zu schauen, wie sich diese Aufträge verändern und welche Dynamik daraus entsteht.

3.7.4 Verwendung der Fragetechniken bei der Anliegen- und Auftragsklärung

Bei der Anliegen- und Auftragsklärung werden Sie Mitarbeitenden, Kolleginnen und Kollegen mit den verschiedenen Grundhaltungen gegenübersitzen: aktiv Beteiligten, Bestimmerinnen und Bestimmern, Besucherinnen und Besuchern, Ausharrenden und Anklagenden (→ **Kapitel 3.7.1 »Mögliche Grundhaltungen von Gesprächsbeteiligten«**). Für den Umgang mit verschiedenen Grundhaltungen gibt es in der systemischen Literatur zahlreiche Hinweise (de Shazer, 1989, S. 102–109; De Jong u. Berg, 1998, S. 97–118; Liechti, 2009, S. 195 f.).

Die Grundidee besteht darin, das Gegenüber in seiner Haltung wertzuschätzen und ihm einerseits die Möglichkeit zu geben, seine Haltung als berechtigt und akzeptiert zu erleben, ihm aber andererseits Brücken zu bauen, seine Haltung zu überdenken und zu verändern. Den Teilnehmenden werden also Wege aufgezeigt, als aktiv Beteiligte (in der systemischen Literatur oft Kunden genannt) an dem Gespräch teilzunehmen.

Ohne ein Anliegen und ein Gesprächsziel herausgearbeitet zu haben, sollte kein Gespräch stattfinden. Denn fehlt dies beides, bekommt das Gespräch leicht den Charakter einer »Zwangs-«, bzw. »Informationsveranstaltung« oder gar eines »Verkaufsgesprächs«. Das lösungsorientierte Vorgehen basiert auf der Annahme, dass alle Personen, egal mit welcher Grundhaltung sie in ein Gespräch kommen, ein Anliegen haben. Ihnen ist dieses jedoch oft nicht bewusst, oder ihnen ist nicht bewusst, dass sie ihr Anliegen im Rahmen dieses Gesprächs bearbeiten können.

Grundsätzlich sind für die Anliegen- und Auftragsklärung alle Techniken hilfreich, die das »Gegenüber zum Reden einladen« und helfen, »in Kontakt zu kommen« (→ **Kapitel 3.1.** → **Kapitel 3.2**) sowie »Paraphrasieren«, »Lösungsorientiertes Paraphrasieren« und »Schriftliches Paraphrasieren und Clustern« (→ **Kapitel 3.3.1**, → **Kapitel 3.3.2**, → **Kapitel 3.3.3**). In den folgenden Gesprächsbeispielen werden vor allem Beispiele gegeben, wie die Fragetechniken eingesetzt werden können.

Kundinnen und Kunden

Kundinnen und Kunden erkennen einen Anlass für das Gespräch, haben ein eigenes Anliegen oder sind Teil des Anliegens anderer Teilnehmender. Sie zeigen sowohl die Bereitschaft, sich zu beteiligen als auch die Beteiligung anderer zuzulassen. Sie sind die Teilnehmenden eines Gesprächs, mit denen man am einfachsten zusammenarbeiten kann. Einen Gesprächsauftrag und -kontrakt herauszuarbeiten und sich anschließend den Handlungsideen zuzuwenden, ist mit ihnen eine in der Regel kooperative Aufgabe.

> **Zur Anliegen- und Auftragsklärung:**
> Kundinnen und Kunden sehen einen Anlass für das Gespräch, haben ein eigenes Anliegen. Gesprächsziel und ein Gesprächsauftrag lassen sich mit ihnen leicht herausarbeiten. Sie sind in der Regel auch bereit, sich mit Handlungsaufträgen zu befassen und einen eigenen Beitrag dazu zu leisten.

Bestimmerinnen und Bestimmer

Bei Bestimmerinnen und Bestimmern gibt es zwei Ausprägungen:

1. Personen, die selbst involviert sind, einen Anlass sehen und ein Anliegen haben, aber anderen ihre Sichtweisen, Meinungen oder Vorschläge aufdrängen wollen.
2. Personen, die gar nicht selbst an dem Thema beteiligt sind, anderen aber trotzdem Vorschläge machen oder anderen vorschreiben wollen, was sie zu denken und zu tun haben.

Identifizieren Sie zunächst, ob die Person überhaupt selbst einen Anteil an dem Thema hat. Was ist ihr Anliegen?

Zur Anliegen- und Auftragsklärung:
Bestimmer und Bestimmerinnen sehen einen Anlass für das Gespräch, haben möglicherweise aber gar kein eigenes Anliegen. Wenn sie selbst kein Anliegen haben, könnten Gesprächsziel und ein Gesprächsauftrag nur bezogen auf andere Personen herausgearbeitet werden. Bestimmerinnen und Bestimmer sind oft dazu bereit, sich mit Handlungsaufträgen zu befassen und einen eigenen Beitrag dazu zu leisten. Teilweise sind sie aber auch unwillig, selbst etwas beizutragen, weil sie die Handlungsverantwortung bei anderen sehen. Gern beauftragen sie andere Personen, etwas zu tun oder wollen darauf hinwirken, dass diese etwas auf die Art und Weise tun, die sie für richtig halten.

Wenn die bestimmende Person selbst nicht Bestandteil des Problems oder möglicher Lösungen ist, können Sie ihre Äußerungen als Vorschlag oder Tipp an die anderen betrachten (→ **Kapitel 3.6.1 »Erlaubnisfragen«**):

> »Sie haben jetzt bereits drei Vorschläge gemacht, was die anderen tun könnten, um die Situation zu verbessern. Ich habe aber den Eindruck, dass Sie selbst nicht direkt etwas mit dem Thema zu tun haben. Daher würde ich die anderen gern fragen, ob sie diese Vorschläge und Tipps nutzen wollen. Sie könnten sich dann als Ratgeber oder Mentor an diesem Thema beteiligen.«
> »Frau Dollard hat bereits zwei Vorschläge gemacht, obwohl sie selbst nicht direkt beteiligt ist. War bei diesen Vorschlägen etwas dabei, dass die direkt Beteiligten in die weiteren Überlegungen einbeziehen möchten?«

Außerdem können Sie thematisieren, ob die Beteiligung dieser Person an dem Gespräch notwendig und sinnvoll ist (→ **Kapitel 3.6.1 »Erlaubnisfragen«**):

> »Ich habe den Eindruck, dass Sie dieses Thema gar nicht selbst betrifft. Ich möchte daher kurz unterbrechen, um zu klären, ob Sie noch weiter anwesend sein sollen, oder ob der Termin mit den anderen Beteiligten zu Ende geführt werden kann. Wie sehen Sie das?«
> »Bei diesem Thema sind Sie nicht direkt beteiligt. Ich möchte daher zunächst klären, ob wir andere Themen, die alle Anwesenden betreffen, vorziehen wollen. Sie könnten dann nach Abschluss des gemeinsamen Themas gehen.«

Wenn die bestimmende Person eine hierarchische oder anders begründete Machtposition innehat, sollte geklärt werden, ob sie die Entscheidung anderen überlassen, einen Konsens herstellen oder allein entscheiden will (→ **Kapitel 3.6.1 »Erlaubnisfragen«**):

> »Bevor wir dieses Thema weiter besprechen, möchte ich klären, wie wir mit Ihrer Rolle (z. B. als Vorgesetze, Geschäftsführung, Einrichtungsleitung, Teamleitung) umgehen. Sie haben die Möglichkeit, eine Entscheidung zu treffen oder eine Anweisung zu geben, egal was hier gemeinsam besprochen wird. Wollen Sie nur die Sichtweisen der anderen zu dem Thema hören und dann entscheiden, oder sind Sie an einer gemeinsamen Lösung interessiert, der alle zustimmen?«

Sollte die bestimmende Person dogmatische Aussagen darüber treffen, wie etwas ist, wie etwas zu sein hat und was geschehen soll, können diese Aussagen lösungsorientiert paraphrasiert oder mit einer Skalierungsfrage differenziert werden (→ **Kapitel 3.3.2 »Lösungsorientiertes Paraphrasieren«**, → **Kapitel 3.6.2 »Skalierungsfragen«**):

> »Das ist doch zu viel Stress! Wenn wir das so machen, wie ich das gesagt habe, ist das weniger Aufwand!« – »Ihnen ist es also wichtig, dass die Aufgabe entspannt und zeitsparend erledigt werden kann.«
> »Wenn Sie sagen: ›So etwas hat es noch nie gegeben und so etwas wird es auch nie geben‹, und Sie sollten auf einer Skala von 1 bis 10 festlegen, wie sicher Sie sich darüber sind, dass es so etwas nie geben wird, welche Zahl würden Sie nennen?« – »Mich würde dann interessieren, was für Sie passieren müsste, damit Sie eine Zahl niedriger skalieren.« – »Und was sagen die anderen? Welche Zahl würden sie angeben?«

Besucherinnen und Besucher

Besucherinnen und Besucher sind meistens auf Anweisung anwesend, wurden geschickt oder mitgebracht. Oder sie sind der Meinung, dass sie das Gespräch nicht betrifft, sie sich das aber mal anschauen. Bezogen auf Jugendliche hat Jürg Liechti die Arbeit mit Unfreiwilligen und das Führen von Gesprächen in Zwangskontexten sehr treffend unter dem Titel »Dann komm ich halt, sag aber nichts« thematisiert (Liechti, 2009). Hier sollen nur einige Möglichkeiten im Umgang mit dieser Ausgangssituation aufgezeigt werden.

Zur Anliegen- und Auftragsklärung:
Besucher und Besucherinnen sehen möglicherweise einen Anlass für das Gespräch, haben aber gar kein eigenes Anliegen. Der Anlass besteht für sie oft in Formen der Fremdbestimmung: Sie sind in diesem Gespräch, weil andere das wollen und ihnen vorgeschrieben haben. Ein wichtiger Schritt besteht darin, ein eigenes Anliegen herauszuarbeiten, hinsichtlich dessen ein Gesprächsauftrag entstehen kann. Mögliche Handlungsaufträge ergeben sich erst auf dieser Grundlage.

Wenn die Besucherin oder der Besucher sich inhaltlich interessiert zeigt, aber skeptisch ist, wie das Gespräch geplant ist, ob es auf Augenhöhe stattfindet und ob es vertraulich und fair zugeht, gilt es zunächst, die Grundvoraussetzungen für das Gespräch zu klären. Das ist beispielsweise unbedingt notwendig bei Konflikten über Hierarchieebenen oder wenn die Einladung bzw. der Auftrag durch andere Personen erfolgte. Die Voraussetzungen für ein Gespräch sind daher zu Beginn zu klären (→ **Kapitel 3.6.1 »Erlaubnisfragen«**, → **Kapitel 3.6.2 »Skalierungsfragen«**, → **Kapitel 3.6.5 »Hypothetische Fragen«**):

> »Was brauchen Sie noch, um sich an diesem Gespräch beteiligen zu können?«
> »Welche Befürchtungen haben Sie bezüglich einer Teilnahme an diesem Gespräch?«
> »Was müsste hier passieren, damit Sie das Gespräch abbrechen? Was sind Ihre Befürchtungen?«
> »Auf einer Skala von 1 bis 10: Für wie sinnvoll halten Sie dieses Gespräch?«
> »Was sollte hier passieren, damit Sie eine Stufe höher werten?«

Geben Besucherinnen und Besucher an, keine eigenen Themen und keinen Anteil an den Themen anderer zu haben, können sie dazu befragt werden, was sie glauben, warum andere Beteiligte sie bei dem Gespräch dabeihaben wollen, und ob das für sie ausreichend ist, um sich zu beteiligen (→ **Kapitel 3.6.6 »Zirkuläre Fragen«**, → **Kapitel 3.6.1 »Erlaubnisfragen«**):

> »Nun sagen Sie, dass Sie nicht wissen, was Sie hier sollen. Ihre Teamleitung hat Sie aber darum gebeten mitzukommen. Was denken Sie, warum ihr das wichtig war?« – »Wären das ausreichende Gründe für Sie, sich an diesem Gespräch zu beteiligen?«
> »Du sagst, dass du nicht weißt, warum du hier dabei sein sollst. Was glaubst du, warum deine Teamleitung wollte, dass du mitkommst?« –»Was könnten wir vorher vereinbaren, damit du denkst, mitarbeiten zu können?« – »Was könnte passieren, damit du deine Mitarbeit verweigerst?«

Wenn Besucherinnen oder Besucher der Meinung sind, nichts beitragen zu können oder beitragen zu wollen, oder sie angeben, gar nicht zu wissen, was sie bei diesem Gespräch sollen, lassen sie sich zunächst zur stillen Teilnahme einladen (→ **Kapitel 3.6.1 »Erlaubnisfragen«**):

> »Zunächst danke ich Ihnen für Ihre Offenheit! Wenn Sie zu dem Gespräch nichts beizutragen haben, können Sie sich dann vorstellen, zuzuhören, was die anderen besprechen? Immerhin war es diesen ja wichtig, dass Sie hier sind. Sie können sich dafür auch mit Ihrem Stuhl dort an den Rand setzen. Wäre das in Ordnung?«

Im weiteren Gespräch kann dann zum Abschluss jedes Bausteins ein Zwiegespräch mit der Besucherin oder dem Besucher geführt werden, um etwas über deren bzw. dessen Sichtweisen in Erfahrung zu bringen (→ **Kapitel 3.6.1 »Erlaubnisfragen«**):

> »Sie haben jetzt zugehört, was die anderen so besprochen haben. Was ging Ihnen dabei durch den Kopf? Möchten Sie dazu etwas ergänzen?« – »Soll ich das mal notieren und zu den bereits gesammelten Themen hinzufügen?«

Obwohl sich eine Person nicht am Gespräch beteiligt, gegebenenfalls sogar abseits sitzt, geben ihre Körperhaltung und Mimik Anzeichen für mögliche Beteiligungsimpulse (→ **Kapitel 3.2.2 »Rückmeldung zur Körpersprache geben«**):

> »Als Ihr Kollege das gerade berichtet hat, haben Sie geschmunzelt und den Kopf geschüttelt. Was war da los? Was ging Ihnen durch den Kopf?«

Wenn Besucherinnen oder Besucher nichts beitragen wollen, es aber Konsequenzen für die Nichtbeteiligung bzw. Alternativen zum Gespräch gibt, können sie wählen, wie weiter vorgegangen werden soll:

> »Ihr habt die Möglichkeit, euch an dem Gespräch zu beteiligen und eine gemeinsame Lösung zu finden, die wir dann der Schichtleitung vorschlagen können. Oder wir informieren die Schichtleitung über den Konflikt, und diese entscheidet dann über die Konsequenzen vonseiten des Betriebes. Ihr könnt wählen, welchen Weg ihr gehen wollt.«
> »Die Entscheidung, wie wir das umsetzen, wird in diesem Termin gefällt, und die Aufgaben werden in diesem Termin verteilt. Wer sich nicht beteiligt, kann auch nicht an der Entscheidung mitwirken und hat keinen Einfluss auf die Aufgaben, die ihm dann zugewiesen werden.«
> »Wenn Sie zu diesem Thema nichts sagen können: Fällt es Ihnen vielleicht leichter, etwas dazu aufzuschreiben?«

Grundsätzlich haben Gesprächsteilnehmende das Recht und die Möglichkeit, sich an Gesprächen zu beteiligen oder es zu lassen. Sie können auf verschiedenste Weise eingeladen werden, sich einzubringen, es bleibt aber ihnen überlassen, ob sie dieser Einladung folgen. Wenn es eine Alternative oder eine Konsequenz für die Nichtbeteiligung gibt, sollte diese möglichst emotionsfrei und ohne Vorwürfe mitgeteilt werden, damit die Mitarbeiterinnen und Mitarbeiter frei von emotionalem Druck entscheiden, ob und wie sie an dem Gespräch teilnehmen. Die Chancen der Mitarbeit und die möglichst genauen Auswirkungen der Verweigerung sollten klar formuliert werden, dabei sind Drohungen und Forderungen zu vermeiden, wie etwa (→ **Kapitel 3.4.1 »Ich-Botschaften«**):

> »Wenn Sie hier nicht mitarbeiten, werden Sie schon sehen, welche Konsequenzen das haben wird!«
> »Wenn du nicht mitmachst, wirst du schon sehen, was du davon hast!«
> »Wenn du dich nicht beteiligst, werden alle ganz schön sauer auf dich sein!«.

Ausharrende

Ausharrende zeichnen sich in Gesprächen dadurch aus, dass sie der Ansicht sind, dem Geschehen hilflos ausgeliefert zu sein. Sie können oder wollen nichts verändern. Es spielt beispielsweise auch keine Rolle, wer oder was die Ursache des Problems ist, das in dem Gespräch thematisiert wird. Verursacher können andere oder auch sie selbst sein. Sie sehen sich selbst aus den unterschiedlichsten Gründen, nicht als Teil einer Lösung. Als Begründung für diese ausharrende Haltung werden unterschiedliche Aspekte und Schlussfolgerungen genannt:

> »Ich habe schon alles Mögliche versucht, und es hat nicht funktioniert. Daher habe ich aufgegeben und resigniert.«
> »Ich bin nicht fähig und in der Lage, etwas zu tun. Ich bin ein Versager und nehme alle Schuld auf mich.«
> »Es gibt äußere Umstände, die mich daran hindern, etwas zu tun. Was soll ich da machen?«
> »Andere Personen sind besser geeignet, etwas zu tun. Da halte ich mich besser raus.«
> »Ich bin nicht verantwortlich. Ich kann da leider nichts machen.«
> »Das Leben und die Welt sind halt nun einmal so, damit muss man sich abfinden.«
> »Früher hätte man noch etwas ändern können. Heute ist es dafür leider zu spät.«

Ausharrende sollten in ihrer Haltung ernst genommen werden. Versuche, ihnen ihre Haltung auszureden oder sie umzustimmen, führen oft nur zur Verstärkung ihrer Haltung, zu Wiederholungen ihrer Argumente und dazu, dass sich das Gespräch im Kreis dreht. Die von ihnen am häufigsten verwendete Redewendung ist: »Ja, aber …«:

> »Das klingt ja ganz gut, aber das habe ich alles schon versucht, und es hat nicht funktioniert!«
> »Das ist eine fantastische Idee, aber ich weiß nicht, wie ich das auch noch schaffen soll.«
> »Das könnte theoretisch klappen, aber unter den derzeitigen personellen und materiellen Rahmenbedingungen sehe ich dafür keine Möglichkeit.«

Zur Anliegen- und Auftragsklärung:
Ausharrende sehen einen Anlass für das Gespräch und haben in der Regel auch ein Anliegen. Es ist oft auch möglich, einen Gesprächsauftrag zu formulieren. Bezogen auf Handlungsaufträge sehen sich Ausharrende aber nicht in der Lage, etwas zu tun. Sie erleben sich selbst als hilflos und überfordert. Lediglich andere könnten etwas tun.

Um die passiv-leidende Haltung von Ausharrenden wertschätzend anzunehmen oder sogar aufzuweichen, gibt es mehrere Möglichkeiten. Ausharrende können z. B. mithilfe von Skalierungsfragen dazu eingeladen werden, ihre Welt in feineren Abstufungen wahrzunehmen (→ **Kapitel 3.6.2 »Skalierungsfragen«**):

> »Wenn Sie sagen, dass ›gar nichts mehr geht‹, ist Ihre Hoffnung dann auf einer 10er-Skala bei 0 oder bei 1? Ist sie vielleicht sogar höher? Was könnte dazu beitragen, dass Ihre Hoffnung eine Zahl nach oben klettert?«
> »Wenn Sie sagen, dass Sie ›schon alles probiert haben‹, und es gäbe genau hundert Dinge, die man probieren könnte, wie viele davon haben Sie schon probiert? Alle Hundert? Oder gibt es da noch ein paar unversuchte Möglichkeiten? Welche sind das?«
> »Wie gut gelingt es Ihnen, auf einer Skala von 1 für ›ganz schlecht‹ bis 10 für ›sehr gut‹ diese Ausweglosigkeit zu ertragen? Was müsste passieren, damit Sie die Situation um eine Stufe besser ertragen können?«

Ausharrende lassen sich nach Ausnahmen befragen, also nach Situationen, in denen es nicht ganz so schlimm war wie in ihrem jetzigen Erleben (→ **Kapitel 3.3.2 »Lösungsorientiertes Paraphrasieren«**, → **Kapitel 3.6.3 »Fragen nach Ausnahmen«**):

> »Fällt Ihnen eine Situation ein, sei sie auch noch so klein, in der es besser war? Was war da anders als jetzt? Was könnten Sie dazu beitragen, dass es wieder ein bisschen so wird wie in dieser Situation?«
> »Gibt es hier und heute Situationen oder Tage, an denen es besser läuft? Was ist in diesen Situationen und an diesen Tagen anders?«

Lassen sich keine Ausnahmen finden, können Sie danach fragen, was dabei hilft, die schwierige Situation auszuhalten (→ **Kapitel 3.6.4 »Copingfragen«**):

> »Wie wäre es also, wenn sich nichts verändert? Wenn alles so weitergeht? Wie lässt sich damit auskommen?«
> »Was hilft Ihnen dabei, das auszuhalten?«
> »Was tun Sie, damit es für Sie besser zu ertragen ist?«
> »Wie helfen andere Personen Ihnen, das zu ertragen?«

Ausharrende können auch gefragt werden, wie sie diejenigen unterstützen könnten, die etwas verändern wollen (→ **Kapitel 3.6.5 »Hypothetische Fragen«**):

> »Wenn andere das anpacken und etwas verändern, was könnten Sie dazu beitragen, diese Personen zu unterstützen?«
> »Gäbe es Ratschläge, die Sie denjenigen mitgeben möchten, die Aufgaben übernehmen und versuchen wollen, etwas zu verändern?«

Die Gesprächsführung kann andere Beteiligte darum bitten, Ideen für die ausharrende Person einzubringen. Hierfür sollte aber die Erlaubnis des Ausharrenden eingeholt werden (→ **Kapitel 3.6.1 »Erlaubnisfragen«**):

> »Wenn Herr Ushtar sagt, dass er dazu nichts beitragen kann, vielleicht haben andere hier Ideen, was er tun könnte. Wollen Sie diese Vorschläge hören, Herr Ushtar?«
> »Wenn Frau Wagenschein keine Bedürfnisse benennen kann, haben möglicherweise andere Anwesende eine Idee, was sie brauchen könnte. Würden Sie das gern hören, Frau Wagenschein?«

■ Anklagende

Anklagende zeichnen sich ebenfalls dadurch aus, dass sie der Ansicht sind, dem Geschehen im Unternehmen und im Gespräch ausgeliefert zu sein. Sie können oder wollen an ihm nichts verändern, sind darüber aber gleichzeitig erbost. Sie machen entweder sich selbst oder anderen Vorwürfe. Als Begründungen für diese anklagende Haltung werden die gleichen Aspekte genannt wie von Ausharrenden. Die daraus gezogenen Schlussfolgerungen sind aber andere:

> »Ich habe schon alles Mögliche versucht und es hat nicht funktioniert. Jetzt habe ich es aufgegeben und bin wütend, dass es nicht geklappt hat.«
> »Ich bin nicht fähig und in der Lage, etwas zu tun. Ich bin verzweifelt und ärgerlich.«
> »Es gibt äußere Umstände, die mich daran hindern, etwas zu tun. Diese Umstände müssen sich erst ändern!«
> »Andere Personen sind besser geeignet, etwas zu tun. Die sollen jetzt mal endlich anfangen!«
> »Andere sind verantwortlich. Jemand anderes hat das verursacht und muss es deshalb auch beheben.«
> »Das Leben und die Welt sind halt nun einmal so! Darüber kann man sich nur aufregen!«
> »Früher hätte man noch etwas ändern können. Aber da hat es ja niemand angepackt.«

Auch Anklagende sollten in ihrer Haltung ernst genommen werden. Versuche, ihnen ihre Haltung auszureden oder sie umzustimmen, führen meist nur dazu, dass sich das Gespräch im Kreis dreht. Auch ihre am häufigsten verwendete Redewendung ist: »Ja, aber …«. Hieraus leiten sie aber weniger Bedauern oder Resignation ab, sondern Enttäuschung und Vorwürfe:

> »Das habe ich schon versucht, aber ohne Unterstützung kann das ja nicht klappen!«
> »Das habe ich auch schon alles vorgeschlagen! Aber glauben Sie, das hätte irgendjemanden interessiert?«

> »Vor sechs Monaten hätte man das alles schon machen sollen! Aber jetzt ist es schon viel zu spät!«

Zur Anliegen- und Auftragsklärung:
Anklagende sehe einen Anlass für das Gespräch und haben in der Regel auch ein Anliegen. Es ist oft auch möglich, einen Gesprächsauftrag zu formulieren. Bezogen auf Handlungsaufträge sehen Anklagende die Verantwortung aber aus den verschiedensten Gründen bei anderen oder sehen sich auf eine wütende Art und Weise aufgrund von Faktoren, die sie selbst nicht beeinflussen können, außerstande etwas zu tun. Andere müssten und sollten etwas tun.

Um die aktiv-fordernde Haltung von Anklagenden wertschätzend anzunehmen oder sogar aufzuweichen, gibt es mehrere Möglichkeiten. Der Blick von Anklagenden sollte weniger darauf gelenkt werden, wie sie das Problem selbst direkt anpacken, sondern stärker darauf, wie sie andere Personen dazu bekommen können, aktiv zu werden (→ **Kapitel 3.6.5 »Hypothetische Fragen«**):

> »Wie könnten Sie es denn hinbekommen, dass die verantwortlichen Personen etwas tun?«
> »Wenn sich nichts ändert, was könnten Sie tun, um sich mit der Situation besser zu arrangieren?«

Anklagende können dabei unterstützt werden, den Blick von der Vergangenheit zu lösen, von allem, was schlecht und unbefriedigend gelaufen ist, hin zu dem, was ausgehend vom »Hier und Heute« möglich ist (→ **Kapitel 3.6.3 »Fragen nach Ausnahmen«**, → **Kapitel 3.6.4 »Copingfragen«**):

> »So, wie Sie das schildern, kann ich Ihren Ärger sehr gut verstehen. Wenn Sie jetzt aber schauen, was heute oder in Zukunft passieren sollte, was fällt Ihnen dazu ein?«
> »Ich finde es gut, dass Sie Ihrem Ärger Luft verschafft haben. Vieles von dem, was Sie angeführt haben, musste sicherlich mal gesagt werden. Glauben Sie, dass Sie nun nach vorne schauen und gemeinsam Ideen entwickeln können, um die Situation zu verbessern?«

Anklagende lassen sich zu einer passiven Teilnahme einladen, aus der heraus sie zunächst nur dabei zuhören, was die anderen Beteiligten erarbeiten. Ihre eigenen Beiträge können dann im Anschluss an die Gruppenarbeitsphasen eingeholt werden. Hierdurch wird der direkte Druck auf sie vermindert, und es wird den Klagenden die Möglichkeit gegeben, zu sehen, dass andere aktiv sind und eigene Ideen entwickeln (→ **Kapitel 3.6.1 »Erlaubnisfragen«**):

»Ich erlebe Sie sehr wütend darüber, wie es bisher gelaufen ist. Auch haben Sie erzählt, dass Sie schon ganz viel versucht haben, ohne damit Erfolge zu erzielen. Ich möchte Ihnen daher vorschlagen, sich hier an den Rand zu setzen und zunächst nur zuzuschauen, was die anderen erarbeiten. Ich werde dann am Ende der Arbeitsphasen immer wieder zu Ihnen kommen und fragen, ob Sie dazu etwas ergänzen möchten. Am Ende gibt es dann vielleicht das eine oder andere, um das die Gruppe Sie bitten möchte. Vielleicht gibt es auch das eine oder andere, das Sie selbst übernehmen wollen. Wäre das für Sie so in Ordnung?«

3.8 Ziele, Zielformulierung und Zielvereinbarung

In der klassischen Organisationslehre arbeitet die Organisation entlang einer Zielhierarchie. Ganz oben stehen dabei die Mission (Was ist unser Daseinszweck?), die Vision (Wo wollen wir in Zukunft stehen?) und die Strategie (Was müssen wir tun, um überlebensfähig und erfolgreich zu bleiben?). Daraus leiten sich dann Bereichsziele, Ziele auf der Teamebene und letztlich operative Ziele für die einzelnen Stellen ab. Sowohl die Praxis als auch die Forschung zeigen, dass die Wirklichkeit erheblich komplexer ist und sich Organisationen keineswegs so stringent auf die konsequente Umsetzung rationaler Ziele konzentrieren (von Ameln, 2018b; Kühl, 2000; Simon, 2007). Nichtsdestoweniger und trotz aller Grenzen der Rationalität besteht eine Hauptaufgabe von Führung darin, Ziele zu formulieren und ihre Umsetzung sicherzustellen. Ziele können auf unterschiedlichste Weise zustande kommen: durch Vorgabe seitens des Vorstands, durch Entscheidung der Führungskraft oder (bestenfalls) im Zuge eines partizipativen, konsensuellen Prozesses unter maximaler Einbeziehung von in der Organisation vorhandenen fachlichen Kompetenzen und Erfahrungswissen sowie der Kundenperspektive.

Führungskräfte müssen:

- Ziele erarbeiten (mal im Zielvereinbarungsgespräch mit einzelnen Mitarbeitenden, mal in der Moderationsrolle in einem Strategieworkshop mit dem eigenen Team, mal gemeinsam mit Kollegen und Vorgesetzten im Leitungskreis)
- und ihre Umsetzung unterstützen (durch Gestaltung der Rahmenbedingungen, durch kollegialen Rat oder, wenn nichts anderes zu helfen scheint, auch mithilfe ihrer Durchsetzungsmacht).

Angesichts der großen Bedeutung des Themas »Ziele« für die Gesprächsführung in der Führungsrolle soll es in diesem Kapitel daher nicht nur um Techniken der Zielformulierung gehen – wie z. B. »Zielvereinbarungen« – sondern auch um ein tieferes Verständnis von Zielen. In den einzelnen »Bausteinen der Gesprächsführung« wird auf die jeweils relevanten Zielaspekte gesondert hingewiesen.

Zielperspektive:
Welche Zielaspekte können in diesem Baustein geklärt werden?

3.8.1 Vollständige und unvollständige Zielformulierungen

Zielformulierungen haben ihren Ursprung in einem Vergleich des Ist-Zustands (»Was ist los?« –»Warum sollen wir etwas tun?«) mit Vorstellungen über einen erwünschten Soll-Zustand (»Wie könnte es sein?« – »Wie hätte ich es gern?«). Die Formulierung des Ziels (z. B. »In drei Wochen soll ein Konzept zur Einarbeitung neuer Mitarbeiterinnen und Mitarbeiter vorliegen«) ist dabei nur ein erster Schritt, denn damit wird noch nicht klar, wie dieses Konzept aussieht und was es leisten soll, was genau zu tun wäre, um das Konzept zu erstellen usw. Sobald alle für die optimale Verfolgung des Ziels relevanten Aspekte geklärt sind, spricht man im lösungsorientierten Vorgehen von einem »wohlformulierten Ziel« (De Jong u. Berg, 1998, S. 127–137).

Wenn in der alltäglichen Arbeit Ziele verfehlt werden, liegt dies oft auch daran, dass einige der folgenden sechs Zieldimensionen nicht berücksichtigt werden.

1. **Ergebnisse und Messkriterien** (»Woran erkennen wir, dass wir das Ziel oder Teilziel erreicht haben?« – »Was soll nach Durchführung von Maßnahmen anders sein?« – »Wie wird unsere Arbeit aussehen, wenn das Ziel erreicht ist?«):

> »2022 liegt unser EBIT mindestens 20 Prozent über dem von 2019.«
> »Ich will am Wochenende nicht mehr an die Arbeit denken!«
> »Nach eineinhalb Stunden hier rauszukommen, wäre toll!«
> »Null Kundenbeschwerden!«
> »Nach der Installation der neuen Software sinkt die Durchlaufzeit des Prozesses auf maximal eine Woche.«

2. **Bedürfnisse und Werte** (»Warum sollen wir etwas verändern?« – »Wozu sollen wir etwas tun?« – »Wofür stehen wir als Organisation ein?«):

> »Die Kunden und Kundinnen wollen ökologische Produkte!«
> »Wir wollen ein attraktiver Arbeitgeber sein!«
> »Ich will, dass Investitionsentscheidungen künftig gemeinsam getragen werden!«
> »Ich wünsche mir mehr Beteiligung!«
> »Unsere Werkstatt soll ordentlicher werden!«
> »Wir brauchen mehr Konsequenz im Führungshandeln!«

3. **Handlungen und Maßnahmen** (»Was sollen wir tun?« – »Wie sollen wir es tun?«):

> »Ich werde Herrn Sauer eine Fortbildung zu dem Thema anbieten!«
> »Wir nutzen agile Projektmethoden, um schneller und kundenorientierter zu werden.«
> »Der Besprechungsraum muss ganz anders gestaltet werden!«

»Am besten gründen wir einen Arbeitskreis!«
»Ich will ein Coaching!«

4. **Fähigkeiten und Kompetenzen** (»Was will ich können?« – »Welche Fähigkeit soll erworben werden?« – »Welche Kompetenzen brauche ich, um Maßnahmen durchzuführen?«):

»Ich sollte Chinesisch lernen!«
»Ich wünsche mir mehr Gelassenheit!«
»Wenn sie doch nur mal auf den Punkt kommen würde!«
»Wir sollten lernen, die Sitzungen stringenter zu moderieren!«
»Die Bedienung der CNC-Maschine muss in der neuen Schicht geschult werden!«

5. **Personelle, materielle, räumliche und zeitliche Ressourcen** (»Was haben wir an Ressourcen?« – »Welche Ressourcen brauchen wir?«):

»Wir brauchen mehr Personal!«
»Ich will mehr Budget!«
»Wir brauchen schnellere Rechner!«
»Wir brauchen ein IdeaLab!«
»Für die Bewältigung der Fusion brauchen wir mehr Zeit für gemeinsame Workshops!«

6. **Rolle, Identität und Zugehörigkeit** (»Wer will ich sein?« – »Welcher Gruppe möchte ich angehören?« – »Was soll meine Position und Rolle sein?«):

»Ich will auf meine Führungsfunktion nicht verzichten!«
»Ich will im Serviceteam bleiben!«
»Ich will mich mehr um die Familie kümmern!«
»Sie sollten die Abteilungsleitung übernehmen!«
»Das ist Aufgabe der Teamleiterin!«

Ziele lassen sich zusammenfassend also folgendermaßen definieren (Abbildung 18):
Ein Ziel ist
(1) die messbare Erfüllung (Ergebnisse und Messkriterien)
(2) von Bedürfnissen und Werten
(3) durch bestimmte Handlungen und Maßnahmen,
(4) basierend auf vorhandenen oder dafür zu erwerbenden Fähigkeiten und Kompetenzen,
(5) unter Zuhilfenahme vorhandener oder zu organisierender personeller, materieller, räumlicher und zeitlicher Ressourcen.

Ziele und ihr Erreichen stehen in engem Zusammenhang zur (6) Rolle, Identität und Zugehörigkeit beteiligter Personen vor, während und nach der Zielerreichung, also ihrer Vorstellung davon, wer und was sie derzeit sind, welche Rolle ihnen im Zielerreichungsprozess zukommt und was sie nach der Zielerreichung als Identität und Zugehörigkeit für sich beanspruchen können.

Allzu oft wird aber nur eine dieser mit der Zielerreichung verbundenen Dimensionen benannt, während die anderen Dimensionen der Person, die das Ziel formuliert, noch nicht einmal bewusst sein müssen: Jemand will das Ergebnis, weiß aber nicht, wozu oder mit welchen Maßnahmen es erreicht werden soll. Ein anderer will eine Fähigkeit, hat aber keine Idee, woran er feststellen könnte, dass diese in ausreichendem Maße erworben wurde. Oder es wird eine Maßnahme gefordert, ohne zu definieren, welche Fähigkeiten sie entwickelt und woran man merken kann, dass sie erfolgreich war. In Gesprächen, die auf eine Einigung oder eine gemeinsame Zielformulierung ausgerichtet sind, ist es daher wichtig, zu überprüfen, inwieweit bei den einzelnen Zieldimensionen Klarheit bzw. Klärungsbedarf herrscht.

In Organisationen gibt es meistens schon klare Zielvorgaben. Dies können strategische, aber auch operationale Ziele sein, in denen bereits einige der aufgeführten Zielkriterien genannt sind. Oft gilt es dann, diese so weit zu konkretisieren, dass klare, erfüllbare Arbeitsaufträge entstehen. In der Regel sind die Messkriterien genannt (»bis zu Datum X soll Y erreicht sein«). In einer Konkretisierung und Umsetzungsplanung sind nachfolgend die Handlungen und Maßnahmen (3), dafür notwendige Fähigkeiten und Kompetenzen (4), die personellen, materiellen, räumlichen und zeitlichen Ressourcen (5) sowie Rollenverteilungen und Zugehörigkeiten (6) zu klären.

Ein weiterer Abgleich, der hierbei für eine gute Zielplanung zu leisten ist, betrifft die Balance zwischen organisationalen Zielen und den individuellen Interessen und Bedürfnissen der Mitarbeiterinnen und Mitarbeiter, etwa nach Anerkennung, Weiterentwicklung, Mitsprache, Work-Life-Balance und dergleichen mehr.

Die in → **Kapitel 4** vorgestellten »Bausteine der Gesprächsführung« greifen alle Aspekte einer vollständigen Zielformulierung systematisch auf, indem die Zieldimensionen in den verschiedenen Phasen angesprochen werden.

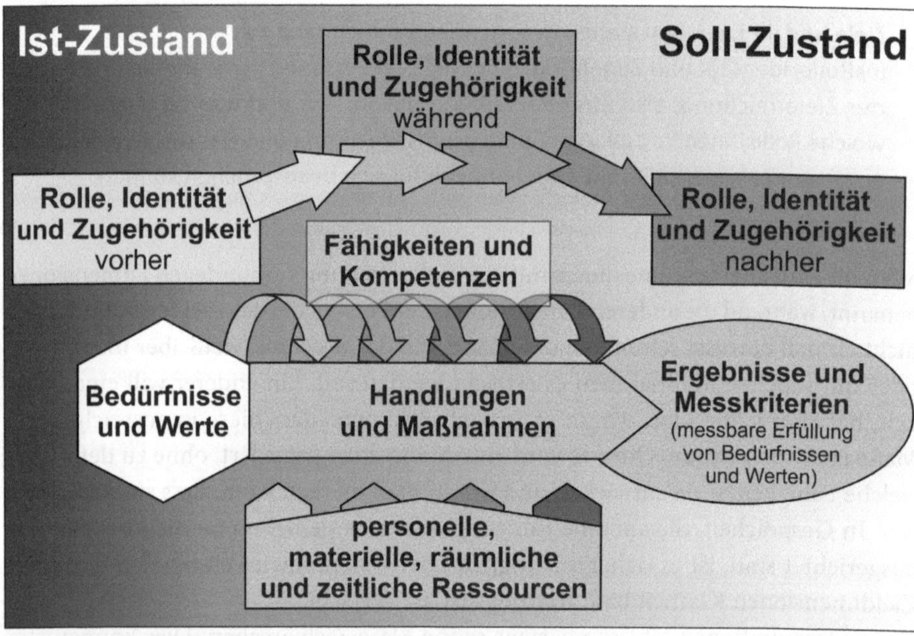

Abbildung 18: Schematische Darstellung eines Ziels

Kritik 4: Unvollständig reicht doch!
»Warum brauche ich denn ›vollständige Zielformulierungen‹? Wenn sich alle einig sind, dass beispielsweise eine bestimmte Maßnahme durchgeführt werden soll, muss ich doch gar nicht mehr nach den Bedürfnissen fragen! Und das mit den Ressourcen klärt sich dann schon bei der Umsetzung! Man kann auch durch die Arbeit mit unvollständigen Zielen erfolgreich sein und zufriedenstellende Ergebnisse erreichen.«

Das Modell vollständiger Ziele soll zunächst die Fallstricke aufzeigen, die bestehen, wenn nur Teile eines Ziels benannt werden. Viele der genannten Dimensionen fließen auch unbewusst und implizit in Planungen ein. Oft werden ohnehin nur solche Ziele gesetzt, zu deren Erreichen beispielsweise auch die entsprechenden Kompetenzen und Ressourcen vorhanden sind.

Bedenkt man hingegen alle sechs Zieldimensionen, erspart man sich die Frustration, die dadurch entstehen kann, dass man Ressourcen nicht oder ungenügend beachtet hat, dass Maßnahmen aufgrund mangelnder Fähigkeiten nicht umgesetzt werden können oder dass man zwar alles erreicht, was man sich vorgenommen hat, aber trotzdem unzufrieden ist. Letzteres ist z. B. der Fall, sobald man feststellt, dass nicht die erhoffte Wirkung eintritt, weil die zu befriedigenden Bedürfnisse und Werte nicht klar formuliert waren oder Messkriterien fehlten.
Wie in der Gesprächsführung allgemein gilt: Solange es gutgeht und alle zufrieden sind, muss man es mit den Techniken, Modellen und Abläufen nicht so genau nehmen. Wenn es nicht rund läuft, kann ein genauerer Blick viele Stolpersteine aufdecken, die man sonst erst bemerkt, wenn man bereits darüber gefallen ist.

Übung 32: Ziele, die ich schon mal hatte
Sammeln Sie in einer Kleingruppe Ziele, die Sie schon einmal selbst verfolgt haben oder die für andere Personen formuliert worden sind (→ **Kapitel 3.3.6 »Brainstorming«**). Schreiben Sie alle Ziele einzeln auf Moderationskarten.
Sobald Sie fertig sind, sortieren Sie die notierten Ziele in sechs Kategorien:
1. Ergebnisse und Messkriterien,
2. Bedürfnisse und Werte,
3. Handlungen und Maßnahmen,
4. Fähigkeiten und Kompetenzen,
5. personelle, materielle, räumliche und zeitliche Ressourcen,
6. Rolle, Identität und Zugehörigkeit.

Negativ formulierte Ziele

Ein weiteres Problem bei Zielformulierungen besteht darin, dass diese oft negativ formuliert werden (→ **Kapitel 2.2.4 »Was ist Lösungs- und Ressourcenorientierung«?**); also als etwas, was man nicht will:

> »Es ist mir zu laut!«
> »Hör auf, mir ständig dazwischenzureden!«
> »Ich habe keinen Bock auf das Meeting!«
> »Der Einkauf soll sich nicht einmischen!«
> »Ich verbitte mir diesen Ton!«

Anstelle einer Negativformulierung (»Lass-das«) beschreibt ein gutes Ziel die »Anwesenheit von etwas«, also ein »Tue-das« (→ **Kapitel 3.3.2 »Lösungsorientiertes Paraphrasieren«**).

Übung 33: Negative Ziele positivieren
Sammeln Sie in einer Kleingruppe negativ formulierte Ziele. Dies können frei erdachte Ziele sein oder Ziele, die Sie aus Ihrer eigenen Biografie kennen. Versuchen Sie danach, diese Ziele als Positivziele umzuformulieren.
- Welchen Aspekten eines Ziels (Ergebnisse und Messkriterien; Bedürfnisse und Werte; Handlungen und Maßnahmen; Fähigkeiten und Kompetenzen; personelle, materielle, räumliche und zeitliche Ressourcen; sowie Rolle, Identität und Zugehörigkeit) lassen sich die aufgeführten Ziele zuordnen?
- Können Sie die fehlenden Aspekte einer vollständigen Zielformulierung ergänzen?

Weitere Kriterien guter Zielformulierungen

In der Ausformulierung von Zielen sind – nachdem die Bedürfnisse und Werte sowie die Fähigkeiten und Ressourcen feststehen – eigentlich nur noch die Maßnahmen und Ergebnisse von Interesse. Das Warum, Wozu und Womit bildet zwar den Ausgangspunkt und die Basis von Zielsetzungen, ist aber für eine Vereinbarung nicht mehr entscheidend. Gute und eindeutige Zielformulierungen dienen der Abstimmung und Bewertung einzelner Handlungsschritte. Unklare oder uneindeutige Zielformulierungen führen zu Missverständnissen und mangelnder Handlungskoordination.

Für die Formulierung von Zielen gibt es viele Modelle. Sehr bekannt ist das von dem Ökonomen und Managementtheoretiker Peter F. Drucker entwickelte SMART-Modell[7] (Drucker, 1954). Eine gute Zielformulierung erfüllt die folgenden fünf Kriterien (Tabelle 9):

Tabelle 9: Das SMART-Modell für Zielformulierungen

S pezifisch	Ziele sollen klar und »greifbar« formuliert sein. Kurzfristige, mittelfristige und langfristige Ziele, Teilziele und Meilensteine sollen definiert sein.
M essbar	Es sollen Kriterien festgelegt sein, anhand derer überprüft werden kann, ob das Ziel erreicht wurde.
A ttraktiv	Das Erreichen von Zielen soll für die Beteiligten reizvoll sein. Wenn andere oder »versteckte Ziele« attraktiver sind als das offen formulierte Ziel, wirkt dies dem Erreichen entgegen.
R essourcen-orientiert	Ziele sollen für die Beteiligten erreichbar sein und im Rahmen ihrer Möglichkeiten und Kompetenzen liegen. Die zur Verfügung stehenden Ressourcen sollen herausgearbeitet und genutzt werden.
T erminiert	Für einzelne Veränderungsschritte und für die Überprüfung von Zielen (Teilziele, Meilensteine etc.) sollen klare Zeitfenster und Termine definiert werden.

Diese Aspekte lassen sich beliebig erweitern, je nachdem, welche Bedürfnisse die beteiligten Personen haben. Im Folgenden stellen wir zwei weitere Beispiele für Akronyme vor, die Aspekte guter Zielformulierungen zusammenfassend darstellen (Whitmore, 1997, S. 64 ff.; Tabelle 10 und 11).

Tabelle 10: Das PURE-Modell für Zielformulierungen

P ositively stated	Ziele sind »positiv formuliert«, d. h. es wird in Zielformulierungen beschrieben, was »da sein« oder beobachtbar sein soll. Es werden keine Komparative verwendet wie »besser als«, »ruhiger als«, »genauso wie«.
U nderstood	Ziele sind »verständlich«, d. h. die Beteiligten verstehen das Gleiche unter den formulierten Zielen.
R elevant	Ziele sind »relevant«, d. h. sie sind für die Beteiligten bedeutsam.
E thical	Ziele sind »ethisch vertretbar«, d. h. die Ziele stehen mit den ethischen Grundhaltungen und Wertesystemen der Betroffenen in Übereinstimmung.

7 In deutschen Fassungen des amerikanischen Akronyms (»Specific – Measurable – Achievable – Realistic – Timebased«) finden sich oft Abweichungen zu einer direkten Übersetzung der Begriffe. Hier werden zwei Änderungen zu den ursprünglichen Begriffen vorgenommen. Im Original geht es um eine (subjektive) Machbarkeit (»Achievable«) einerseits und eine (objektive) Erreichbarkeit (»Realistic«) andererseits. Diese Trennung ist – gerade im systemischen Denken – nicht hilfreich, weshalb beide Aspekte eines Ziels in dem Begriff »ressourcenorientiert« zusammengefasst sind. Für das dadurch im Akronym freiwerdende »A« wird in einigen deutschen Fassungen gelegentlich die Formulierung »aktiv beeinflussbar« eingesetzt, in anderen der Begriff »attraktiv«. Der Begriff der Attraktivität verdeutlicht einen wichtigen Aspekt der Zielerreichung, da Ziele letztlich nicht nur »erreichbar« und »machbar«, sondern vor allem auch »wünschenswert«, also »attraktiv« sein sollten.

Tabelle 11: Das CLEAR-Modell für Zielformulierungen

C hallenging	Ziele sind »herausfordernd«, d. h. sie sollen nicht nur Alltagshandeln widerspiegeln, sondern darüber hinausgehen, sie sollen »schwer und machbar« sein.
L egal	Ziele sind »legal«, d. h. sie sollen rechtlich zulässig sein.
E nvironmentally sound	Ziele sind »umweltverträglich«, d. h. sie sollen ökologisch vertretbar sein, auch in der Hinsicht, dass sie sich in der Lebenswelt der Betroffenen umsetzen lassen.
A greed	Ziele sind »akzeptiert«, d. h. sie sollen auf der Zustimmung der Beteiligten basieren.
R ecorded	Ziele sind »protokolliert«, d. h. sie werden dokumentiert.

Letztlich können noch andere Aspekte – ohne die Einreihung in ein Akronym – benannt werden, wie ästhetisch, zeitsparend, effektiv, ressourcenschonend, finanzierbar, kundenorientiert, demokratisch, inklusiv.

3.8.2 Individualziele, Teamziele und Organisationsziele

Ziele bestehen auf organisationaler Ebene, bezogen auf einzelne Standorte, Abteilungen und Teams, und bezogen auf jede einzelne Person. Ziele können neben den beruflichen Zielen auch private und persönliche Ziele umfassen. Deshalb ist es bei der Formulierung von Zielen wichtig, diese verschiedenen Zielebenen zu beachten.

Eine Fokussierung auf Individualziele verführt unter Umständen dazu, die eigenen Interessen in den Vordergrund zu stellen. Die Vereinbarung von Individualzielen schafft häufig eine Konkurrenzdynamik zwischen den Mitarbeitenden. Dies kann durchaus erwünscht sein, z. B. in einer Verkaufsorganisation, die davon profitiert, wenn alle Mitarbeitenden die besten Verkaufszahlen vorweisen wollen.

Oft ist aber ein Teamergebnis gefragt, das nur durch Kooperation der Teammitglieder erreicht werden kann. Teamergebnisse zeichnen sich dadurch aus, dass die Gesamtleistung (qualitativ und/oder quantitativ) über der Summe der Einzelleistungen der Beteiligten liegt. Wenn die Arbeitsleistung teamförmig erbracht werden muss, sollte man *Ziel-Interdependenz* schaffen, d. h. Ziele nicht mit Einzelpersonen, sondern mit dem gesamten Team vereinbaren, und zwar so, dass die Ziele nur durch größtmögliche Kooperation erreichbar sind. Wichtig ist, dass diese Ziele und der Zielerreichungsgrad im Team immer wieder zum Gegenstand der gemeinsamen Reflexion gemacht werden.

Durch Teamziele wird eine intensive Dynamik angestoßen. Diese wird noch verstärkt, wenn (wie in einigen agilen Organisationen der Fall) Bonuszahlungen an die Erreichung der Teamziele gebunden und dann entsprechend auch an das Team statt an einzelne Mitarbeiterinnen und Mitarbeiter ausgezahlt werden. Das Team entscheidet dann über die Verteilung des Bonus *(Ergebnis-Interdependenz)*. Damit es nicht zu Trittbrettfahrereffekten und infolgedessen zu massiven Konflikten kommt, müssen Aufgaben und gegenseitige Erwartungen bei Teamzielen vorab sehr gründlich geklärt werden: Wer trägt was zum Teamergebnis bei? Wie kann man unterschiedliche Beiträge (z. B. Konzeptarbeit, Netzwerkarbeit und Vertrieb) so bewerten, dass sie in Bezug auf die Zielerreichung vergleichbar werden? Ziel-Interdependenz und Ergebnis-Interdependenz müssen also durch *Aufgaben-Interdependenz* ergänzt werden. Darüber hinaus müssen die Beteiligten eine hohe soziale Kompetenz und Reflexionskompetenz aufweisen, es muss eine Vertrauenskultur herrschen und es sollte intensives, regelmäßiges Feedback geben. Diese Form der Leistungssteuerung über Teamziele ist für Teams jeder Art, vor allem aber für virtuelle Teams, sinnvoll (von Ameln u. Gebhardt, 2020b; Hertel u. Lauer, 2012).

3.8.3 Prozessorientierung und Ergebnisorientierung

Es kommt vor, dass man etwas tut, nur um ein bestimmtes Ergebnis zu erreichen. Das Ergebnis zählt, der Weg dorthin ist nicht so wichtig. Ebenso kommt es vor, dass man etwas tut, weil man es gern tut, ohne sich über die Ergebnisse bzw. Konsequenzen Gedanken zu machen.

Der Weg – oder der Prozess – kann durchaus unangenehm sein (»ein steiniger Weg«), wenn sich das Ergebnis lohnt. Eine grundlegende Unterscheidung lässt sich also zwischen Prozessorientierung (»dem Weg«) und Ergebnisorientierung (»dem Ergebnis«) treffen. Diese Unterscheidung zwischen Prozess und Ergebnis findet sich auch in Zitaten und Sprichwörtern wieder:

Prozessorientierung

»Der Weg ist das Ziel.« (Konfuzius)
»Man reist ja nicht, um anzukommen, sondern um zu reisen.« (Johann Wolfgang von Goethe)
»Gegen Zielsetzungen ist nichts einzuwenden, sofern man sich dadurch nicht von interessanten Umwegen abhalten lässt.« (Mark Twain)
»Wer von Anfang an schon sicher weiß, wohin sein Weg führen wird, wird es nicht sehr weit bringen.« (Napoleon Bonaparte)

Ergebnisorientierung

»Der Ausgang krönt das Vollbrachte.« (Ovid)
»Wer ein Ziel will, darf den Weg nicht scheuen, er sei glatt oder rauh.« (Theodor Fontane)
»Schaue nach dem Ziele und scheue nicht die Schwiele.« (Al-Harîrî)
»Der Zweck heiligt die Mittel.« (deutsches Sprichwort)
»Wann immer du ein Ziel treffen möchtest, schieße zuerst, und was immer du triffst, nenne es Ziel.« (englisches Sprichwort)

Diese Trennung von Prozess und Ergebnis drückt sich eigentlich nur in einer unterschiedlichen Gewichtung von Prozess und Ergebnis aus. Die jeweils andere Seite der Zielformulierung kann aber nie gänzlich ausgeblendet werden.

Das Extrem einer Prozessorientierung wäre, dass man sich darauf konzentriert, wie etwas getan wird, ohne sich darüber Gedanken zu machen, welche Ergebnisse es hat. Also quasi ein Selbstzweck der Tätigkeiten und Maßnahmen, auch »blinder Aktionismus« genannt. Hier wird sprachlich sehr deutlich, dass das Ziel »aus den Augen« geraten ist, die Aktionen damit »blind« sind, was zwar unkoordinierte »Zufallstreffer« nicht ausschließt, den Erfolg aber nicht »ins Visier nimmt«. Ergebnisse hat dieses Extrem aber trotzdem, auch wenn diese nicht geplant und beschrieben werden. Der Blick wäre stark auf das Tun, auf das Hier und Jetzt ausgerichtet.

Das Extrem einer Ergebnisorientierung stellt sich so dar, dass man sich darauf konzentriert, welche Ergebnisse man gern am Ende erzielen möchte, ohne darüber nachzudenken, wie dies zu bewerkstelligen ist. Möglicherweise werden die Ergebnisse erreicht, auf dem Weg dorthin geht aber das kollegiale Miteinander in die Brüche und es kommt zu Streit und Arbeitsüberlastungen. Der Blick wäre auf einen Gewinn gerichtet, ohne den Weg dorthin genauer zu betrachten. Beispiele für prozess- und ergebnisorientierte Gesprächsziele gehen aus der Tabelle 12 hervor.

Die in → **Kapitel 4** vorgestellten »Bausteine der Gesprächsführung« greifen Aspekte einer vollständigen Zielformulierung sowohl für die Prozess- als auch für die Ergebnisorientierung systematisch auf, dadurch dass diese Aspekte in den verschiedenen Phasen angesprochen werden.

Tabelle 12: Prozess- und ergebnisbezogene Gesprächsziele

Prozessbezogene Gesprächsziele Es geht um den Verlauf des Gesprächs.	Ergebnisbezogene Gesprächsziele Es geht um die Ergebnisse des Gesprächs.
▪ Welche Bedürfnisse und Werte sollen durch den Gesprächsprozess erfüllt werden? z. B. Spaß, Kollegialität, Offenheit, Augenhöhe, Entspanntheit	▪ Welche Bedürfnisse und Werte sollen durch die Ergebnisse des Gesprächs erfüllt werden? z. B. Klarheit, Strukturiertheit, geteilte Verantwortung, Beteiligung, Konsens
▪ Woran kann ich messen, dass die Bedürfnisse und Werte erfüllt werden bzw. dass das Gespräch einen guten Verlauf nimmt? z. B. jeder sagt etwas, es wird gelacht, es gibt Getränke, es gibt Pausen	▪ Woran kann ich messen, ob die Bedürfnisse und Werte erfüllt werden bzw. dass das Gespräch ein gutes Ergebnis hat? z. B. jeder übernimmt eine Aufgabe, Aufgaben sind eindeutig formuliert und terminiert
▪ Mit welchen Handlungen und Maßnahmen (Bearbeitungsschritten, Gesprächsführungstechniken) wird ein guter Gesprächsverlauf erreicht? z. B. Moderation des Gesprächs, Getränke besorgen, Pausen ansagen	▪ Mit welchen Handlungen und Maßnahmen (Bearbeitungsschritten, Gesprächsführungstechniken) werden gute Ergebnisse des Gesprächs erreicht? z. B. verantwortliche Personen benennen, Treffen von Zielvereinbarungen

Prozessbezogene Gesprächsziele **Es geht um den Verlauf des Gesprächs.**	**Ergebnisbezogene Gesprächsziele** **Es geht um die Ergebnisse des Gesprächs.**
▪ Welche Fähigkeiten und Kompetenzen benötigen wir zur Prozessgestaltung? z. B. Zeitmanagement, Gesprächsführungstechniken, Gestaltung der Sitzordnung	▪ Welche Fähigkeiten und Kompetenzen benötigen wir zur Ergebniserreichung? z. B. Kompromissbereitschaft, Ziele formulieren und Pläne erstellen können
▪ Welche personellen, materiellen, räumlichen und zeitlichen Ressourcen können wir für einen guten Verlauf des Gesprächs einsetzen? z. B. Moderationsmaterialien, Getränke, anwesende Kollegen, Besprechungszeit	▪ Welche personellen, materiellen, räumlichen und zeitlichen Ressourcen können wir für effektive Ergebnisse des Gesprächs einsetzen? z. B. Protokoll, Zielvereinbarungsformular, Fotodokumentation
▪ Welche Rolle, Identität und Zugehörigkeit werden die einzelnen Personen während des Gesprächs möglicherweise einnehmen oder von anderen zugesprochen bekommen? z. B. Teammitglied, Vater, Familie, Alleinerziehende, Angeklagter, Schuldige, Rechthaber, Alleinentscheiderin	▪ Welche Rolle, Identität und Zugehörigkeit werden die einzelnen Personen als Ergebnis des Gesprächs möglicherweise einnehmen oder von anderen zugesprochen bekommen? z. B. Verantwortlicher, Gewinnerin, Gleichberechtigter, Entlastete, Verlierer, Ausgestoßene

Übung 34: Prozesse und Ergebnisse aus meinem Leben

Suchen Sie nach einer Situation aus Ihrem Leben, auf die eine der folgenden Aussagen zutrifft:

1. Da ist mir plötzlich was gelungen, obwohl ich gar nichts dazu beigetragen habe. Das ist mir einfach so in den Schoß gefallen.
2. Ich habe mich angestrengt und geackert wie blöde, um das zu erreichen. Als ich es dann hatte, war ich eigentlich nur noch froh, dass es vorbei war.
3. Das habe ich erreicht und es hat voll viel Spaß gemacht!
4. Ich habe es versucht und versucht und versucht, habe es aber nicht hinbekommen. Viel Arbeit für nichts!

Überlegen Sie dann, welche Aspekte der Prozess- oder der Ergebnisorientierung dazu beigetragen haben, dass es so gelaufen ist. Spekulieren Sie anschließend, was hätte passieren müssen, damit es anders gekommen wäre.

Übung 35: Den Karren vor die Wand fahren

Eine Übung, um zu verdeutlichen, wie wichtig Prozessorientierung ist, besteht darin, dass Sie eine Liste mit prozessbezogenen Maßnahmen erstellen, die dazu dienen, das Erreichen von Ergebniszielen zu stören oder gar zu verhindern (»Kopfstand-Brainstorming«, → **Kapitel 3.3.6 »Brainstorming«**).

Suchen Sie sich dazu eines der folgenden Ergebnisziele aus:

- ein betriebliches Fitnesscenter aufbauen,
- Spenden für Geflüchtete sammeln,
- Ehrung und Verabschiedung der Teamleitung in den Ruhestand,
- Bestehen der Betriebsbegehung mit guter Bewertung.

3.8.4 Gesprächsziele und Handlungsziele

Da es in diesem Buch um das Führen von Gesprächen geht, ist es sinnvoll, eine weitere Unterscheidung zu treffen: die Unterscheidung zwischen Gesprächsziel und Handlungsziel. Oft werden Gesprächsziele und Handlungsziele verwechselt, was verschiedene Probleme in der Gesprächsführung zur Folge haben kann.

Hierzu ein vereinfachtes Beispiel: Herr Zacharias, Teamleiter in einem kommunalen Unternehmen, hat beschlossen, ein Gespräch mit seiner Mitarbeiterin Frau Lohse zu führen, die in den letzten Wochen mehrfach zu spät zur Arbeit erschienen ist. Das Handlungsziel, das er mit dem Gespräch verfolgt, besteht natürlich darin, die Pünktlichkeit der Mitarbeiterin wiederherzustellen. Ob dieses Ziel erreicht wird, ob die Mitarbeiterin also wieder pünktlich kommt, zeigt sich aber nicht *im* Gespräch, sondern *danach,* d. h. in den darauffolgenden Wochen.

Das Ziel »die Mitarbeiterin soll wieder pünktlich kommen« ist in Bezug auf die Gesprächsführung auch deshalb untauglich, weil es keine klare Richtung für das Gespräch vorgibt – anders formuliert: Es ist ein unvollständiges Ziel, da es zwar einen angestrebten Zustand beschreibt, aber offenlässt, mit welchen Maßnahmen (d. h. welchen Interventionen innerhalb des Gesprächs) dieser Zustand erreicht werden könnte. Herr Zacharias könnte, um sein Ziel zu erreichen, beispielsweise

- versuchen, herauszufinden, warum die Mitarbeiterin zu spät gekommen ist und gegebenenfalls Unterstützung anbieten,
- der Mitarbeiterin mit Abmahnung drohen,
- versuchen, der Mitarbeiterin zu verdeutlichen, welche Auswirkungen ihr Zuspätkommen auf die Aufgabenerledigung im Team hat oder
- der Mitarbeiterin eine Veränderung der Arbeitszeiten vorschlagen.

Auf diese Weise würden sich zu ein und demselben Handlungsziel vier verschiedene (und teilweise inkompatible) Gesprächsziele ergeben. Gesprächsziele beschreiben also, welche Ziele im Gespräch verfolgt werden sollten, um das Erreichen des Handlungsziels wahrscheinlicher zu machen.

Gespräche können dazu dienen, eine Einigung zu treffen, Informationen zu teilen, Perspektiven zu erweitern, Zugehörigkeit und Beteiligung zu ermöglichen, Probleme und Ressourcen zu identifizieren und dergleichen mehr, woraus sich jeweils ganz unterschiedliche Gesprächsziele ableiten.

Gesprächsziele sollten vier Kriterien erfüllen:

1. Gesprächsziele sollten innerhalb des Gesprächs erreichbar sein.
2. Sie sollten widerspruchsfrei sein.
3. Ihre Erreichung sollte an beobachtbaren Indikatoren ablesbar sein.
4. Die Zielerreichung sollte nicht allein von einzelnen Gesprächsbeteiligten abhängig sein.

Wenn Gespräche Endlosschleifen ziehen, in Sackgassen enden oder ergebnislos bleiben, liegt dies oft daran, dass das gesetzte Gesprächsziel eines (oder mehrere) dieser vier Kriterien nicht erfüllt hat:

1. Ein Ziel wie »die Mitarbeiterin soll wieder pünktlich kommen« ist, wie eben gesehen, ein Handlungsziel und kein Gesprächsziel. Gespräche, bei denen kein innerhalb des Gesprächs erreichbares Ziel formuliert wurde, verlaufen häufig orientierungslos und bleiben im Ergebnis unverbindlich.
2. Gespräche mit widersprüchlichen Zielen (z. B. »Wir müssen mal besprechen, warum unsere neue Geschäftsidee so wenig Resonanz bei den Führungskräften erzeugt hat« und »Das Gespräch soll nicht länger als eine halbe Stunde dauern, weil ich dann noch einen Termin habe«) pendeln typischerweise zwischen zwei Polen hin und her (hier: gründliche Analyse und zeitbedingte Oberflächlichkeit) und verfehlen im Ergebnis meist beide Zielsetzungen.
3. »Die Mitarbeiterin soll einmal einsehen, dass sie selbst daran schuld ist, wenn sie im Team aneckt« oder »Ich möchte den Kollegen von meiner Idee begeistern« sind vielleicht im Impuls nachvollziehbare, aber keine brauchbaren Gesprächsziele – denn: Woran würde die Führungskraft erkennen, dass die Mitarbeiterin ihren Anteil an der Teamdynamik eingesehen hat oder der Kollege begeistert ist?
4. Und – wesentlich problematischer: Was ist, wenn die Mitarbeiterin das offenkundig nicht einsieht und der Kollege sich nicht begeistern lässt? Häufig versuchen Führungskräfte in solchen Situationen, das Gesprächsziel mit den verschiedensten Strategien (noch einmal erklären, insistieren, appellieren usw.) doch noch zu erreichen, obwohl in diesem Fall allein die anderen Beteiligten »entscheiden«, ob sie etwas »einsehen«, »begeistert« sind oder nicht. In solchen Fällen zieht das Gespräch nicht nur ineffiziente Schleifen, sondern die Beteiligten verstricken sich auch leicht in Konfliktdynamiken, die Fronten zwischen ihnen aufbauen, die Stimmung verschlechtern und so eine Einigung und das Erreichen der Gesprächsziele zusätzlich erschweren.

Übung 36: (Un)geeignete Gesprächsziele

Bewerten Sie, inwieweit es sich bei den folgenden Formulierungen um geeignete Gesprächsziele handelt. Begründen Sie Ihre Entscheidung. Die Auflösung finden Sie im Kasten auf der folgenden Seite.

1. »Ich möchte die Zufriedenheit von Frau Siebels erhöhen.«
2. »Ich möchte Herrn Thedinga den Anlass des anstehenden Change-Prozesses erläutern und mit ihm herausarbeiten, welche Folgen der Prozess für seine Arbeit hat.«
3. »Frau von Berum soll verstehen, warum ihre Arbeitsweise im Team zu Problemen führt.«
4. »Wir müssen mal reden.«
5. »In dem Gespräch soll es um die Leistungsbeurteilung von Herrn Popken gehen und darum, wie er mich als Führungskraft sieht.«
6. »Jeder soll mal seine Meinung über unsere Zusammenarbeit mit unserem Schwesterunternehmen in Singapur sagen.«
7. »Frau de Boer soll in dem Gespräch endlich einmal eingestehen, dass sie ein Alkoholproblem hat.«

Diese Kriterien hängen mit der Haltung einer lösungs- und ressourcenorientierten Gesprächsführung zusammen: Gespräche, die sich im Kreis drehen, sich auf Nebenkriegsschauplätzen verlieren und in denen deshalb die Frustration bei allen Beteiligten steigt, können nicht lösungs- und ressourcenorientiert sein. Lösungs- und Ressourcenorientierung bedeutet vielmehr,

- das gemeinsam vereinbarte oder von der Führungskraft gesetzte Gesprächsziel im Blick zu behalten,
- bei Abschweifungen oder Nebenthemen moderierende Impulse zu setzen, um das Gespräch wieder zurück auf das Ziel hin zu orientieren (z. B. »Ich würde gern noch einmal zum Thema zurückkommen …«) und
- im Fall von größeren Störungen, die »Art und Weise des Gesprächs« zum Thema zu machen und gemeinsam zu analysieren, was man tun könnte, um das Gespräch konstruktiv weiterzuführen (→ **Kapitel 3.4.4 »Metakommunikation«**).

Auflösung zu Übung 6: (Un)geeignete Gesprächsziele

1. Ungeeignet, denn die Erhöhung der Zufriedenheit ist ein Handlungsziel und es bleibt offen, wie das Gespräch zur Erreichung dieses Ziels beitragen könnte. Besser: »Ich möchte erfragen, welche Aspekte ihrer Arbeit Frau Siebels zufrieden und welche sie unzufrieden machen, um mit ihr Maßnahmen zur Steigerung ihrer Zufriedenheit vereinbaren zu können.«
2. Geeignet.
3. Ungeeignet, da es in der Verfügung der Gesprächspartnerin und nicht anhand von beobachtbarem Verhalten überprüfbar ist. Alternativen: »Ich möchte Frau von Berums Einschätzung erfragen, wie sie die Arbeitsprozesse im Team erlebt« oder »Ich möchte Frau von Berum darlegen, welche Arbeitsweise wir von ihr erwarten, damit die Zusammenarbeit im Team gut funktioniert.«
4. Ungeeignet, da vollkommen unspezifisch.
5. In einer offenen und kooperativen Kultur könnte dies möglich sein, in den meisten Unternehmenskulturen besteht aber ein Konfliktpotenzial, weil ein offenes Feedback an die Führungskraft erschwert wird, wenn dieselbe Führungskraft gleichzeitig eine Leistungsbeurteilung vornimmt.
6. Verlangt zwar Mitwirkung und Offenheit der Beteiligten, aber grundsätzlich geeignet.
7. Ungeeignet, da allein vom Goodwill der Gesprächspartnerin abhängig. Alternativen: »Ich möchte Frau de Boer rückmelden, dass wir Verhaltensweisen bei ihr wahrnehmen, die auf ein Alkoholproblem hindeuten und ihr Unterstützungs- und Beratungsmöglichkeiten aufzeigen.«

Übung 37: Meine Gesprächsziele

Machen Sie für sich selbst eine Aufstellung prozessbezogener Gesprächsziele, die Sie ganz allgemein für den Verlauf eines Gesprächs haben:

- Welche *Bedürfnisse und Werte* sollen durch das Gespräch erfüllt werden?
- Woran kann ich *messen*, dass die Bedürfnisse und Werte erfüllt werden bzw. dass das Gespräch einen guten Verlauf nimmt?
- Mit welchen *Handlungen und Maßnahmen* (Bearbeitungsschritten, Gesprächsführungstechniken) wird ein guter Gesprächsverlauf erreicht?
- Welche *Fähigkeiten und Kompetenzen* benötigen wir dazu?
- Welche *personellen, materiellen, räumlichen und zeitlichen Ressourcen* sollten wir für einen guten Verlauf des Gesprächs einsetzen?

Machen Sie für sich selbst eine Aufstellung ergebnisorientierter Gesprächsziele, die Sie ganz allgemein für den Verlauf eines Gesprächs haben:

- Welche *Bedürfnisse und Werte* sollen durch die Ergebnisse des Gesprächs erfüllt werden?
- Woran kann ich *messen*, dass die Bedürfnisse und Werte erfüllt werden bzw. dass das Gespräch ein gutes Ergebnis hat?
- Mit welchen *Handlungen und Maßnahmen* (Bearbeitungsschritten, Gesprächsführungstechniken) werden gute Ergebnisse des Gesprächs erreicht?
- Welche *Fähigkeiten und Kompetenzen* benötigen wir dazu?
- Welche *personellen, materiellen, räumlichen und zeitlichen Ressourcen* sollten wir für effektive Ergebnisse des Gesprächs einsetzen?

3.8.5 Zielvereinbarungen

Für eine schriftliche Fixierung und Konkretisierung von Vereinbarungen lassen sich Details ausarbeiten oder sogar umfassende Zielvereinbarungen schließen. Solche schriftlichen Vereinbarungen können beispielsweise folgende Aspekte beinhalten (Lindemann, 2017a):

- Datum der Zielvereinbarung und beteiligte Personen,
- Bedürfnisse und Werte *(Wozu?)*,
- Ergebnisse und Messkriterien *(Wodurch ist die Zielerreichung erkennbar?)*,
- Qualitätskriterien *(Welche Kriterien und Mindestkriterien sollten die Ergebnisse erfüllen, um als ausreichend bewertet zu werden?)*,
- notwendige Fähigkeiten und Kompetenzen *(Auf welcher Grundlage?)*,
- ausführende Personen *(Wer?)*,
- Handlungen *(Macht was?)*,
- Kooperationspartner *(Mit wem?)*,
- Art und Weise *(Wie?)*,
- Ort *(Wo?)*,
- Handwerkszeug *(Womit?)*,
- Zeitpunkte *(Wann?)*,
- Zeiträume *(Wie lange?)*,
- Häufigkeit *(Wie oft?)*,
- Dauer *(Bis wann?)*,
- Überwachung/Monitoring *(Berichte und Informationen: Was? An wen? Wie oft?)*,
- Überprüfung/Controlling *(Wann und wie wird überprüft? Wie oft? In welchen Intervallen?)*,
- Unterschriften der beteiligten Personen.

Die aufgeführten Aspekte müssen nicht immer vollständig und detailliert benannt sein. Die Übersicht gibt aber eine gute Orientierung über die vielfältigen Aspekte vereinbarter Ziele, über die es zu Unstimmigkeiten kommen kann, wenn sie nicht festgehalten wurden.

Übung 38: Eine komplette Zielvereinbarung

Nehmen Sie ein beliebiges Ziel, das Sie sich schon einmal gesetzt hatten. Versuchen Sie alle Aspekte einer Zielvereinbarung zu benennen:

- Welche Aspekte hatten Sie damals bei der Erreichung Ihres Ziels beachtet?
- Welche Aspekte, die Sie nicht beachtet haben, haben zu Schwierigkeiten oder Verzögerungen geführt?

4 Bausteine der Gesprächsführung

Die hier vorgestellten Bausteine sollen Ihnen helfen, Gespräche effektiv und zielgerecht vorzubereiten und zu führen. Sie basieren auf den Ablaufschemata der Beratung, Konfliktklärung und Mediation, wie sie in den verschiedensten Veröffentlichungen ausgeführt sind (Bamberger, 2010, S. 63–267; Benien, 2003; Brüggemann, Ehret-Ivankovic u. Klütmann, 2007; Thomann u. Schulz von Thun, 1988, S. 35–43; Diez, 2005, S. 95–157; Jiranek u. Edmüller, 2007, S. 123–141; Seifert, 2009, S. 38–85; Oboth u. Seils, 2011, S. 47–130; Bähner, Oboth u. Schmidt, 2008, S. 33–52; Montada u. Kals, 2013, S. 247–310; Freitag u. Richter, 2015, S. 41–131).

Natürlich ist es weder sinnvoll noch möglich, alle Gespräche nach einem standardisierten Ablaufplan zu gestalten. Ein Mitarbeitergespräch verläuft anders als eine Teambesprechung, ein Sprint-Review bei Scrum anders als ein Feedback- oder Kritikgespräch. Das eigene Führungsverständnis variiert je nach Führungskonzept, Organisationskultur und eigenem Rollenbild – und mit ihm variiert die Gestaltung von Gesprächen. So macht es für den Gesprächsablauf einen Unterschied, ob man ein Thema als Führungskraft »verkündet«, oder ob man sich in einem partizipativen Dialog mit den Mitarbeitenden gemeinsam ein Bild von der Situation machen möchte. Das heißt, dass Sie nie alle Bausteine für das Führen eines Gesprächs benötigen werden.

Deshalb werden die hier beschriebenen Bausteine im folgenden Kapitel »Formate und Verläufe von Gesprächen« für einige Standardsituationen konkretisiert, wie z. B. Verhandlungen führen, Anweisungen geben, Teammeeting. Mit zunehmender Übung lernen Sie, die Bausteine in verschiedenen Gesprächen frei zu variieren. Dabei muss die für die jeweilige Gesprächsvorbereitung investierte Zeit in einem guten Kosten-Nutzen-Verhältnis zur damit erzielten Zeitersparnis während des Gesprächs stehen bzw. durch das verbesserte Ergebnis gerechtfertigt sein.

Je vertrauter Sie mit den hier vorgestellten Bausteinen und Abläufen sind, desto weniger Zeit wird die Gesprächsvorbereitung in Anspruch nehmen. Wenn Sie den Ablauf verinnerlicht haben, wird es Ihnen leichtfallen, auch ungeplante, spontane Gespräche gut zu strukturieren. Mit zunehmender Übung nehmen die einzelnen Bausteine weniger Zeit in Anspruch. Zudem wird es mit steigender Routine zunehmend möglich, sie zu variieren und einen persönlichen Gesprächsführungsstil zu entwickeln.

Grundsätzlich gilt: Jedes Gespräch durchläuft fünf Phasen:

Phase A. Vorbereitung

Zunächst bereiten Sie das Gespräch vor und klären für sich und im Team, was Sie damit bezwecken.

Phase B. Beginn

Da der Einstieg in das Gespräch sehr wichtig für den weiteren Verlauf ist, beschreiben wir ihn hier als eigenständige Phase.

Phase C. Themenbearbeitung

Dann kommt der Hauptteil – die Themenbearbeitung.

Phase E. Abschluss

Der Abschluss nimmt in der Regel nur wenig Zeit in Anspruch, stellt aber eine wichtige und eigenständige Phase dar.

Phase E. Nachbereitung

Im Anschluss an das Gespräch bereiten Sie dieses immer nach. Die Nachbereitung ist zugleich der Beginn der Vorbereitung des nächsten Gesprächs.

Den Phasen sind Bausteine zugeordnet (Tabelle 13). Diese werden in diesem Kapitel genauer vorgestellt.

Tabelle 13: Die Phasen und Bausteine der Gesprächsführung

<table>
<tr><th colspan="12">Phase A. Vorbereitung</th></tr>
<tr><td colspan="4">Baustein 1:
Klärung</td><td colspan="4">Baustein 2:
Einladung</td><td colspan="4">Baustein 3:
Raumgestaltung</td></tr>
<tr><th colspan="12">Phase B. Beginn</th></tr>
<tr><td colspan="3">Baustein 4:
Begrüßung</td><td colspan="3">Baustein 5:
Rahmen und Regeln</td><td colspan="3">Baustein 6:
Themen</td><td colspan="3">Baustein 7:
Gesprächsziele</td></tr>
<tr><th colspan="12">Phase C. Themenbearbeitung</th></tr>
<tr><td colspan="3">Baustein 8:
Information</td><td colspan="3">Baustein 9:
Sichtweisen hören</td><td colspan="3">Baustein 10:
Eigene Sichtweise schildern</td><td colspan="3">Baustein 11:
Ziele, Interessen und Bedürfnisse</td></tr>
<tr><td colspan="3">Baustein 12:
Handlungsideen</td><td colspan="3">Baustein 13:
Handlungs-entscheidung</td><td colspan="3">Baustein 14:
Handlungs-planung</td><td colspan="3">Baustein 15:
Vereinbarungen</td></tr>
<tr><th colspan="12">Phase D. Abschluss</th></tr>
<tr><td colspan="12">Baustein 16:
Zusammenfassung und Verabschiedung</td></tr>
<tr><th colspan="12">Phase E. Nachbereitung</th></tr>
<tr><td colspan="3">Baustein 17:
Reflexion</td><td colspan="3">Baustein 18:
Umsetzung</td><td colspan="3">Baustein 19:
Überwachung und Überprüfung</td><td colspan="3">Baustein 20:
Prozesse abschließen</td></tr>
</table>

Unser Modell versteht sich als Baukasten, aus dem Sie das entnehmen können, was für das gerade anstehende Gespräch am nützlichsten ist. Sie werden sehen, dass Sie – je nach Gesprächstyp – nicht alle Bausteine in der gleichen Intensität durchlaufen müssen.

Wenn Sie nur wenig Vorbereitungszeit erübrigen können, konzentrieren Sie sich auf die Selbst- und Zielklärung und darüber hinaus auf die Punkte, die Ihnen für das betreffende Gespräch am wichtigsten erscheinen.

Praxistipp 4: Reden oder Gespräche führen
Entscheiden Sie immer, ob Sie einfach nur mit jemandem reden wollen, oder ob Sie tatsächlich ein Gespräch führen möchten. Wenn Sie einfach nur reden wollen, reden Sie einfach nur. Dazu brauchen Sie keinen Ablaufplan und keine Regeln. Falls Sie jedoch die Führung eines Gesprächs übernehmen möchten, tun Sie dies strukturiert. Auf welche der hier vorgestellten Bausteine Sie dabei zurückgreifen, richtet sich nach vielen Faktoren, wie Inhalte, Anliegen, Auftrag, Zielen und nicht zuletzt nach dem individuellen Gesprächsstil, den Sie im Laufe der Zeit entwickeln. Die Übergänge von einer sehr freien bis hin zu einer sehr durchstrukturierten Gesprächsführung, die alle Bausteine nutzt, ist hierbei fließend.

Vor allem bei einer großen Anzahl an Themen bzw. bei Themen, die sehr komplex oder konflikthaft sind, ist es nicht immer möglich, alle Bausteine des Gesprächs an einem Termin zu bearbeiten. Wurde beispielsweise bis zu einem bestimmten Baustein gearbeitet, kann bei einem darauffolgenden Termin (nach einer kurzen Zusammenfassung) an dieser Stelle weitergearbeitet werden.

In → **Kapitel 4.21 »Zeitökonomische und effiziente Gesprächsführung«** finden Sie Hinweise, wie die Bausteine effektiv gestaltet werden können.

Praxistipp 5: Mehr Struktur
Je konflikthafter ein Gespräch ist, desto hilfreicher kann es sein, genau auf die Abfolge der Bausteine und die Einhaltung der Regeln zu achten.

In den Bausteinen der Gesprächsführung wird auf die jeweils relevanten Zielaspekte gesondert hingewiesen. Diese Infokästen dienen einem tiefergehenden Verständnis der Zielorientierung, sind für die Verwendung der Bausteine aber nicht zwingend notwendig.

Zielperspektive:
Welche Zielaspekte können in diesem Baustein geklärt werden?

Jeder Baustein der Gesprächsführung ist in mehrere Einzelschritte untergliedert, die es erlauben, sie abschnittsweise zu durchlaufen. Für einen besseren Überblick sind die Schritte acht Kernaufgaben der Gesprächsführung zugeordnet (Tabelle 14).

Tabelle 14: Acht Kernaufgaben der Gesprächsführung

Symbol	Kernaufgabe	Symbol	Kernaufgabe
	Informieren und erklären		Über das weitere Vorgehen entscheiden
	Reflektieren		Eigene Fachverantwortung übernehmen
	Sammeln und visualisieren		Phase abschließen
	Sortieren und ordnen		Vereinbarung treffen

4.1 Baustein 1: Klärung

Übersicht der Schritte in Baustein 1: Klärung

- Gesprächsanlass
- Gesprächsleitung
- Themen des Gesprächs
- Funktion des Gesprächs
- Gesprächsziele
- Systemklärung
- Selbstklärung
- Klärung der eigenen Rolle
- Entscheidungsspielräume
- Mentaler Rollentausch mit den beteiligten Personen

Übung 39: Schriftliche Gesprächsvorbereitung
Für die Bausteine der Gesprächsvorbereitung finden Sie in den Online-Materialien einen Planungsbogen. Mit dessen Hilfe können Sie Ihre Ideen zu den einzelnen Schritten schriftlich festhalten. Mit zunehmender Erfahrung und Routine sinkt der Aufwand der Vorbereitung erheblich und muss nicht mehr in jedem Fall schriftlich erfolgen.

Je schwieriger und je wichtiger ein bevorstehendes Gespräch ist, desto mehr lohnt es sich, Zeit in die Gesprächsvorbereitung zu investieren. Mit einer professionellen Gesprächsführung auf der Basis einer guten Gesprächsvorbereitung können Sie

- Zeit sparen, weil Sie Ihr Ziel im Blick behalten und sich weniger aus dem Konzept bringen lassen.
- das Gespräch auch in schwierigen Situationen professionell und gelassen gestalten.
- ineffiziente Gesprächsschleifen und -sackgassen vermeiden.
- sich klarer vor Augen halten, was Sie erreichen wollen, sodass Sie sich nicht von Störmanövern des Gegenübers ablenken lassen.
- ein qualitativ besseres Gesprächsergebnis erzielen.

- Konflikte eindämmen und weitere Eskalationen stoppen, die sonst eventuell Folgegespräche (mit den Gesprächsbeteiligten, dem Betriebsrat usw.) nach sich gezogen hätten.

Wie schon erwähnt, Ihre Gesprächsvorbereitung besteht nicht darin, einen Plan für das Gespräch zu entwerfen und sich strikt an ihn zu halten, im Gegenteil: Seien Sie spontan, authentisch und sensibel für die Reaktionen der beteiligten Personen und passen Sie Ihre Gesprächsführung an die Situation an. Die eigene innere Klarheit, zu der Ihnen eine gute Gesprächsvorbereitung verhilft, erleichtert Ihnen eine solche flexible Gesprächsführung.

Seien Sie also trotz Ihrer eigenen Vorbereitung dazu bereit, sich überraschen zu lassen. Im Verlauf eines Gesprächs können die Beiträge von anderen Personen dazu führen, dass Sie neue Einblicke erhalten, andere Sichtweisen teilen und neue Ideen entwickeln. Seien Sie neugierig auf die anderen Personen und auf sich selbst.

Gesprächsanlass

Die Anlässe für Gespräche in der Führungsrolle sind vielfältig. Neben regelmäßigen Gesprächsterminen, wie z. B. dem Daily in der agilen Arbeit, der wöchentlichen Teambesprechung oder dem Jahresgespräch, gibt es eine Reihe von Einzelgesprächen, bei denen die Mitarbeitenden oder Sie selbst zu einem Thema Klärungs- oder Regelungsbedarf haben.

Angesichts dieser hohen Kommunikationsdichte lohnt es sich, näher hinzuschauen. Bevor man überlegt, wie man die Kommunikation möglichst effizient gestalten kann, ist es sinnvoll, genau zu hinterfragen, wozu das geplante Gespräch eigentlich dienen soll. Diese Frage nach der Notwendigkeit und Sinnhaftigkeit des Gesprächs wird oft nicht gestellt – gerade bei Besprechungen, die man »schon immer« so gemacht hat. Das ist ein Fehler, denn zahlreiche Gespräche und Besprechungen erweisen sich im Nachhinein als ineffizient oder gar komplett überflüssig.

Führungskräfte sagen oft Gespräche zu, obwohl nicht klar ist, ob das Gespräch überhaupt in dieser Form notwendig und sinnvoll ist. Sie wollen schließlich für alle »ein offenes Ohr« haben – das ist natürlich grundsätzlich ehrenwert und auch Teil Ihrer Führungsfürsorge, aber es lohnt sich, die Notwendigkeit und die eigene Motivation zu hinterfragen, bevor ein Gesprächsangebot gemacht oder angenommen wird. Oftmals können Sie sich viel Arbeit ersparen, wenn Sie sich im Vorfeld des Gesprächs folgende Fragen stellen:

> »Wer hat Gesprächsbedarf? Ich, eine oder mehrere Teilnehmende des Gesprächs oder eine dritte Person (z. B. Geschäftsführung, Vorgesetzte, Mitarbeitende, Kundinnen oder Kunden)?«
> »Will bzw. muss ich das Gespräch führen und warum? Was würde passieren, wenn ich es nicht tue?«

Gesprächsleitung

Bei vielen Gesprächen werden Sie als Führungskraft die Gesprächsleitung innehaben. Falls Sie an den Gesprächsinhalten thematisch stark involviert sind, ist es jedoch ungünstig, die Gesprächsleitung selbst zu übernehmen. Sie geraten in solchen Fällen in eine Doppelrolle, sich auf die Prozessgestaltung *und* auf das Erreichen bestimmter Ergebnisse konzentrieren zu müssen. Diese Doppelrolle lässt sich sicherlich nicht immer vermeiden, und es wird noch ausführlich erläutert, wie man in ihr dennoch erfolgreich Gespräche führen kann. Aber Ihre erste Überlegung sollte es dann sein, ob es in diesem Zusammenhang eine Person gibt, die für die Gesprächsleitung geeigneter ist als Sie.

Klären Sie, ob Sie selbst einen offiziellen und expliziten oder inoffiziellen und impliziten Auftrag haben, die Gesprächsleitung zu übernehmen. Überlegen Sie, welche Person sonst diesen Auftrag haben könnte, ob diese Person geeignet ist oder ob die Übernahme der Gesprächsleitung vorher noch besprochen und vereinbart werden sollte.

Falls Sie an einem Gespräch teilnehmen, in dessen Verlauf Sie feststellen, dass es keine Gesprächsleitung gibt, können Sie unterbrechen und selbst darum bitten, die Gesprächsleitung übernehmen zu dürfen, oder anregen, dass eine andere Person dies tut. Unstrukturierte Gespräche ohne formale Gesprächsleitung dürfen selbstverständlich auch stattfinden, wenn alle Beteiligten mit dem Verlauf und den damit erzielten Ergebnissen zufrieden sind. Je mehr Personen aber an einem Gespräch teilnehmen, desto unverzichtbarer wird die Moderationsfunktion.

Sie sollten unabhängig davon, wie das Gespräch zustande kommt (Gesprächsanlass) und ob sie selbst die Gesprächsleitung übernehmen (Gesprächsauftrag), alle Schritte der Gesprächsvorbereitung vorab zumindest durchdenken. Dies hilft Ihnen zu prüfen, ob das Gespräch so wie geplant sinnvoll ist, und festzulegen, welche Beiträge Sie hierzu leisten möchten. Wenn Sie einen Auftrag zur Übernahme der Gesprächsleitung haben, sind die folgenden Vorbereitungsschritte hilfreich, um diesen Auftrag erfüllen zu können.

Praxistipp 6: Keine unmoderierten Besprechungen!
Die Übernahme der Gesprächsleitung und der Protokollführung sollte nach den folgenden Kriterien erfolgen:

- Verfügt die Person über die erforderlichen Fähigkeiten?
- Verfügt die Person über die erforderliche Erfahrung?
- Besitzt die Person einen ausreichenden Abstand zum Thema, um die Gesprächsleitung zu übernehmen?
- Ist die Person als Gesprächsleitung bzw. Protokollant in von den anderen Beteiligten akzeptiert?

Auf den ersten Blick ist häufig die Führungskraft die einzige Person, die die für die Gesprächsleitung nötigen Kompetenzen mitbringt. Eine Moderationsschulung für die Mitarbeiterinnen und Mitarbeiter ist aufwendig und zeitintensiv. Somit bleibt die Gesprächsleitung oft an der Führungskraft hängen, zumal diese ja auch verantwortlich ist.

Das kann aber dazu führen, dass sich die übrigen Gesprächsteilnehmerinnen und -teilnehmer zurücklehnen, ohne ihren Teil der Verantwortung zu übernehmen. So muss die Führungskraft viel Energie aufwenden, weil sich die Teilnehmenden nicht ausreichend vorbereiten, Seitengespräche führen, während des Meetings E-Mails schreiben, sich in endlosen Wortbeiträgen ausbreiten etc. Das ändert sich schnell, sobald die Moderation turnusmäßig wechselt und alle diese Rolle ab und an übernehmen. Die Feedbackprozesse, die zu einem solchen Empowerment zugunsten des Gesamtsystems beitragen, sind in die hier vorgestellten Bausteine integriert.

Themen des Gesprächs

Die Frage »Worum soll es im Gespräch gehen?« ist für die Gesprächsvorbereitung wichtig. Oft wird schon bei der Vereinbarung oder Festlegung eines Termins ein Thema benannt, oder es wird darum gebeten, Themen vorher zu benennen, und es wird eine Tagesordnung erstellt. Mitunter steht aber lediglich fest, wer sich zu einem Gespräch trifft, an welchem Ort und zu welcher Zeit das Gespräch stattfinden soll, ohne dass Themen benannt sind. Viele Gespräche finden auch ohne große Absprache spontan statt.

Gesprächsanlässe, für die keine Themen benannt sind, machen eine Vorbereitung schwierig oder sogar unmöglich. Dies passiert etwa bei Gesprächsterminen, die bereits feststehen und regelmäßig stattfinden, wie Konferenzen und Teamsitzungen. Auch Aufforderungen zum Gespräch wie »Wir müssen reden!«, »Wir brauchen einen Termin!« oder »Kommen Sie heute Mittag in mein Büro, wir haben zu reden!« erschweren eine Vorbereitung.

Dadurch geraten Sie in Gesprächssituationen, in denen Sie denken: »Hätte ich das vorher gewusst, hätte ich Unterlagen mitgebracht; … hätte ich mich nochmal kundig gemacht …; hätte ich meine Bedürfnisse und Anliegen reflektiert« … und dergleichen mehr. Oder es finden Gesprächstermine statt, bei denen erst mühsam und zeitaufwendig nach Themen gefahndet werden muss, um dann festzustellen, dass man eigentlich keine Themen hat oder auf die Themen, die sich dann doch ergeben, nicht vorbereitet ist. Hinzukommt, dass die für das Gespräch angesetzte Zeit dann gegebenenfalls zu lang oder aber zu kurz ist, um die Themen zu besprechen.

Definieren Sie also bei der Gesprächseinladung, worum es bei dem geplanten Gespräch oder der Besprechung genau gehen soll – und worum nicht. Informieren Sie über die Themen, die Sie ansprechen möchten, und fragen Sie nach den Themen der Eingeladenen:

»Bei unserem Projektmeeting möchte ich gern über die folgenden beiden Themen mit Ihnen sprechen: … Welche Themen sind Ihnen wichtig?«
»Ich muss mit Ihnen heute noch über … sprechen. Haben Sie auch noch ein Thema?«
»Für das Personalentwicklungsgespräch bitte ich Sie, diesen Reflexionsbogen auszufüllen und mir eine Woche vorher zu geben. Bitte notieren Sie im unteren Abschnitt auch die Themen, die Sie noch besprechen möchten.«

Wenn Sie eingeladen werden, fragen Sie, worum es gehen soll:

> »Können Sie mir die Themen benennen, über die Sie mit mir sprechen möchten?«
> »Geben Sie mir bitte ein Stichwort zu den Inhalten des Gesprächs?«
> »Worum soll es denn gehen?«
> »Schicken Sie mir die Tagesordnung zu, damit ich mich auf die Sitzung vorbereiten kann?«

Die Themen des Gesprächs sollten Sie auch dahingehend reflektieren, ob Sie selbst involviert oder von bestimmten Ergebnissen des Gesprächs betroffen sind:

1. Haben Sie bezüglich der Themen eigene Handlungsziele formuliert?
2. Auf einer Skala von 1 bis 10, wenn 1 »kalt« bedeutet und 10 »heiß«: Wie kalt lässt Sie das Thema?
3. Wenn die anderen Beteiligten sich auf eine gemeinsame Lösung verständigen können, wäre Ihnen dann egal, wie diese genau aussieht?
4. Haben die möglichen Ergebnisse des Gesprächs direkte Auswirkungen auf Sie, Ihre Arbeit oder Ihr Privatleben?
5. Ist Ihr Verhältnis zu den anderen Gesprächsbeteiligten gut und würden diese Sie als Gesprächsleitung akzeptieren?

Lauten Ihre Antworten: »Nein, 1, Ja, Nein, Ja«, ist dies ein guter Hinweis darauf, dass Sie inhaltlich nicht involviert sind. In diesem Fall kann eine Gesprächsführung durch Sie gut gelingen.

Lauten Ihre Antworten: »Ja, 10, Nein, Ja, Nein«, ist dies ein guter Hinweis darauf, dass Sie inhaltlich involviert sind. In diesem Fall sind die Anforderungen an Sie als Gesprächsführung sehr hoch, da sie auch eigene inhaltliche Beiträge zu leisten haben. Sie sollten die Moderation gegebenenfalls an eine nicht involvierte Person abgeben.

Selbst inhaltlich und emotional involviert zu sein, schließt nicht aus, selbst die Gesprächsleitung zu übernehmen. Oft ist dies auch gar nicht anders möglich. Auf jeden Fall sollte, wenn keine inhaltlich unbeteiligte Gesprächsleitung vorhanden ist oder organisiert werden kann, offen mit der eigenen Involviertheit umgegangen werden.

Funktion des Gesprächs

Führung ist in weiten Teilen Kommunikation, daher ist es klar, dass Gespräche einen großen Teil Ihrer Zeit als Führungskraft in Anspruch nehmen. Allerdings werden Besprechungen aller Art oft als unproduktive oder gar sinnlose Zeitfresser erlebt. In einer Studie des ifo Instituts (2014) gaben 88 Prozent der Befragten an, sich während Besprechungen oft nutzlos zu fühlen. Andere Untersuchungen kommen zu ähnlichen Ergebnissen: 66 Prozent der Befragten nehmen in einer Studie von Harris (2011) Besprechungen als ineffizient wahr, 40 Prozent sehen Meetings als Zeitverschwendung an. Zu ähnlichen Ergebnissen kommt auch der »Meeting-Report 2020«, in welchem 85 Prozent der Befragten angeben, dass über die Hälfte der Besprechungen, an denen sie teilnehmen, irrelevant für sie sind (TimeInvest, 2020).

In erster Linie soll jede arbeitsbezogene Kommunikation organisationalen Zielen dienen, z. B. der Aufgabenverteilung, der gemeinsamen Reflexion der Zusammenarbeit oder der Planung neuer Vorhaben. Das bedeutet weder, dass persönliche Themen auszuklammern sind (der persönliche Kontakt ist für Arbeitszufriedenheit, Teamklima und Motivation sehr wichtig), noch dass sich jede Kommunikation strikt auf die Kernaufgaben beschränken sollte. Der informelle Austausch kann eine wichtige Ressource für Kooperation und Innovation sein. Gespräche und Besprechungen, die hingegen keinerlei Funktion für die Organisation haben, ergeben aber keinen Sinn und sollten gestrichen werden.

Wie die aufgeführten Studien zeigen, sind sinnlose Meetings kein Ausnahmefall. Organisationen neigen dazu, sich mit sich selbst zu beschäftigen – der Nutzen für die Kundinnen und Kunden gerät dabei bisweilen aus dem Blick. Diese Selbstbeschäftigung in den Hintergrund und die Zielerreichung in den Vordergrund zu stellen, ist eine wichtige Führungsaufgabe. Auch kann es für die Mitarbeitenden sehr angenehm sein, erst einmal mit einem einstündigen gemeinsamen Frühstück in den Tag zu starten – wodurch sich eine Kultur etablieren kann, in der das Gleichgewicht zwischen Leistung und Beziehungspflege aus dem Lot gerät. Auch hier gilt: Nicht jede Beschäftigung mit sich selbst ist schlecht. Die Qualität der eigenen Zusammenarbeit zu reflektieren, so wie es beispielsweise in den Retrospektiven der agilen Arbeit geschieht, trägt wesentlich zur Professionalität der Organisation bei, solange diese Reflexion sich spürbar auf die eigene Effektivität, das Ergebnis und den Kundennutzen auswirkt.

Eine typische Quelle von Unzufriedenheit sind Besprechungen, die nur für einen Teil der Anwesenden relevant sind. Sicherlich haben Sie auch schon in Meetings gesessen, bei denen Sie sich gefragt haben, warum Sie eigentlich dabei sind. Idealerweise sollten nur die Personen anwesend sein, für die das Thema relevant ist (oder die aus Organisationsperspektive anwesend sein müssen). Versuchen Sie daher, Meetings so zu strukturieren, dass Personen, die bei bestimmten Tagungsordnungspunkten nicht benötigt werden, später hinzukommen oder früher gehen können. Natürlich ist es nicht immer möglich, Besprechungen so zu organisieren, dass die jeweiligen Themen immer für alle hundertprozentig interessant und relevant sind, aber es lohnt sich, das eigene Besprechungsmanagement regelmäßig unter dieser Fragestellung zu reflektieren und zu optimieren (→ **Kapitel 5.2 »Wiederkehrende Gespräche effizient und ergebnisorientiert gestalten«**).

> **Leitfragen:**
> »Was ist die Funktion des Gesprächs bzw. der Besprechung?«
> »Wer hat einen Nutzen davon?«
> »Woran würden wir / unsere Kunden und Kundinnen es merken, wenn wir das Gespräch

(nicht) führen? Was würde sich dadurch in unseren Abläufen verbessern bzw. verschlechtern?«

Gesprächsziele

Im nächsten Schritt sollten Sie sich über Ihr Ziel für das Gespräch klar werden. Dieser Punkt stellt eine der wichtigsten Voraussetzungen für eine effiziente, ergebnisorientierte Gesprächsführung dar. Wer sich über die Ziele für ein Gespräch nicht im Klaren ist, muss sich nicht wundern, falls er im Gespräch sein Ziel nicht erreicht. Wenn Gespräche, wie es in der Praxis häufig vorkommt, vor sich hindümpeln, Schleifen ziehen, in Sackgassen landen, liegt dies häufig daran, dass das Gesprächsziel nicht klar ist oder aus dem Auge geraten ist.

In → **Kapitel 3.8** haben wir grundlegende Überlegungen zum Thema »Ziele« angestellt. Der Optimalfall ist natürlich, dass sich die Beteiligten zu Beginn des Gesprächs auf ein gemeinsames Gesprächsziel verständigen (Kapitel 3.8.4). In anderen Fällen, z. B. bei Feedback- und Kritikgesprächen, wird eine solche Einigung kaum möglich sein. Ob Sie das Gesprächsziel mit den Beteiligten gemeinsam festlegen oder allein definieren – wichtig ist, dass Sie sich vor dem Gespräch darüber Gedanken machen, was Sie im Gespräch erreichen möchten. Erst eine Klarheit über die eigenen Ziele ermöglicht es im Anschluss, mit anderen über gemeinsame Ziele in den Dialog zu kommen. Fragen Sie sich also:

»Wozu dient das Gespräch und was möchte ich mit ihm bewirken?« (Handlungsziel)
»Was muss am Ende des Gesprächs stehen, um dem Handlungsziel näher zu kommen? Was möchte ich am Ende des Gesprächs erreicht haben?« (Gesprächsziel)

Das Gesprächsziel sollte

- innerhalb des Gesprächs erreichbar sein (bei Zielen, die erst im Anschluss an das Ziel erreicht werden können, handelt es sich im Sinne unserer Unterscheidung um Handlungsziele),
- durch Sie selbst erreicht werden können und nicht allein von anderen Beteiligten abhängig sein,
- anhand von beobachtbaren Kriterien überprüfbar sein,
- widerspruchsfrei sein.

In → **Kapitel 3.8.4** ist auch die Unterscheidung von »Handlungszielen und Gesprächszielen« näher erläutert.

Zielperspektive 1: Vorüberlegungen zu eigenen Handlungszielen
In der Selbstklärung können bereits eigene Aspekte möglicher Ziele benannt werden. So reflektieren Sie vorbereitend Ihren eigenen Anteil an Zielplanungen, wenngleich sich im Gespräch möglicherweise gänzlich andere Ziele ergeben werden.
Die folgenden Fragen verstehen sich nicht als erschöpfende Sammlung, sondern sollen Ihnen Anregungen liefern, Ihre Ziele zu präzisieren.

In der Reflexion zum Sachinhalt:

- *Situation, Ergebnisse und Messkriterien*
  »Wo stehen wir mit unserem Team?«
  »Was läuft gut/weniger gut?«
  »Was wird bereits erreicht?«
  »Was funktioniert?«
  »Was funktioniert nicht?«
  »Was müssen wir in Zukunft angehen?«
- *Handlungen und Maßnahmen*
  »Was wird bereits getan?«
  »Von wem und wann?«
- *Ressourcen*
  »Welche Ressourcen stehen zur Verfügung?«
  »Welche Ressourcen werden genutzt?«

In der Reflexion zur Selbstkundgabe:

- *Haltung und Emotionen*
  »Was bedeutet die aktuelle Situation für mich?«
  »Was beschäftigt mich?«
  »Welche Emotionen habe ich in der aktuellen Situation? (Zufriedenheit, Unsicherheit, Ärger, Sorge, …)«
- *Bedürfnisse und Werte*
  »Was ist mir wichtig? Was hätte ich gern?«
  »Gehen meine Bedürfnisse und Werte konform mit den Zielen und Werten der Organisation?«
  »Wo bin ich kompromissbereit?«

In der Reflexion zum Appell:

- *Erwartungen und Wünsche*
  »Was erwarte ich von den anderen Gesprächsbeteiligten?«
  »Was könnte oder sollte getan werden?«
  »Was wünsche ich mir von meinem Gegenüber?«
  »Wozu möchte ich meine Mitarbeitenden anregen, was schlage ich vor?«
  »Wie kann ich feststellen, ob meine Erwartungen und Wünsche verstanden wurden?«
- *Ressourcen*
  »Welche Ressourcen werden dafür benötigt?«

In der Reflexion zur Beziehung:

- *Rolle, Identität und Zugehörigkeit*
  »Wie erlebe ich die Zusammenarbeit mit den anderen Gesprächsbeteiligten?«
  »Wie möchte ich in Zukunft mit ihnen zusammenarbeiten?«
  »Welche Rolle nehme ich ihnen gegenüber ein?«
  »Welche Rolle haben diese mir gegenüber?«
  »Welche Akzeptanz habe ich als gesprächsführende Person bei den Beteiligten?«

Zu Gesprächszielen hier noch ein Beispiel.

Beispiel: Die Stütze des Teams (Teil I)

Herr Wienkämper ist Teamleiter in einem mittelständischen Unternehmen, das Getriebeteile für die Automobilindustrie herstellt. In den letzten Jahren war die Produktion immer mehr als ausgelastet – die Dieselkrise und die begonnene Umstellung auf Elektromobilität haben aber aktuell zu einem drastischen Auftragsrückgang geführt. In dessen Folge hat das Management beschlossen, sich von allen Leiharbeitnehmern zu trennen. Was anderswo allenfalls eine kleine Anpassung der Arbeitsprozesse bedeutet, stellt Herrn Wienkämper vor ein enormes Problem: Der Altersdurchschnitt der Stammarbeiter in seinem Team ist sehr hoch und die beiden jungen Leiharbeiter sind eine aus seiner Sicht eine unverzichtbare Stütze für seinen Bereich. Wenn die beiden gehen müssten, hätte das angesichts der gesundheitsbedingten Verwendungseinschränkungen der älteren Kollegen zur Folge, dass einige Tätigkeiten gar nicht mehr übernommen werden könnten. Herr Wienkämper befürchtet zusätzlich als Konsequenz, dass das Leistungsniveau in seinem Team allgemein zurückgehen würde, denn die Älteren haben kurz vor der Rente schon einen Gang zurückgeschaltet und die beiden Leiharbeiter sind die einzigen, die aus seiner Sicht noch »Schwung in den Laden« bringen.

Herr Wienkämper beschließt deshalb, seinen Bereichsleiter um ein Gespräch zu bitten. Ein Seminar zum Thema »schwierige Gespräche« nutzt er, um sich auf das Gespräch vorzubereiten. Eine erste Überraschung ergibt sich schon zu Beginn durch Fragen der Seminarleiterin: Herr Wienkämper stellt fest, dass er gar nicht genau benennen kann, was eigentlich das Ziel des Gesprächs sein könnte – schließlich gibt es eine ausdrückliche Direktive von oben, dass alle Leiharbeiter ohne Ausnahme freigesetzt werden sollen.

Unterstützt durch die Rückmeldungen der Gruppe und die Nachfragen der Seminarleiterin kann Herr Wienkämper für sich die folgenden Gesprächsziele herausarbeiten:

- Dem Bereichsleiter die Situation und die zu erwartenden Probleme darstellen.
- Die persönliche Dringlichkeit zum Ausdruck bringen.
- Den Bereichsleiter bitten, sich trotz der Managemententscheidung bei der Werksleitung dafür einzusetzen, dass die beiden Kollegen bleiben können.

In den folgenden Schritten geht es um die Entwicklung einer Gesprächsstrategie, mit der Sie das Gesprächsziel bestmöglich verfolgen können, und um die Identifizierung möglicher Ressourcen und Hindernisse, die Sie bei der Gesprächsführung berücksichtigen sollten. Beachten Sie, dass sich im weiteren Prozess der Selbstklärung (aber auch im Gespräch selbst!) ergeben kann, dass das Gesprächsziel noch angepasst werden sollte. Gesprächsziele sind also nicht in Stein gemeißelt, sondern lediglich eine Orientierungshilfe.

Systemklärung

Dieser Schritt dient dazu, die möglichen Themen und Zusammenhänge zwischen den Beteiligten und den Themen zu analysieren. Die Ergebnisse der Systemklärung können dazu genutzt werden, den Rahmen des Gesprächs festzulegen (Wer? Wann? Wie lange? etc.; → **Kapitel 4.2 »Baustein 2: Einladung«**).

> »Wer gehört, bezogen auf die Themen, zum relevanten System?«
> »Wer muss beteiligt werden, um ein gutes Gespräch führen und gute Lösungen entwickeln zu können?«
> »Werden tatsächlich alle relevanten Personen eingeladen und beteiligt?«
> »In welchen Beziehungen stehen die Personen miteinander?«
> »Was wäre das richtige Setting? Einzelgespräch oder Gruppengespräch? Wer ist die richtige Gesprächspartnerin oder der richtige Gesprächspartner?«
> »Welche Hypothesen habe ich über die Zusammenhänge im System?«
> »Sollte ich vorher Informationen einholen?«
> »Mit welchen Aussagen und Reaktionen kann ich rechnen?«
> »Muss ich mich mit anderen (z. B. meinem Vorgesetzten, Kollegen und Kolleginnen auf derselben Führungsebene) abstimmen?«
> »Bin ich eine geeignete Person, um dieses Gespräch zu moderieren?«

Selbstklärung

Um nach außen hin klar kommunizieren zu können, braucht es innere Klarheit. Dazu gehört insbesondere,

- sich Ihrer eigenen Haltung zu vergewissern,
- innere Eindeutigkeit und Überzeugung herzustellen sowie
- die Kernbotschaften, die Sie in dem Gespräch rüberbringen wollen, so präzise wie möglich zu formulieren.

Haltung zeigen

Sie kennen es von Ihren eigenen Vorgesetzten: Wie eine Führungskraft in Gesprächen auftritt, drückt immer auch das Führungsverständnis dieser Führungskraft aus. Die »mentalen Modelle« oder »subjektiven Theorien« von Führung bestehen meist in unbewussten Annahmen darüber, wie man als Führungskraft zu sein hat oder ein bestimmtes Ziel erreicht. Diese Annahmen bilden sich im Laufe der (Berufs-)Biografie heraus und hängen stark mit den eigenen Werten zusammen. Eine Führungskraft könnte beispielsweise davon ausgehen, dass man die Leistung am besten steigern kann, indem man die Mitarbeitenden ordentlich antreibt. Eine andere Führungskraft ist dagegen vielleicht der Ansicht, dass Freundlichkeit und Wertschätzung die größten Motivatoren sind. Als Konsequenz ihrer unterschiedlichen Auffassungen würden diese beiden Führungskräfte Motivationsgespräche sehr unterschiedlich gestalten. Fragen Sie sich daher:

> »Was ist meine Grundhaltung zum Thema Führung bzw. meine Führungsethik?«
> »Was ist mir als Führungskraft wichtig?«
> »Von welchen Werten möchte ich mich in meinem Führungshandeln leiten lassen?«
> »Welche Vorbilder habe ich in Bezug auf Führung erlebt? Wie würden diese Vorbilder (z. B. mein früherer Chef) in der aktuellen Situation handeln?«
> »Passt der Gesprächsansatz, den ich mir überlegt habe, zu dieser Haltung?«

Die »Grundhaltung systemisch-lösungsorientierter Gesprächsführung« haben wir in → **Kapitel 2.1** dargestellt – Stichworte wie »Denken in Zusammenhängen«, »Ressourcenorientierung«, »Lösungsorientierung« und »Wertschätzung« seien hier nur noch einmal kurz in Erinnerung gebracht. Bedenken Sie, dass es viele Möglichkeiten gibt, etwas zu bewegen. Diese sehr grundlegende, aber auch sehr einflussreiche Frage der Haltung lässt sich gut mit einem Coach reflektieren. Auf der Basis dieser Überlegungen müssen Sie Ihr anvisiertes Gesprächsziel unter Umständen noch einmal revidieren.

Brille putzen

Diese Empfehlung ist natürlich nicht wörtlich gemeint. Damit ist gemeint: Jeder Mensch nimmt seine Wirklichkeit jeweils so wahr, wie er sie durch die »Brille« seiner beobachtungsleitenden Unterscheidungen konstruiert. Vor einem wichtigen Gespräch empfiehlt es sich, diese Brille einmal abzusetzen und zu überlegen, welche alternativen Sichtweisen es noch gäbe, denn: Betrachtet man eine Situation aus einem anderen Blickwinkel, stellt sich die Wirklichkeit unter Umständen ganz anders dar. Bedenken Sie, dass es sehr viele Sichtweisen einer Sache (bzw. Beschreibungen eines Systems) gibt, die alle ihre Berechtigung haben: Vielleicht ist der Kollege, mit dem Sie in den Teambesprechungen immer aneinandergeraten, gar nicht so verbohrt wie Sie ihn immer wahrnehmen. Vielleicht ist Ihre Chefin bezüglich der Bereichsstrategie gar nicht derselben Meinung wie Sie. Und vielleicht machen Ihre Mitarbeiterinnen und Mitarbeiter aus ganz anderen Gründen Fehler, als Sie annehmen.

Auch diesen Schritt der Selbstklärung müssten Sie eigentlich *vor* der Festlegung des Gesprächsziels gehen – passen Sie Ihr Gesprächsziel gegebenenfalls noch einmal an.

Selbstklärung mit dem Inneren Team

Häufig haben wir zu Situationen keine eindeutige, einheitliche Haltung, sondern ein »inneres Kuddelmuddel« unterschiedlicher Gedanken, Gefühle, Werte, Ziele usw. Schulz von Thun spricht von »innerer Pluralität« und benutzt die Metapher eines »Inneren Teams«, in dem unterschiedliche Teammitglieder zusammenkommen, miteinander ringen und bestenfalls kooperieren (Schulz von Thun, 1998). In den vielfältigen Rollen, die Sie als Führungskraft einnehmen müssen, besteht dieses Innere Team aus zahlreichen Optionen für Ihr Auftreten und Handeln. Wenn Sie in einer schwierigen Kommunikations- oder Entscheidungssituation in sich hineinhorchen, können Sie oft eine ganze Reihe solcher »innerer Stimmen« ausmachen, die vielleicht sogar miteinander in Widerstreit liegen. Dies betrifft selbstverständlich nicht nur Situationen aus dem Kontext Ihrer Arbeit. In Bezug auf die Frage »Soll ich die Nachbarn zu meiner Hochzeitsfeier einladen?« könnten sich beispielsweise folgende innere Stimmen melden:

> Die Gesellige: »Könnte doch ganz nett werden …«
> Die Sparsame: »Das wird teuer!«
> Die Harmoniebedürftige: »Frau Meyer und Frau Schulte mögen sich nicht – wenn ich beide einlade, ist den ganzen Tag schlechte Stimmung!«
> Die Kalkulierende: »Wenn ich Frau Peters einlade, ist sie vielleicht bereit, sich in den Ferien um den Garten zu kümmern.«
> usw.

Das Innere Team einer Führungskraft, die eine Mitarbeiterin wegen ihres häufigen Zuspätkommens in den letzten Wochen zur Rede stellen will, könnte beispielsweise aussehen wie in Abbildung 19 gezeigt.

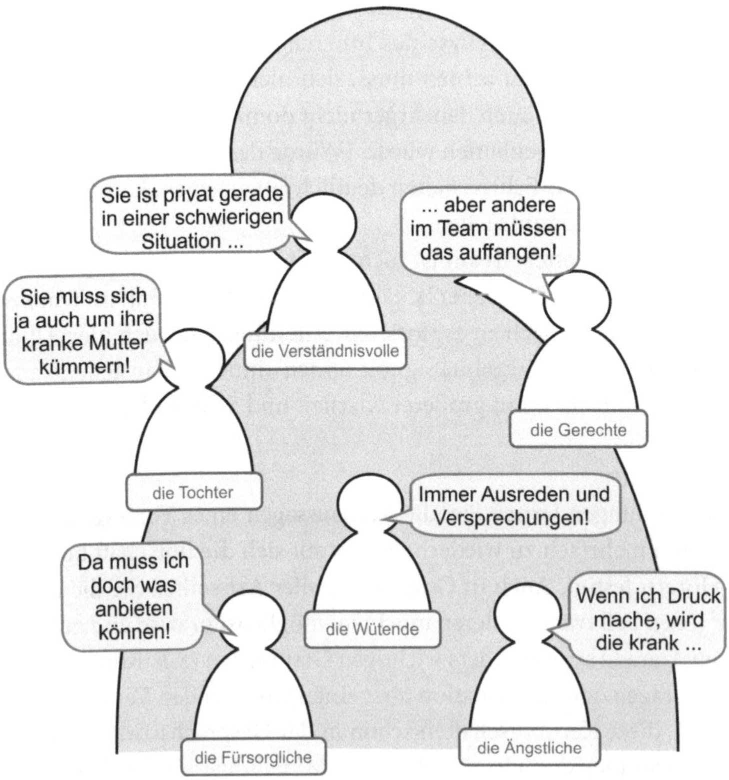

Abbildung 19: Beispiel eines Inneren Teams

Unter diesen Teammitgliedern gibt es lautere und leisere Stimmen, »Frühmelder« und »Spätmelder«, für uns bekannte Anteile und solche, die eher aus dem Unbewussten agieren. Ziel der Selbstklärung in der Gesprächsvorbereitung ist es, sich bewusst zu machen, wie sich diese »inneren Teamplayer« auf das Gespräch auswirken werden, beispielsweise anhand folgender Fragen:

> »Welche ›inneren Teammitglieder‹ melden sich in der Gesprächssituation?«
> »Welche davon sind für die Erreichung des Gesprächsziels hilfreich und welche eher hinderlich?«
> »Wo sind meine Ressourcen (Stärken, Kompetenz, Selbstsicherheit …) im Inneren Team vertreten und wie kann ich sie im Gespräch nutzen?«
> »Welche meiner ›inneren Teammitglieder‹ dürfen für meine Gesprächspartnerinnen und Gesprächspartner sichtbar werden, welche nicht?«
> »Wo sind meine ›inneren Fallen‹?«
> »Wie kann ich problematische Anteile umdeuten und nutzen?«
> »Wie kann ich meine ›innere Teamleitung‹ stärken?«

Angenommen, das Gesprächsziel in unserem Fallbeispiel lautet, zunächst ohne Vorwurfshaltung und ohne Druck mögliche Gründe für das Zuspätkommen der Mitarbeiterin zu erfragen. Die Analyse des Inneren Teams könnte dann ergeben, dass unsere Führungskraft darauf achten muss, sich nicht von der eigenen Unsicherheit blockieren zu lassen, aber auch den Ärger nicht dominant werden zu lassen (da dies dem Gesprächsziel entgegenlaufen würde. (Würde das Gesprächsziel stattdessen lauten, der Mitarbeiterin ihr Fehlverhalten deutlich aufzuzeigen, könnte es dagegen passend sein, den Ärger auszudrücken.)

Der Blick auf das Innere Team ist nicht einfach, denn er ist ungewohnt und mit einem blinden Fleck behaftet. Daher ist es am hilfreichsten, das Innere Team zusammen mit einem erfahrenen Coach zu explorieren. Allerdings gilt auch hier: Übung macht den Meister, und wer sich regelmäßig mit seinen »inneren Baustellen« auseinandersetzt, kann in Gesprächen mit größerer Klarheit und Selbstsicherheit auftreten.

Meine Kernbotschaften

In Rhetorikschulungen lernen Sie, die Kernaussagen eines Vortrags glasklar herauszuarbeiten und mehrfach zu wiederholen, damit sich die Botschaft bei den Hörerinnen und Hörern festigt. Auch in Gesprächen aller Art sollten Sie die Kernaussagen, die Sie auf jeden Fall transportieren möchten, möglichst präzise und gut verständlich formulieren. Gerade bei besonders wichtigen Gesprächen (z. B. Kommunikation über strategische Fragen oder Information über einen anstehenden Veränderungsprozess) ist es sinnvoll, diese Kernbotschaften schon in der Gesprächsvorbereitung zu formulieren. Hierbei können die »vier Aspekte einer Mitteilung« aus dem bekannten Modell von Friedemann Schulz von Thun (1981) als Strukturierung der Selbstklärung dienen:

- Sachinhalt

  »Was sind meine Themen? Worüber will ich reden? Worüber nicht?«
  »Was habe ich gesehen und gehört?«
  »Was wird bereits unternommen?«
  »Welche überprüfbaren Zahlen, Daten und Fakten sind für das Gespräch wichtig?«

- Selbstkundgabe

  »Was sollen meine Gesprächspartnerinnen und Gesprächspartner über mich und meine Befindlichkeit wissen?«
  »Wie geht es mir? Wie fühle ich mich?«
  »Was ist mir wichtig?«
  »Welche Werte vertrete ich?«

- Appell

  »Was sollen die anderen tun, was erwarte ich?«
  »Um was will ich einen oder mehrere Anwesende bitten?«
  »Welche Aufgaben sollen erledigt werden?«

- Beziehung

  »In welcher Beziehung stehe ich zu den anderen Beteiligten und wie kann ich das verdeutlichen?«
  »Aus welcher Rolle heraus spreche ich (Vorgesetzte/Kollege/Beraterin etc.) und wen möchte ich gern adressieren (Weisungsempfängerin/Fachkraft/loyales Teammitglied)?«
  »Welchen Charakter soll das Gespräch haben? Welche Themen können wir auf Augenhöhe verhandeln, welche nicht?«
  »Wie stelle ich mir die weitere Zusammenarbeit vor?«

Eine Regel der Kommunikationspsychologie lautet: Die Beziehungsebene dominiert die Sachebene. Das bedeutet: Wie Sie und die anderen Gesprächsbeteiligten zueinander stehen, ob es Konflikte gibt etc., wird entscheidend dafür sein, wie die Zusammenarbeit auf der Sachebene läuft. Im Zusammenspiel von formellen und informellen Führungsrollen gibt es unzählige Spielarten, das eigene Beziehungsangebot zu verdeutlichen:

- **Sitzordnung:** Gegenüber oder nebeneinander? Mit oder ohne Tisch? Runder oder eckiger Tisch? Abstand zwischen den Beteiligten?
- **Ort des Gesprächs:** Im Büro der Chefin? Im Büro des Mitarbeitenden? An einem neutralen dritten Ort? In der Teeküche? Bei der Betriebsfeier?
- **Gesprächseinleitung:** Smalltalk oder direkt zur Sache kommen?
- **Formulierungsweise:** Förmlich oder kollegial? Äußern Sie eine »Bitte«, eine »Erwartung« oder eine »Anweisung«?
- **Tonfall und Lautstärke:** Sanft oder bestimmt? Beschwichtigend oder autoritär?

Wenn die Beziehungsebene die Sachebene dominiert, heißt das aber auch: Wie das, *was* gesagt wird, beim Empfänger ankommt, hängt in hohem Maße davon ab, *wie* es gesagt wird. Die (nonverbalen) Beziehungsbotschaften beinhalten wichtige Kontextinformationen für die Bewertung von Sachaussagen. Auch deshalb sollten Sie – insbesondere bei sensiblen Themen oder in vorbelasteten Arbeitsbeziehungen – sorgsam darauf achten, welche Signale Sie auf der Beziehungsebene senden. Hierzu einige Beispiele:

> Die Chefin möchte ihrer Mitarbeiterin ein kritisches Feedback geben. Da sie der Mitarbeiterin aber nicht wehtun möchte, passt sie die Kritik in eine längere lobende Vorrede ein und verpackt die eigentliche Kritik butterweich. Am Ende des Gesprächs hat die Mitarbeiterin das Gefühl, dass die Chefin voll und ganz mit ihr zufrieden ist, die Kritik ist nicht angekommen.

> Herr Kluge ist innerhalb seines Teams aufgestiegen: Die Mitarbeitenden, die bisher seine Kolleginnen und Kollegen waren, sind ihm seit zwei Monaten unterstellt. Herr Kluge ist in seiner neuen Rolle noch nicht ganz angekommen. Seine neuen Aufgaben gehen ihm bislang nicht so leicht von der Hand und er ist sich unsicher, wie er sein neues Verhältnis zu seinen bisherigen Kollegen gestalten soll. Dadurch passiert genau das, was er vermeiden möchte: Er wirkt auf sein Team steif und distanziert. »Da sieht man, was aus den Leuten wird, wenn sie einen Führungsjob bekommen«, sagen sie hinter seinem Rücken.

> **Beispiel: Die Stütze des Teams (Teil II)**
> Für das Gespräch mit dem Bereichsleiter formuliert Herr Wienkämper folgende Kernbotschaften:
> *Sachinhalt:* »Die Stückzahlen zeigen, dass wir zur Erledigung des Auftrags auf die beiden Leiharbeiter angewiesen sind (hinterlegt mit Übersicht über die Produktionszahlen, Zahlen zu Krankenstand usw.)«
> *Selbstkundgabe:* »Ich mache mir große Sorgen, ich habe schon sehr viel über die Situation nachgedacht, ich will bestmögliche Arbeit abliefern.«
> *Beziehung:* »Ich respektiere die Entscheidung des Managements. Meine Aufgabe ist es, diese umzusetzen.«
> Appell: »Ich möchte das Problem mit Ihnen gemeinsam angehen. Bitte setzen Sie sich bei der Werksleitung für eine Ausnahmeregelung ein.«

Diese Reihenfolge (Sachinhalt – Selbstkundgabe – Beziehung – Appell) bildet einen guten roten Faden für die Gesprächseinleitung, der in unterschiedlichsten Settings angewendet werden kann. Je nach Gesprächskontext ist es unter Umständen sinnvoll, die Reihenfolge von Selbstkundgabe und Beziehungsaussagen zu vertauschen. Hierbei können sehr gut die Ausführungen zu den Schritten der »Gewaltfreien Kommunikation« als Orientierungshilfe herangezogen werden (→ **Kapitel 3.5**).

Die Ergebnisse dieser Reflexion beziehen sich direkt auf die Bausteine der Gesprächsführung und lassen sich dort einbringen:

- Was sind meine Themen (→ **Baustein 6 »Themen«**)?
- Was ist meine Sichtweise auf das Thema (→ **Baustein 10 »Eigene Sichtweise schildern«**)?
- Was sind meine Ziele, Interessen und Bedürfnisse (→ **Baustein 11 »Ziele, Interessen und Bedürfnisse«**)?
- Was glaube ich, durch welche Maßnahmen diese Bedürfnisse erfüllt werden können (→ **Baustein 12 »Handlungsideen«**)?
- Was bin ich bereit, selbst dazu beizutragen (→ **Baustein 13 »Handlungsentscheidung«**)?
- Wie könnten die Maßnahmen umgesetzt werden (→ **Baustein 14 »Handlungsplanung**)?

Als Führungskraft haben Sie in Gesprächen in aller Regel mehrere Aufgaben: Sie müssen das Gespräch steuern, dabei aber gleichzeitig inhaltliche Beiträge leisten und dafür sorgen, dass Entscheidungen zustande kommen. Es ist wichtig, diese dreifache Rolle zu reflektieren und sich auf alle Rollenaspekte ausreichend vorzubereiten.

Klärung der eigenen Rolle

Eine Führungskraft hat bei genauerer Betrachtung einen ganzen Strauß von Rollen inne, die vor und in Gesprächen sorgsam unterschieden werden müssen. Wir möchten dies am Beispiel von Frau Faruk illustrieren, die als Teamleiterin eine Besprechung moderiert. Zunächst kann man *formale* und *informelle* Rollen unterscheiden.

Für unsere Besprechung wären auf der formalen Ebene zumindest drei Rollen von Bedeutung, die einen jeweils unterschiedlichen Umgang erfordern. Mit diesen drei Rollen sind auch unterschiedliche und oft widersprüchliche Ziele und Interessen verbunden:

1. **Rolle als Moderatorin oder Moderator**
   In der *Moderatorinnenrolle* vertritt Frau Faruk die Ziele und Interessen aller Beteiligten an einem zielführenden Verlauf des Gesprächs. Sie muss sicherstellen, dass unterschiedliche Perspektiven in Abgleich kommen und alle z. B. eine zu treffende Entscheidung mittragen können. Dazu bedarf es einer gewissen inhaltlichen Neutralität.
2. **Rolle als Teilnehmerin oder Teilnehmer**
   Wenn Frau Faruk einen inhaltlichen Beitrag zur Diskussion leisten möchte, muss sie die Rolle der Moderatorin verlassen und in die *Teilnehmerinnenrolle* wechseln. In dieser Rolle vertritt Frau Faruk ihre persönlichen Ziele und Interessen.
3. **Rolle als Vorgesetzte oder Vorgesetzter**
   Vielleicht möchte Frau Faruk bestimmte Fragen vom Team entscheiden lassen, dann kann sie den Entscheidungsfindungsprozess aus der Moderatorinnenrolle heraus begleiten. Vielleicht möchte sie bei anderen Fragen aber auch ihre Entscheidungsvorrecht als Teamleiterin wahrnehmen – in diesem Fall muss sie ebenfalls die Moderatorinnenrolle verlassen und in der *Vorgesetztenrolle* die Entscheidung treffen. In dieser Rolle vertritt Frau Faruk die Ziele und Interessen der Organisation.

Kritik 5: Dreiteilung
»Ich kann mich doch nicht dreiteilen und einerseits das Gespräch leiten, mich andererseits einbringen und auch noch die Vorgesetztenrolle übernehmen! Schon gar nicht, wenn ich auch noch einen Konflikt mit einem der Beteiligten habe!«

Es ist vielfach tatsächlich günstiger, wenn eine von den Themen, Situationen und Personen unabhängige Person ein Gespräch leitet, erst recht, wenn die Themen konflikthaft sind – das bedeutet ja nicht, dass Sie Ihre Führungsrolle und die damit verbundenen Entscheidungskompetenzen aus der Hand geben. Eine unabhängige Person mit Moderationskompetenzen steht jedoch meistens nicht zur Verfügung. Manchmal gibt es die Möglichkeit, das Gespräch bzw. die Besprechung von einem Moderationsprofi aus der internen Beratung bzw. der HR-Abteilung oder auch von einem Führungskollegen aus einem anderen Bereich moderieren zu lassen. In vielen Fällen ist es aber schlicht unpraktikabel oder unwirtschaftlich, eine externe, unbeteiligte Gesprächsleitung hinzuzuziehen.
In vielen Fällen bleibt Ihnen also nichts anderes übrig, als »das Beste« aus der Situation zu machen. Auch wenn Sie sich nicht zweiteilen können, können Sie den Unterschied zwischen der Moderationsrolle, der Führungskraft und der Rolle des inhaltlichen Experten im Gespräch markieren und für die anderen Beteiligten deutlich machen. Wir zeigen im Folgenden, wie das möglich ist.

Hinzu kommen alle möglichen anderen formalen und informellen Rollen, die teilweise nur implizit wirken, aber in Gesprächen durchaus spürbar sein können. Hierzu zählen auch Altersunterschiede (»die Junge«/»die Alte«), Familienverhältnisse (»die Mutter«, »die Kinderlose«, »die Ledige«, »die Geschiedene«) oder andere Attributionen (»die SUV-Fahrerin«, »die Vegetarierin«, »die Studierte«). Gehen Sie Ihre vielfältigen Rollen gern einmal in Gedanken durch oder schreiben Sie diese auf. Überlegen Sie dabei, welche Auswirkungen diese Rollen auf Gespräche haben könnten.

Entscheidungsspielräume

Organisationen leben davon, dass Entscheidungen getroffen werden. Diese Entscheidungen herbeizuführen, ist eine wesentliche Aufgabe Ihrer Führungsfunktion. Entscheidungen herbeizuführen kann, muss aber nicht unbedingt, bedeuten, allein zu entscheiden. Als Führungskraft haben Sie das Vorrecht, gemäß der Ihnen übertragenen Funktion Entscheidungen zu treffen. Bei manchen Entscheidungen (z. B. Personalentscheidungen) ist eine solche Alleinentscheidung der Führungskraft sinnvoll. In den meisten Fällen steigen aber sowohl die Entscheidungsqualität als auch die Arbeitszufriedenheit und Motivation der Mitarbeiter und Mitarbeiterinnen, wenn Sie diese an der Entscheidung beteiligen. Dies kann in unterschiedlichen Abstufungen geschehen, die als »Führungskontinuum« bezeichnet werden (Braunschweig, Kindermann u. Wehrlin, 2001, S. 140; Wunderer, 2007, S. 209; Tannenbaum u. Schmidt, 1958; → **Kapitel 2.3.3 »Macht und Beteiligung«**):

1. Sie entscheiden allein, ohne Information und Rücksprache mit Mitarbeitenden (alleinentscheidend).

2. Sie entscheiden allein, erläutern aber die Entscheidung und legen Ihre Gründe offen (informierend).
3. Sie kündigen Ihre Entscheidung an, erläutern diese, werben für Verständnis und lassen Fragen zu (werbend).
4. Sie informieren über eine anstehende Entscheidung und bitten Mitarbeitende um ihre Meinung und ihre Ideen (beratend).
5. Es werden gemeinsam oder durch Arbeitsgruppen Vorschläge erarbeitet, eine Entscheidung wird dann von Ihnen oder gemeinsam getroffen (kooperierend).
6. Mitarbeitende entscheiden, nachdem Sie das Ziel, die Probleme und die Entscheidungsspielräume dargestellt haben (delegierend).
7. Die Mitarbeitenden entscheiden, sie fungieren gegebenenfalls moderierend und als Koordination nach innen und außen (autonom).

In all diesen Fällen bleibt die Entscheidung an Personen gebunden (Sie als Führungskraft oder an Mitarbeitende, an die die Entscheidung delegiert wurde). Agile Organisationen arbeiten mit Verfahren, die eine Entscheidungsfindung in der Gruppe erleichtern, z. B. die Konsent-Moderation oder die Widerstandsabfrage. Professionell zu Entscheidungen zu gelangen, bedeutet, für jeden Entscheidungsanlass (Entscheidungen über Budget, Ziele, Prioritätensetzung, Arbeitsweise, Anschaffungen, Urlaubsplanung usw.) dasjenige Entscheidungsverfahren zu wählen, das die Entscheidungsqualität, die Effizienz des Entscheidungsprozesses und die Einbindung der verschiedenen Stakeholder in ein optimales Verhältnis bringt. Eine sogenannte Entscheidungsarchitektur, d. h. eine Tabelle, aus der hervorgeht, welche Entscheidungen wie getroffen werden und wer dabei wie verantwortlich bzw. eingebunden ist, ist eine wichtige Grundlage für eine professionelle Entscheidungsfindung.[8]

Für die Gesprächsführung ist festzuhalten, dass Ihre Rolle sich natürlich stark unterscheidet, je nachdem, ob Sie in dem jeweiligen Gespräch Ihre Entscheidung verkünden (alleinentscheidend), Ihre Entscheidung vorbereiten (werbend oder beratend), als Moderatorin oder Moderator eines Konsensbildungsprozesses fungieren (kooperierend) oder Entscheidungs- und Diskusprozesse eher im Hintergrund begleiten (delegierend oder autonom).

Bei der Entscheidungsfindung sollte das *Interesse der Organisation* im Vordergrund stehen: Welche Entscheidung ist für unsere Zielerreichung am sinnvollsten? Darüber hinaus können Sie sich als Führungskraft nicht davon frei machen, dass Sie auch eigene Interessen haben, die mit den Organisationsinteressen nicht unbedingt deckungsgleich sind. Um diese Interessen und die damit verbundene inhaltliche und emotionale Involviertheit geht es im nächsten Kapitel.

8 Die zahlreichen Aspekte in Bezug auf Entscheidungsfindung können hier nicht ausführlich erörtert werden, es gibt mittlerweile aber sehr praxistaugliche und spannende Literatur zu diesem Thema (z. B. Oestereich u. Schröder, 2017).

Kritik 6: Nutzen und Grenzen der Partizipation
»Wie soll ich denn vorher wissen, welches Maß an Beteiligung oder Delegation ich zur Verfügung stellen soll? Kann ich das nicht im Nachhinein entscheiden?«

In hierarchischen Organisationen sind die Entscheidungsbefugnisse der mittleren und unteren Führungsebenen immer delegierte Entscheidungsbefugnisse, d. h., die jeweils höhere Ebene kann die jeweils niedrigere Ebene mitentscheiden lassen, im Zweifel aber auch allein und abweichend entscheiden. Echte Partizipation kann große motivationale Energien freisetzen. In der Praxis laufen partizipative Prozesse aber oft in die falsche Richtung: Die Führungskraft eröffnet Mitgestaltungsmöglichkeiten, die Mitarbeiterinnen und Mitarbeiter investieren viel Zeit, Herzblut und Hoffnung für die Erarbeitung von Verbesserungsmöglichkeiten. Erst jetzt merkt der oder die Vorgesetzte, dass die erarbeiteten Lösungen nicht seinen Vorstellungen entsprechen oder vorab nicht kommunizierte Randbedingungen verletzten. Die Vorschläge der Mitarbeiter und Mitarbeiterinnen werden abgelehnt. Diese Form der »Pseudo-Partizipation« wird nachhaltiger demotivierend, als wenn der Vorgesetzte von vornherein allein entscheiden würde. In partizipativen Prozessen ist es daher extrem wichtig, den Rahmen zu klären:

- Welche Anforderungen muss die erarbeitete Lösung erfüllen?
- Wo stehen Randbedingungen unumstößlich fest, die bei der Lösungsfindung berücksichtigt werden müssen?
- Was kann von den Mitarbeiterinnen und Mitarbeitern allein entschieden werden, wo müssen die Vorgesetzten konsultiert werden, wo entscheiden die Vorgesetzten?

Mentaler Rollentausch mit den beteiligten Personen

Dieser Schritt dient dazu, die möglichen Themen und Grundhaltungen der Beteiligten zu reflektieren, die sich in unterschiedlichster Form auf das Gespräch auswirken können (→ **Kapitel 3.7.1 »Mögliche Grundhaltungen von Gesprächsbeteiligten«**).

Die Idee ist, dass Sie sich, nachdem Sie Ihre Gesprächsziele und Kernbotschaften formuliert haben, in die Rolle der anderen Gesprächsbeteiligten hineinversetzen. Natürlich ist dieser »mentale Rollentausch« mit dem Gegenüber spekulativ und erfordert ein gewisses Maß an Erfahrung und Empathie. Gerade bei Kolleginnen und Vorgesetzten, Mitarbeitern und Kundinnen, die Sie schon jahrelang kennen, haben Sie aber eine gute Grundlage für Ihre Einschätzung. Stellen Sie sich dabei zwei Fragen:

1. Wie erleben andere Gesprächsbeteiligte vermutlich die Situation?
(Mit welcher Einstimmung kommen sie in das Gespräch? Entspannt oder angespannt, kooperativ oder im Widerstand? Wie werden sie »durch ihre Brille« das Gespräch erleben? Wie kommen meine Kernbotschaften bei ihnen an?
2. Wie werden andere Gesprächsbeteiligte möglicherweise reagieren?
(Welcher Gesprächsverlauf ist zu erwarten, wenn die Beteiligten das Gespräch so erleben, wie ich es vermute? Werden sie auf meine Argumente eingehen? Welche Gegenargumente werden sie vorbringen? Welche Reaktionen wären möglich, z. B. Freude, Betroffenheit, Ablenkungsmanöver, Schweigen, Weinen, mit dem Betriebsrat drohen …)?

Bei diesen Fragen geht es nicht darum, die Reaktion der anderen Teilnehmenden voraussagen zu können, sondern darum, realistische Szenarien zu entwickeln, um von den möglichen Reaktionen nicht überrascht zu werden. Vielleicht haben Sie sich ja nach einem Gespräch schon einmal gesagt: »Das hätte ich mir vorher denken können, dass das Gespräch so verläuft …« – der innere Rollentausch und das mentale Durchgehen des Gesprächs sollen Sie dabei unterstützen, an mögliche Schwierigkeiten, die Sie sich »eigentlich hätten denken können«, auch tatsächlich schon im Vorfeld zu denken.

4.2 Baustein 2: Einladung

Übersicht der Schritte in Baustein 2: Einladung

Rahmen festlegen und Gesprächsort auswählen

Teilnehmende einladen

Vorinformation sicherstellen

Rahmen festlegen und Gesprächsort auswählen

In sehr vielen Situationen werden Sie selbst zum Gespräch einladen. Als Gastgeberin oder Gastgeber des Gesprächs liegt Ihre Verantwortung darin, den Rahmen vorzubereiten. Dabei hilft Ihnen folgende Übersicht:

Mit wem?	Teilnehmende des Gesprächs bzw. der Vorgespräche
Worüber?	Stehen bereits Themen fest? Sind die Eingeladenen über die Themen informiert? Welche Themen bringen die anderen Beteiligten unter Umständen zum Gespräch mit und wie können diese Themen vorab bzw. zu Gesprächsbeginn gesammelt werden?
Welches Setting?	Face-to-face, Teammeeting, Telefontermin, Videokonferenz
Wann?	Wochentag, Uhrzeit, Saison, günstige und ungünstige Zeiten
Wie lange?	Wie viel Zeit wird es vermutlich benötigen, um alle Themen zu besprechen?
Wo?	Raum, Sitzordnung, Ungestörtheit
Womit?	Moderationskoffer, Medien, Material, Unterlagen, Bewirtung, Onlinetools

Check:	Wurden alle relevanten Personen zu dem Thema benannt? Sind alle relevanten Interessengruppen vertreten? Gibt es vielleicht noch weitere, verdeckte Themen? Sollte es zu verschiedenen Themen unterschiedliche Gesprächstermine geben? Gegebenenfalls in anderer Zusammensetzung? Gibt es Personen, die über das Gespräch informiert werden sollten, selbst wenn sie nicht teilnehmen?

Möglicherweise könnte ein Vorgespräch sinnvoll sein, beispielsweise, um innerhalb des Teams eine gemeinsame Haltung zu entwickeln oder um Kooperationspartner, Kunden oder andere Gruppierungen einzubinden. In Konfliktgesprächen oder in der Mediation sollten möglichst keine Vorgespräche mit einzelnen Beteiligten geführt werden, da dies den Eindruck der Vorabsprache und damit der Parteilichkeit erwecken könnte.

Zielperspektive 2: Ressourcen für die Erreichung der Gesprächsziele festlegen
Bei der Festlegung des Rahmens setzen Sie sich mit den personellen, materiellen, räumlichen und zeitlichen Ressourcen zur Erreichung der Gesprächsziele auseinander:

- Welche personellen, materiellen, räumlichen und zeitlichen Ressourcen könnten wir für einen guten Verlauf (Prozessorientierung) und für effektive Ergebnisse (Ergebnisorientierung) des Gesprächs einsetzen?

Teilnehmende einladen

In einer Einladung sollten alle wichtigen Rahmenbedingungen benannt werden. Auch sollte bereits entschieden sein, ob zu Beginn oder vor dem Gespräch Themen gesammelt werden (→ **Baustein 6 »Themen«**), oder ob eine Tagesordnung erstellt wird. Diese »Spielregeln« sollten in der Einladung genannt werden.

In Einladungen zu digitalen Formaten sollten alle technischen Zugangsvoraussetzungen genannt sein und die Regeln der Online-Zusammenarbeit – die »Netiquette« – sollte allen bekannt sein. Vor allem bei mehreren Teilnehmenden gilt es, die technischen Voraussetzungen und Regeln deutlich zu kommunizieren. Gegebenenfalls können kollaborative Tools vorher zur Einsicht und zum Üben zur Verfügung gestellt werden, um Anlaufschwierigkeiten zu vermeiden. Bei komplexeren Aufgaben, mit denen nicht alle Teilnehmenden vertraut sind, hat es sich bewährt, einen »Testparcours« zu erstellen oder Schulungstermine vorzuschalten, in denen einige Übungsaufgaben gelöst werden müssen, um die Teilnehmenden mit den Funktionen der Plattformen und Tools vertraut zu machen. Ein Störungs- oder Servicekontakt sollte benannt und erreichbar sein, um unerwartet auftretende Schwierigkeiten beheben zu können.

Wenn ein Gespräch kurzfristig stattfindet, der Termin bereits feststeht und Sie feststellen, dass zentrale Akteure nicht eingeladen sind, sollten Sie versuchen, die Teilnahme noch zu ermöglichen oder aber im Gespräch an der entsprechenden Stelle darauf hinweisen, dass entscheidende Personen fehlen. Gegebenenfalls kann dann ein Thema nicht oder nicht gänzlich geklärt werden, oder es muss ein weiteres Gespräch stattfinden.

Praxistipp 7: Termine finden
Terminschwierigkeiten sind oft auf Koordinationsprobleme zurückzuführen. Legen Sie Termine entweder fest, wenn möglichst viele Personen anwesend sind, organisieren Sie eine Telefonkonferenz zur Terminfindung oder nutzen Sie eine Onlineplattform, wie *Doodle, Dudle, Planiteasy, Kulibri* oder den aus Datenschutzgründen besonders empfehlenswerten Terminplandienst des deutschen Forschungsnetzwerks (DFN). Als analoge Option kann auch eine Tabelle mit verschiedenen Terminvorschlägen an einem für alle Beteiligten zugänglichen Ort ausgehängt werden, mit der Bitte, sich bis zu einem bestimmten Datum dort einzutragen.

Praxistipp 8: Auf Bausteine des Gesprächs vorbereiten lassen
Grundsätzlich lässt sich die Themensammlung (→ **Baustein 6 »Themen«**) schon in der Einladung anbahnen:

> »Ich würde gern folgende Themen mit Ihnen besprechen: ... Bitte überlegen Sie, welche Themen Sie besprechen möchten und teilen Sie mir diese gern schon vorher mit. Es reicht, wenn Sie Stichworte oder Überschriften benennen.«

Eine solche vorab geäußerte Aufforderung verhindert größere Überraschungen im Termin selbst, zudem ist man besser auf die Themen der anderen Beteiligten vorbereitet und spart Zeit.

Bei vielen Themen, die schon vor dem Gespräch feststehen, können im Einladungsschreiben Fragen zur Vorbereitung auf die einzelnen Bausteine des Gesprächs formuliert werden:

Baustein 8: »Informationen«
»Welche Daten, Fakten und Sachinformationen sind für das Thema wichtig?«
Baustein 9: »Sichtweisen hören«
»Bitte überlegen Sie, wie Sie das Thema sehen. Wie ist Ihre Meinung?«
Baustein 11: »Ziele, Interessen und Bedürfnisse«
»Bitte überlegen Sie zu diesem Thema, was Ihre Ziele, Interessen und Bedürfnisse sind: Was ist Ihnen wichtig?«
Baustein 12: »Handlungsideen«
»Bitte überlegen Sie zu diesem Thema, was getan werden könnte. Welche Maßnahmen könnten ergriffen werden?«
Baustein 14: »Handlungsplanung«
»Bitte überlegen Sie zu diesen Maßnahmen, wer sie durchführen könnte und was günstige Zeiträume und Termine wären, um dies zu tun.«

Bausteine 9 bis 12:
»Bitte machen Sie sich zu dem Thema, das besprochen werden soll, Notizen zu den folgenden Fragen:
- Was ist die Ausgangssituation? Welche Probleme gibt es? Welche Ressourcen stehen zur Verfügung?
- Welche Bedürfnisse und Werte sollten durch Veränderungen der Situation erfüllt werden?
- Welche Maßnahmen fallen Ihnen ein, um das zu erreichen?«

Wenn sich ein Vorgehen nach den hier vorgestellten Bausteinen etabliert hat, sorgt bereits die Vertrautheit der Beteiligten mit den Bausteinen dafür, dass sie entsprechende Überlegungen anstellen.

Bei einer solchen Vorabfrage ist allerdings kritisch zu bedenken, dass die Beteiligten dann schon mit vorgefassten Ideen über Lösungen in das Gespräch kommen. Dem kann die Gesprächsführung aber dadurch begegnen, dass sie immer wieder darauf verweist, dass es um Ideen, Optionen, Möglichkeiten und verschiedene Sichtweisen geht, die miteinander ausgetauscht und dann in Form einer gemeinsamen Vereinbarung abgestimmt werden.

Vorinformation sicherstellen

Wenn es Informationen gibt, die für einige oder sogar alle Beteiligten wichtig sind, und die schon vorher verteilt werden können, sollte dies auch schon vorher geschehen. Hierzu gehören:

- **Themen:** Wurde im Vorfeld um die Benennung von Themen gebeten, sollten diese sortiert an die Beteiligten zurückgemeldet werden. Es sollte – wie im Einladungsschreiben angekündigt oder vorher vereinbart – angegeben werden, wie oft ein Thema benannt wurde und durch wen.
- **Tagesordnungen:** Wenn es eine Tagesordnung gibt, sollte diese rechtzeitig vorher verteilt werden. Sie kann auch mit dem Hinweis versehen sein, dass Änderungen oder Ergänzungswünsche bis zu einem bestimmten Zeitpunkt zurückgemeldet werden sollen und ansonsten nicht besprochen werden (es sei denn, es handelt sich um kurzfristige, dringliche Notfälle, die nicht schon vorher benannt werden konnten). Auf der Tagesordnung können auch Zeit, Ort und anwesende Personen festgehalten werden.
- **Informationen:** Gibt es Unterlagen (etwa Strategiepapiere, Kennzahlenreports, Analysen, Verordnungen), die die Grundlage eines Themas bilden, sollten diese vorher verteilt werden. Es gibt kaum etwas Zeitraubenderes als die erstmalige Beschäftigung mit Informationen, die vorher schon schriftlich vorlagen. Im Gespräch kann man sich dann darauf beschränken, auf die Dokumente zu verweisen. Alternativ können Sie den Teilnehmern zu Beginn einen begrenzten Zeitraum zur Verfügung stellen, in denen sich jeder mit den relevanten Dokumenten vertraut macht. So ist sichergestellt, dass alle auf dem gleichen Informationsstand sind und die Zeit für eine vorherige Vorbereitung entfällt.
- **Gesprächsziele und Gesprächsauftrag:** Sollten Gesprächsziele und Gesprächsauftrag bereits vorher feststehen oder vereinbart worden sein, sollten diese den Beteiligten im Rahmen einer Vorinformation mitgeteilt werden, um Transparenz zu schaffen und die Möglichkeit zu eröffnen, sich in die Thematik einzudenken.
- **Zugänglichkeit und Technik:** Anfahrts- und Raumpläne stellen für Gesprächstermine gegebenenfalls ebenso wichtige Vorinformationen dar wie Zugangsdaten zu Online-Meetings, Erklärungen der Technik, Hinweise zu Verhaltensregeln und die Benennung von Support- und Informationsstellen.

Praxistipp 9: Rückmeldung im Umlaufverfahren

Sollen im Rahmen eines Gesprächs Beschlüsse gefasst oder Texte – etwa für Flyer, Briefe oder Konzepte – abgestimmt werden, können die Vorlagen hierzu mit der Bitte um Rückmeldung zu Änderungs- und Ergänzungswünschen vor dem Gesprächstermin verschickt werden oder auf einer Plattform zur gemeinsamen Bearbeitung zur Verfügung gestellt werden. Im oder besser noch vor dem Gespräch lässt sich dann eine Fassung verteilen, in der alle Änderungswünsche hervorgehoben sind, sodass im Termin nur noch über die Änderungen gesprochen werden muss.

4.3 Baustein 3: Raumgestaltung

Übersicht der Schritte in Baustein 3: Raumgestaltung

Raum und Sitzordnung vorbereiten

Ob das Gespräch in Ihren eigenen Räumen oder in einem Konferenzraum stattfindet: Sie sollten als Gesprächsleitung die Gastgeberrolle übernehmen (ggf. Vorbereitungsaufwand delegieren), sodass alles optimal eingerichtet ist und sich alle willkommen fühlen.

Raum und Sitzordnung vorbereiten

Raumgestaltung und Sitzordnung können eine entscheidende Wirkung auf das Gesprächsklima und den Gesprächsverlauf haben.

Es ist immer hilfreich, mit dem Raum vertraut zu sein und sich bestenfalls zuhause zu fühlen. Überprüfen Sie Ausstattung, Lichtverhältnisse, Luftzufuhr und Wärmequellen. Sorgen Sie eventuell für die Bereitstellung von Getränken, Keksen, Obst oder anderer Verpflegung.

Durch die Sitzordnung können sich Fronten bilden, jemand kann sich eingeengt fühlen oder so, als würde er von zwei Seiten in die Mangel genommen werden. Eine ungünstige Sitzordnung kann ungewollt Distanz zwischen den Gesprächsbeteiligten schaffen und so zu Blockaden auf der Beziehungsebene führen. In anderen Fällen (z. B. bei Konfliktgesprächen) ist eine konfrontative Sitzordnung dagegen unter Umständen sogar erwünscht. Achten Sie auch auf die Position im Raum: Schaut man von einem bestimmten Platz aus zum Fenster und wird gegebenenfalls geblendet? Würde jemand mit dem Rücken nahe zur Tür sitzen und sich deswegen vielleicht unwohl fühlen?

Wichtig ist auch, sich selbst als Gesprächsführung richtig zu platzieren. Von allen Plätzen sollte eine gute Sicht auf die Moderationswand möglich sein, sofern eine eingesetzt wird. Vom Stuhl der Gesprächsleitung sollten die Moderationsmaterialien gut erreichbar aufgestellt sein.

Überprüfen Sie, ob die Materialien vollständig und funktionsfähig sind. Fehlende Moderationskarten oder Stifte, die nicht mehr schreiben, erwecken den Eindruck von Vernachlässigung und Unprofessionalität. Auch wenn die Räume und Materialien durch andere Personen oder den Auftraggeber zur Verfügung gestellt werden, fällt dieser Eindruck auf Sie zurück. Sofern Sie Technik wie Beamer oder Notebook nutzen, stellen Sie sicher, dass diese funktionieren.

Achten Sie darauf, dass Sie gut auf alle Materialien zugreifen können und dass das Anpinnen und Ankleben von Moderationskarten an die Moderationswand leichtfällt. Zur Vorbereitung können Klebestreifen schon an den Rand der Wand geklebt oder Pinnadeln an den Rand gesteckt werden. Wenngleich solche Idealbedingungen nicht immer hergestellt werden können, sollte doch versucht werden, diese so weit wie möglich zu berücksichtigen.

Für die Arbeit in Onlinesettings spielt die »Raumgestaltung« eine ebenso wichtige Rolle. Von der Zugänglichkeit der verwendeten Tools bis hin zur Vorbereitung kollaborativer Visualisierungstools gilt es, eine produktive Arbeitsatmosphäre zu schaffen, die möglichst nicht durch technische Störungen getrübt wird. Die Sicherstellung funktionierender Technik, ausreichender Netzleistung und einer geräuscharmen Arbeitsumgebung sind hierfür wichtig.

Diese Kriterien der Zugänglichkeit und Funktionalität gelten auch für die Software. Neben den zahlreichen zur Verfügung stehenden Video- und Konferenzplattformen finden auch vielfältige Tools Verwendung, z. B. Clickup, Conceptboard, Confluence, Hypothes.is, Lamapoll, Flinga, Mentimeter, MindMeister, Miro, Mural, Padlet, PollUnit, Slack, Slido, Trello, sowie diverse Cloud-Speicher zur gemeinsamen Ablage und Bearbeitung von Dokumenten.

Hinsichtlich der Raumgestaltung ist es also nicht nur wichtig, dass die Teilnehmenden Zugang zu ihr haben, sondern auch mit der vorgesehenen Technik als auch Software vertraut sind.

Praxistipp 10: Den Fußboden einbeziehen

Um Moderationskarten auszulegen, ohne sie bereits an der Moderationswand oder Tafel anbringen und gegebenenfalls später zum Clustern wieder abnehmen und umhängen zu müssen, können die beschrifteten Karten auch auf dem Boden zwischen den Beteiligten ausgelegt werden. Hierzu muss bei der Vorbereitung des Raumes bedacht werden, entsprechend Platz einzuplanen. Dabei ist darauf zu achten, dass die Beteiligten die Karten lesen können. Die Gesprächsführung muss sie dann »über Kopf« lesen.

Dieses Vorgehen hat den Vorteil, dass die Karten flexibel auf dem Boden liegend sortiert und dann, wenn Sammlung und Sortierung abgeschlossen sind, auf die Moderationswand übertragen werden können. Jede paraphrasierte Sammlung von Aussagen in den Bausteinen kann zunächst auf dem Boden ausgelegt, sortiert und dann angepinnt werden.

Das Auslegen auf dem Boden bietet auch die Möglichkeit, einzelne Karten den beteiligten Personen zuzuordnen, indem diese jeweils direkt vor ihnen ausgelegt werden.

Viele Erkenntnisse mit unterstützenden und störenden Sitzordnungen ergeben sich erst aus der Erfahrung und haben nicht zuletzt mit den eigenen Vorstellungen und dem eigenen Gesprächsführungsstil zu tun.

Praxistipp 11: Mehr Platz

Vor allem, wenn mit Konflikten zu rechnen ist, sollte auf ausreichend Platz zwischen den Beteiligten geachtet werden. Ein Tisch wirkt oft wie eine Barriere. Zudem können die Beteiligten den Abstand zu ihrem Sitznachbarn nicht selbstständig regulieren, wenn sie an einem Tisch sitzen.

Entscheiden Sie über die Sitzordnung und überlassen Sie diese nicht dem Zufall. Weder soll ein Beteiligter einem »Tribunal« gegenübersitzen noch von zwei Kontrahenten »in die Zange« genommen werden.

4.4 Baustein 4: Begrüßung

Übersicht der Schritte in Baustein 4: Begrüßung

- Begrüßung
- Der passende Start

Begrüßung

Die Begrüßung dient insbesondere dazu, auf der Beziehungsebene eine Gesprächsatmosphäre herzustellen, die die Erreichung des Gesprächsziels unterstützt. In vielen Fällen bedeutet das, zunächst ein paar Worte Smalltalk zu machen (»Haben Sie gut hergefunden?«, »War es schwierig, einen Parkplatz zu finden?« usw.), den Gesprächsbeteiligten ein Getränk anzubieten oder sich in vertrauteren Arbeitsbeziehungen vielleicht auch nach privaten Dingen zu erkundigen (»Wie war es am Wochenende beim Angeln?«, »Geht es deiner Frau wieder besser?«), um Kontakt herzustellen. Wenn es um unangenehme oder konflikthafte Themen geht (z. B. ein Kritikgespräch), ist längerer Smalltalk nicht nur unangemessen, sondern kann auch dazu führen, dass Teilnehmende auf der Beziehungsebene die falschen Signale empfangen und das Gesprächsziel so durchkreuzt wird.

Falls sich nicht alle Teilnehmerinnen und Teilnehmer persönlich kennen (z. B. bei Kundengesprächen), ist es sinnvoll, Namensschilder mit Funktionsbezeichnung bereitzustellen, je nach geplanter Arbeitsweise zum Aufstellen, Anheften oder Auf-die-Kleidung-Kleben.

Sind die Anwesenden nicht miteinander bekannt, leiten Sie eine Vorstellungsrunde ein. Achten Sie darauf, dass hierbei nicht schon Inhalte oder Positionen vertreten werden.

> »Da sich noch nicht alle Anwesenden kennen, bitte ich Sie, sich kurz vorzustellen. Nennen Sie bitte Ihren Namen und in welcher Funktion Sie hier sind.«

Der passende Start

Dem Amazon-CEO Jeff Bezos schreibt man die Idee zu, jede Besprechung mit einem Moment der Stille zu beginnen. Ein solcher »silent start« vermeidet das typische Phänomen, unsortiert in die Besprechung »hineinzustolpern« und gibt allen Beteiligten die Möglichkeit, »anzukommen«, »umzuschalten«, sich zu sammeln und auf dasjenige zu fokussieren, das für das Meeting das Wichtigste ist.

Bezos soll, genervt von dem Problem, dass Mitarbeiter und Mitarbeiterinnen immer wieder unvorbereitet zu den Besprechungen kamen, dazu übergegangen sein, die Meetings mit einer halben Stunde »Klausurphase« zu beginnen, in der Anwesenheitspflicht herrscht und die dafür reserviert ist, dass alle Teilnehmerinnen und Teilnehmer die für die Besprechung wichtigen Unterlagen lesen. Nach dieser halben Stunde geht das eigentliche Meeting los. Diese Regelung erfordert keinen zusätzlichen Zeiteinsatz (da ja ohnehin alle die halbe Stunde für die Vorbereitung hätten investieren müssen), stellt aber sicher, dass wirklich alle ihre »Hausaufgaben« gemacht haben und man dann effizient arbeiten kann.

Gerade in Teams mit hoher Arbeitsbelastung ist die Versuchung groß, sofort mit den Sachthemen einzusteigen. Je größer aber der Druck ist, desto wichtiger wird es, zunächst Raum für Austausch und gegenseitige Solidarität zu geben. Zu Beginn des Meetings kann daher ein kurzes »Blitzlicht« hilfreich sein, in dem jeder kurz Raum hat, zu schildern, wie es ihm gerade mit seiner Arbeit geht, woran er derzeit arbeitet und was in den letzten Tagen belastend war. Im Anschluss kann gemeinsam überlegt werden, ob dieses Stimmungsbild so stehen bleiben und man zu den Sachthemen fortschreiten kann, oder ob sich aus den Schilderungen weitere Klärungsbedarfe ergeben.

Das Ziel ist dabei eine Vergemeinschaftung der persönlichen Sorgethemen im Team, ohne dabei in gemeinschaftliches Jammern zu verfallen, das die Stimmung weiter herunterzieht, ohne dass sich etwas ändert.

Praxistipp 12: Ein ressourcenorientierter Start

In einer systemisch-lösungsorientierten Vorgehensweise kann man die Teilnehmenden statt (oder zusätzlich zu) der üblichen Frage, was als Nächstes anstehe, einladen, von Ressourcen und Erfolgserlebnissen zu berichten:

»Was ist mir in dieser Woche gut gelungen?«
»Worüber habe mich seit dem letzten Meeting in der Zusammenarbeit mit den Kolleginnen und Kollegen besonders gefreut?«
»Was hat sich in unserer Arbeit in der letzten Woche verbessert?«

So entsteht eine konstruktive Atmosphäre, die nicht nur das Selbstwirksamkeitserleben der Beteiligten stärkt und das Teamklima verbessert, sondern die sich auch positiv auf die inhaltlichen Ergebnisse der Besprechung auswirkt.

Wie generell in Gesprächen gilt auch in Meetings: Die gute Gestaltung des Kommunikationsklimas auf der Beziehungsebene ist entscheidend. Dass es dabei um mehr geht als um die Herstellung einer allenfalls für soziale, pädagogische oder kirchliche Einrichtungen passenden »Kuschelatmosphäre«, zeigt die viel diskutierte Aristotle-Studie. In dieser Studie wurde untersucht, wie sich besonders erfolgreiche Teams bei Google von weniger erfolgreichen unterscheiden. Als zentraler Erfolgsfaktor hat sich dabei das Erleben von *psychologischer Sicherheit* erwiesen. Dieses Konstrukt beschreibt ein Teamklima, das von Vertrauen, Solidarität und Fehlerfreundlichkeit geprägt ist. Leitfragen, mit denen Sie das Erleben von psychologischer Sicherheit im Team überprüfen und diskutieren können, lauten (Edmondson, 1999):

1. Wenn ich im Team einen Fehler mache, wird mir das nicht vorgeworfen.
2. Die Teammitglieder sind in der Lage, Probleme und schwierige Fragen offen anzusprechen.
3. Menschen in diesem Team lehnen niemals andere ab, weil sie in irgendeiner Weise anders sind.
4. In diesem Team ist es sicher, ein Risiko einzugehen.
5. Es ist einfach, andere Teammitglieder um Hilfe zu bitten.
6. Niemand in diesem Team würde bewusst meine Leistung oder Anstrengungen untergraben.
7. Wenn ich mit diesem Team arbeite, merke ich, dass meine einzigartigen Fähigkeiten und Talente wertgeschätzt und gebraucht werden.

4.5 Baustein 5: Rahmen und Regeln

Übersicht der Schritte in Baustein 5: Rahmen und Regeln

Ziele, Inhalte und Vorgehen klären

Regeln und Prinzipien erklären … … oder erarbeiten

Ziele, Inhalte und Vorgehen klären

Bevor das Gespräch »richtig losgehen« kann, müssen folgende Fragen geklärt sein:

- Worin besteht das *Gesprächsziel?*
- Welche *Themen* sollen besprochen werden?
- Wieviel *Zeit* steht zur Verfügung?
- Wer übernimmt die *Moderation?*

Je nach Charakter des Gesprächs werden die Antworten auf diese Fragen schon vor Gesprächsbeginn feststehen oder es wird eine genauere Klärung nötig sein. Folgende Varianten sind möglich:

a) Gesprächsziel und Themen sind vorab definiert oder von Ihnen gesetzt (z. B. Feedback und Kritikgespräch).
b) Themen stehen fest, konkrete Gesprächsziele für diese Themen müssen noch miteinander vereinbart werden (z. B. wöchentliche Teambesprechung mit fester Agenda oder zuvor gesammelten Themen, Abstimmungsgespräch mit verschiedenen Ressorts zu einem Projekt in der Verwaltung).
c) Das Ziel ist definiert, konkrete Themen müssen noch gefunden werden (z. B. Workshop zur Verbesserung der Zusammenarbeit).

Falls *Ziele und Themen* bereits feststehen (Fall a), genügt eine kurze Zusammenfassung Ihrerseits, um die Beteiligten »ins Boot zu holen«:

> »Willkommen zu unserem quartalsweisen Controllingtermin. Mit dem Ablauf sind Sie ja vertraut: Wir schauen erst einmal gemeinsam auf die aktuellen Produktionszahlen und dann auf die Prognose für das nächste Quartal.«
> »Ich habe Sie zum Gespräch gebeten, weil ich mit Ihnen über Ihren Umgang mit dem Thema Arbeitssicherheit sprechen möchte.«

In Fall b) und c) müssen Ziele und/oder Themen vor Beginn des Gesprächs abgesprochen werden.

Um den Ablauf des Gesprächs transparent zu machen und den Beteiligten die

Strukturierung des Gesprächs zu erleichtern, kann ein Flipchart mit den Tagesordnungspunkten, Workshopphasen etc. an die Wand gehängt werden.

In der Praxis neigen Gesprächstermine und Meetings aller Art dazu, auszuufern. Stellen Sie daher zu Beginn des Gesprächs den zur Verfügung stehenden *Zeitrahmen* klar:

> »Wir haben für das Gespräch eine Stunde Zeit.«
> »Ich müsste um 11 Uhr zum nächsten Termin – wie sieht das bei Ihnen aus?«
> »Wir haben vereinbart, das Gespräch bis 17 Uhr zu führen. Ich werde dafür sorgen, dass es pünktlich endet. Haben alle auch so lange Zeit oder muss jemand früher gehen?«
> »Es wurden in der vorherigen Abfrage mehrere Themen benannt, sodass ich davon ausgehe, dass wir nicht alle Themen besprechen können. Wäre es möglich, heute länger zu arbeiten? Andernfalls werde ich frühzeitig unterbrechen, um einen weiteren Termin zu vereinbaren. Was denken Sie?«

In vielen Meetings und Gesprächen, gerade, wenn mehrere Personen beteiligt sind, ist eine Moderation wichtig, die Sie, jemand aus Ihrem Team oder eine externe Person übernehmen kann. Klären Sie dies ebenfalls vor Gesprächsbeginn, falls nicht schon vorab etwas vereinbart wurde:

> »Ich kann gern die Gesprächsleitung übernehmen, wenn alle einverstanden sind.«
> »Wer übernimmt dieses Mal die Moderation?«

Sollten Sie selbst Themen zu besprechen haben und an der Umsetzung möglicher Maßnahmen, die im Verlauf des Gesprächs vereinbart werden, beteiligt sein, bietet es sich an, diesen doppelten Auftrag in kurzen Worten transparent zu machen:

> »Ich werde dieses Gespräch leiten, mich aber auch inhaltlich beteiligen. Ich sitze also in zwei Funktionen hier: als Moderatorin und beteiligte Person. Ich werde mein Bestes tun, beiden Rollen gerecht zu werden. Wenn Ihnen im Verlauf des Gesprächs etwas auffällt, was ich anders machen könnte, machen Sie mich bitte darauf aufmerksam.«

Regeln und Prinzipien erklären … … oder erarbeiten

Bei jedem Gespräch sollte es zumindest einige Gesprächsregeln und Prinzipien für die Zusammenarbeit geben. Für reguläre Gesprächstermine sollte es eine grundsätzliche, für alle Meetings geltende Vereinbarung zu diesen Regeln und Prinzipien geben. Hilfreiche Regeln könnten lauten:

> »Jeder ist vorbereitet.«
> »Zu jeder Teamsitzung wird ein Ergebnisprotokoll angefertigt.«
> »Die Protokollführung rotiert alphabetisch.«

> »Wortbeiträge sollten maximal eine Minute dauern.«
> »Störungen (z. B. Unzufriedenheit mit der Arbeitsweise, Verlust der Konzentrationsfähigkeit) haben Vorrang.«
> »Unsere Dailys dauern maximal 15 Minuten, danach gehen wir auseinander (auch wenn wir noch nicht alles abgearbeitet haben).«

In Anbetracht des enormen Zeitaufwands, der mit oft ineffizienten Meetings verbunden ist, ist zu empfehlen, mit allen Beteiligten zu reflektieren, wie das Meeting optimal gestaltet werden kann: Wozu dient dieses Meeting? Wer hat welchen Nutzen davon? Wer soll (nicht) teilnehmen? Wie können wir Effizienz sicherstellen? Wie können wir ineffiziente Kommunikationsmuster identifizieren und verändern? Auf der Basis einer solchen Vorstellung von einem gelungenen Meeting sollte in bestimmten Abständen überprüft werden, ob die vereinbarten Regeln zielführend sind oder angepasst werden sollten.

In spontanen Meetings und Workshops können Vorschläge zur Vorgehensweise kurz benannt und zu diesen die Zustimmung der Beteiligten eingeholt werden, wozu ein Kopfnicken unter Umständen schon ausreicht. Hierbei handelt es sich um die prozessbezogenen Gesprächsziele (→ **Kapitel 3.8.3 »Prozessorientierung und Ergebnisorientierung«**).

Zielperspektive 3: Prozessbezogene Gesprächsziele
In der Regel ist es ausreichend, die Prozessorientierung des Gesprächs auf der Ebene von Bedürfnissen und Werten (z. B. Vertraulichkeit) zu formulieren und zu benennen, durch welche Handlungen und Maßnahmen (z. B. Vereinbarung der Weitergabe von Information) diese erreicht werden soll:

- Welche *Bedürfnisse und Werte* sollen durch das Gespräch erfüllt werden?
- Mit welchen *Handlungen und Maßnahmen* (Bearbeitungsschritten, Gesprächsführungstechniken) wird das erreicht?

> »Dieses Gespräch ist vertraulich. Das heißt, dass alles, was hier besprochen wird, nicht an Außenstehende weitergetragen wird. Wenn jemand über Ergebnisse oder Inhalte dieses Gesprächs informiert werden soll, werden wir das hier gemeinsam vereinbaren. Ist das für alle Anwesenden in Ordnung?«
> »Möchten Sie von Ihrer Seite aus noch etwas ergänzen?«

Eine hilfreiche Frage zur Klärung der prozessbezogenen Gesprächsziele ist die Frage nach Ausschlusskriterien:

> »Was sollte während dieses Gesprächs auf gar keinen Fall passieren?«
> »Was wäre das Schlimmste, das in diesem Gespräch passieren könnte?«

Praxistipp 13: Verantwortung teilen
Damit die Teilnehmenden nicht von Ihnen erwarten, dass Sie allein auf die Einhaltung aller Regeln und Prinzipien achten, bietet es sich an, sie zur aktiven Mitarbeit aufzufordern.

> »Sollten Sie feststellen, dass vereinbarte Regeln oder Prinzipien nicht beachtet werden, machen Sie mich bitte darauf aufmerksam. Wir können dann besprechen, was getan werden kann, um das zu beheben. Machen Sie sich in solchen Fällen bitte direkt bemerkbar, sodass sich noch etwas verbessern lässt, und warten Sie damit nicht bis zum Ende des Gesprächs!«

Eine solche Aufforderung verhindert in der Regel, dass eine »Endabrechnung« erfolgt, bei der eine Teilnehmerin oder ein Teilnehmer erst zum Schluss gesammelt wiedergibt, was aus ihrer oder seiner Sicht alles schiefgelaufen ist.

4.6 Baustein 6: Themen

Übersicht der Schritte in Baustein 6: Themen

- Bereits eingereichte oder feststehende Themen benennen
- Themen sammeln, paraphrasieren und visualisieren
- Eigene Themen benennen
- Themensammlung abschließen und würdigen
- Themen sortieren (clustern)

In manchen Settings (typischerweise Workshops) stehen die zu bearbeitenden Themen nicht vorab fest. Stattdessen müssen sie zu Beginn zusammengetragen, strukturiert und abgestimmt werden. Auch in Regelmeetings können zu Beginn in Ergänzung zur Tagesordnung aktuelle Anliegen gesammelt werden.

Eine gute Möglichkeit hierfür ist eine »tour de table« (Detrey, 2016), in der zu Beginn jeder in maximal 20 Sekunden benennt, was aus seiner Sicht heute besprochen werden sollte.

Bereits eingereichte oder feststehende Themen benennen

Wurden bereits vor dem Termin Themen benannt, können diese auf Moderationskarten vorbereitet und vorgestellt werden. Dabei sollte transparent gemacht werden, welcher der Beteiligten das Thema eingereicht hat.

> »Sie wurden im Einladungsschreiben darum gebeten, Themen für diese Besprechung zu benennen. Diese werde ich zunächst vorstellen. Dann können Sie noch weitere Themen ergänzen. Im Anschluss entscheiden wir über die Reihenfolge der Bearbeitung.«

Wurde bereits in Vorbereitung zu dem Termin eine Tagesordnung erstellt, kann diese abgestimmt und ergänzt werden. Hierdurch spart man sich die weiteren Schritte der Themensammlung und auch die Festlegung der Bearbeitungsreihenfolge. Sie können dann mit den Schritten »Gesprächsziele klären und Gesprächsauftrag konkretisieren« und »Vorgehensweise vereinbaren oder vorschlagen« in → **Baustein 7 »Gesprächsziele«** fortfahren.

Bei der Aufdeckung bereits eingereichter Themen können welche benannt worden sein, die nicht hinreichend konkret formuliert sind. Hier muss gegebenenfalls noch eine Konkretisierung herausgearbeitet werden.

> »Herr Berg, zu dem Thema ›Materialprobleme‹ hätte ich noch Fragen, worum es dabei genau gehen soll. Das würde ich gern noch mit Ihnen gemeinsam konkretisieren, wenn Sie mit der Benennung weiterer Themen dran sind. Ist das okay?«

Themen sammeln, paraphrasieren und visualisieren

Wenn noch keine Themen feststehen oder wenn feststehende Themen durch weitere, aktuelle Themen ergänzt werden sollen, kann eine Themensammlung durchgeführt werden, Bei der Sammlung ist darauf zu achten, dass zunächst nur Themen benannt werden, ohne dass die Beteiligten schon etwas zu den Inhalten äußern.

> »Zu Beginn möchte ich gern die Themen sammeln, über die Sie hier sprechen möchten. Ich bitte Sie, nur die Überschriften zu benennen. Ich halte die Themen dann auf Moderationskarten fest und lege sie hier vor uns auf den Tisch. Anschließend werde ich gemeinsam mit Ihnen die Karten sortieren und entscheiden, mit welchem Thema wir beginnen.«

Bei unterschwelligen Konfliktdynamiken kann schon über die Frage Dissens entstehen, welche Themen besprochen werden sollen und welche nicht. Zwischenrufe, Unterbrechungen und Einmischungen sollten wertschätzend unterbunden werden:

> »Ich kann verstehen, dass Sie sich dazu gern äußern möchten. Aber wir sind noch bei der Themensammlung und jetzt ist, wie vereinbart, Frau Janßen an der Reihe. Sie haben im Anschluss ausreichend Zeit, Ihre Themen zu benennen. So lange bitte ich Sie um Geduld.«

Als Problem benannte Themen lassen sich schon bei der Sammlung lösungsorientiert paraphrasieren. Für die genauen Formulierungen kann um Erlaubnis gefragt werden.

> »Sie haben nun drei Themen benannt. Ich wiederhole sie noch einmal: […] Soll ich das so auf Moderationskarten schreiben? […] Welche Themen möchten Sie noch besprechen?«

Die Formulierung des Themas auf der Moderationskarte sollte hinreichend konkret sein. Sind die Themen zu allgemein formuliert, kann ihre Bearbeitung sehr ausufern. Zudem ist unklar, worum es überhaupt gehen soll. Allzu abstrakte oder allgemeine Themen stellen eine implizite Einladung dar, alle möglichen Teilaspekte darunter zu verstehen, auch wenn diese Teilaspekte vielleicht eigenständige Themen darstellen.

Eine gute Richtlinie für die Formulierung von Themen ist es, dass diese aus mindestens drei Wörtern bestehen sollte. Das Thema kann personenbezogen, sächlich, räumlich oder zeitlich konkretisiert werden. Hier ein Beispiel, das verdeutlicht, was sich alles hinter einem allgemeinen Thema verbergen kann (Tabelle 15).

Tabelle 15: Beispiele für Konkretisierungen eines Themas

Allgemeines Thema	Personenbezogen konkretisiert	Sächlich konkretisiert	Räumlich konkretisiert	Zeitlich konkretisiert
Mentoring	Mentoring durch Frau Hellbig	Mentoring: unterstützende Unterlagen	Mentoring in Region Mitte	Mentoring-Konzept 2021
	Mentoring für Ariane	Abstimmung des Mentoring-Programms mit HR	Mentoring in den Niederlassungen	Fortführung Mentoring nach der Probezeit
	Einsatz von Meistern im Mentoring-Programm	Mentoring: Kommunikation im Recruiting	Mentoring im IT-Bereich	Mentoring in der Umzugsphase

Die Benennung des Themas »Mentoring« beinhaltet so viele mögliche Unterthemen, dass es schwer ist abzuschätzen, was genau besprochen werden soll. Es lässt sich sicherlich nicht vermeiden, dass Themen bei ihrer Bearbeitung weiter ausdifferenziert werden, aber eine vorherige Konkretisierung bei der Themensammlung vermeidet, dass ein Thema zu einer Art Wundertüte wird, in der sich viele unerwartete Inhalte wiederfinden.

> »Wenn Sie sagen, dass Sie über Mentoring sprechen wollen, worüber genau wollen Sie sprechen?«
> »Wenn Sie sagen, Ihr Thema ist ›Zusammenarbeit im Team‹, welcher Aspekt der Zusammenarbeit ist gemeint?«
> »Sie sagen, das Thema sei ›Fehlertoleranz‹, welche Situationen haben Sie dabei im Sinn?«

Die Aufgabe der Gesprächsleitung besteht darin, die Beteiligten durch gezielte Fragen und auch durch Vorschläge bei der Formulierung Ihrer Themen aufmerksam zu unterstützen. Dies gilt vor allem, wenn keine Themen benannt werden, sondern bereits sehr einseitig auf spezifische Maßnahmen abgezielt wird, etwa bei Formulierungen wie »Holacracy«, »Schulung der Kollegen in Design Thinking« oder »Teamevent im Hochseilgarten«. Die dahinterliegenden Themen sind oft andere, auf welche die in der Themenformulierung enthaltenen Maßnahmen nur eine mögliche Reaktion darstellen; z. B. könnten die Themen der aufgeführten Beispiele lauten: »Hierarchieabbau«, »Innovation« oder »Teamentwicklung«.

Praxistipp 14: Zeit lassen
Alles was zuerst gesagt wird, was Teilnehmenden sofort einfällt, ist das Offensichtliche. Verdeckte und tiefgründige Themen und Beiträge werden erst nach einer gewissen Zeit bewusst. Machen Sie daher immer, nachdem Sie nach weiteren Themen gefragt haben, eine Pause, geben Sie den Personen einen Augenblick für Überlegungen. Nachdenken braucht Zeit, vor allem, wenn man auf Themen kommen möchte, die nicht offensichtlich oder selbstverständlich sind.
Suchen Sie für diese Pause ein gutes Maß, das zu Ihrem Gesprächsführungsstil passt. Zählen Sie beispielsweise, nachdem Sie eine Frage gestellt haben, innerlich langsam von 1 bis 10, bevor Sie weiterreden.

Die Themensammlung sollte unterbrochen werden, wenn die Teilnehmerin oder der Teilnehmer bereits beginnt, über das Thema zu reden.

> »Ich kann es verstehen, dass Sie jetzt direkt etwas zu dem Thema sagen möchten. Aber jetzt sammle ich erst noch die Themen. Bitte benennen Sie nur Überschriften für Ihre Themen. Sie sollen noch nichts darüber erzählen. Dazu haben Sie später ausreichend Gelegenheit.«

Praxistipp 15: Einbeziehen Abwesender – Teil I
Bei der Themensammlung können abwesende Personen über zirkuläre Fragen einbezogen werden. Hierfür ist es unter Umständen hilfreich, freie Stühle als »Platzhalter« für abwesende Personen aufzustellen:

> »Stellen Sie sich vor, Frau Gernisal aus der Verwaltung würde jetzt hier sitzen. Welche Themen würde sie noch ergänzen?«
> »Wenn unser Großkunde jetzt mit am Tisch säße, welche Themen würde er wohl benennen, über die wir hier reden sollten?«

Dieses Einbeziehen Abwesender kann in allen Bausteinen auf ähnliche Weise erfolgen.

Eigene Themen benennen

Natürlich können auch Sie als Führungskraft Ihre eigenen Themen einbringen. Diese haben Sie in der Gesprächsvorbereitung in Phase 1 bereits reflektiert. Um die Kreativität des Teams voll zu nutzen und den Prozess nicht zu sehr zu beeinflussen, empfiehlt es sich, die eigenen Themen erst anzuführen, wenn alle anderen beteiligten Personen ihre Themen bereits benannt haben. Vertrauen Sie auf die »Intelligenz der Gruppe«. Die meisten Themen, die Ihnen wichtig sind, werden wahrscheinlich ohnehin von anderen Beteiligten genannt. Und wenn Sie dann noch einige Themen ergänzen, wirkt dies nicht mehr so massiv, als würden Sie Ihre Themen direkt zu Beginn aufzählen.

Praxistipp 16: Themen aus Beratersicht
Wenn Sie Ihre Rolle weniger hierarchisch als beratend verstehen (z. B. als Agile Coach) und keine eigenen Themen haben, können Sie mögliche Themen, die für das Team wichtig sein könnten, als Option anbieten (→ Kapitel 3.6.1 »Erlaubnisfragen«):

> »Ich könnte mir denken, dass es auch hilfreich sein könnte, über … zu sprechen. Was denken Sie?«
> »Ein anderes Team hat in Ihrer Situation über … diskutiert. Denken Sie, das könnte für Sie auch interessant sein?«

Themensammlung abschließen und würdigen

Wenn alle Beteiligten ihre Themen benannt haben, sollte abschließend noch einmal nach Ergänzungen gefragt werden:

> »Sie hatten jetzt alle die Gelegenheit, Ihre Themen zu benennen. Schauen Sie bitte noch einmal, ob etwas fehlt und ob Sie etwas ergänzen möchten. Wenn nicht, möchte ich die Themensammlung jetzt abschließen.«

Sind die letzten Ergänzungen hinzugefügt und will niemand mehr etwas zur Themensammlung beitragen, können Sie zum nächsten Baustein übergehen. Zunächst sind die Themen nur notiert und liegen in unsortierter Form vor (Abbildung 20).

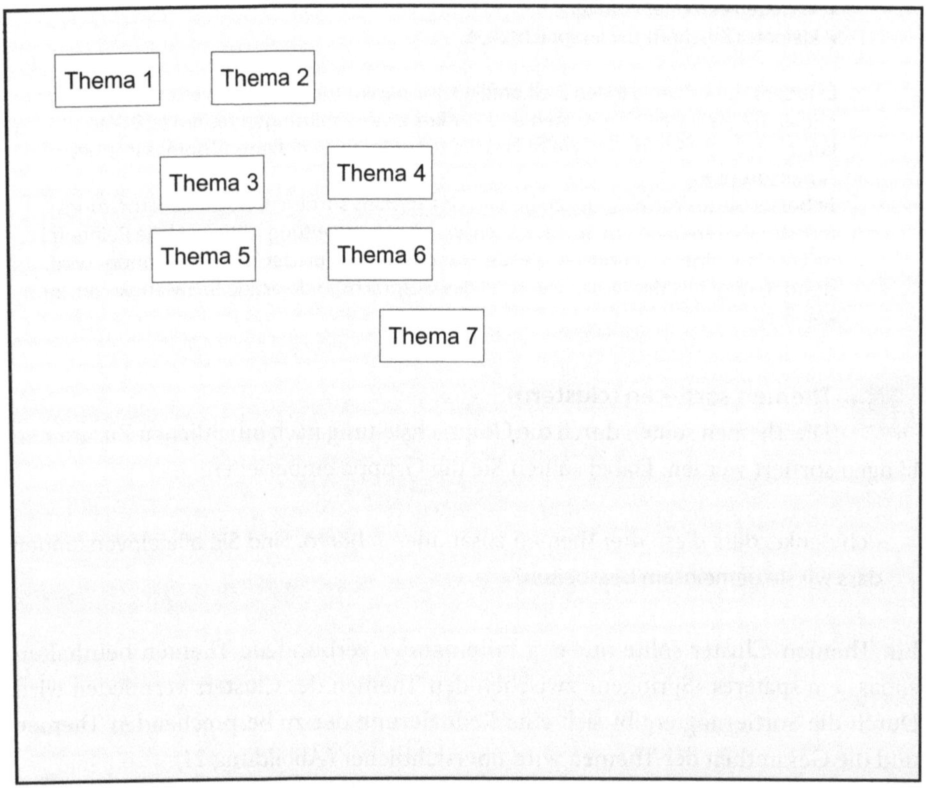

Abbildung 20: Beispiel einer schriftlichen Themensammlung (mit Moderationskarten auf einer Pinnwand)

Zu diesem Schritt gehört es auch, die Mühen, die eine Themensammlung mit sich bringt und die Ergebnisse, die dabei erzielt wurden, wertzuschätzen:

> »Dieser erste Schritt ist für eine Klärung bereits äußerst hilfreich: Es sind nun alle Themen auf dem Tisch, die Sie miteinander klären wollen. Ich bedanke mich für die Konzentration und Ruhe, mit der Sie die Formulierung der Themen auf den Punkt gebracht haben.«

Praxistipp 17: Zeitmanagement beachten

Trotz guter Vorausplanung kann es passieren, dass die Zeit für die Bearbeitung aller Themen knapp wird. In dieser Situation stecken Sie in einem Dilemma: Auf der einen Seite möchten Sie Ergebnisse erzielen, auf der anderen Seite ist es aber auch keine Lösung, Besprechungen immer wieder zu überziehen, was zu Frustration führt und ineffiziente Gesprächsmuster verstärkt, statt sie zu beheben. Mit dem Dilemma zwischen Prozessorientierung (»Das Gespräch dauert so lange, bis es zu Ende ist. Und in dieser Zeit schafft die Gruppe das, was sie schafft.«) und der Einhaltung der Struktur (»Wir halten uns an die vereinbarten Zeitkontingente.«) können Sie auf verschiedene Weisen umgehen:

- Verlängerung der Besprechung,
- Vertagen einzelner Punkte,
- kleinerer Zuschnitt der Gesprächsziele.

In jedem Fall sollten Sie den Zielkonflikt transparent machen, das weitere Vorgehen mit allen Beteiligten absprechen und konkrete Vereinbarungen treffen (z. B. Verlängerung um 15 Minuten, Weiterbearbeitung des verschobenen Themas in einer Arbeitsgruppe).
Je besser Sie im Vorfeld oder zu Beginn des Termins sortieren, welche Bearbeitungsform für Ihre Themen am geeignetsten, welche Vorbereitung nötig, welche Reihenfolge am sinnvollsten ist und wie viel Zeit für die Diskussion der Themen benötigt wird, desto geringer ist das Risiko, während des Gesprächs in derartige Schwierigkeiten zu kommen.

Themen sortieren (clustern)

Die Themen sollten durch die Gesprächsleitung nach inhaltlichen Zusammenhängen sortiert werden. Dabei sollten Sie die Gruppe einbeziehen:

> »Ich denke, dass diese drei Themen zusammengehören. Sind Sie alle einverstanden, dass wir sie gemeinsam bearbeiten?«

Ein Themen-Cluster sollte nur eng miteinander verbundene Themen beinhalten, sodass ein späteres »Springen« zwischen den Themen des Clusters vermieden wird. Durch die Sortierung ergibt sich eine Reduzierung der zu besprechenden Themen und die Gesamtheit der Themen wird übersichtlicher (Abbildung 21).

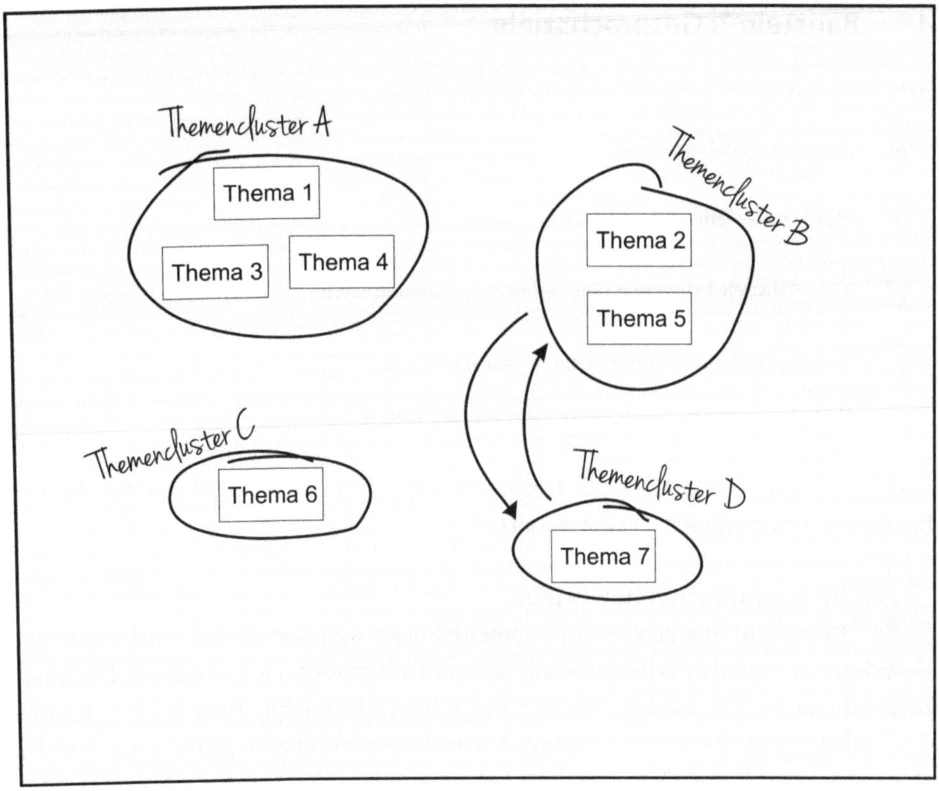

Abbildung 21: Mögliche Visualisierung einer Themenlandkarte mit mehreren Themen-Clustern (mit Moderationskarten auf einer Pinnwand)

4.7 Baustein 7: Gesprächsziele

Übersicht der Schritte in Baustein 7: Gesprächsziele

- Bearbeitungsrahmen prüfen
- Bearbeitungsreihenfolge festlegen
- Gesprächsziele klären und Gesprächsauftrag konkretisieren
- Vorgehensweise vereinbaren oder vorschlagen

In diesem Baustein werden Ziele, Gesprächsauftrag und Vorgehensweise für das zur Bearbeitung ausgewählte Thema geklärt.

Bearbeitungsrahmen prüfen

Bevor ein Thema bzw. ein Themen-Cluster weiterbearbeitet wird, sollte die Gesprächsleitung sicherstellen, dass alle relevanten Personen, die zu einer erfolgreichen Besprechung des Themas benötigt werden, anwesend sind. Ein Thema, das aufgrund des Fehlens einer zentralen Person nicht erörtert werden kann, gehört nicht auf die aktuelle Tagesordnung. Als Grundsatz kann gelten: Je allgemeiner und umfassender ein Thema formuliert ist, desto mehr Personen sind von möglichen Entscheidungen betroffen und sollten gegebenenfalls beteiligt werden. Bei einer entsprechenden Entscheidung unterstützt Sie die in der Sammlung vorgenommene Konkretisierung: Geht es um ein Thema, das nur einige Personen betrifft, ein Team, eine Abteilung, die gesamte Organisation?

Praxistipp 18: Delegation
Bei Themen, die nicht hier und heute verhandelt werden sollen, können Sie einen Teilnehmerkreis und einen Zeitpunkt für eine spätere Besprechung vereinbaren. Delegieren Sie die Bearbeitung von Themen. Es kann auch festgelegt werden, bis wann, von wem, an welchem Ort und zu welchem Anlass über die Ergebnisse des Meetings berichtet wird. Vor allem bei Themen, die nur einige der Anwesenden betreffen, sollte entschieden werden, ob diese überhaupt unter Anwesenheit der übrigen Teilnehmenden diskutiert werden. Gegebenenfalls sollten zunächst die Themen besprochen werden, die alle Anwesenden betreffen. Im Anschluss dürfen sich die Personen verabschieden, die an den weiteren Themen nicht beteiligt sind. Die übrigen haben dann die Möglichkeit, ihre Themen ohne Publikum zu klären.
Wenn Sie feststellen, dass zur Bearbeitung eines Themas Fachwissen oder Kompetenzen fehlen, klären Sie, wie diese eingeholt werden können. Das fehlende Wissen lässt sich z. B. recherchieren, oder eine fachkundige Person kann zu diesem oder einem neuen Termin hinzugeladen werden.

Praxistipp 19: Terminieren
Wenn ein Thema benannt wird, das absehbar konflikthaft ist, von dem Sie denken, dass es in dem gewählten Gesprächsrahmen nicht zielführend besprochen werden kann, oder dessen Besprechung emotional und aggressiv wird, dürfen Sie anregen, einen gesonderten Termin für dieses Thema zu vereinbaren. Je nach Ausmaß des Konfliktes ist es sinnvoll, diesen Termin durch eine unabhängige Person leiten zu lassen.

Bearbeitungsreihenfolge festlegen

Die Themen-Cluster werden grundsätzlich nacheinander bearbeitet und nie gleichzeitig. Deshalb muss entschieden werden, in welcher Reihenfolge die Themen auf die Agenda kommen. Zumindest muss geklärt werden, mit welchem Thema begonnen werden soll.

Fragen Sie nie: »Welches Thema ist Ihnen am wichtigsten?«, sondern: »Mit welchem Thema möchten Sie gern beginnen?«. Das wichtigste Thema ist nicht immer auch das dringendste. Oft ist es auch hilfreich, ein kleineres, einfach und schnell zu klärendes Thema zu wählen. Der Auswahlprozess sollte nur moderiert und nicht von der Gesprächsleitung übernommen werden. Eine Alternative besteht darin, in parallelen Gruppen an verschiedenen Themen arbeiten zu lassen (→ **Praxistipp 26 »Parallel Processing und Prototyping«**).

Gesprächsziele klären und Gesprächsauftrag konkretisieren

Zu jedem Thema müssen nun ergebnisbezogene Gesprächsziele definiert werden, die beschreiben, was am Ende des Gesprächs erreicht sein soll.

Zielperspektive 4: Ergebnisbezogene Gesprächsziele zum gewählten Thema
Besprechungen sind ein Mittel, um Zielerreichung und Arbeitsfähigkeit der Organisation zu sichern. Was am Ende des Gesprächs erreicht werden sollte, richtet sich nach den definierten Handlungszielen, den organisationalen Notwendigkeiten (was muss geklärt, getan, entschieden werden?), aber auch nach den Bedürfnissen und Vorstellungen der beteiligten Personen. Eine gute Möglichkeit zur Konkretisierung von Gesprächszielen zu gelangen, besteht darin, nach Indikatoren zu fragen, nach denen die Beteiligten beurteilen würden, ob das Gesprächsziel erreicht ist:

»Wir haben jetzt eine halbe Stunde Zeit – woran würden Sie am Ende dieser Stunde erkennen, dass wir ein gutes Ergebnis erzielt haben?«
»Was müsste in unserem Gespräch geklärt werden, damit Sie gut weiterarbeiten können?«

Es gibt Themen, die so allgemein oder undifferenziert formuliert sind, dass ein erstes Gesprächsziel durchaus darin bestehen kann, diese weiter zu konkretisieren. Themen zu differenzieren und zu konkretisieren sowie die Gesprächsziele für jedes Thema festzulegen, hilft nicht nur der Gesprächsführung bei der Klärung ihres Auftrags, es koordiniert auch die unterschiedlichen Vorstellungen zwischen den Teilnehmenden. Bei der Themensammlung, Anliegen- und Auftragsklärung mehrere Schleifen zu drehen, erspart im weiteren Prozess gegebenenfalls viel Zeit. Anderenfalls stellt man im späteren Gesprächsverlauf möglicherweise fest, dass man zwischen verschiedenen Themen hin und her springt, neue Themen auftauchen oder sich die Anliegen verändern.

»Gibt es zu diesem Thema mehrere Unterthemen?«
»Wollen Sie das Thema weiter konkretisieren?«
»Welches Ergebnis erwarten Sie von einem Gespräch zu diesem Thema?«
»Was muss zu diesem Thema hier und heute geklärt werden?«
»Wenn wir hier in einer Stunde rausgehen, nachdem wir über das ausgewählte Thema gesprochen haben, und Sie sagen sich: ›Wow, war das ein effektives Gespräch!‹, was wäre dann hier passiert?«
»Wie kann ich Sie dabei unterstützen, die genannten Ergebnisse des Gesprächs zu erreichen?«
»Gibt es eine Methode oder Technik, die Ihnen besonders hilfreich erscheint, um am Ende des Gesprächs das von Ihnen gewünschte Ergebnis vorliegen zu haben?«

Die von Teilnehmenden benannten Gesprächsziele, der dazugehörende Gesprächsauftrag sowie die dafür notwendigen Bausteine lassen sich folgendermaßen zusammenfassen (Tabelle 16).

Tabelle 16: Mögliche Gesprächsziele und Gesprächsaufträge

Geselligkeit und Zusammensein	
Gesprächsziele	**Gesprächsauftrag**
Sich treffen	Es ist fraglich, ob es hier überhaupt einen Auftrag gibt. ▪ Themensammlung ▪ Anliegen- und Auftragsklärung ▪ Gegebenenfalls Moderation, sollte sich ein themenbezogener Austausch ergeben
Zusammensitzen	
In die Woche starten	
Die Woche ausklingen lassen	

Austausch, Orientierung und Information	
Gesprächsziele	**Gesprächsauftrag**
Sichtweisen hören	▪ Vertiefung der Themensammlung ▪ Vertiefung der Anliegen- und Auftragsklärung ▪ Moderieren (Starten, Steuern, Stoppen, Strukturieren) ▪ Gesprächsbeiträge zusammenfassen und visualisieren ▪ Zuhören und Fragen stellen
Erfahren, was die anderen denken	
Situation ausloten	
Orientierung finden	
Probleme benennen	
Sich austauschen	
Informationen erhalten	
Die Lage diskutieren	
Einfach mal reden	

<table>
<tr><th colspan="2">Ideensammlung, Grobplanung und Handlungsorientierung</th></tr>
<tr><th>Gesprächsziele</th><th>Gesprächsauftrag</th></tr>
<tr><td>Lösungen finden</td><td rowspan="6">▪ Vertiefung der Themensammlung
▪ Vertiefung der Anliegen- und Auftragsklärung
▪ Moderieren (Starten, Steuern, Stoppen, Strukturieren)
▪ Austausch von Sichtweisen anleiten
▪ Entwicklung von Handlungsideen anleiten
▪ Ergebnisse zusammenfassen
▪ Ergebnisse dokumentieren
▪ Zuhören und Fragen stellen</td></tr>
<tr><td>Einen Plan schmieden</td></tr>
<tr><td>Vorschläge erarbeiten</td></tr>
<tr><td>Ideen entwickeln</td></tr>
<tr><td>Handlungsorientierung</td></tr>
<tr><td>Empfehlungen erarbeiten</td></tr>
</table>

<table>
<tr><th colspan="2">Detailplanung und Handlungsentscheidung</th></tr>
<tr><th>Gesprächsziele</th><th>Gesprächsauftrag</th></tr>
<tr><td>Aufträge koordinieren</td><td rowspan="4">▪ Vertiefung der Themensammlung
▪ Vertiefung der Anliegen- und Auftragsklärung
▪ Moderieren (Starten, Steuern, Stoppen, Strukturieren)
▪ Gesprächsbeiträge zusammenfassen und visualisieren
▪ Zuhören und Fragen stellen
▪ Simulation ermöglichen
▪ Entwickelte Handlungsideen sortieren
▪ Ergebnisse zusammenfassen
▪ Ergebnisse dokumentieren
▪ Entscheidungsprozesse anleiten</td></tr>
<tr><td>Aufgaben verteilen</td></tr>
<tr><td>Entscheidungen treffen</td></tr>
<tr><td>Vorgehen vereinbaren</td></tr>
</table>

<table>
<tr><th colspan="2">Konfliktklärung und Streitschlichtung</th></tr>
<tr><th>Gesprächsziele</th><th>Gesprächsauftrag</th></tr>
<tr><td>Konflikt klären</td><td rowspan="3">▪ Vertiefung der Themensammlung
▪ Vertiefung der Anliegen- und Auftragsklärung
▪ Moderieren (Starten, Steuern, Stoppen, Strukturieren)
▪ Gesprächsbeiträge zusammenfassen und visualisieren
▪ Zuhören und Fragen stellen
▪ Erklärende Modelle anbieten
▪ Mediation aus einer möglichst unabhängigen, von allen Beteiligten akzeptierten Position
▪ Austausch von Sichtweisen anleiten
▪ Einigung anleiten
▪ Ergebnisse zusammenfassen
▪ Ergebnisse dokumentieren</td></tr>
<tr><td>Streit beilegen</td></tr>
<tr><td>Tacheles reden</td></tr>
</table>

<table>
<tr><th colspan="2">Beratung und Hilfestellung</th></tr>
<tr><th>Gesprächsziele</th><th>Gesprächsauftrag</th></tr>
<tr><td>Rat erhalten</td><td rowspan="4">▪ Vertiefung der Themensammlung
▪ Vertiefung der Anliegen- und Auftragsklärung
▪ Moderieren (Starten, Steuern, Stoppen, Strukturieren)
▪ Gesprächsbeiträge zusammenfassen und visualisieren
▪ Zuhören und Fragen stellen
▪ Entwicklung von Handlungsideen anleiten
▪ Informationen weitergeben
▪ Informationssammlung und Recherche begleiten
▪ Fachwissen teilen
▪ Erklärende Modelle anbieten</td></tr>
<tr><td>Tipps bekommen</td></tr>
<tr><td>Beraten werden</td></tr>
<tr><td>Expertenmeinung erfragen</td></tr>
</table>

Vorgehensweise vereinbaren oder vorschlagen

Steht das erste zu bearbeitende Thema fest und sind Gesprächsauftrag und -ziele benannt, lässt sich die Vorgehensweise vereinbaren. Das weitere Vorgehen kann durch die Gesprächsführung als Vorschlag formuliert werden:

> »Ausgehend von den Gesprächszielen, die Sie genannt haben, schlage ich vor, im nächsten Schritt … und daran anschließend …«
> »Unser Auftrag durch die Teamleitung besteht darin, dass wir einen Vorschlag für Richtlinien der Kundenbetreuung entwerfen. Hierzu haben wir drei Termine. Für heute schlage ich vor, dass wir …«
> »Wenn Sie gern mit einer Ideensammlung zu diesem Thema aus dem Gespräch hinausgehen wollen, schlage ich vor, zunächst mit Ihnen zu sammeln, welche Ziele, Interessen und Bedürfnisse diese Ideen berücksichtigen sollen (→ **Baustein 11 »Ziele, Interessen und Bedürfnisse«**) und dann Kreativtechniken zu nutzen, um Vorschläge und Ideen zu entwickeln (→ **Baustein 12 »Handlungsideen«**). Ist das für alle in Ordnung?«

Eine notwendige Entscheidung bei der Vereinbarung der Vorgehensweise besteht darin, ob → **Baustein 9 »Sichtweisen hören«** durchgeführt werden soll, oder ob direkt mit → **Baustein 11 »Ziele, Interessen und Bedürfnisse«** weitergearbeitet wird.

> »Sie haben nun ein Thema festgelegt, mit dem Sie beginnen möchten. Für die weitere Bearbeitung gibt es zwei Möglichkeiten: Entweder jeder hat zunächst die Möglichkeit, seine Sichtweise zu dem Thema zu schildern, und dann sammeln wir, welche Wünsche und Bedürfnisse Sie bezogen auf das Thema haben. Oder Sie verzichten auf die Schilderung der Sichtweise und fangen sofort damit an, Wünsche und Bedürfnisse zu benennen.«

Die Möglichkeit, einen Baustein zu überspringen, ist erklärungsbedürftig. Eine Erklärung könnte folgendermaßen aussehen:

»Bei der ›Schilderung der Sichtweise‹ geht es oft darum, etwas zu beschreiben, was bisher alles passiert ist oder wie sich die Situation gerade darstellt. Dies ist oft mit der Benennung von Problemen und mit Begründungen verbunden, warum es so ist, wie es ist. Diese Sicht auf das Problem, auf all das, was nicht funktioniert, ist uns sehr vertraut. Es ist die Art und Weise, wie wir in der Regel bereits über unsere Situation nachgedacht haben: Wir analysieren die Probleme und Hindernisse. Es ist dann auch oft die Art und Weise, in der wir schon zigmal über das Thema gesprochen haben, ohne zu einem Ergebnis zu kommen. Sonst säßen wir jetzt nicht zu diesem Thema hier zusammen. Glauben Sie, zu einer Lösung zu kommen, wenn Sie ein weiteres Mal auf diese problemorientierte Weise über Ihre Situation reden? Ich denke nicht. Deshalb schlage ich Ihnen vor, etwas anderes zu versuchen und mit mir gemeinsam einen Blick darauf zu werfen, wie Sie die Situation eigentlich gern hätten, wie Sie sie schon einmal, wenn auch nur ein bisschen, erlebt haben, und welche Ressourcen Sie nutzen können, um das wieder zu erreichen.
Über das Problem zu reden, kann aber auch entlastend wirken: Man wird etwas los und teilt anderen mit, was einen bewegt. Vielleicht erzählt man etwas, was man so vorher noch niemandem oder nur wenigen Personen mitgeteilt hat. Es kann dann darum gehen, Anerkennung, Zustimmung, Trost oder Verständnis zu bekommen, vielleicht auch darum, zu trauern oder Abschied zu nehmen. Zu einer Lösung kommt man dadurch jedoch nur bedingt. Vielleicht braucht es aber genau diesen Blick zurück, um etwas loszulassen, um in der Folge etwas anderes neu anzupacken. Wenn Sie eine problemorientierte Sichtweise einnehmen, kann dies mit starken Gefühlen verbunden sein. Dieser Blick auf das Problem oder das Leid kostet Kraft, kann aber, wie gesagt, sehr befreiend und heilsam sein. Dieser Schritt nimmt einige Zeit in Anspruch. Man könnte auch sagen, dass man sich in ihm in eine ›Problem-Trance‹ begibt, die man erst wieder abschütteln muss, bevor man sich möglichen Lösungen zuwenden kann.
Was denken Sie, könnte für Sie das passende Vorgehen sein?«

Das Auslassen der → **Bausteine 9: »Sichtweisen hören«** und → **10: »Sichtweisen schildern«** kann auch mit dem Bild vom »Tal der Tränen« erklärt werden (Abbildung 22).

»Wenn Sie schauen wollen, wie Ihr Weg weitergeht, können Sie zunächst in das ›Tal der Tränen‹ hinabsteigen. Schauen, wie schlimm es dort ist und was alles nicht funktioniert. Sie können Ihrem Ärger, Ihrer Sorge und Ihrer Trauer nachspüren. Vielleicht auch von etwas Abschied nehmen. Das kann sehr entlastend und hilfreich sein. Sie müssen dann aber wieder aus diesem Tal emporklettern, um auf dem Weg zu einer Lösung voranzukommen. Das kann sehr anstrengend sein. Sie können aber auch das ›Tal der Tränen‹ überspringen und direkt hinter sich lassen, ohne es zu durchschreiten, und direkt mit Überlegungen beginnen, wie es weitergehen könnte. Sie dürfen sicher sein, dass alles, was Sie über das ›Tal der Tränen‹ wissen, dabei unbewusst und ohne es auszusprechen, von Ihnen berücksichtigt wird. Sie müssen aber nicht in das Tal hinabsteigen, nur um

anderen zu erzählen, was Sie dort erlebt haben. Ich muss Ihr Problem nicht verstanden haben, um mit Ihnen an einer Lösung arbeiten zu können.«

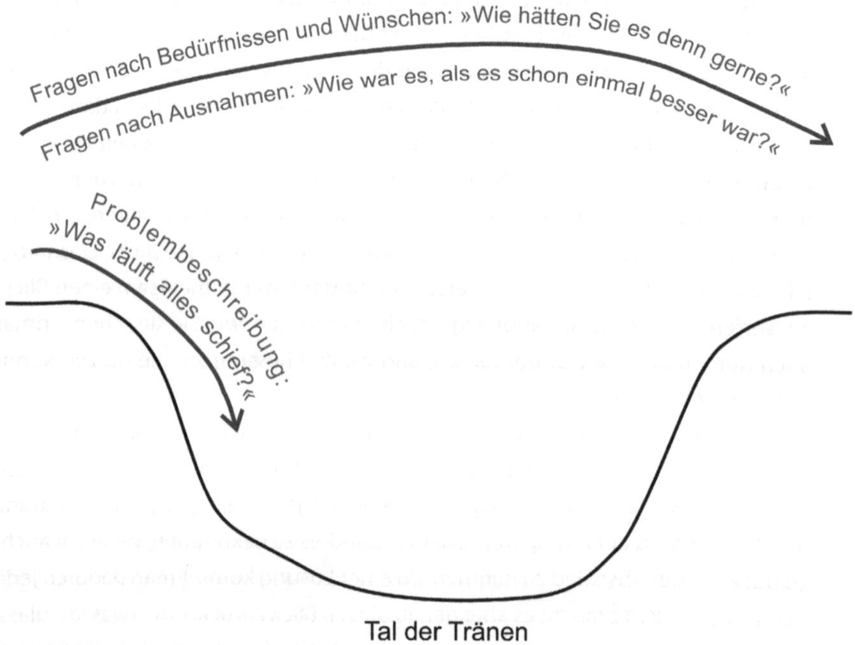

Abbildung 22: Das »Tal der Tränen«

Abgesehen von der Metapher vom »Tal der Tränen« lässt sich zudem die Metapher von der Atomenergie erzählen (»Fragen nach Ausnahmen«, → **Kapitel 3.6.3**).

Möchten Sie als Gesprächsführung stärker darauf hinwirken, → **Baustein 9 »Sichtweisen hören«** und → **Baustein 10 »Eigene Sichtweise schildern«** zu überspringen, können Sie dies auch aktiver vorschlagen und um Erlaubnis bitten, statt es nur als mögliche Option anzubieten:

»Ich möchte Ihnen für den nächsten Schritt gern vorschlagen, auf eine Problemschilderung zu verzichten und direkt mit der Sammlung Ihrer Wünsche und Bedürfnisse fortzufahren. Das mag vielleicht ungewohnt sein. Es ist aus meiner Erfahrung heraus aber äußerst effektiv und zeitsparend. Wir würden uns dann direkt der Frage widmen: ›Wie hätten Sie es denn gern?‹. Wäre das für Sie in Ordnung?«

Hier können weitere Argumente und Erklärungen folgen, die eine lösungsorientierte Vorgehensweise beschreiben (→ **Kapitel 2.2.4 »Was ist ›Lösungs- und Ressourcenorientierung‹?«**).

Kritik 7: Ignoranz
»Aber ich kann doch die Probleme und den Ist-Zustand nicht einfach ignorieren!«

Durch eine Vorgehensweise, die auf die Lösung fokussiert, werden die Probleme nicht ignoriert. Die Probleme sind ja weiterhin vorhanden und sie sind den Beteiligten in der Regel sehr bewusst.
Nimmt eine beteiligte Person jedoch gar kein Problem wahr oder sieht sie die Situation ganz anders als andere Beteiligte, führt dies schnell zu einer Diskussion darüber, ob überhaupt ein Problem besteht, und es werden Versuche unternommen, die anderen von der eigenen Sichtweise zu überzeugen. An die Stelle eines Dialogs über Bedürfnisse, Wünsche und Veränderungen tritt dann schnell eine Debatte über die »Wahrheit der Sichtweisen«, es werden Anschuldigungen und Vorwürfe erhoben.
Scheint es dennoch sinnvoll, die Sichtweisen zu hören, sollte die Gesprächsführung sehr achtsam und gut strukturiert dafür Sorge tragen, dass diese geäußert werden können, ohne dass die Situation eskaliert. Hierfür werden in der Beschreibung von → **Baustein 9 »Sichtweisen hören«** entsprechende Hinweise gegeben.

Aber selbst wenn Einigkeit über das Bestehen und die Art und Weise des Problems besteht, führt dies noch nicht zu einer Lösung. Man kann am Ende vielleicht sagen: »Jetzt haben wir eine gemeinsame Sichtweise des Problems.« Eine Lösung hat man dadurch aber noch nicht.

4.8 Baustein 8: Informationen

Übersicht der Schritte in Baustein 8: Informationen

Fakten und Ausgangslage darstellen

Erwartungen und Rahmenbedingungen benennen

Die Steuerung von Informationen gehört zu den großen organisatorischen Herausforderungen. Mit dem Begriff »Information« sind an dieser Stelle keine persönlichen Wahrnehmungen, sondern Fakten wie Absatzzahlen oder Geschäftsberichte, Unfallzahlen oder Krankenstand, Schriftstücke oder Verordnungen, Aufträge oder Kundenrückmeldungen und dergleichen mehr gemeint.

Fakten und Ausgangslage darstellen

Die zentrale Leitfrage beim Umgang mit Informationen lautet: Wer braucht welche Informationen zu welchem Zeitpunkt und in welcher Qualität, um seine Arbeit bestmöglich erledigen zu können?

Diese Frage ist niemals optimal und abschließend zu beantworten. Erreichbar ist allenfalls ein Näherungszustand, der aber immer wieder neu reflektiert und justiert werden muss. In der Praxis schlagen sich Organisationen mit allerlei Informationspathologien herum: Die Informationen erreichen nicht den Empfänger, sondern bleiben irgendwo »hängen«, sie erreichen den Empfänger zu spät, oder sie erreichen ihn nur unklar/ unvollständig. Verantwortlichkeiten für die Informationsweitergabe sind oft nicht klar geregelt und werden hin- und hergeschoben: Welche Informationen muss man sich aktiv »holen« (Holschuld), welche müssen andere »liefern« (Bringschuld)? Ein mindestens ebenso großes Problem wie die angesprochenen Informationsdefizite ist die Informationsüberflutung: Menschen verschwenden viel Zeit in Meetings mit für sie irrelevanten Informationen, während die wichtigen Informationen in Bergen von E-Mails verloren gehen usw.

Zu unterscheiden ist ein *organisationales* Informationsoptimum (d. h., der Mitarbeitende verfügt über die Informationen, die für seine Arbeitserledigung vorliegen müssen) von einem *psychologischen* Informationsoptimum (d. h., die Mitarbeitende fühlt sich gut informiert). Beides, der Informationsbedarf und das Informationsbedürfnis, fällt nicht zusammen. Menschen wünschen sich oft Informationen, die sie eigentlich nicht brauchen (»Ich fände es spannend, zu wissen, an welchen Projekten die anderen arbeiten …«), legen aber auf der anderen Seite manchmal keinen Wert auf Informationen, die sie eigentlich haben sollten.

Den Führungskräften kommt die anspruchsvolle Aufgabe zu, ein System zu entwickeln, mit dem Informationen bedarfsgerecht und so effizient wie möglich gesteuert werden, das aber das subjektive Informationsbedürfnis nicht völlig außer Acht lässt. Dazu gehören

- ein professionelles Informationsmanagement, d. h. eine systematische, von den organisationalen Bedarfen ausgehende Planung, wer welche Informationen benötigt, welches Format (schriftlich, persönliches Gespräch, Besprechung), welches Verfahren (anlassbezogen vs. regelmäßig), welches Medium (Intranet, E-Mail, persönlich, ...) und welche Aufbereitung (Tabellen, Fachartikel, Texte, ...) dafür am besten geeignet sind,
- eine regelmäßige Überprüfung und Optimierung des etablierten Informationsmanagementsystems gemeinsam mit allen Beteiligten, aber auch ein hohes Maß an Achtsamkeit bei der Weitergabe von Informationen in Gesprächen aller Art.

Diese Fragen sind im Vorfeld zu klären und laufen mit, wenn Sie Informationen in Teambesprechungen oder Einzelgesprächen zur Verfügung stellen. Bedenken Sie, dass fehlgesteuerte Informationsweitergabe zu den größten Zeitfressern in Organisationen gehört.

Ein wesentlicher Faktor ist die Aufbereitung der Informationen. In vielen Fällen wird es hinreichend sein, wenn Sie spontan und ausschließlich »auf der Tonspur« informieren. In anderen Fällen müssen Sie sich gut vorbereiten (z. B. mithilfe der Vorschläge zur Gesprächsvorbereitung in diesem Buch) und genauer überlegen, wie Sie die Informationen adressatengerecht aufbereiten. Dabei spielt vor allem die Visualisierung eine große Rolle. Eine Übersicht der wichtigsten Zahlen, Skizzen, Schaubilder, Fotos oder kurze Filmausschnitte sind unter Umständen hilfreich, um die zentralen Inhalte Ihrer Präsentation so zu veranschaulichen, dass die Kernbotschaften besser nachvollziehbar und leichter zu erinnern sind.

Schließlich ist zu berücksichtigen, dass Informationen nicht vom Sender zum Empfänger »transportiert« werden, so wie ein Paket vom Absender zum Adressaten geschickt wird und dort genauso ankommt, wie es abgesendet wurde. In der Kommunikation ist das anders: Das, was der Absender für eine bedeutsame und relevante Information hält, ist für den Empfänger noch lange nicht von Bedeutung. Er wird aufgrund eigener Relevanzkriterien aus dem Gesendeten eine Information konstruieren und sich entsprechend verhalten – oder eben auch nicht. Sie sollten daher auf keinen Fall davon ausgehen, dass Informationen (genauer: das, was für Sie eine Information ist) bei Ihrem Gegenüber eins zu eins ankommen und die gleiche Relevanz besitzen wie für Sie. Diese Erkenntnis, dass jeder Mensch seine eigene Wirklichkeit konstruiert, ist eigentlich trivial, wird aber dennoch in der Praxis häufig nicht beherzigt, was zu allerlei Verwicklungen führt.

Erwartungen und Rahmenbedingungen benennen

Im Rahmen Ihrer Selbstklärung, die Sie bei der Vorbereitung des Gesprächs vorgenommen haben (→ **Baustein 1**), haben Sie bereits darüber nachgedacht, welche Partizipationsmöglichkeiten Sie eröffnen möchten und wo die Grenzen der Partizipation liegen. Jetzt, bevor die Gesprächsteilnehmenden ihre Positionen darlegen, ist der richtige Moment, um diesen Rahmen der Beteiligungsmöglichkeiten kenntlich zu machen:

- Wo wünsche ich mir als Führungskraft Ideen, Vorschläge, Gestaltung durch die Mitarbeitenden?
- Was können wir gestalten, was ist verhandelbar?
- Was steht (für mich/durch Beschluss des Managements) bereits unverrückbar fest und damit nicht zur Diskussion?

Zu den Rahmenbedingungen, die berücksichtigt werden müssen, gehören auch Marktveränderungen, neue gesetzliche Bestimmungen, der Rahmen, den die Unternehmensstrategie für die Entscheidung vorgibt, zeitliche Vorgaben usw. Sagen Sie auch, welche Erwartungen Sie persönlich als Führungskraft an den Diskussionsprozess und sein Ergebnis haben.

4.9 Baustein 9: Sichtweisen hören

Übersicht der Schritte in Baustein 9: Sichtweisen hören

Eingangsstatement als Führungskraft

Sichtweisen einholen

Sichtweisen paraphrasieren und visualisieren

Hören der Sichtweisen abschließen und würdigen

Zielperspektive 5: Das Ziel der Schilderung von Sichtweisen
Es gibt viele gute Gründe, als Führungskraft die Sichtweise Ihrer Mitarbeiterinnen und Mitarbeiter (Kollegen, Vorgesetzte, Kooperationspartnerinnen etc.) genau zu ergründen:

- Für die zu treffende Entscheidung werden Spezialwissen, Expertise und Einschätzungen Ihrer Mitarbeiter und Mitarbeiterinnen benötigt, über die Sie selbst nicht verfügen.
- Sie möchten die Selbsteinschätzung einer Mitarbeiterin erfragen, um eventuelle Abweichungen zwischen Selbst- und Fremdbild zu besprechen, etwa bei einem Feedbackgespräch in der Probezeit, bei der jährlichen Leistungsbeurteilung oder in einem Kritikgespräch.
- Sie vermuten, dass sich Ihr Mitarbeiter in einer Belastungssituation befindet (z. B. ein Konflikt im Team oder eine familiäre Krise) und möchten ein offenes Ohr anbieten.
- Sie wünschen sich ein Feedback zu Ihren Ideen, Vorschlägen und Entscheidungen.
- Sie möchten erfahren, wie Ihre Mitarbeiterin die aktuelle Arbeitssituation erlebt, um die Arbeitszufriedenheit und Mitarbeiterbindung zu erhöhen.

Sicherlich stimmen Sie zu, dass Zuhören in diesen und anderen Situationen zu den wichtigsten Führungstugenden gehört. Dennoch zeigt sich bei selbstkritischer Betrachtung, dass Führungskräfte oft zu sehr im Sach- und Appellmodus kommunizieren und dabei das Zuhören vernachlässigen.
Machen Sie sich schon bei der Gesprächsvorbereitung klar, welchen Charakter das Gespräch haben soll und was das für die Verteilung der Gesprächsanteile bedeutet. Hierbei gilt die Faustregel: Wenn Sie lediglich etwas »verkünden« wollen, ist es adäquat, wenn Sie einen Redeanteil von 80 Prozent haben und auf andere Teilnehmende lediglich 20 Prozent entfallen – wenn es in einem Kritikgespräch deutlich mehr sind, ist das ein Anzeichen dafür, dass Ihnen die Gesprächsführung entgleitet. Aber in den oben aufgelisteten Fällen, in denen es wichtig ist, dass die Beteiligten Raum haben, sich zu äußern, sollten die Gesprächsanteile umgekehrt sein: Wenn Sie in diesen Gesprächskontexten einen Redeanteil von mehr als 20 Prozent haben, ist das ein Hinweis darauf, dass Sie sich mehr auf das Zuhören konzentrieren sollten.

Eingangsstatement als Führungskraft

In vielen Fällen möchten Sie als Führungskraft die Diskussion mit einem Eingangsstatement eröffnen, in dem Sie die Relevanz des Themas für die Organisation deutlich machen, für Verständnis und Diskussion wichtige Informationen zur

Verfügung stellen und Ihren eigenen Standpunkt darstellen. Eine unverzichtbare Arbeitshilfe sind dabei die Kernbotschaften, die Sie in der Gesprächsvorbereitung formuliert haben. Wenn Sie nicht die Möglichkeit hatten, sich vorzubereiten, versuchen Sie Ihre Kernbotschaften ad hoc zu formulieren. Dabei sollten Sie folgende Grundsätze beachten:

- Formulieren Sie so klar wie möglich. Nutzen Sie präzise Formulierungen und kurze Sätze. Passen Sie sich dem Sprachstil Ihrer Adressatinnen und Adressaten an.
- Gehen Sie niemals davon aus, dass die anderen Gesprächsteilnehmerinnen und -teilnehmer wichtige Aussagen schon beim ersten Mal erfassen. Orientieren Sie sich an der Grundregel der Rhetorik: »Sage, was du sagen wirst – sage es – und sage, was du gesagt hast.« Das bedeutet: Wichtige Aussagen sollten mehrfach wiederholt werden, um sie zu festigen.

Fassen Sie sich in Ihrem Ausgangsstatement dennoch kurz. Lange Monologe überfordern die Informationsverarbeitungskapazität der Teilnehmer und schwächen die Konzentrationsfähigkeit.

Überlegen Sie sich, in welcher Reihenfolge Sie die Kernaussagen auf den verschiedenen Seiten der Nachricht vorbringen möchten. Es gibt keine für alle Situationen passende »Universal-Reihenfolge«, in aller Regel ist aber diese Reihenfolge sinnvoll:

- Sachinhalt,
- Beziehung,
- Selbstkundgabe,
- Appell.

Beispiel: Die Stütze des Teams (Teil III)

Im Baustein der Selbstklärung haben wir Herrn Wienkämper und seine Sorge um die Leiharbeiter in seinem Team kennengelernt. Herr Wienkämpers Eingangsstatement in dem Gespräch mit dem Bereichsleiter orientiert sich an der dargestellten Struktur:

- Sachinhalt: »Vielen Dank, Herr Berg, dass Sie sich die Zeit für das Gespräch nehmen. Es geht um die Situation in meinem Team, die sich nach meiner Befürchtung durch die Entlassung der beiden Leiharbeiter sehr zum Negativen entwickeln wird. In meinem Team sind … Mitarbeitende mit einem Altersschnitt von … Seit wir die Leiharbeiter bekommen haben, konnten wir die Produktivität um … Prozent steigern. Die beiden sind wirklich eine große Stütze für das Team, weil sie jung und sehr motiviert sind. Mir ist natürlich bekannt, dass alle Leiharbeiter entlassen werden sollen …«
- Beziehung: »… das verstehe und respektiere ich auch. Ich möchte keine Forderungen stellen und die Entscheidung des Managements nicht infrage stellen, sondern gemeinsam mit Ihnen überlegen, wie wir die gute Leistung des Teams sichern können. Ich bin Ihnen für Ihre Unterstützung sehr dankbar …«
- Selbstkundgabe: »… denn ich mache mir schon große Sorgen um die Situation im Team. Ich merke, dass mich das Thema auch ins Private verfolgt und meine Gedanken

auch am Wochenende um diese Frage kreisen. Ich habe wirklich Bauchschmerzen dabei, weil ich meine Arbeit ja auch so gut wie möglich machen möchte. Und daher …«

- Appell: »… möchte ich Sie, auch im Sinne des Teams und des gesamten Bereichs bitten, sich bei der Werksleitung für eine Lösung einzusetzen. Vielleicht kann es ja doch eine Sonderregelung oder eine andere Lösung geben, an die wir noch gar nicht gedacht haben.«

Es kann allerdings auch sinnvoll sein, den eigenen Standpunkt erst einmal zurückzuhalten, um eine unverfälschte Schilderung der Sichtweisen der anderen Beteiligten zu ermöglichen.

Sichtweisen einholen

In den meisten – aber nicht allen – Gesprächssituationen werden Sie die Sichtweise Ihrer Gesprächspartnerinnen und -partner in Erfahrung bringen wollen. Partizipativ zu führen heißt, in einen Dialog zu treten, um zu erfahren, wie die übrigen Beteiligten zum jeweiligen Thema stehen, Pro- und Contra-Argumente einzuholen und Raum für Fragen zu eröffnen. Doch beim Zuhören geht es nicht nur um sachliche Fragen. Ihre Sichtweise zu erfragen, bedeutet auch, die Gesprächsbeteiligten wahr- und ernst zu nehmen, ihn mit seiner Expertise, seiner Meinung und seinem persönlichen Standpunkt wertzuschätzen.

Animieren Sie Ihre Gesprächspartnerinnen und -partner zum Sprechen, z. B. mithilfe von »Fragetechniken« (→ **Kapitel 3.6**). Laden Sie Ihr Gegenüber zur Stellungnahme ein (z. B: »Mich würde interessieren, wie Sie darüber denken«). Lassen Sie auf Ihre kurzen, prägnanten Fragen eine längere Gesprächspause folgen, um den anderen Teilnehmenden Zeit zum Nachdenken und zum Formulieren einer Antwort zu geben. Widerstehen Sie der Versuchung, diese produktive, aber manchmal als unangenehm empfundene Stille durch eigene Gesprächsbeiträge zu füllen!

Je mehr Personen am Gespräch teilnehmen, desto mehr werden Sie den Raum für persönliche Stellungnahmen mit dem begrenzten Zeitrahmen und dem »Spannungsbogen« des Meetings ausbalancieren müssen. In größeren Runden wie Teambesprechungen oder Workshops kann es helfen, eine Begrenzung der Redezeit zu vereinbaren oder strukturierte Feedbackverfahren zu nutzen (→ **Praxistipp 21 »Fragen erlauben oder nicht?«**).

Auch in diesem Baustein soll immer nur eine Person erzählen, es soll noch keine Diskussion entstehen. Jeder darf seine Sichtweise ohne Unterbrechung schildern, und die anderen sollen, ohne zu unterbrechen, zuhören. Bei kurzen sachbezogenen Absprachen wird ein ausführlicher Austausch über die Ansichten der Beteiligten nicht erforderlich sein. Darüber hinaus gibt es – wie im Kasten → **Zielperspektive 5: »Das Ziel der Schilderung von Sichtweisen«** schon angedeutet – auch Situationen, in denen Sie dem Gegenüber bewusst wenig Raum für Stellungnahmen geben möchten, um Rechtfertigungen, Ablenkungsmanöver usw. zu minimieren. Achten Sie in diesen Fällen darauf, Ihre Gesprächsziele im Auge zu behalten und die Gesprächssteuerung nicht aus der Hand zu geben.

Sichtweisen paraphrasieren und visualisieren

Nachdem die Teilnehmenden ihre Sichtweise geschildert haben, können Sie die »Basistechniken der Gesprächsführung« einsetzen, die in → **Kapitel 3** beschrieben wurden. Das Paraphrasieren der Sichtweisen ist eine große Herausforderung. Schließlich kann eine Sichtweise alles Mögliche beinhalten. In der Regel wird zwar vorwiegend nur der Ist-Zustand geschildert, es sind in diesen Schilderungen aber bereits zahlreiche Hinweise auf mögliche Ziele und Lösungen (Soll-Zustand) enthalten. Die geschilderten Sichtweisen dürfen individuell und konflikthaft sein. Sie dürfen Widersprüche enthalten und müssen nicht auf Konsens ausgerichtet sein.

In den dargestellten Meinungen sind vier Aspekte enthalten, die meist unstrukturiert erzählt werden. Sie sollten aus dem Gesagten »herausgehört«, und – da sie oft negativ formuliert sind – lösungsorientiert paraphrasiert werden:

- *Probleme und Herausforderungen* bezeichnen Hindernisse, etwas, das nicht funktioniert, etwas das stört. Unterthemen und Teilaspekte des Themas, die dabei deutlich werden, können in Besprechungen und Workshops auf Moderationskarten notiert und ausgelegt oder angepinnt werden.
- *Ressourcen* können Umgebungsfaktoren (personell, materiell, räumlich, zeitlich) sein, eine Person, eine Fähigkeit oder ein sonstiger Aspekt, der positiv auf die Situation wirkt, zu einer Verbesserung oder Lösung beiträgt bzw. verhindert, dass sich etwas verschlimmert.
- *Ziele, Interessen, Motive, Bedürfnisse und Werte* geben Hinweise auf Zielzustände, die erreicht werden sollen (z. B. Kundenzufriedenheit, Ordnung, Entlastung).
- *Handlungen und Maßnahmen* beinhalten Vorstellungen davon, was man tun kann, um Ziele zu erreichen bzw. Probleme zu beseitigen.

Praxistipp 20: Fragen erlauben oder nicht?

Wenn in Besprechungen ein Teilnehmer seine Sichtweise schildert, möchten die anderen oft »Verständnisfragen« stellen. Das kann sinnvoll und hilfreich sein, aber auch sehr störend. Denn oft ist nicht klar, was eine Verständnisfrage ist. Vor allem in konflikthaften Gesprächen kann es zu seltsamen »Verständnisfragen« kommen, wie:

»Ich verstehe nicht, wie du das ernsthaft denken kannst!«
»Muss ich das jetzt verstehen?«
»Wie kommen Sie nur auf die Idee, dass das helfen könnte?«

Als Grundregel kann gelten: Verläuft das Gespräch kooperativ und freundlich, können Verständnisfragen gestellt werden. Dreht es sich um konflikthafte Themen, sollte hingegen darauf geachtet werden, dass eine Person erzählt und die anderen zuhören.

Sofern es sinnvoll erscheint und genügend Zeit zur Verfügung steht, können Sie die für das weitere Gespräch wichtigsten Punkte schriftlich paraphrasieren. Entscheiden Sie, ob Sie an dieser Stelle nur »Probleme und Herausforderungen« oder auch schon »Ressourcen«, »Bedürfnisse und Werte« oder »Handlungsideen« schriftlich festhalten oder auf andere Weise visualisieren. Für eine lösungsorientierte Ausrichtung auf

Einigungsprozesse ist eine schriftliche Paraphrasierung und Visualisierung ab dem nächsten Baustein ausreichend.

»Probleme und Herausforderungen« und »Ressourcen«, können direkt ausgelegt oder angepinnt und dabei sortiert werden. Sollten Sie auch bereits »Ziele, Bedürfnisse und Werte« und »Handlungsideen« notiert haben, können Sie diese zunächst zur Seite legen, um in den folgenden Bausteinen auf sie zuzugreifen. Es entsteht dann zunächst eine »Problem- und Ressourcenlandkarte«, die auch als Mindmap oder Systemlandkarte strukturiert werden kann.

Zielperspektive 6: Ein erster Blick auf Handlungsziele

Bei der Schilderung von Sichtweisen werden, bezogen auf das Thema, nicht nur Probleme benannt. Es können auch Zieldimensionen, bezogen auf gewünschte Veränderungen, angesprochen werden. Wie einleitend bereits dargestellt, sind diese oft unstrukturiert und versteckt, oft sogar negativ formuliert. Will man sich als Gesprächsführung schon in diesem Baustein die Mühe machen, auf mögliche Handlungsziele zu fokussieren, lassen sich drei Zieldimensionen aus dem Gesagten extrahieren:

- Welche Ziele, Interessen, Bedürfnisse und Werte werden derzeit nicht erfüllt bzw. sollen durch mögliche Veränderungen (Handlungen und Maßnahmen) erfüllt werden?
- Welche Handlungen und Maßnahmen werden derzeit nicht umgesetzt, führen nicht zu gewünschten Ergebnissen bzw. sollten eingeleitet werden?
- Welche personellen, materiellen, räumlichen und zeitlichen Ressourcen stehen nicht zur Verfügung bzw. können nicht für Veränderungen der Situation und für die Erreichung von Ergebnissen eingesetzt werden?

Praxistipp 21: Einbeziehen Abwesender – Teil II

Auch bei der Schilderung der Sichtweisen können abwesende Personen über zirkuläre Fragen und das Aufstellen freier Stühle einbezogen werden:

»Stellen Sie sich vor, unsere Kunden könnten jetzt hier erzählen, wie sie die aktuelle Situation erleben. Was würden sie sagen?«

»Wenn der Projektkoordinator jetzt seine Sichtweise schildern könnte, was würde er erzählen?«

Hören der Sichtweisen abschließen und würdigen

Wenn alle Beteiligten ihre Sichtweise geschildert haben, sollte abschließend noch einmal nach Ergänzungen gefragt werden:

> »Sie hatten jetzt alle die Gelegenheit, Ihre Sichtweise zu schildern. Schauen Sie bitte noch einmal, ob Sie etwas ergänzen möchten. Wenn nicht, möchte ich die Darstellung der Meinungen jetzt abschließen. Sie können sich die erstellte Problem- und Ressourcenlandkarte noch einmal in Ruhe anschauen.«

Eine visualisierte Darstellung der Probleme und Ressourcen zu einem Themenbereich könnte wie in Abbildung 23 aussehen.

Als Gesprächsführung kann es zum Abschluss dieses Bausteins sinnvoll sein, die Beteiligten und ihre Sichtweisen zu würdigen.

»Ich bedanke mich für die Offenheit und Geduld, mit der Sie Ihre eigene Sichtweise geschildert und den Schilderungen der anderen zugehört haben. Ich denke, die Situation ist nun klar und deutlich benannt. Wir wissen um die Probleme und auch um einige Ressourcen.«

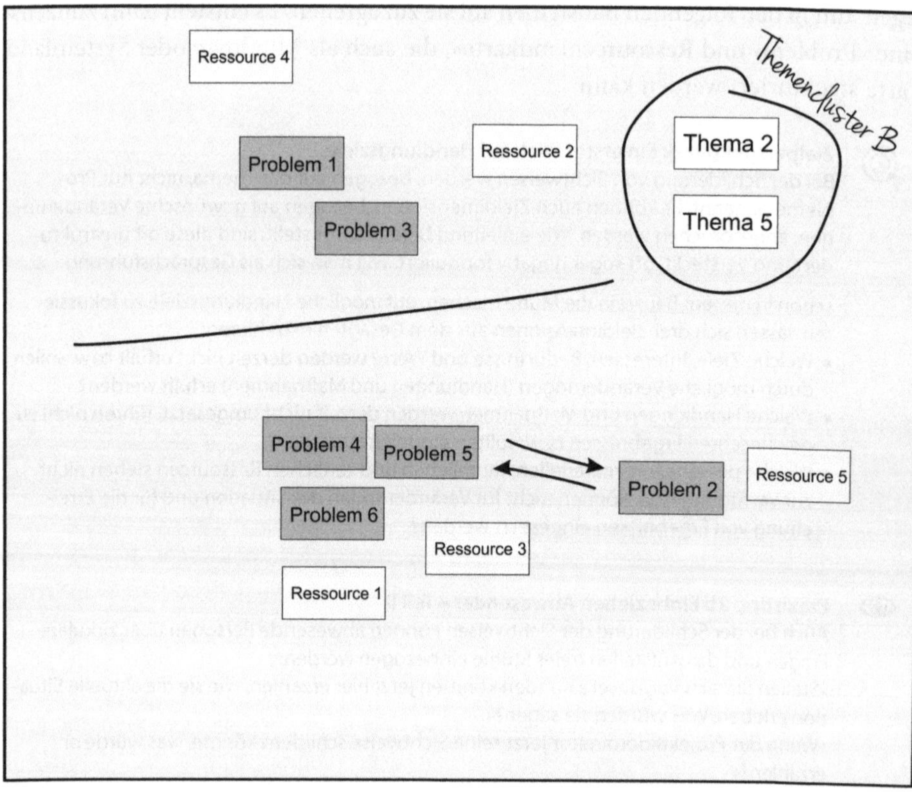

Abbildung 23: Beispiel einer Problem- und Ressourcenlandkarte (geclustert)

4.10 Baustein 10: Eigene Sichtweise schildern

Übersicht der Schritte in Baustein 10: Eigene Sichtweise schildern

Wahrnehmungen schildern

Feedback geben und Kritik äußern

Wahrnehmungen schildern

Im Gegensatz zum → **Baustein 8 »Informationen«** geht es hier nicht um die harten Fakten, sondern um Ihre eigene Wahrnehmung. Die Grenze zwischen »harten Fakten« und »eigener Wahrnehmung« ist fließend, da das, was wir für Fakten halten, oft schon durch die eigene Wahrnehmung selektiert ist. Umso wichtiger ist es, beide Aspekte im Gespräch so gut wie möglich auseinanderzuhalten.

Hinzu kommt ein zweites Spannungsfeld: Ihre Sichtweise als Privatperson und Ihre Sichtweise als Rollenträgerin oder Rollenträger (d. h. als Vertretung der Unternehmensinteressen) müssen nicht zwangsläufig identisch sein. Die Erwartung, dass Führungskräfte loyal die Position der Organisation vertreten, ist natürlich berechtigt, verkennt aber sowohl die Komplexität der Führungsrolle als auch die Komplexität der zwischenmenschlichen Kommunikation: Die persönliche Autorität der Führung ist daran gebunden, dass die Führungskraft gegenüber ihren Mitarbeiterinnen und Mitarbeitern auch als Mensch erkennbar wird, authentisch und glaubwürdig wirkt und sich nicht hinter ihrer Rolle »versteckt«. Darüber hinaus ist es schwierig, verbale und nonverbale Botschaften kongruent zu kommunizieren, wenn man von dem Gesagten nicht überzeugt ist – gerade in langjährigen Kooperationsbeziehungen, in denen man sich gut kennt, nehmen Ihnen Mitarbeitende, Kolleginnen und Kollegen Lippenbekenntnisse ohnehin nicht ab. Daraus resultieren folgende Grundregeln für das Formulieren der eigenen Sichtweise als Führungskraft:

- Schildere die Fakten zunächst ohne eigene Wertung.
- Mache deine Position als Führungskraft deutlich.
- Lass deine Privatmeinung (falls sie abweicht) anklingen, ohne deine Position als Führungskraft zu entkräften.
- Bei abweichender Privatmeinung: Mache deutlich, dass und warum du als Führungskraft trotzdem von deiner Privatmeinung abweichende Erwartungen aufrechterhältst.

Ein typisches Beispiel für dieses Dilemma ist das Vertreten von Managemententscheidungen, die dem Gesamtinteresse des Unternehmens dienen, für den eigenen Bereich aber eher nachteilig sind. Hier könnte die Formulierung der eigenen Sichtweise wie folgt aussehen:

»Wie Sie alle wissen, hat der Vorstand beschlossen, einem anderen Projekt höhere Priorität zu geben und die freien Ressourcen dort zur Verfügung zu stellen …« (Sache)
»Mit diesem Beschluss verfolgen wir als Unternehmen das Ziel …« (Bedürfnis)
»Mir ist bewusst, dass diese Entscheidung für uns auch Nachteile bringt, und ich bedauere, dass sich der Start unseres Projekts dadurch verzögert …« (Gefühl)
»Aber ungeachtet dessen stehe ich natürlich voll und ganz hinter dem Vorstandsbeschluss und erwarte von Ihnen volle Kooperation, denn …« (Appell)

Die Schilderung der eigenen Sichtweise wirkt authentischer und überzeugender, wenn Sie auf eigene Werte, Erfahrungen, Gedanken und Emotionen Bezug nehmen, um Ihren Standpunkt zu veranschaulichen. Hier ist die Selbstkundgabe von besonderer Bedeutung. Beim Schildern Ihrer Sichtweise helfen Ihnen auch die Hinweise zur Gewaltfreien Kommunikation, insbesondere → **Kapitel 3.5.1 »Eigene Beobachtungen schildern, ohne zu werten«** und → **Kapitel 3.5.2 »Eigene Gefühle ausdrücken«**.

Feedback geben und Kritik äußern

Feedback zu geben und Kritik zu äußern gehört zu den Kernaufgaben der Führung. Der Begriff Feedback wird in der Praxis in den unterschiedlichsten Konnotationen verwendet. Hier meinen wir mit Feedback eine beschreibende, nicht wertende Rückmeldung zu Verhalten oder Leistung anderer Menschen (→ **Kapitel 3.5.6 »Feedback geben und Feedback nehmen«**).

Feedback im Arbeitsprozess ist nicht nur wichtig, um Lern- und Verbesserungsmöglichkeiten zu eröffnen, sondern Rückmeldungen zu den Ergebnissen der eigenen Arbeit tragen auch maßgeblich dazu bei, Motivation zu fördern und aufrechtzuerhalten. Studien zeigen, dass Feedback insbesondere dann wirkt, wenn es wertschätzend und im Sinne einer Lernunterstützung formuliert wird (Cianci, Klein u. Seijts, 2010; Mehmood, Hamstra, Nawab u. Vriend, 2016; Young, Richard, Moukarzel, Steelman u. Gentry, 2017).

Ein gerade in jüngster Zeit viel diskutierter Aspekt ist die Fehlerkultur im Team: Ein Klima der psychologischen Sicherheit (Edmondson, 1999), in dem »intelligente Fehler« gemacht werden dürfen, in dem ohne Suche nach Schuldigen gelernt und experimentiert werden kann, trägt zur Arbeitszufriedenheit und insbesondere auch zur Leistungsfähigkeit des Teams bei. In Feedbackprozessen speziell auf Ressourcen, Stärken und Gelungenes zu fokussieren, und Misslungenes nicht als Anlass zu Vorwürfen, sondern als Lernchance zu nehmen, ist daher zielführend. Eine lösungs- und ressourcenorientierte Haltung bedeutet natürlich nicht, dass Negatives bzw. Ärger nicht angesprochen werden darf. Aber gerade in kritischen Situationen ist eine differenzierte und handlungsorientierte Darstellung wichtig (→ **Kapitel 3.5.6 »Feedback geben und Feedback nehmen«**).

4.11 Baustein 11: Ziele, Interessen und Bedürfnisse

Übersicht der Schritte in Baustein 11: Ziele, Interessen und Bedürfnisse

- Ziele, Interessen und Bedürfnisse sammeln, paraphrasieren und visualisieren
- Eigene Ziele, Interessen und Bedürfnisse benennen
- Sammlung der Ziele, Interessen und Bedürfnisse abschließen und würdigen

Auch für diesen Baustein gilt: Gestalten Sie ihn entsprechend Ihrer Gesprächsziele. In manchen Entscheidungssituationen wird es wichtig sein, sich die für die Entscheidung relevanten Ziele, Interessen und Bedürfnisse genau zu vergegenwärtigen. In diesen Fällen sollten Sie genug Zeit einräumen und den Prozess sehr sorgsam moderieren. In anderen Fällen, z. B. bei Routineentscheidungen, darf dieser Baustein dagegen gekürzt oder gestrichen werden. Grundsätzlich gilt: Je bedeutsamer die Entscheidung für die Organisation und die Beteiligten ist und je wichtiger es ist, unterschiedliche Ziele, Interessen und Bedürfnisse in Abgleich zu bringen, desto mehr müssen Sie diesen Baustein bewusst gestalten.

Ziele, Interessen und Bedürfnisse sammeln, paraphrasieren und visualisieren

Um zu den vereinbarten Themen konstruktive Lösungen entwickeln zu können, muss geklärt werden, welche Anforderungen an eine Lösung bestehen. Dabei gibt es immer, mehrere zum Teil überlappende Perspektiven zu berücksichtigen und in Einklang zu bringen, wie wir am Beispiel des Themas »Neugestaltung des Kundenbereichs unserer Bankfilialen« veranschaulichen wollen.

Ziele: In erster Linie müssen Umsetzungsstrategien für das jeweilige Thema den Zielen der Organisation dienen. Hier spielen Fragestellungen eine Rolle wie …

> »Was ist für das Überleben unserer Organisation wichtig?«
> »Welche Zielrichtungen ergeben sich aus unserer Strategie? Wen wollen wir mit der Neugestaltung der Filialen ansprechen, welche Customer Experience wollen wir bieten?«
> »Auf welche Trends/Veränderungen des Marktes/neue Konkurrenzsituation etc. müssen wir reagieren? Wie sieht die ›Filiale der Zukunft‹ aus?«

Interessen: Die zu erarbeitende Lösungsmöglichkeit muss die Interessen der verschiedenen Stakeholdergruppen ausbalancieren und mit den Zielen der Organisation in Abgleich bringen.

> »Welche Anforderungen haben unsere Kunden und Kundinnen an die Filialen?«
> »Wie würden sich unsere Shareholder bzw. Trägerinnen etc. eine Umsetzung vorstellen?«
> »Welche Interessen haben Vorstand, Führungskräfte, verschiedene Gruppen der Mitarbeitenden?«

Bedürfnisse: Eine gute Lösung berücksichtigt nicht nur die Ziele der Organisation und die Interessen von Kundinnen, Kunden und anderen externen Stakeholdergruppen, sondern bezieht auch die Bedürfnisse der Mitarbeiterinnen und Mitarbeiter ein.

> »Wie müssen unsere Filialen zukünftig gestaltet sein, sodass wir gut darin arbeiten können?«
> »Wie können wir den Prozess der Neugestaltung der Filialen so aufsetzen, dass alle Mitarbeiter und Mitarbeiterinnen sich gut einbezogen fühlen?«

Auch in diesem Baustein spielt das lösungsorientierte Paraphrasieren eine wichtige Rolle. Das heißt, dass alle negativ formulierten Aussagen in wünschenswerte Zustände umformuliert werden (→ **Kapitel 3.3.2 »Lösungsorientiertes Paraphrasieren«**). Moderationskarten zu Zielen, Interessen und Bedürfnissen, die bereits bei der Schilderung der Sichtweisen im vorherigen Schritt festgehalten wurden, können nun ausgelegt oder angepinnt werden. Auch bei der Sammlung der Bedürfnisse können abwesende Personen, Gruppen und Organisationen über zirkuläre Fragen und das Aufstellen freier Stühle einbezogen werden.

Zielperspektive 7: Ein bedürfnisorientierter Blick auf Handlungsziele
Das Ergebnisziel dieses Gesprächsbausteins besteht in einer umfassenden Sammlung der auf das Thema bezogenen Ziele, Interessen und Bedürfnisse. Hierzu gehören auch Ziele, Interessen und Bedürfnisse von Kundinnen und Kunden und anderen externen Anspruchsgruppen.
Bei der Sammlung von Zielen, Interessen und Bedürfnissen werden in der Regel auch schon *Handlungen und Maßnahmen* sowie *Ressourcen* benannt, die an anderer Stelle im Prozess separat diskutiert und bearbeitet werden sollten.

Praxistipp 22: Delegation in großen Gruppen
Sie sollten entscheiden, inwieweit die Benennung von »Zielen, Interessen und Bedürfnissen« (→ **Baustein 11**) sowie die Entwicklung von »Handlungsideen« (→ **Baustein 12**) in der Gruppe durchgeführt werden können oder im Sinne der Effizienz besser in ein anderes Setting (z. B. eine Arbeitsgruppe) gehören. Vor allem bei großen Gruppen kann es sinnvoll sein, die Schilderung von Sichtweisen in der Gesamtgruppe durchzuführen und das Sammeln der Bedürfnisse und die Erarbeitung von Lösungsvorschlägen dann aber an eine kleinere Gruppe zu delegieren.

> »Wir werden uns hier nur einen ersten Überblick über die Situation verschaffen können. Ich schlage vor, dass wir für die Erarbeitung eines Vorschlags eine kleinere Gruppe beauftragen, die ihren Entwurf anschließend hier vorstellt. Auf dieser Grundlage können wir dann eine Entscheidung fällen. Ist das für alle in Ordnung?«

> Wichtig ist es hierbei, die Entscheidungswege zu beachten. Eine Planungsgruppe, Arbeitsgruppe oder Unterarbeitsgruppe kann immer nur einen Vorschlag erarbeiten, der danach durch alle Entscheidungsträger mitgetragen und vereinbart werden muss. Gegebenenfalls wird ein Vorschlag nach Präsentation und Beratung zur Überarbeitung wieder an die Planungsgruppe gegeben, um im Anschluss aktualisiert erneut vorgestellt zu werden. Geht es bei einer Überarbeitung nur um Einzelheiten, kann eine abschließende Abstimmung auch per E-Mail im Umlaufverfahren vorgenommen werden. Wichtig ist, dass keine Person mit Mitspracherecht oder Entscheidungsbefugnis übergangen wird.

Von Gesprächsbeteiligten werden häufig schon in diesem Baustein Maßnahmen (z. B. Finanzierungsmöglichkeiten für die neuen Filialen, Fortbildung, Austausch mit anderen Organisationen) oder Rahmenbedingungen (z. B. Budget, Räume, Material, Personal) benannt und nicht die dahinterliegenden Ziele, Interessen und Bedürfnisse. Um sicherzustellen, dass die vereinbarten Maßnahmen überhaupt sinnvoll und zielführend sind, ist der Weg über die Ziele, Interessen und Bedürfnisse aber äußerst hilfreich.

Damit die Teilnehmenden sich nicht schon direkt mit Veränderungs- und Handlungsplanungen befassen, gilt es, diese immer wieder auf die Benennung von Zielen, Interessen und Bedürfnissen zurückzuführen. Es gibt einige Formulierungen, mit denen die Gesprächsführung diese »hinter« den Maßnahmen und Ressourcen liegenden Aspekte erfragen kann:

> »Angenommen, Sie hätten …, was wäre dann anders?«
> »Angenommen, X würde … tun, was würde sich dadurch verändern?«
> »Angenommen, diese Maßnahme wäre erfolgreich, was wäre dann anders?«
> »Angenommen, Sie würden das tun, welchen Gewinn hätten Sie davon?«
> »Was ist Ihnen daran wichtig?«
> »Wozu soll das gut sein?«

Die benannten Ziele, Interessen und Bedürfnisse können ausgelegt oder angepinnt werden, während die Ressourcen und Handlungsideen zunächst nur gesammelt und für den nächsten Baustein zur Seite gelegt werden. Die Ziele, Interessen und Bedürfnisse lassen sich gleich in Clustern sortieren oder der in **Baustein 9 »Sichtweisen hören«** erstellten Problem- und Ressourcenlandkarte zuordnen.

> **Praxistipp 23: Einbeziehen Abwesender – Teil III**
> Bei Sammlung der Interessen, Bedürfnisse und Ziele können abwesende Personen und Interessengruppen über zirkuläre Fragen und das Aufstellen freier Stühle einbezogen werden:
>
> »Was wäre unseren Lieferanten hierbei wichtig?«
> »Wenn die Verwaltung ihre Bedürfnisse benennen würde, welche wären das?«
> »Wenn Simon jetzt hier wäre, was würde er wohl zu dieser Idee sagen?«

Eigene Ziele, Interessen und Bedürfnisse benennen

Bei der Gesprächsvorbereitung in → **Baustein 1 »Klärung«** haben Sie Ihre eigenen Ziele, Interessen und Bedürfnisse im Zuge der Selbstklärung bereits reflektiert. Wenn Sie sie noch nicht in Ihrem Eingangsstatement benannt haben, können Sie dies an dieser Stelle tun. Vertrauen Sie auch hierbei auf die »Intelligenz der Gruppe«. Die meisten Ziele, Interessen und Bedürfnisse zum Thema, die auch Ihnen wichtig sind, wurden vermutlich bereits von anderen Beteiligten benannt. Falls Sie zusätzlich noch einige Bedürfnisse einbringen, wirkt dies als Ergänzung der Gruppeninteressen und nicht wie eine massive Vorgabe. Es kann hierbei auch sinnvoll sein, auf die bereits von anderen Teilnehmenden benannten Interessen hinzuweisen, die Ihnen ebenfalls wichtig sind. Hierdurch kann Zustimmung und Gemeinsamkeit signalisiert werden.

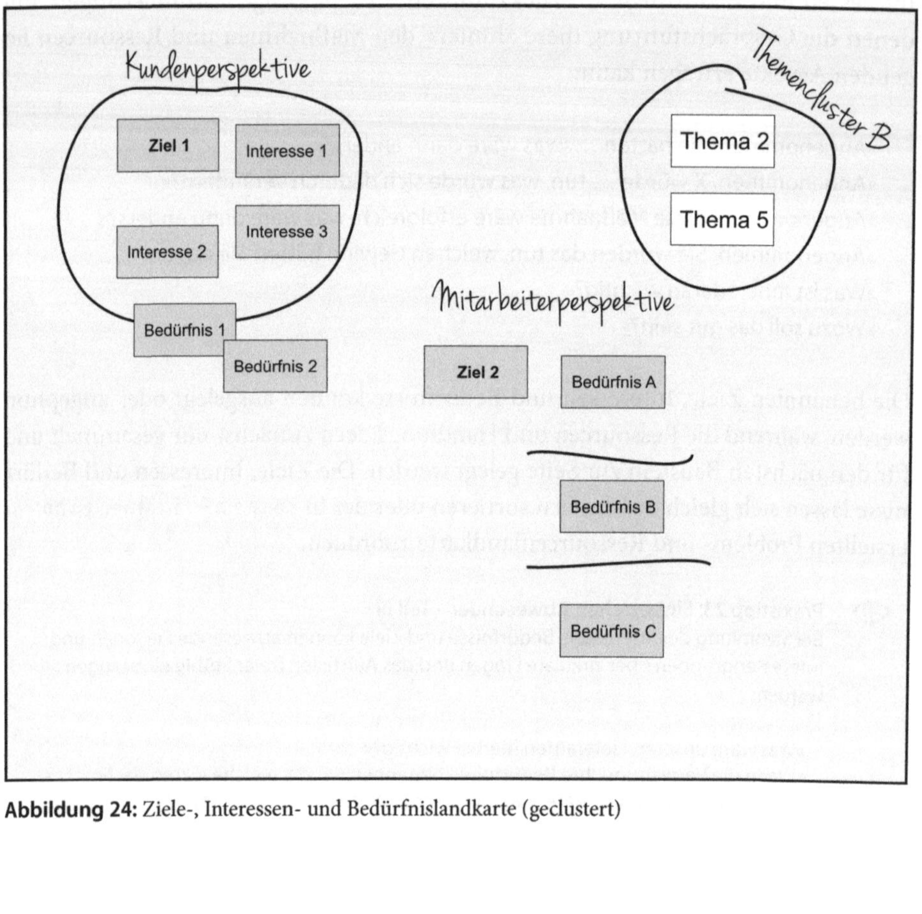

Abbildung 24: Ziele-, Interessen- und Bedürfnislandkarte (geclustert)

Sammlung der Bedürfnisse abschließen und würdigen
Abschließend sollte nach Ergänzungen gefragt werden:

> »Sie hatten jetzt alle die Gelegenheit, Interessen und Bedürfnisse anzuführen. Schauen Sie bitte noch einmal auf die Karten, die ich ausgelegt habe, ob Sie etwas ergänzen möchten. Wenn nicht, möchte ich diesen Baustein jetzt abschließen. Sie können sich die erstellte Bedürfnislandkarte noch einmal in Ruhe anschauen.«

Sind alle Ziele, Interessen und Bedürfnisse benannt und wurden die Moderationskarten noch nicht sortiert, können diese nun geclustert werden (Abbildung 24).

Wurde vorher eine Problem- und Ressourcenlandkarte erstellt, lassen sich die Interessen und Bedürfnisse auch den Problemen und Ressourcen zuordnen (Abbildung 25).

Die genannten Ziele, Interessen und Bedürfnisse stellen Kriterien dar, an denen die später zu entwickelnden Handlungsoptionen gemessen werden. Sie können durchaus Widersprüche enthalten und müssen nicht auf Konsens ausgerichtet sein.

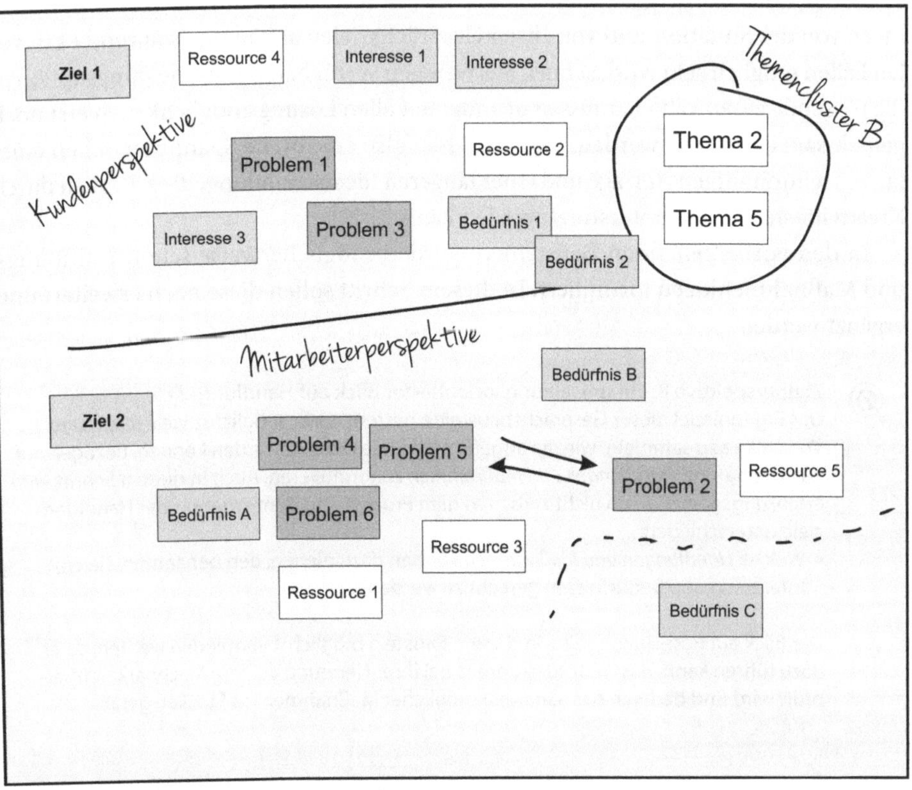

Abbildung 25: Problem- und Ressourcenlandkarte mit zugeordneten Zielen, Interessen und Bedürfnissen (geclustert)

4.12 Baustein 12: Handlungsideen

Übersicht der Schritte in Baustein 12: Handlungsideen

Handlungsideen entwerfen … … und eigene Ideen einbringen

Handlungsideen präsentieren (nur bei Bearbeitung in Kleingruppen!)

Ideensammlung abschließen und würdigen

Handlungsideen entwerfen …… und eigene Ideen einbringen

Wenn die Ausgangssituation (→ **Baustein 8 »Informationen«**, → **Baustein 9 »Sichtweisen hören«** und → **Baustein 10 »Eigene Sichtweise schildern«**) und die Anforderungen an die Lösung (→ **Baustein 11 »Ziele, Interessen und Bedürfnisse«**) deutlich geworden sind, werden Lösungsmöglichkeiten gesammelt. Dies ist im Zweiergespräch ebenso der Fall wie in einem größeren Meeting.

Wie bei den vorhergehenden Bausteinen ist auch das Sammeln von Handlungsideen von der Situation und von Ihren Gesprächszielen abhängig. Während es in vielen Fällen möglich sein wird, schnell aus wenigen verfügbaren Entscheidungsoptionen die passende auszuwählen, müssen in anderen Fällen Lösungsmöglichkeiten erst noch gemeinsam entwickelt werden. Sie haben hier also eine breite Spanne zwischen einer kurzen, einminütigen Abfrage und einer längeren Ideensammlung, die z. B. auch durch Kreativitätstechniken unterstützt werden kann.

In den vorhergehenden Bausteinen wurden möglicherweise schon Handlungs- und Maßnahmenideen formuliert. In diesem Schritt sollen diese noch erweitert und ergänzt werden.

Zielperspektive 8: Ein umsetzungsorientierter Blick auf Handlungsziele
Das Ergebnisziel dieser Gesprächsbausteine besteht darin, möglichst viele Ideen und Vorschläge zu sammeln, wie die angeführten Ziele erreicht werden können. Bezogen auf das Thema sind *Handlungen und Maßnahmen* zu formulieren. Auch in diesem Schritt wird erfahrungsgemäß noch nicht zwischen dem Prozess und dem Ergebnis der Handlungsziele unterschieden:

- Welche *Handlungen und Maßnahmen* können dazu dienen, den benannten Zielen, Interessen und Bedürfnissen gerecht zu werden?

Der Blick auf Ressourcen sollte in diesem Baustein möglichst vermieden werden, da er dazu führen kann, dass jede Idee bereits bei ihrer Nennung auf ihre Machbarkeit überprüft wird und dadurch das Sammeln möglicher Maßnahmen ins Stocken gerät.

Das Entwerfen von Maßnahmen ist die kreativste Phase im Gespräch. Hier geht es darum, Handlungsideen zu entwickeln, um die zum ausgewählten Thema (→ **Bau-**

stein 6 »Themen«) geschilderten Probleme zu mildern oder zu beheben sowie die aufgeführten Ressourcen zu nutzen (→ **Baustein 9 »Sichtweisen hören«**), um damit die benannten »Ziele, Interessen und Bedürfnisse« (→ **Baustein 11**) zu erreichen. Je bedeutsamer die zu treffende Entscheidung ist und je weniger bekannt ist, mit welchen Mitteln die angestrebte Lösung erreicht werden kann, desto mehr Zeit und bewusste Gestaltung müssen Sie in die Entwicklung von Handlungsideen investieren. Wenn im Zentrum steht, möglichst viele Handlungsmöglichkeiten zu sammeln, um aus einem umfangreichen Pool die beste Lösung auszuwählen, sollte dieser Baustein – in dem von Ihnen definierten Rahmen (→ **Baustein 7 »Gesprächsziele«**) – möglichst offen, kreativ und störungsfrei verlaufen, da sich das kreative Potenzial der Beteiligten so am besten entfalten kann. Es soll darum gehen, viele Ideen zu produzieren, ohne diese bereits zu bewerten.

In diesem Baustein eignen sich alle Kreativitätstechniken, solange sie dazu dienen, möglichst viele Ideen zu potenziellen Maßnahmen zu haben.

> »In diesem Schritt ist es das Ziel, möglichst viele Idee zu sammeln. Es geht um hypothetische Gedankenspiele, um Möglichkeiten und Optionen. Es geht noch nicht um eine Bewertung, Auswahl oder Vereinbarung von Maßnahmen! Es dürfen also ausdrücklich auch unsinnige oder seltsame Ideen geäußert werden!«
> »Achten Sie bitte bei allen Maßnahmen darauf, dass sich diese auf die gesammelten Ziele, Interessen und Bedürfnisse beziehen.«

Eine gute Möglichkeit, Handlungsideen zu entwickeln, besteht darin, an Best-Practice-Beispielen aus der eigenen Praxis oder aus anderen Organisationen anzusetzen, zu überlegen, wem das Erwünschte bereits gut gelingt, oder aber auch frei über eine mögliche Zukunft zu spekulieren:

> »Überlegen Sie einmal, wann der Zielzustand schon einmal erfüllt war. Was war da anders? Wie haben Sie das geschafft?«
> »Kennen Sie eine Organisation, die bei diesem Thema erfolgreich ist? Wie schaffen die das? Was ist deren Erfolgsrezept?«
> »Stellen Sie sich vor, Sie hätten all das erreicht. Wie wäre es dann? Was würden Sie anders machen? Wer wäre alles daran beteiligt?«

Praxistipp 24: Einbeziehen Abwesender – Teil IV
Auch bei der Entwicklung von Handlungsideen können abwesende Personen und Interessengruppen über zirkuläre Fragen und das Aufstellen freier Stühle einbezogen werden:

> »Wenn ich unsere Azubis fragen würde, welche Ideen sie hätten, was man verändern könnte, was würden sie vermutlich sagen?«
> »Wenn unsere Kunden jetzt hier säßen, welchen Vorschlag hätten sie wohl beizusteuern?«

Praxistipp 25: Parallel Processing und Prototyping
Ideensammlungen und Brainstormings funktionieren am besten in Kleingruppen von drei bis maximal fünf Personen. Sie können ihre Ideen auf Moderationskarten festhalten oder auch ein Plakat erstellen.
Ergeben sich mehrere Themenbereiche für Maßnahmen – beispielsweise Maßnahmen im Team, organisatorische Maßnahmen, Personalentwicklungsmaßnahmen – können auch drei thematisch unterschiedliche Gruppen parallel an den verschiedenen Themen arbeiten (Parallel Processing) und sich anschließend gegenseitig ihre Ideen vorstellen und einander ergänzen.
Geht es um Lösungen zu nur einem Themenbereich, ist es ebenfalls sinnvoll, mehrere Gruppen parallel arbeiten zu lassen, um sie mehrere Prototypen einer Lösung der gleichen Aufgabe entwickeln zu lassen (Prototyping). Dieses Verfahren wird beispielsweise bei Architekturwettbewerben und Ausschreibungen genutzt. Man erzeugt auf diese Weise eine Sammlung mehrerer eigenständiger Lösungen, aus denen man die beste (oder passendste) auswählt oder einzelne Teilaspekte zu einer verbindenden Lösung zusammensetzt.

Natürlich werden Sie in diesem Baustein auch eigene Ideen einbringen. Allerdings werden die eigenen Ideen oft bereits von anderen Personen benannt, sodass man sich mit entsprechenden Äußerungen zurückhalten und auf die Moderation konzentrieren kann. Gleiches gilt vor allem bei Ideen und Maßnahmen, die von anderen Personen umgesetzt werden müssen. Hier ist Zurückhaltung angeraten, um zu schauen, ob die Verantwortung für die Umsetzung nicht von den Betroffenen selbst oder von anderen Beteiligten erkannt und benannt wird.

> »Mir würde da auch noch etwas einfallen. Möchten Sie das gern hören? ... Könnten Sie sich vorstellen ... zu versuchen?«
> »Darf ich noch etwas ergänzen? ... Ich könnte mir auch vorstellen, dass ... hilfreich sein könnte. Was denken Sie?«
> »Könnten Sie sich auch vorstellen ...?«
> »Angenommen, Sie würden ... Würde das Ihren Bedürfnissen und den Bedürfnissen von Bernd gerecht werden?«
> »Ich dachte gerade, man könnte auch ... Wäre das machbar? Würden Sie das vielleicht in Erwägung ziehen?«
> »Wenn ich an Ihrer Stelle wäre, könnte ich mir auch vorstellen ... auszuprobieren. Fänden Sie das auch reizvoll?«

Handlungsideen präsentieren (nur bei Bearbeitung in Kleingruppen!)

Beim parallelen Entwerfen von Maßnahmen in Kleingruppen sollten die Ergebnisse vorgestellt werden. Hierbei muss gegebenenfalls auf die Reihenfolge geachtet werden, in der die Gruppen oder Einzelpersonen ihre Ergebnisse vorstellen.

> »Es geht in diesem Schritt noch nicht darum, die Entwürfe zu bewerten oder Entscheidungen zu treffen. Jede Gruppe hat nun acht Minuten Zeit, ihren Vorschlag vorzustellen.

Die anderen bitte ich darum, zuzuhören und sich gegebenenfalls Notizen zu Gemeinsamkeiten und Unterschieden zu machen, die sie zwischen den Vorschlägen erkennen.«

Ideensammlung abschließen und würdigen
Der Baustein der Ideensammlung wird dann abgeschlossen.

» Ich bin beeindruckt von der Fülle an Ideen, die Sie hier zusammengetragen haben und von dem Engagement, mit dem Sie zusammengearbeitet haben! Jetzt liegen alle Ideen, die Sie gesammelt haben, auf Moderationskarten (oder als Plakat) vor uns. Im nächsten Schritt wird es darum gehen, diese Maßnahmen zu bewerten und diejenigen auszuwählen, die umgesetzt werden sollen. Können wir mit diesem nächsten Schritt fortfahren?«

4.13 Baustein 13: Handlungsentscheidung

Übersicht der Schritte in Baustein 13: Handlungsentscheidung

Handlungsideen sortieren, bewerten und auswählen

Auswahl der Handlungsideen abschließen

Handlungsideen sortieren, bewerten und auswählen

Ist die kreative Phase der Ideensammlung beendet und wurden gegebenenfalls die Ergebnisse aus Kleingruppenarbeiten vorgestellt, müssen diejenigen Maßnahmen ausgewählt werden, die man konkretisieren und vereinbaren möchte. Grundsätzlich kann hierfür auf die Auswahlverfahren zurückgegriffen werden, die bereits in anderen Bausteinen zur Anwendung gekommen sind, wie offene Abstimmung per Handzeichen oder Punkte kleben (→ **Kapitel 3.3.4 »Priorisieren«**). Es gilt, sich für diejenigen Maßnahmen zu entscheiden, die die genannten Bedürfnisse am besten erfüllen und zugleich den vorhandenen oder bereitzustellenden Ressourcen am besten entsprechen.

Zielperspektive 9: Effizienz beim Erreichen von Ergebnissen
Die Auswahl von Maßnahmen berücksichtigt Interessen, Bedürfnisse, Werte und die zur Verfügung stehenden Ressourcen. In diesem Baustein findet eine Gewichtung statt, die die Effektivität, also das Erreichen der gewünschten Ergebnisse »um jeden Preis«, abwägt mit der Machbarkeit und dem Aufwand, der mit einer Umsetzung verbunden ist. Indem die Aspekte der Umsetzung und der zu erreichenden Ergebnisse in die Bewertung einfließen, werden Prozess- und Ergebnisziele ausbalanciert.

»Aus den vorgestellten Möglichkeiten sollen nun diejenigen ausgewählt werden, die auch in die Tat umgesetzt werden können. Sie sollten hierbei bereits Überlegungen anstellen, welche Personen für die Umsetzung infrage kommen und welche Ressourcen Sie dafür einsetzen möchten. Sollte eine Aufgabe dabei sein, die Sie selbst gern übernehmen möchten, dürfen Sie das auch schon sagen. Bedenken Sie, dass die Maßnahmen, die Sie auswählen, dazu dienen sollen, den gesammelten Bedürfnissen gerecht zu werden. Achten Sie bitte immer darauf, dass die Maßnahmen umsetzbar und die durch sie zu erreichenden Veränderungen überprüfbar sind. Diese Aspekte werden wir noch genauer in den Blick nehmen, wenn es um die Vereinbarung unserer weiteren Vorgehensweise geht.«

»Wenn Sie einige Leitlinien für die Auswahl von Maßnahmen benötigen, können Sie sich an drei Grundsätzen der lösungsorientierten Beratung orientieren (de Shazer u. Dolan, 2007, S. 23):

> 1. Wenn etwas funktioniert, tue mehr davon.
> 2. Wenn etwas nicht funktioniert, tue irgendetwas anderes.
> 3. Repariere nichts, was nicht kaputt ist.«

Eine Bewertung und Auswahl der gesammelten Maßnahmen lässt sich in der bereits erstellten Ergebnissammlung ergänzen (Abbildung 26).

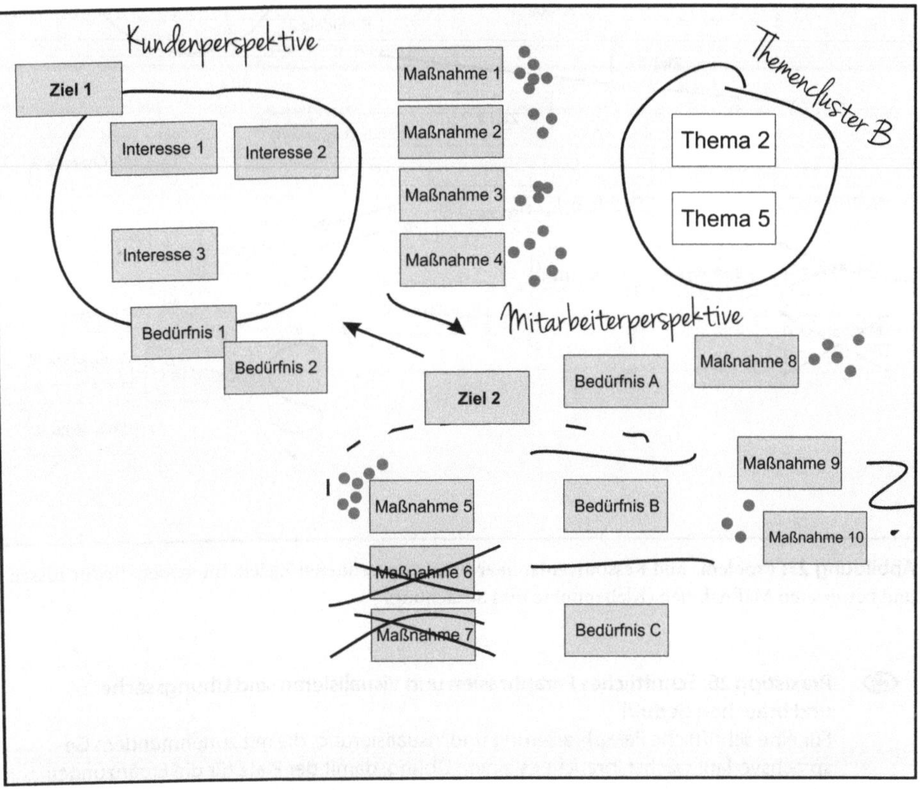

Abbildung 26: Lösungslandkarte mit Zielen, Interessen, Bedürfnissen und bewerteten Maßnahmen (Klebepunkte und Streichung)

Falls in den vorherigen Bausteinen eine Problem- und Ressourcenlandkarte erstellt wurde, auf der die gesammelten Ziele, Interessen und Bedürfnisse zugeordnet wurden, lassen sich die Maßnahmen hier ergänzen und bewerten (Abbildung 27).

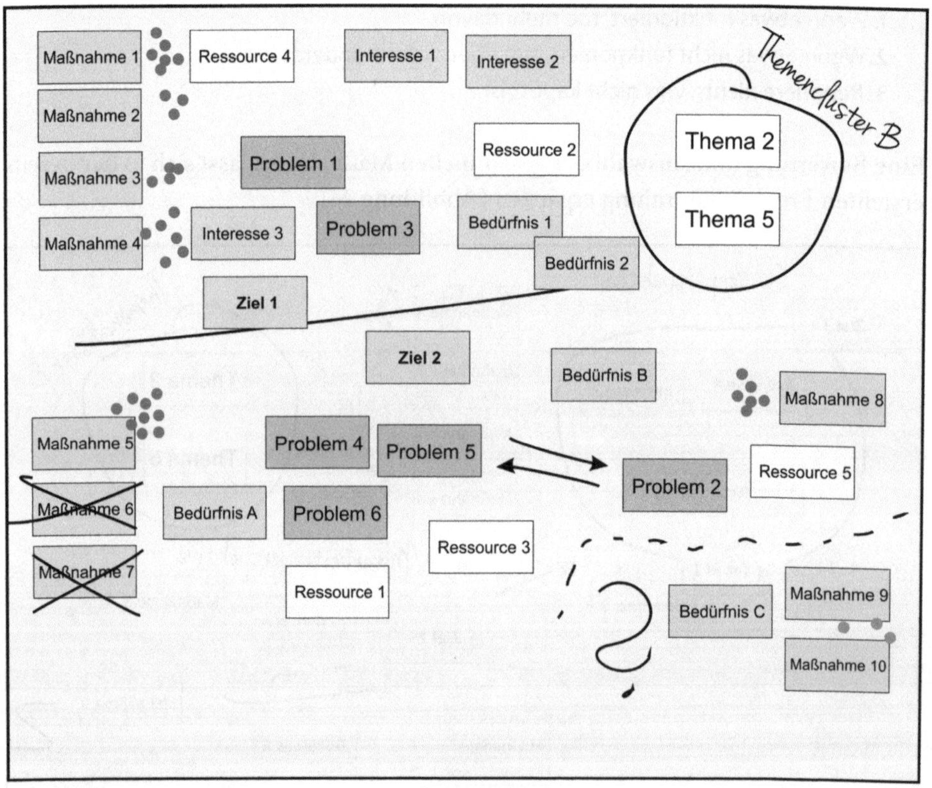

Abbildung 27: Problem- und Ressourcenlandkarte mit zugeordneten Zielen, Interessen, Bedürfnissen und bewerteten Maßnahmen (Klebepunkte und Streichung)

Praxistipp 26: Schriftliches Paraphrasien und Visualisieren sind Übungssache und brauchen Geduld

Für eine schriftliche Paraphrasierung und Visualisierung, die mit zunehmendem Gesprächsverlauf wächst, braucht es einige Übung, damit der Platz für die Ergänzungen später ausreicht. Grundsätzlich gibt es Karten zu fünf Bereichen: Themen, Probleme, Ressourcen, Bedürfnisse und Maßnahmen. Da aber jedem Thema mehrere Probleme und Ressourcen, Bedürfnisse und Maßnahmen zugeordnet werden können, ist der benötigte Platz vorher nicht abzuschätzen. Sie werden es daher im Prozessverlauf kaum vermeiden können, Teilbereiche umzuhängen, umzusortieren und neue Karten anzuheften.

Bei Moderationswänden, die mit Pinnnadeln bestückt sind, ist dies recht einfach zu bewerkstelligen, sofern die Moderationswand stabil steht. Ebenfalls empfehlenswert ist, das Auslegen der Karten auf dem Boden mit einer späteren Übertragung auf eine Pinnwand zu kombinieren (→ Praxistipp 10 »Den Boden nutzen«). Eine – allerdings teure und ökologisch nicht sehr nachhaltige – Alternative sind selbstklebende oder elektrostatische Moderationskarten, die sich leicht und ohne großen Aufwand anders platzieren lassen. Es kann auch mit Notebook und Beamer oder interaktiven Whiteboards gearbeitet werden. Mit dieser Technik ist es mit einiger Übung schnell möglich, virtuelle Moderationskarten zu verschieben, umzubenennen, umzufärben und sich mehr Platz zu verschaffen.

Für alle diese aufgezählten Arbeitsformen gilt:
Lassen Sie sich nicht unter Druck setzen! Das Neu- und Umordnen stellt eine gute Unterbrechung dar, die die Teilnehmenden nutzen können, um die Sammlung noch einmal zu betrachten oder eine Pause einzulegen.

»Während ich die letzten Karten zuordne und unsere Landkarte vervollständige, können Sie noch einmal schauen, ob Ihnen noch etwas fehlt.«
»Ich werde jetzt die letzten Ergebnisse anpinnen. So lange können Sie eine Pause machen. Wenn Sie dann in 5 Minuten alle wieder hier sind, können Sie das Gesamtbild überprüfen.«

Auswahl der Handlungsideen abschließen

Sortierung, Bewertung und Auswahl der Handlungsideen werden nun abgeschlossen.

»Jetzt haben wir die Maßnahmen ausgewählt, die umgesetzt werden sollen. Im nächsten Schritt wird es darum gehen, diese Maßnahmen zu konkretisieren, sodass nachher jede und jeder weiß, was sie oder er zu tun hat, wenn wir diesen Termin beenden.«

4.14 Baustein 14: Handlungsplanung

Übersicht der Schritte in Baustein 14: Handlungsplanung

- Ausgewählte Handlungsideen und Ziele konkretisieren
- Formen der Überwachung und Überprüfung festlegen

Ausgewählte Handlungsideen und Ziele konkretisieren

Je genauer eine Maßnahme beschrieben ist, desto geringer sind die Missverständnisse darüber, was getan und was genau damit erreicht werden soll. Die Kriterien der Gewaltfreien Kommunikation, um »eine erfüllbare Bitte auszusprechen«, sind bei der Konkretisierung von Maßnahmen äußerst hilfreich (→ **Kapitel 3.5.4 »Eine erfüllbare Bitte aussprechen«**).

Zielperspektive 10: Ein kompetenz- und ressourcenorientierter Blick auf Handlungsziele
Die Umsetzung ausgewählter Handlungen und Maßnahmen soll nun anhand der dafür notwendigen Fähigkeiten und Kompetenzen sowie Ressourcen präzisiert werden. Die bei der Auswahl von Maßnahmen bereits vorgenommene Berücksichtigung der Rahmenbedingungen und Möglichkeiten wird nun in konkrete Zielplanungen überführt:

- Welche *Fähigkeiten und Kompetenzen* benötigen wir für die Umsetzung der vereinbarten Handlungen und Maßnahmen?
- Wie werden die ausgewählten *Handlungen und Maßnahmen* konkretisiert und umgesetzt?
- Welche *personellen, materiellen, räumlichen und zeitlichen Ressourcen* können und wollen wir für die Umsetzung der vereinbarten Handlungen und Maßnahmen einsetzen?
- Welche *Rollen (Identität und Zugehörigkeit)* sollten hierfür durch die Beteiligten oder durch andere Personen eingenommen werden?

Da dieser Schritt unter Umständen lange dauert und nicht immer die Anwesenheit aller Beteiligten erfordert, kann es ausreichen, verantwortliche Personen zu benennen und gegebenenfalls ein Datum festzusetzen, bis zu welchem die anderen Beteiligten über die genauere Planung informiert werden.

Werden die Namen und Termine auf die zugehörigen Moderationskarten oder die Pinnwand geschrieben oder als zusätzliche Karten beigefügt, kann ein einfaches Fotoprotokoll als erste Konkretisierung dienen (Abbildung 28).

Eine besonders hilfreiche Visualisierung und Planungshilfe besteht in der Erstellung eines Flowcharts als Timeline oder Projektstrukturplan. Hierfür werden Moderationskarten mit ausgewählten Maßnahmen in einer Reihenfolge auch parallel zueinander ausgelegt und dann mit Informationen zu Terminen, Zeiten, zuständigen Personen etc. ergänzt.

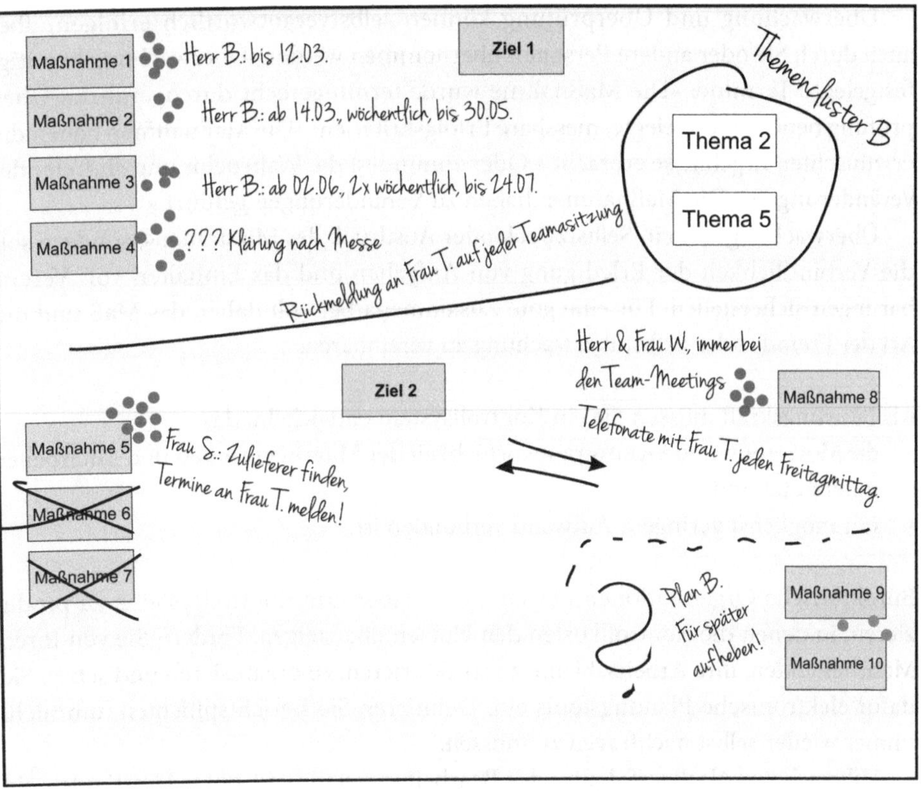

Abbildung 28: Fertige Vereinbarung in Form terminierter Maßnahmen; Moderationskarten mit Interessen, Bedürfnissen, Problemen und Ressourcen wurden entfernt

Oftmals ist es auch sinnvoll, klare und umfangreiche Zielvereinbarungen zu formulieren, in denen die Ziele, die erwünschten Ergebnisse, die verantwortlichen Personen, die erforderlichen Prozesse und Ressourcen schriftlich festgehalten werden (→ **Kapitel 3.8.5 »Zielvereinbarungen«**).

Das Maß der Konkretisierung hängt stark von der Verlässlichkeit und den bisherigen Erfahrungen in der Zusammenarbeit der Beteiligten ab. Je mehr der genannten Punkte offenbleiben, desto größer ist die Freiheit der ausführenden Personen, diese umzusetzen – das Maß der Verbindlichkeit ist dann aber geringer. Je genauer die Punkte festgehalten sind, desto starrer ist ihre Umsetzung vorgegeben und desto höher ist die Verbindlichkeit.

Formen der Überwachung und Überprüfung festlegen

Ebenfalls festgehalten werden sollte, wie die Durchführung und Erledigung der vereinbarten Maßnahmen überwacht (Monitoring) und deren Erfolg überprüft (Controlling) werden kann.

Überwachung und Überprüfung können selbstverantwortlich erfolgen, aber auch durch Sie oder andere Personen übernommen werden. Überwachung benötigt festgelegte Termine: »Die Maßnahme wurde termingerecht durchgeführt.« Überprüfung benötigt festgelegte, messbare Erfolgskriterien: »Die Maßnahmen haben die erwünschten Ergebnisse erbracht.« Oder zumindest die Wahrnehmung eintretender Veränderungen: »Die Maßnahmen haben zu Veränderungen geführt.«

Überwachung ist kein Selbstzweck oder Ausdruck des Misstrauens, sondern soll die Verbindlichkeit der Erledigung von Aufgaben und das Einhalten von Vereinbarungen sicherstellen. Für eine gute Zusammenarbeit gilt daher, das Maß und die Art der Fremd- oder Selbstüberwachung zu vereinbaren.

Als Führungskraft müssen Sie ein Kontrollsystem entwickeln, das

- die Motivation und Eigenverantwortlichkeit der Mitarbeiterinnen und Mitarbeiter unterstützt und
- mit möglichst geringem Aufwand verbunden ist.

Bürokratische Organisationen neigen dazu, elaborierte Kontrollsysteme zu produzieren, in denen die Kontrollkosten den Nutzen übersteigen. Fordern Sie von Ihren Mitarbeitenden, ihre Arbeitsabläufe zu strukturieren, zu organisieren und setzen Sie dafür elektronische Planungstools ein. Definieren Sie Berichtspflichten, um nicht immer wieder selbst nachfragen zu müssen.

Hilfreich zur Nachverfolgung des Bearbeitungsstands ist unter Umständen ein Kanban-Board, auf dem alle Beteiligten sofort sehen können, wie weit die Umsetzung der vereinbarten Aufgaben aktuell ist.

Zielperspektive 11: Überwachung der Umsetzung und Erfolgsmessung von Handlungszielen

Für die Erreichung von Handlungszielen gilt es, die Umsetzung der vereinbarten *Handlungen und Maßnahmen* zu überwachen:

- Machen alle Personen das, was vereinbart wurde und wofür sie die Verantwortung übernommen haben?

Es kann auch überwacht werden, ob die *personellen, materiellen, räumlichen und zeitlichen Ressourcen* wie vereinbart eingesetzt werden:

- Werden die vereinbarten Personen eingesetzt?
- Werden die vereinbarten Mittel bereitgestellt und verwendet?
- Werden die vereinbarten Orte und Räume genutzt?
- Werden die vereinbarten Zeiten eingehalten?

Damit überhaupt überwacht und kontrolliert werden kann, müssen die Handlungen und Maßnahmen sowie die *personellen, materiellen, räumlichen und zeitlichen Ressourcen* messbar formuliert sein.

Um den Erfolg vereinbarter Handlungen und Maßnahmen zu überprüfen, braucht es festgelegte *Messkriterien,* an denen man sehen kann, ob die durchgeführten Maßnahmen erfolgreich sind:

- Welche Ergebnisse lassen sich zählen oder messen?
- Was kann beobachtet werden, wenn die Handlungen und Maßnahmen erfolgreich sind?
- Was könnten beteiligte Personen sagen, damit ich erkenne, ob die Handlungen und Maßnahmen erfolgreich waren?

4.15 Baustein 15: Vereinbarungen

Übersicht der Schritte in Baustein 15: Vereinbarungen

Dokumentierte Vereinbarung

Zum nächsten Thema übergehen

Dokumentierte Vereinbarung

Die dokumentierte Vereinbarung kann von einem Fotoprotokoll der schriftlichen Paraphrasierung und Visualisierung aus → **Baustein 16** (Abbildung 28) über ein schriftliches Ergebnisprotokoll oder ein ausgefülltes Zielvereinbarungsformular (→ **Kapitel 3.8.5 »Zielvereinbarungen«**) bis zu einem ausgearbeiteten Vertrag reichen. Je konflikthafter die besprochenen Themen sind, desto höher ist oftmals der Anspruch an die Vereinbarung.

Zielperspektive 12: Klarheit und Verbindlichkeit als ergebnisorientierte Gesprächsziele
Das Maß der schriftlichen Vereinbarung richtet sich nach den Bedürfnissen der Beteiligten bzw. der Auftraggeberinnen oder Auftraggeber hinsichtlich der Klarheit und Verbindlichkeit der Ergebnisse. Welche Ergebnisse für das Gespräch erwartet werden, wird daher bereits in → **Baustein 7 »Gesprächsziele«** besprochen.

Zum nächsten Thema übergehen

Gibt es mehrere Themen zu bearbeiten und ist noch ausreichend Zeit vorhanden, kann im Anschluss an die dokumentierte Vereinbarung des abgeschlossenen Themas zur Bearbeitung des nächsten Themas übergegangen werden. Wenn dieses schon feststeht, weil Reihenfolge der weiteren zu bearbeitenden Themen bereits festgelegt wurde, sollte zum zweiten Thema mit dem Schritt »Gesprächsziele klären und Gesprächsauftrag konkretisieren« in → **Baustein 7 »Gesprächsziele«** weitergearbeitet werden.

Sind noch Themen zu bearbeiten, und die zur Verfügung stehende Zeit reicht nicht, sollte die Bearbeitung der übrigen Themen beispielsweise über die Vereinbarung weiterer Termine oder in Form einer Delegation geklärt werden.

4.16 Baustein 16: Zusammenfassung und Verabschiedung

Übersicht der Schritte in Baustein 16: Zusammenfassung und Verabschiedung

- Zusammenfassung
- Weiteres Vorgehen klären
- Stimmungsbild und Kurzfeedback
- Dank und Verabschiedung

Dieser Baustein beginnt immer einige Minuten, bevor die vereinbarte Zeit des Gesprächstermins zu Ende ist. Sie sollte höchstens fünf bis zehn Minuten in Anspruch nehmen.

Zusammenfassung

Zunächst sollte kurz zusammengefasst werden, was im Gespräch erreicht wurde und wie es in der Folge weitergeht.

> »Gut, dass wir heute unser gemeinsames Vorgehen in den Projekten A und B klären konnten. Wie wir in Projekt C vorgehen, ist noch offen – damit werden wir uns nächste Woche beschäftigen.«

Weiteres Vorgehen klären

Gegebenenfalls sind Themen unbearbeitet geblieben, sodass besprochen werden sollte, wann, wo, mit wem und wie an ihnen weitergearbeitet werden soll.

> »Als nächsten Termin können wir … vereinbaren. Herr Finke hat zugesagt, bis dahin Informationen über … zu sammeln und allen Beteiligten per E-Mail zu senden. Frau Gharibyan will noch einmal in ihrem Team nach Ideen fragen und diese dann bei unserem nächsten Termin vorstellen. Dass Fotoprotokoll der heutigen Sitzung sende ich Ihnen morgen zu. Für Rückmeldungen in der Zwischenzeit können Sie sich gern an mich wenden.«

Stimmungsbild und Kurzfeedback

Am Ende des Gesprächs darf ein Stimmungsbild eingeholt werden. In größeren Gruppen kann dies in Form eines »Blitzlichts« (Kurzrückmeldung reihum, gegebenenfalls zu einer vorher gestellten Frage) geschehen, im Zweiersetting ist eine etwas ausführlichere Rückmeldung möglich:

> »Sagen Sie doch einmal kurz, wie Sie unser heutiges Gespräch erlebt haben und was Sie jetzt mitnehmen.«

> »Zum Abschluss hätte ich gern von jeder und jedem von euch einen Satz, wie der Workshop aus eurer Sicht war und wie ihr vor dem Hintergrund unserer Vereinbarungen auf die kommenden Wochen schaut.«

Hilfreich kann auch ein Rückblick auf die Zusammenarbeit sein, z. B., um Verbesserungsmöglichkeiten für den nächsten gemeinsamen Termin zu erarbeiten.

> »Vor dem Termin hatten Sie gesagt, es wäre für Sie ein gutes Gespräch, wenn wir offen über die Probleme in der Kommunikation sprechen würden. Wie sehen Sie das jetzt, war es ein gutes Gespräch?«
> »Was fandet ihr in unserem heutigen Meeting gut, was weniger gut? Was könnten wir beim nächsten Meeting ähnlich machen, was sollten wir verändern?«

Zielperspektive 13: Prozess- und Ergebnisziele des Gesprächs
In diesem Schritt geht es um eine Rückmeldung zu den Prozess- und Ergebniszielen des Gesprächs. Diese beiden Aspekte lassen sich auch getrennt voneinander ansprechen:

> »Bitte geben Sie mir zum einen eine Rückmeldung dazu, wie zufrieden Sie mit dem Verlauf des Gesprächs waren (Prozess), und zum anderen, wie zufrieden Sie mit den Ergebnissen des Gesprächs sind.«

Es kann sehr gut sein, dass Teilnehmende sehr zufrieden mit der Gesprächsgestaltung waren, aber unzufrieden mit den Ergebnissen sind. Da Sie als Gesprächsführung vor allem für den Prozess verantwortlich sind, ist diese Differenzierung sehr hilfreich, um einzuschätzen, in welchem Umfang Sie beispielsweise bei künftigen Gesprächen etwas an Ihrer Gesprächsführung ändern sollten.

> »Also das Gespräch war sehr strukturiert und konstruktiv. Das hat mir sehr gut gefallen. Ich hatte mir aber vorher erhofft, dass wir bei allen Themen zu einem Ergebnis kommen. Aber das liegt wohl daran, dass ich überschätzt habe, was in der Zeit, die uns zur Verfügung stand, machbar war.«

Dank und Verabschiedung

Die Verabschiedung besteht aus Höflichkeit und Wertschätzung. Sie sollte ehrlich und ermutigend sein.

> »Ich bedanke mich für Ihre aktive (engagierte, konstruktive, offene ...) Mitarbeit. Ich hoffe, dass Sie mit den heute erarbeiteten Ergebnissen zufrieden sind, und freue mich auf den nächsten Termin.«
> »Trotz einiger strittiger Punkte konnten wir heute erste Eckpunkte einer Vereinbarung festhalten. Dass Sie bei diesem Thema emotional so stark beteiligt sind, ist völlig verständlich. Ich bin sehr zuversichtlich, dass Sie auf einem guten Weg sind, eine gemeinsame Lösung zu finden. Die Fotodokumentation der heutigen Besprechung sende ich Ihnen zu.«
> »Ich wünsche Ihnen eine gute Heimfahrt und einen erholsamen Feierabend.«

4.17 Baustein 17: Reflexion

Übersicht der Schritte in Baustein 17: Reflexion

- Selbst- und Prozessreflexion
- Systemreflexion
- Gute Vorsätze fassen
- Anderen Beteiligten Feedback geben
- Feedback von anderen Beteiligten erbitten
- Supervision und Coaching

Zielperspektive 14: Reflexion der Gesprächsziele
Die Zielperspektive der Nachbereitung bezieht sich gänzlich auf die Gesprächsziele, unabhängig von den Maßnahmen, die gegebenenfalls vereinbart wurden.

Welche *Bedürfnisse und Werte* konnte ich in dem Gespräch erfüllen? Welche nicht?
Woran genau habe ich das festgestellt *(Messkriterien)?*
Welche *Handlungen und Maßnahmen* der Gesprächsführung sind mir gut gelungen? Welche nicht?
Welche *Fähigkeiten und Kompetenzen* konnte ich dabei einsetzen? Welche nicht?
Welche *Ressourcen* waren hilfreich? Was war zu viel? Was hat gefehlt?

Selbst- und Prozessreflexion

Die erste Selbstreflexion eines Gesprächs erfolgt in der Regel direkt im Anschluss z. B. unterwegs zum nächsten Termin oder auf der Fahrt nach Hause. Diese normalerweise unstrukturierte Reflexion kreist um zentrale Fragen der Effizienz und Effektivität des geführten Gesprächs: Ist es gelungen, mit möglichst geringem Aufwand (Effizienz), gute Ergebnisse zu erzielen (Effektivität)? Gerade, wenn man über wenig Routine in der Gesprächsführung verfügt, sollte diese Reflexion am besten strukturiert anhand einiger Leitfragen durchgeführt werden:

> »An welchen Stellen lief das Gespräch gut?«
> »Welche Phasen des Gesprächs waren mühsam? Woran lag das?«
> »Wo und wie hätte ich Zeit sparen können?«
> »Waren tatsächlich alle relevanten Personen beteiligt?«
> »An welchen Punkten habe ich mich als professionell erlebt, an welchen nicht?«
> »Was möchte ich beim nächsten Mal wieder genauso machen?«

»Was würde ich gern anders machen?«
»Was sollte ich gegebenenfalls noch einmal überdenken?«

Systemreflexion
Eine weitere Ebene der Reflexion richtet sich auf die anderen Beteiligten und den Kontext. Es geht darum, die Systemreflexion, die zur Vorbereitung auf das Gespräch stattgefunden hat, zu überprüfen und zu erweitern.

»Was habe ich über … erfahren, das ich noch nicht wusste?«
»Wie habe ich den Umgang der Teammitglieder miteinander erlebt?«
»Wer oder was könnte bezogen auf die besprochenen Themen noch wichtig sein?«
»Welche weiteren Ressourcen haben sich gezeigt?«
»Welche fachlichen Aspekte sollte ich gegebenenfalls noch einmal überdenken oder nachlesen?«
»Was hat sich an meinen Hypothesen zu den Systemzusammenhängen verändert? Welche Hypothesen habe ich nun?«

Gute Vorsätze fassen
Benennen Sie drei Aspekte der Gesprächsführung, die Sie beim nächsten Mal beibehalten, besser machen oder überdenken möchten. Versuchen Sie hierbei, eine »erfüllbare Bitte« an sich selbst zu richten, indem Sie beschreiben, was genau Sie auf welche Art und Weise anders tun werden (→ **Kapitel 3.5.4 »Eine erfüllbare Bitte aussprechen«**).

»Was würde ich wieder genau auf diese Weise machen?«
»Was will ich verändern? Und wie?«
»Worüber möchte ich gern noch mehr erfahren, und wie wird mir das gelingen?«

Anderen Beteiligten Feedback geben
Wenn man Gespräche mit Personen führt, mit denen man häufiger zu tun hat, bietet es sich an, diesen eine Rückmeldung über das Gespräch zu geben. Das können Kollegen und Kolleginnen, Vorgesetzte, Kooperationspartnerinnen oder Kooperationspartner sein. Das Geben von Feedback wurde als zentrale Gesprächsführungstechnik bereits vorgestellt (→ **Kapitel 3.5.6 »Feedback geben und Feedback nehmen«**). Wenn Sie sich entschieden haben, einer Person ein Feedback zu geben, überlegen Sie vorher, was Sie zu den folgenden vier Fragen sagen möchten:

1. Was habe ich gesehen oder gehört?
2. Wie habe ich mich dabei gefühlt?
3. Was war bzw. ist mein Bedürfnis?
4. Was hätte ich mir in der Situation gewünscht, dass die andere Person tut bzw. um was würde ich sie bitten, zukünftig in einer vergleichbaren Situation zu tun?

Ein Feedback für Kolleginnen, Kollegen oder Kooperationspartnerinnen und -partner ist vor allem dann sinnvoll, wenn man häufiger oder sogar intensiv mit ihnen zusammenarbeitet. Die Rückmeldung soll die Kooperation verbessern und dazu beitragen, in künftigen Gesprächen effektiver zusammenzuarbeiten. Ein solches Feedback kann auch telefonisch erfolgen. Je besser es vorbereitet ist, desto kürzer und zielgerichteter ist es in der Regel formuliert. Die Vertraulichkeit sollte gewahrt bleiben, vor allem in Arbeitsumgebungen, in denen die Versuchung zu Tür- und Angelgesprächen groß ist, bei denen andere Personen zuhören könnten.

Praxistipp 27: Blumen sagen mehr als tausend Worte
Ein Feedback muss nicht gleich ein neues Gespräch sein, das man vorbereiten und führen muss. Für positive Rückmeldungen an Kolleginnen und Kollegen ist ein kleiner Zettel, auf dem ein kurzer Satz steht, oft ausreichend für ein Feedback:

»Danke, dass du mir gestern in dem Gespräch den Rücken gestärkt hast!«
» Super, wie Sie sich für unser Projekt stark gemacht haben!«
»Dass du im Kundentermin die strittigen Punkte noch einmal zusammengefasst hast, hat mich sehr entlastet. Ich war mit meinem Kopf gerade ganz woanders …«

Für kollegiale Rückmeldungen können auch kurze Messenger-Nachrichten per Smartphone als Kurzfeedback verschickt werden. Gegenüber Kundinnen und Kunden, Kooperationspartnern- und -partnerinnen gilt es, mehr Distanz zu wahren. Hier ist neben der persönlichen Ansprache auch eine kurze Notiz auf einer Postkarte als inhaltliches, kurzes Feedback denkbar.
Bei all diesen Formen ist zu beachten, dass das Feedback gegeben wird, ohne dass das Gegenüber die Möglichkeit hat, es abzulehnen. Daher sollten diese Formen der Rückmeldung auf positive und bestärkende Aspekte ausgerichtet und kurz sein.
Für kritische Feedbackinhalte sollte das persönliche Gespräch gesucht werden.

Feedback von anderen Beteiligten erbitten

Wenn man in der Gesprächsführung unsicher ist oder eine Situation erlebt hat, die man noch nicht gut einordnen und bewerten kann, lohnt es sich, ein Feedback von anderen Teilnehmenden zu erbitten. Das können Kolleginnen, Vorgesetzte oder Kooperationspartnerinnen sein.

Ein Kurzfeedback kann optional bereits in → **Baustein 16 »Zusammenfassung und Verabschiedung«** eingeholt werden. Wollen Sie eine persönlichere oder vertraulichere Rückmeldung, die nicht im Beisein aller Beteiligten stattfindet, dürfen Sie ausgewählte Personen darum bitten. Berücksichtigen Sie hierbei die Feedbackregeln.

Beim Erbitten eines Feedbacks ist zu beachten, dass das Gegenüber möglicherweise nicht weiß, nach welchen Regeln Feedback gegeben wird und über welche Aspekte man eine Rückmeldung haben möchte. Es ist daher sinnvoll, vorher zu überlegen, über welche Bereiche man etwas hören möchte und das entsprechend zu formulieren:

> »Ich fühlte mich in dem gestrigen Gespräch sehr unsicher. Kannst du mir sagen, welchen Eindruck ich als Moderatorin bei dir hinterlassen habe?«

»Wie hast du dich in dem gestrigen Gespräch gefühlt?«

»Was von dem, was ich in dem Gespräch als Moderator getan habe, sollte ich auf jeden Fall beibehalten? Was sollte ich lassen oder verändern?«

»Ich bin über die Strukturierung des Gesprächs unschlüssig. Ich würde die Zusammenfassungen und Überleitungen gern besser hinbekommen. Kannst du mir dazu ein paar Tipps geben?«

»Kannst du mir sagen, wie meine Körperhaltung auf dich gewirkt hat und ob ich Augenkontakt zu allen Beteiligten aufgenommen habe?«

»Kannst du mir nach dem nächsten Termin eine Rückmeldung dazu geben, wie ich mit den Redeanteilen der Beteiligten und der Reihenfolge der Beiträge umgegangen bin? Achte bitte auch darauf, wie ich Teilnehmerinnen und Teilnehmer einbinde, die sich nicht oder nur wenig beteiligen.«

»Ich möchte lernen, mir in der Gesprächsführung mehr Zeit zu lassen und nicht zu schnell zu reden. Kannst du mir bitte während des Gesprächs ein Zeichen geben, wenn ich zu schnell werde? Vielleicht kannst du dich dann am Ohrläppchen zupfen, dann weiß ich Bescheid, was du meinst.«

Supervision und Coaching

Professionelles Handeln gewinnt auch durch professionelle Reflexion. Supervision, Coaching und Formen kollegialer Beratung gehören in vielen Arbeitsfeldern bereits zum festen Bestandteil der Unternehmenskultur. Für die Nachbereitung von Gesprächen und darauf aufbauend für eine Vorbereitung weiterer Gespräche und die Entwicklung der eigenen Haltung und Gesprächsführungspersönlichkeit sind sie ebenso hilfreich wie für Fallbesprechungen und das Klären des kollegialen Miteinanders. Es empfiehlt sich zu überlegen, für welche Formate eine externe, unabhängige Person mit der Durchführung beauftragt werden sollte. Im Rahmen von Fortbildungen, die zur Führung von Gesprächen ausbilden und zu deren Curriculum das Führen realer Gespräche gehört, sollten begleitende Supervisionen zur Reflexion von Praxisphasen angeboten werden.

Coaching, als individuelles und zielorientiertes Beratungsangebot, kann äußerst hilfreich bei der Entwicklung der eigenen Gesprächsführungspersönlichkeit sein. Gibt es wiederkehrende Themen oder Unsicherheiten in der Gesprächsführung, helfen eine persönliche Beratung und die Entwicklung individueller Strategien bei deren Bewältigung. Solche Angebote gehören in das Personal- und Fortbildungsbudget jeder Organisation.

4.18 Baustein 18: Umsetzung

Übersicht der Schritte in Baustein 18: Umsetzung

Gesprächsführungsaufgaben erledigen

Fachaufgabe erledigen

Gesprächsführungsaufgaben erledigen

In vielen Fällen wurden Aufgaben verteilt, die sich auf den weiteren Prozess der Zusammenarbeit beziehen. Diese Aufgaben sollten wie vereinbart oder angekündigt erledigt werden. Zu diesen Prozessaufgaben gehören:

- die Nachbereitung des Gesprächs,
- das Abfotografieren und Zusenden von Arbeitsergebnissen und Visualisierungen,
- das Schreiben und Verschicken von Protokollen,
- das Ausformulieren von Vereinbarungen und Verträgen,
- das Einladen zu weiteren Terminen.

Gegebenenfalls gehört auch das Führen weiterer Gespräche zu den Aufgaben.

Fachaufgaben erledigen

Neben den Aufgaben der Gesprächsführung können sich auch Fachaufgaben ergeben haben. Möglicherweise wurden diese im Rahmen der Sammlung von »Handlungsideen« und der »Handlungsplanung« (→ **Bausteine 12 und 14**) festgehalten. Zu diesen Aufgaben zählt alles, was Sie im Rahmen Ihrer professionellen Tätigkeit tun:

- Abläufe beobachten,
- Informationen beschaffen,
- Berichte schreiben,
- mit Kunden und Zulieferern verhandeln,
- an Kongressen teilnehmen,
- und so weiter.

Zielperspektive 15: Handlungsziele erreichen
Die Erledigung der Aufgaben, die man als beteiligte Gesprächsführung selbst übernommen hat, spielt hierbei eine wichtige Rolle, da man eine gewisse Vorbildfunktion für andere beteiligte Personen erfüllt.
Bei der Erledigung von Fachaufgaben geht es um die Umsetzung der vereinbarten Maßnahmen durch die Personen, die hierfür die Verantwortung übernommen haben.

4.19 Baustein 19: Überwachung und Überprüfung

Übersicht der Schritte in Baustein 19: Überwachung und Überprüfung (optional!)

- Überwachung (Monitoring)
- Überprüfung (Controlling)

Überwachung (Monitoring)

Das Wort »Überwachung« klingt sehr rigoros. Es bezeichnet aber einen zentralen Punkt erfolgreicher Zusammenarbeit, nämlich die Verantwortung dafür, dass Vereinbarungen eingehalten werden. Ein alternativer Begriff wäre »Umsetzungskontrolle«.

Zunächst ist jede beteiligte Person, die die Übernahme einer Aufgabe zugesagt oder übertragen bekommen hat, selbst für deren Erledigung zuständig. Wenn dies – aus welchen Gründen auch immer – jedoch nicht geschieht, sind die Folgen oft frustrierend. Seien es überlastete Kollegen oder Kooperationspartner, erkrankte Beteiligte oder Personen mit einem schlechten Zeitmanagement: Sobald zugesagte Aufgaben nicht erledigt werden, ist dies ärgerlich. Vor allem dann, wenn dies erst bei einem kommenden Termin offensichtlich wird und man den Eindruck bekommt, dass man wieder am Anfang steht und viel Zeit ohne nennbare Veränderungen verstrichen ist.

Der Ärger und die Verzögerungen, die aus nicht erledigten Aufgaben entstehen, sind oft sehr groß. Verbunden mit Ausflüchten und Rechtfertigungen, warum die Erledigung nicht erfolgte oder nicht mehr hilfreich und sinnvoll erschien, bedeuten sie oft auch das Ende der Bereitschaft anderer beteiligter Personen, sich zu engagieren.

Eine Überwachung der Erledigung von Aufgaben muss keine systematische Erfassung, Beobachtung und Protokollierung bedeuten, sondern kann durch einfache Ansprache und Nachfragen, auch per Telefon oder Messenger, geschehen.

> »Gestern sollte ja der erste Übungstermin stattfinden, und da wollte ich mich mal erkundigen, wie es gelaufen ist.«
> »Seit letzter Woche Montag soll die neue Sitzordnung eingerichtet sein. Gibt es schon Ergebnisse?«
> »Seit zwei Wochen sollen die Protokolle schon nach den vereinbarten Regeln gemacht werden. Da wollte ich mal nachfragen, wie es funktioniert und ob wir noch etwas tun können, um das zu unterstützen.«
> »Du wolltest letzte Woche im Amt anrufen und einen Termin vereinbaren. Konntest du schon etwas erreichen?«

Die Art und Weise, in der eine Überwachung stattfinden wird, kann im Rahmen des Gesprächs angekündigt oder auch als Teil einer Zielvereinbarung festgehalten werden.

»Damit wir die vereinbarten Ziele erreichen, möchte ich gern ein Auge darauf haben, dass auch alle Aufgaben erledigt werden. Ist es in Ordnung, wenn ich gelegentlich nachfrage, wie der Stand bei Ihnen ist?«
»Ich würde gern jeden Freitag kurz mit Ihnen telefonieren, um zu hören, wie es mit der abteilungsübergreifenden Zusammenarbeit funktioniert und ob Sie alles, was wir besprochen haben, so umsetzen können. Wir können dann gemeinsam schauen, was von uns noch zu unternehmen ist, damit sich die Situation entspannt. Ist das für Sie in Ordnung?«

Zielperspektive 16: Überwachung der Umsetzung von Handlungszielen
Die Überwachung bezieht sich auf die vereinbarten *Handlungen und Maßnahmen* sowie den Einsatz der vereinbarten *personellen, materiellen, räumlichen und zeitlichen Ressourcen,* wie sie in → **Baustein 14 »Handlungsplanung«** festgelegt wurden.

Überprüfung (Controlling)

Die Überprüfung (Controlling) bewertet die vereinbarten und durchgeführten Maßnahmen. Ein alternativer Begriff wäre »Ergebniskontrolle«.

Hier ist es ebenfalls frustrierend, wenn erst nach längerer Zeit festgestellt wird, dass Aufgaben zwar erledigt wurden, aber die dadurch erhofften Veränderungen ausgeblieben sind. Statt eines (abschließenden) Überprüfungstermins ist deshalb ein Controlling, das begleitend oder in kürzeren Intervallen erfolgt, zu favorisieren.

»Damit wir einen Überblick darüber behalten, wie unsere Veränderungen greifen, möchte ich euch darum bitten, hier an der Pinnwand rote Notizzettel anzupinnen, auf denen ihr mit Datum und Uhrzeit aufschreibt, wenn es nicht funktioniert, und grüne Notizzettel, auf denen festgehalten wird, wenn es klappt.«
»In diesem Wandkalender könnt ihr grüne Punkte setzen, wenn wir es schaffen, uns an die vereinbarte Terminpolitik zu halten, und rote, wenn es uns nicht gelingt.«
»Ich habe hier an der Wand ein Zufriedenheitsbarometer aufgehängt und für alle von uns eine Wäscheklammer mit dem jeweiligen Namen. Ihr könnt dann immer anzeigen, wie unsere neuen Vereinbarungen funktionieren.«

Eine Bewertung durchgeführter Aufgaben kann auch im Rahmen des Monitorings erfolgen, indem nicht nur danach gefragt wird, ob Veränderungen eingetreten sind, sondern ebenfalls, wie deren Ergebnisse bewertet werden. Besonders geeignet sind hierfür »Skalierungsfragen« (→ **Kapitel 3.6.2**).

»Auf einer Skala von 1 bis 10: Wie hilfreich war die Übung diese Woche? Was könnten Sie tun, damit Sie einen Punkt höher werten?«
»Auf einer Skala von 1 bis 10: Wie ruhig war es heute während der Präsentation? Was könnten wir tun, damit wir einen Punkt höher werten?«

Andere Formen des Controllings bestehen in allen gängigen Formen der Überprüfung, wie

- Leistungsüberprüfung (z. B. Kennzahlen, Stückzahlen, Bewertungen),
- Befragungen (z. B. Interview, Gespräch, Fragebogen),
- Anzahl relevanter Ereignisse (z. B. Anrufe, Beschwerden, Verweise),
- Dauer von Tätigkeiten (z. B. Sitzungsdauer, Pausenzeiten, Arbeitsplatz aufräumen, Übungsaufgaben).

Zielperspektive 17: Erfolgsmessung von Handlungszielen
Um den Erfolg vereinbarter Maßnahmen zu überprüfen, wurden *Messkriterien* festgelegt, an denen zu erkennen ist, ob die durchgeführten Maßnahmen erfolgreich sind.

4.20 Baustein 20: Prozesse abschließen

Übersicht der Schritte in Baustein 20: Prozesse abschließen

Abschließende Würdigung

Öffentlichkeit herstellen

Mit diesem Baustein richten Sie den Blick auf die Schritte, die die Beteiligten gemeinsam gegangen sind. Das können kleine Schritte sein oder abgeschlossene Projekte. Für eine Würdigung ist es keinesfalls entscheidend, dass Absprachen eingehalten wurden oder dass ein Vorhaben erfolgreich war. Es geht darum, das zu würdigen, was ist.

Abschließende Würdigung

Nachdem ein Thema abgeschlossen ist, ein Projekt beendet oder ein geplantes Ziel erreicht wurde, sollte eine abschließende Rückmeldung an beteiligte Personen gegeben werden. Am Ende muss kein Erfolg stehen. Es kann auch ein Ende geben, bei dem man das Gewünschte nicht erreicht hat. Aber auch dieses Ende verdient einen Abschluss und eine Würdigung.

Ein solches Feedback kann in einer mündlichen oder schriftlichen Kurzrückmeldung bestehen. Es lassen sich auch Teamsitzungen oder Abschlussgespräche organisieren, um den Verlauf und die erzielten Ergebnisse abschließend zu würdigen. Der Schwerpunkt liegt darauf, Wertschätzung auszudrücken und gegebenenfalls Wünsche für die Zukunft zu äußern. Hierfür bieten sich zahlreiche Möglichkeiten:

- persönliche Ansprache,
- Personalgespräch,
- Dankschreiben,
- kleine Geschenke,
- Einladung zu einem Team- oder Projektessen,
- Schulterklopfen,
- Foto-Spruch-Karten,
- sich selbst belohnen,
- feiern,
- trauern und Abschied nehmen.

Öffentlichkeit herstellen

Neben direkt und indirekt beteiligten Personen, denen man in Form eines Feedbacks Rückmeldung geben kann, sollte auch überlegt werden, ob weitere Personen informiert werden sollten.

Hierzu können bestehende Gelegenheiten genutzt werden, wie regelmäßig stattfindende Sitzungen oder Jahresfeiern, oder es können eigens Gelegenheiten zum

Ausdruck von Wertschätzung der erzielten Ergebnisse geschaffen werden, etwa bei Umbauprojekten oder anderen großen Veränderungen. Hierfür bieten sich an:

- die namentliche Erwähnung auf Sitzungen und Konferenzen,
- das Halten einer Rede,
- eine Dankesrede auf dem Sommerfest oder der Weihnachtsfeier,
- Einweihungs- und Eröffnungsfeiern,
- eine Pressemitteilung,
- ein Fernsehbericht,
- ein Beitrag auf der Website.

4.21 Zeitökonomische und effiziente Gesprächsführung

Zwanzig Bausteine mögen für die Führung von Gesprächen viel erscheinen. Sie erwecken vielleicht auch den Eindruck, als müsse man für gute Ergebnisse stundenlange Sitzungen abhalten. Das ist nicht so.

In den einzelnen Bausteinen wurden bereits Hinweise gegeben, die es erlauben, Gespräche nicht nur zielführend, sondern auch effizient zu führen. Hier soll abschließend noch einmal zusammengefasst werden, an welchen Stellen und durch welche Handlungen Zeit gespart werden kann.

1. **Eine gute eigene Rollenklärung**

Je klarer Sie Ihre eigene Rolle und die Rollen der anderen Beteiligten vorbereitend reflektiert haben, desto leichter werden die Gespräche zu führen sein (→ **Baustein 1 »Klärung«**).

2. **Vorbereitende Tätigkeiten vor dem Gespräch erledigen**

Wenn Texte, Unterlagen und dergleichen von den Beteiligten vor dem Gespräch gesichtet und bearbeitet werden, spart dies in den Gesprächen Zeit (→ **Baustein 2 »Einladung«**, → **Praxistipp 9 »Rückmeldung im Umlaufverfahren«**).

3. **Eine gute Vorbereitung der Beteiligten**

Je besser sich die Beteiligten auf Themen, Bedürfnisse, Maßnahmen und deren Umsetzung vorbereitet haben, desto schneller gelingt es in den Gesprächen, diese zu sammeln und zusammenzuführen (→ **Praxistipp 8 »Auf Bausteine des Gesprächs vorbereiten lassen«**).

4. **Eine gute Vorbereitung auf eigene Themen**

Wenn Sie selbst an einem Thema beteiligt sind und nicht nur moderieren, klären Sie für sich vorher, welche Themen, Sichtweisen, Bedürfnisse, Ideen und Bereitschaft Sie einbringen wollen (→ **Baustein 1 »Klärung«**).

5. **Eine klare und eindeutige Strukturierung**

Je deutlicher die Gesprächsführung feststeht oder beauftragt ist (→ **Baustein 1 »Klärung«**) und je klarer Sie das Gespräch strukturieren, desto schneller lassen sich die einzelnen Phasen des Gesprächs gestalten.

6. **Eine vorbereitete Umgebung**

Der Gesprächsort sollte ohne viel Aufwand herzurichten sein (→ **Baustein 3 »Raumgestaltung«**) und die Moderationsmaterialien sollten griffbereit und vollständig sein (→ **Kapitel 3.3.5 »Moderationsmaterialien«**).

7. Das Material im Griff haben

Der Umgang mit den Moderationsmaterialien und auch die Anleitung der Teilnehmenden im Umgang damit sollten geübt sein (→**Kapitel 3.3.5 »Moderationsmaterialien«**, → **Übung 9 »Die eigene Moderationsschrift entwickeln«**, → **Übung 12 »Ich packe meinen Koffer«**).

8. Den Bearbeitungsrahmen prüfen

Achten Sie darauf, dass nur Themen ausführlich besprochen werden, die auch im Zuständigkeitsbereich der Anwesenden liegen. Gegebenenfalls gehört ein Thema an einen anderen Ort, sollte delegiert oder auf einen anderen Termin gelegt werden (→ **Praxistipp 19 »Delegation«**, → **Praxistipp 23 »Delegation in großen Gruppen«**).

9. Gesprächsziele klären und Gesprächsauftrag konkretisieren

Bevor Sie anfangen, ein Gespräch zu einem Thema zu leiten, sollten Sie herausfinden, welche Ergebnisse von den Beteiligten zu dem gewählten Thema erwartet werden (→ **Baustein 7 »Gesprächsziele«**). Sie können viel Zeit sparen, wenn die Ziele des Gesprächs klar benannt und vereinbart sind.

10. Standardisierung

Vor allem bei organisationalen Besprechungen sollten möglichst viele Schritte standardisiert ablaufen. Von dem Nennen von Themen, der Sammlung von Bedürfnissen bis hin zum Controlling sollten einzelne Absprachen nicht jedes Mal erneut getroffen werden. Sorgen Sie für eine klare Struktur, indem alle Beteiligten vorbereitet sind, entwickeln Sie gegebenenfalls Arbeitsblätter für die Vorbereitung auf die Gespräche.

11. Lösungen statt Probleme

Das Sprechen über die Vergangenheit, über Probleme und das Beschreiben von Ursachen ist zeitaufwendig, oft emotional belastend und meistens nicht zielführend. Verringern Sie das Jammern, Klagen und die Suche nach Schuldigen, indem Sie immer wieder darauf fokussieren, wie es in Zukunft sein soll, was man tun kann und wie Lösungen aussehen könnten (→ **Baustein 9 »Sichtweisen hören«**).

12. Delegation

Vor allem, wenn es um die Konkretisierung von Maßnahmen geht (→ **Baustein 14 »Handlungsplanung«**), sollten Sie das Gespräch nach dem Prinzip »So wenig, wie möglich, aber so viel, wie nötig« steuern. Oft ist es ausreichend festzuhalten, wer verantwortlich ist, bis zu einem festgelegten Termin einen detaillierten Arbeitsplan vorzuschlagen und Konkretisierungen an Einzelpersonen oder Gruppen zu delegieren.

13. Gute Zielformulierungen und Vereinbarungen

Wenn Maßnahmen vereinbart werden, achten Sie auf erfüllbare Aufträge und eindeutige Formulierungen (→ **Baustein 14 »Handlungsplanung«**). Nach einem Gespräch

Missverständnisse auszuräumen und Vereinbarungen zu verändern, kann äußerst zeitaufwendig sein.

14. Überwachung und Überprüfung erstnehmen

Vereinbarungen, die nicht eingehalten werden, sind nicht nur demotivierend für alle Beteiligten, sondern führen oft dazu, dass sich die Situation durch das Nichtstun verändert, sinnvolle Zeitfenster verpasst werden und notwendige Termine ungenutzt verstreichen. Fast die gesamte Erarbeitung kann dann – mit viel Ärger und dem Eindruck, Zeit verschwendet zu haben – wiederholt werden. Um dies zu vermeiden, legen Sie Formen der Überwachung und Überprüfung fest (→ **Baustein 14 »Handlungsplanung«**) und sorgen Sie für deren Umsetzung (→ **Baustein 19 »Überwachung und Überprüfung«**).

15. Übung und Routine

Mit jedem Gespräch, das in Orientierung an den Bausteinen gestaltet wird, verkürzt sich die Zeit, da Sie zunehmend Routine erlangen. Auch andere Beteiligte werden immer geübter im Durchlaufen der Schritte.

16. Feedback

Kümmern Sie sich um Feedback zu Ihrer Gesprächsführung und geben Sie selbst anderen Feedback (→ **Baustein 16 »Zusammenfassung und Verabschiedung«**, → **Baustein 17 »Reflexion«**, → **Baustein 20 »Prozesse abschließen«**). Ohne Rückmeldung bleiben zeitraubende Vorgehensweisen bestehen, anstatt verändert zu werden.

5 Formate und Verläufe von Gesprächen

Um unterschiedliche Gesprächssituationen kompetent gestalten zu können, müssen Sie die in → Kapitel 4 beschriebenen Bausteine und Schritte dem jeweiligen Gesprächsformat entsprechend anpassen. In diesem Kapitel zeigen wir, was Sie bei Teambesprechungen, Zielvereinbarungsgesprächen, Feedback- und Kritikgesprächen und anderen typischen Gesprächsformaten berücksichtigen sollten. Die spezifischen Herausforderungen stellen wir dabei ebenso dar wie Wissenswertes über die Dynamik, z. B. von Konflikt- oder Beurteilungsgesprächen, sowie Tipps für die Gesprächsführung. Dabei steht stets die Frage im Vordergrund, wie Sie diese Gespräche aus einer systemisch-lösungsorientierten Haltung heraus führen können. Um die Lesbarkeit zu wahren, verweisen wir hierbei nur gelegentlich auf einzelne Bausteine der Gesprächsführung. Sicherlich gelingt es Ihnen selbst, zu identifizieren, welche Bausteine gerade thematisiert werden.

5.1 Teambesprechungen

Teambesprechungen sind ein wesentlicher Baustein im Kommunikationsmanagement der Organisation, um wichtige Informationen weiterzugeben, gemeinsam Ideen zu entwickeln und Entscheidungen gemeinschaftlich zu treffen. Gleichzeitig können Teambesprechungen enorme Zeitfresser sein. Daher lohnt es sich, genauer über die Funktion und Zusammensetzung der Besprechungen nachzudenken, etwa mit folgenden Fragen:

- Wer braucht welche Informationen, um seine Arbeit gut machen zu können?
- An welchen Stellen sind Teammeetings das richtige Format, um diese Informationen auszutauschen – und wo wären andere Kommunikationsformen wie E-Mail, Videokonferenz oder das persönliche Gespräch effizienter?
- Welche Besprechungsformate (z. B. Daily Standups, wöchentliche Teambesprechungen, Team-Reviews, Retrospektiven, Strategiemeetings) sollten sinnvollerweise unterschieden werden?
- In welchem Rhythmus sollten diese Besprechungen stattfinden?
- Wer sollte an den verschiedenen Besprechungen teilnehmen?
- Sind solche Meetings in Präsenz, als Online-Meeting, in hybrider Form oder im Wechsel analog/digital sinnvoll?

Für jedes Besprechungsformat sollte es eine klare Zielbestimmung und konkrete Durchführungsregeln geben (→ **Baustein 5 »Rahmen und Regeln«**). Für jedes Thema sollte das konkrete Gesprächsziel bekannt sein (→ **Baustein 7 »Gesprächsziele«**).

Strukturierung von Teambesprechungen

Teambesprechungen binden viel Zeit bei vielen Beteiligten. Mit einem kurzen, maximal 15-minütigen Daily Standup lassen sich die für den Tag anstehenden Aufgaben effektiv abstimmen, ohne Gefahr zu laufen, in die übliche Schwere eines längeren Meetings zu verfallen.

Uns ist natürlich klar, dass nicht alle Themen in 15 Minuten abgearbeitet werden können. Bei größeren Besprechungsformaten ist es sinnvoll, schon bei der Planung der Besprechung die Themen genau zu strukturieren. Hierzu gibt es folgende Möglichkeiten:

1. **Teilnahme strukturieren**
Wenn einige Teilnehmende nur für bestimmte Themen benötigt werden, können diese Themen möglicherweise am Anfang oder am Ende der Besprechung gebündelt werden, sodass die Betroffenen früher gehen oder später kommen können.

2. **Themen strukturieren**
Die geplanten Tagesordnungspunkte sollten nach ihrer jeweiligen Charakteristik unterschieden werden: Themen, bei denen nur *Informationen* weitergegeben werden müssen, sollten in der Besprechung anders behandelt werden als Themen, die eine *Diskussion* erfordern oder bei denen gemeinsam eine *Entscheidung* getroffen werden muss.

3. **Arbeitsformen strukturieren**
Themenanteile, die nicht gemeinsam besprochen werden müssen, können ausgelagert oder delegiert werden. So kann es sinnvoll sein, statt eines langen Meetings ein kurzes Treffen anzuberaumen, in dem ein Thema andiskutiert und im Weiteren von einzelnen Personen bzw. in Kleingruppen ausgearbeitet wird. In einem weiteren Meeting können die so entwickelten Ergebnisse dann vorgestellt und diskutiert sowie gegebenenfalls Entscheidungen getroffen werden.

Eine kluge Kombination von Präsenz- und Online-Meetings hilft, die Meetingstruktur dem Arbeitsprozess anzupassen, ohne dass zusätzlicher Reise- und Zeitaufwand entsteht.

Auch Visualisierungstechniken wie die Arbeit mit Moderationskarten, Mindmaps, Systemlandkarten oder Projektmanagement-Tools wie das Kanban-Board können sehr hilfreich sein, um die Arbeit effizient zu gestalten. Für Online-Meetings stehen zahlreiche Kollaborationstools zur Verfügung, wie Click-up, Conceptboard, Confluence, Hypothes.is, MindMeister, Miro, Mural, Padlet, Slack oder Trello, sowie die diversen Cloud-Speicher zur gemeinsamen Bearbeitung von Dokumenten.

Sofern es eine Tagesordnung gibt, kann man ein Dokument ins Intranet/in die Cloud stellen, in das im Vorfeld Themenwünsche eingetragen werden. Gegebenenfalls wird für diese Themenanmeldung eine Frist vereinbart, damit die Führungskraft bzw. der Moderator oder die Moderatorin nach Ablauf der Frist eine Tagesordnung entwickeln können. Zur Planung gehört auch, die benötigten Ressourcen zu organisieren, wie Räume, Flipchart, Moderationskarten, Tischvorlagen, Stifte für alle, gegebenenfalls ein Konferenzsystem für Online-Meetings und die Festlegung der »Netiquette«, also der Regeln für die Online-Zusammenarbeit (→ **Baustein 3 »Raumgestaltung«**).

■ Moderation von Teambesprechungen

»Keine unmoderierten Besprechungen!« Diese Grundregel des Besprechungsmanagements sollte sich mittlerweile herumgesprochen haben. Dennoch sieht die Realität anders aus. Es ist erstaunlich, in wie vielen Besprechungen eine klare Moderation fehlt. Wir sprechen von »Moderation« (als Funktion oder Rolle), nicht von »Moderator« (als Person), denn letztlich ist das Ziel einer professionellen Besprechungskultur, dass verschiedene Beteiligte Moderationsfunktionen als Rolle übernehmen und den effizienten Ablauf des Meetings unterstützen. Ihre Aufgabe ist es, auf die Zeit zu achten, die Zielorientierung der Arbeitsweise im Blick zu behalten, zu visualisieren, Redezeiten zu begrenzen, Stimmungsbilder einzuholen, Entscheidungen und Abstimmungsprozesse anzuleiten, Metakommunikation zu betreiben usw. Es schafft Transparenz, Ziele und Tagesordnungspunkte zu visualisieren (auf einem Flipchartbogen, im Chat oder auf dem Whiteboard der Online-Plattform) und für alle die gesamte Sitzung über präsent zu halten. Zu Beginn können Zeitfenster vereinbart werden, die für die Diskussion eines Themas genutzt werden sollen. Die moderierende Person sollte diese Zeitfenster im Blick haben – alternativ kann die Rolle eines Zeitwächters oder einer Zeitwächterin eingeführt werden, der oder die an die Einhaltung der Zeitvorgaben erinnert.

Für eine gute Moderation sind entsprechende Kompetenzen und ein hohes Maß an gegenseitigem Wohlwollen und kollektiver Achtsamkeit erforderlich. Wenn individuelle Kompetenzen und eine tragfähige Teamkultur (noch) nicht so weit entwickelt sind, kann die Führungskraft als »führende Person« das Meeting moderieren. In der Regel ist sie selbst aber inhaltlich und strukturell derart in die zu besprechenden Themen involviert, dass die eher neutrale Moderation im starken Widerspruch zur eigenen inhaltlichen Beteiligung steht. Bei schwierigen Themen, bei denen die Führungskraft entweder selbst inhaltlich zu stark involviert ist oder es Spannungen zwischen Team und Führungskraft gibt, empfiehlt sich sogar eine externe Moderation.

Das Ziel muss jedoch letztlich sein, möglichst viele Beteiligte so weit weiterzuentwickeln, dass sie Moderationsfunktionen übernehmen können. Ein Zwischenschritt (bei dem schon viel erreicht ist!) besteht darin, dass die Teammitglieder abwechselnd die Gesprächsleitung in einem rotierenden Verfahren übernehmen oder zu Beginn des

Meetings eine Moderatorin bzw. ein Moderator aus der Gruppe heraus gewählt wird. Geeignet sind zuerst die Personen, die selbst am wenigsten in ein zu besprechendes Thema involviert sind. Sind Moderationskompetenzen noch nicht gut im Team verankert, ist es sinnvoll, diejenigen zu identifizieren, die die Fähigkeit zur Moderation besitzen oder die Moderationsrolle fest zu vergeben. Schulungen und ein Team-Coaching – gegebenenfalls während einer Teambesprechung – zur Moderation sind hierzu äußerst hilfreich.

Zur Weiterentwicklung der eigenen Moderationskompetenzen gehört es auch, sich eine systemisch-lösungsorientierte Grundhaltung und entsprechende Gesprächstechniken anzueignen. Vorausgesetzt, dass auf diese Weise ein Fokus darauf liegt, dass man wertschätzend miteinander umgeht, Diversität im Team als Ressource nutzt und sich nicht in Problemschleifen verstrickt, kann sich so über die Zeit hinweg eine systemisch-lösungsorientierte Teamkultur entwickeln.

Ungeschriebene Regeln in Teambesprechungen

Der unpünktliche Beginn oder Abschluss eines Meetings sind weit verbreitete Phänomene. Es ist ärgerlich, wenn zu Beginn nicht alle Teilnehmenden anwesend sind, da dadurch viel Zeit verloren geht und sich Ärger anstaut. Meistens hilft es, wenn die Moderation bzw. die Führungskraft pünktlich anfängt und die Tür schließt. Für die zu spät Gekommenen sollte der gesamte bisherige Inhalt dann nicht noch einmal neu »aufgerollt« werden. Das Gleiche gilt für das Sitzungsende. Wird die vorgegebene Zeit regelmäßig überzogen, sollte man sich eher über die Arbeitsweise Gedanken machen und nur im Ausnahmefall eine Verlängerung der Besprechungszeit beschließen. Hilfreich kann – neben der Strukturierung von Themen – ein Themenspeicher sein, in dem Diskussionsaspekte festgehalten werden, die im Rahmen des Meetings auftauchen, aber nicht diskutiert werden können und an anderer Stelle behandelt werden müssen. Unter Umständen lassen sich Verstrickungen bei Detailproblemen dadurch auflösen, dass man eine kurze Pause einlegt. Gezielte Pausen, die auch dem eigenen Nachdenken über das gerade behandelte Thema dienen, können im Endeffekt dazu beitragen, dass Zeit gespart wird.

Natürlich geht es bei effektiven Meetings nicht primär um die strikte Einhaltung der Zeitvorgaben, eine Verzögerung von einigen Minuten wird sicher für alle akzeptabel sein. Vielmehr ist es wichtig, dass sich keine »ungeschriebenen Regeln« einschleichen, die dazu führen, dass die Effizienz verloren geht, wertvolle Arbeitszeit verschwendet wird und alle sich nur noch unwillig und genervt zu ständig ausufernden Meetings quälen. Die Metakommunikation über den Zeitrahmen und den Diskussionsstand ist ein wichtiges Element guter Moderation:

> »Wir haben für dieses Thema noch 10 Minuten Zeit vorgesehen. Beim jetzigen Stand der Diskussion gehe ich davon aus, dass wir mit der Zeit nicht hinkommen. Ich möchte

> **daher kurz mit euch abstimmen, ob wir das Thema vertagen, in eine Arbeitsgruppe delegieren oder den Zeitrahmen erhöhen.«**

Nur zu leicht bildet sich ohne Metakommunikation eine dysfunktionale Besprechungskultur aus, d. h. ein Muster, nach dem Besprechungen typischerweise ablaufen (»the way things are done here«) und das irgendwann so selbstverständlich ist, dass man es nicht mehr hinterfragt, auch wenn es alles andere als zielführend ist. Eine Seminarteilnehmerin berichtete aus einer Jugendhilfeeinrichtung, das wöchentliche Meeting sei zwar nur auf vier Stunden (!) angesetzt, dauere letztlich aber meistens sechs Stunden (!!) oder mehr.

Für Sie als Führungskraft ist es entscheidend, konsequent und intensiv an der Effizienz von Besprechungen zu arbeiten. Denn Meetings sind enorme Ressourcenfresser. Ein zweistündiges Meeting, an dem zehn Expertinnen und Experten mit einem Stundenlohn von 50 Euro teilnehmen, kostet das Unternehmen bereits 1000 Euro, Nebenkosten wie Anreise, anteilige Gemeinkosten, Zeit für Vor- und Nachbereitung etc. noch nicht eingerechnet.

Praxistipp 28: Ungeschriebene Meeting-Regeln

Viele Teams haben Teamregeln vereinbart: »Wir sprechen Konflikte offen an«, »Wir sind fehlertolerant« usw. Oft hängen diese Regeln an der Wand, bleiben aber wirkungslos, da sie statt Handlungen die Erfüllung von Bedürfnissen und Werten beschreiben. Die Handlungswirklichkeit sieht dann oft anders aus als der vereinbarte Wertehorizont. Das Miteinander folgt eher ungeschriebenen Regeln, die sich kulturell verfestigt haben.

Wir haben im Rahmen von Beratungsaufträgen in einigen Organisationen erforscht, wie die ungeschriebenen Regeln lauten könnten, nach denen die Zusammenarbeit und insbesondere Besprechungen *tatsächlich* ablaufen. Hier das Beispiel einer Organisation, in der die Beteiligten unter den end- und fruchtlosen Besprechungen litten:

- Alle sind gleichberechtigt.
- Alle müssen sich zu allem äußern.
- Einzelinteressen gehen vor Teaminteressen.
- Setze dir keine Ziele und Zeitvorgaben, dann hast du weniger Druck.
- Es ist jedem selbst überlassen, ob er sich vorbereitet.
- Jedes Thema wird so lange besprochen, bis es ausdiskutiert ist.
- Diskutiere so lange, bis Unzufriedenheit nicht mehr offen, sondern nur noch nonverbal geäußert wird.
- Stelle die Arbeitsweise nicht infrage, auch wenn sie zu nichts führt.
- Gute Führung heißt, dass alle zufrieden sind.

Die letzte »Regel« bewirkte, dass die Führungskraft nicht eingriff, wenn Einzelne sich »zu allem äußerten«, ihre Einzelinteressen vor die Teaminteressen stellten, unvorbereitet kamen etc. – dadurch erreichte sie genau das, was sie eigentlich zu verhindern versuchte, nämlich, dass alle unzufrieden waren.

Das Beispiel zeigt, dass Führung immer, d. h. auch in Besprechungen, »kulturstiftend« ist. Das bedeutet, ihr Verhalten entscheidet darüber mit, welche ungeschriebenen Regeln sich herausbilden und ob diese ungeschriebenen Regeln konstruktiv sind oder nicht. Machen Sie sich also klar, welche Besprechungskultur Sie brauchen und treten Sie ungeschriebenen Regeln, die dieser Kultur zuwiderlaufen, konsequent entgegen. Weiterführende Gedanken zum Thema »ungeschriebene Regeln« finden Sie in von Ameln und Zech (2011).

Tipps für die Veränderung ungeschriebener Regeln und die Erhöhung der Zielorientierung von Besprechungen lauten:

- engere Begrenzung und Einhaltung der Sitzungszeit;
- Veränderung der Sitzordnung: Jeder wechselt den Platz oder es werden mehrere kleine Tische (»Caféhaus-Sitzordnung«) anstelle einer langen Sitzungstafel bereitgestellt;
- Besprechung im Stehen statt im Sitzen, beispielsweise an Stehtischen;
- Metakommunikation: Unerwünschte Dynamiken offen ansprechen und zur Diskussion stellen.

Weitere Überlegungen zur Sitzungsgestaltung finden sich bei Steinbrecher und Fischbach, die neben Tipps und Tricks für die Steuerung von Besprechungen vor allem ihr Konzept für ein Dokumentenablagesystem vorstellen (Steinbrecher u. Fischbach, 2016).

5.2 Wiederkehrende Gesprächstermine effizient und ergebnisorientiert gestalten

In Gesprächen, die im regelmäßigen Turnus stattfinden, tendieren die Teilnehmenden zu Gewohnheiten, die den Zielen des Gesprächs entgegenstehen können. In → Kapitel 4.21 »Zeitökonomische und effiziente Gesprächsführung« finden Sie bereits viele Hinweise, die dabei helfen, solche Sitzungen vorzubereiten und zu gestalten. An dieser Stelle beleuchten wir in Form einer Frageliste einige Gewohnheiten, die sich bei wiederkehrenden Gesprächsterminen zeigen.

Immer wenn Sie bei einer der folgenden Fragen mit »Nein« antworten, sollten Sie überlegen, welche Basistechniken und Phasen der Gesprächsführung bei dem jeweiligen Punkt Abhilfe schaffen können. Es lassen sich zwar nicht immer alle Aspekte verbessern, aber Sie können sich zumindest auf sie vorbereiten.

> »Kennen alle Teilnehmenden die Themen, um die es gehen soll?«
> »Sind alle Teilnehmenden über Ort, Zeit, Dauer und Struktur des Termins informiert?«
> »Ist die Gesprächsführung festgelegt? Ist die betreffende Person geeignet und – bezogen auf das Thema – hinreichend unabhängig?«
> »Gibt es zu Beginn eine Themensammlung und Sortierung der Themen? Oder liegt diese sogar schon vor Beginn des Termins vor?«
> »Liegen rechtzeitig alle relevanten Informationen und Unterlagen vor?«
> »Sind nur Personen anwesend, die an dem Thema beteiligt sind?«
> »Ist allen klar, warum sie sich mit dem Thema befassen sollen?«
> »Sehen alle Beteiligten ihre Verantwortung zu einer Mitwirkung?«
> »Sind die notwendigen Kompetenzen vertreten, um einen fundierten Austausch zu führen und sachgerechte Entscheidungen zu treffen?«

»Ist die Zeit für die Besprechung des Themas, für die Entwicklung von Ideen und die Vereinbarung von Maßnahmen ausreichend?«
»Ist der Raum von der Größe, Sitzordnung und den bereitgestellten Materialien her geeignet, um eine angenehme Atmosphäre zu schaffen und die Gesprächsziele zu erreichen?«
»Wissen am Ende des Gesprächs alle relevanten Personen, was vereinbart wurde?«
»Gibt es ein Protokoll, das übersichtlich und knapp die wichtigsten Vereinbarungen enthält?«
»Sind alle Teilnehmenden technisch auf dem Stand, an einem geplanten Online-Meeting teilnehmen zu können?«
»Wurden die digitalen Zugänge getestet und gibt es einen technischen Support?«
»Sind alle Teilnehmenden mit den verwendeten kollaborativen Tools vertraut?«
»Kennen alle Teilnehmenden die Verhaltensregeln für die Zusammenarbeit in Online-Meetings?«

Weitere Fragen sollten aus einer Ja-Perspektive gestellt werden. Immer wenn Sie bei einer der folgenden Fragen mit »Ja« antworten, sollten Sie überlegen, welche Basistechniken und Phasen der Gesprächsführung Abhilfe schaffen können. Nicht immer lässt sich alles verbessern, aber die Fragen unterstützen Sie, sich auf bestimmte Umstände und Situationen vorzubereiten.

»Werden Informationen mündlich weitergegeben, die auch vorher schriftlich hätten weitergegeben werden können?«
»Werden Informationen mündlich weitergegeben, die bereits vorher schriftlich vorlagen?«
»Fehlen für eine Erreichung der Gesprächsziele zentrale Personen?«
»Gibt es Teilnehmende, denen es gelingt, sich nicht zu beteiligen und an Entscheidungen nicht mitzuwirken?«
»Gibt es Teilnehmende, die (möglicherweise auch unbewusst) mit Killerphrasen und rhetorischen Tricks versuchen, Einfluss zu nehmen?«
»Gibt es Teilnehmende, denen es gelingt, wegen Abwesenheit keine Verantwortung und keine Aufgaben zu übernehmen?«

Übung 40: Meine Gesprächsstruktur
Erstellen Sie eine Übersicht zu einem wiederkehrenden Gesprächstermin – etwa einer Konferenz oder einem Team-Meeting – in der festgehalten ist, wie Sie auf die gestellten Fragen geantwortet haben und was Sie verändern würden. Nutzen Sie hierzu die Vorlage in den Onlinematerialien!

5.3 Team-Retrospektive/Team-Review

In unserer Arbeitswelt gibt es zahllose Meetings, in denen zwar ausgiebig über fachliche Themen gesprochen wird, in denen die Zusammenarbeit im Team aber typischerweise kaum zum Thema gemacht wird. So können sich Ineffizienzen und Konflikte einschleichen und verhärten, die nicht nur die Leistung mindern, sondern auch negative Auswirkungen auf die Motivation und Arbeitszufriedenheit haben können. Es fehlen häufig Formen der Metakommunikation, also der Kommunikation über die Kommunikation.

In agilen Organisationen gehört es dagegen zu den Standards, dass die Kooperation im Team regelmäßig systematisch reflektiert wird. So wird in der Scrum-Methodik am Ende jedes »Sprints« (also jeder ca. zweiwöchigen Phase intensiver Kollaboration im Team) eine Team-Retrospektive durchgeführt (auch Team- oder Sprint-Review genannt). In diesen Meetings wird gemeinsam reflektiert, was im zurückliegenden Sprint gut bzw. weniger gut lief und wie man die Zusammenarbeit im kommenden Sprint verbessern könnte. Es gibt verschiedene Gestaltungsmöglichkeiten für eine Retrospektive, die aber alle einer ähnlichen Grundstruktur folgen:

1. Was lief in der Zusammenarbeit gut?
   Worüber können wir uns freuen, worauf können wir stolz sein?
2. Was davon wollen wir in Zukunft weiter so machen oder sogar ausbauen?
3. Wo hat die Zusammenarbeit noch nicht optimal funktioniert?
   Woran lag das?
4. Was können wir beim nächsten Mal noch besser machen?

In den Antworten sollten die Werte und Bedürfnisse benannt und die konkreten Handlungen identifiziert werden, die zu einer guten Zusammenarbeit geführt haben bzw. die man für die künftige Zusammenarbeit vereinbaren möchte (→ **Kapitel 3.5 »Gewaltfreie Kommunikation«**).

Team-Retrospektiven bzw. Team-Reviews dienen nicht nur der Optimierung der Abläufe im Team, sondern können dem Team auch einen Motivationsschub verleihen. Obwohl Scrum und andere Vorgehensmodelle agiler Arbeit eher auf hierarchiefreie bzw. hierarchiearme Teams ausgerichtet sind, können viele ihrer Strukturelemente auch in traditionell eher hierarchischen Unternehmen eingesetzt werden. Voraussetzung ist aber auch hier eine Kultur der Offenheit, der Fehlerfreundlichkeit, des Vertrauens und der psychologischen Sicherheit (Edmondson, 1999).

Um das Team in Richtung auf eine selbstreflexive Kultur weiterzuentwickeln, können Teams an die Arbeit mit Retrospektiven und Reviews herangeführt werden, indem zunächst nur die gelungenen Aspekte besprochen werden, im Sinne eines positiven gegenseitigen Feedbacks. Dabei lassen sich eine lösungs- und ressourcenorientierte Grundhaltung und eine wertschätzende Formulierungsweise erproben und einüben.

Im nächsten Schritt kann nach und nach das Verbesserungspotenzial in den Blick genommen werden, wobei die Führungskraft darauf achten muss, dass weiterhin eine lösungsorientierte Perspektive gewahrt bleibt und die Diskussion nicht in Vorwürfe und die Suche nach Schuldigen abgleitet (→ **Kapitel 3.5 »Gewaltfreie Kommunikation«**).

Praxistipp 29: Das Team-Panoptikum

Eine von vielen möglichen Gestaltungsformen für eine solche Reflexion ist das Team-Panoptikum, hier in erweiterter Form beschrieben (nach Kaltenecker, 2015, S. 160).

Zeitbedarf

ca. 1,5–2,5 Stunden, je nach Größe des Teams und Diskussionsbedarf

Vorgehen

Bereiten Sie ein Arbeitsblatt mit ca. 4–6 Fragen aus dem folgenden Fragenkatalog vor, die für Ihre Teamsituation besonders passend sind. Verteilen Sie das Arbeitsblatt und lassen Sie die Teammitglieder in 2er-Gruppen darüber diskutieren (30 Min.). Tauschen Sie sich anschließend im Plenum über die Ergebnisse aus (30–45 Min.) und suchen Sie nach Möglichkeiten, motivierende Aspekte der Teamkultur weiter auszubauen (30–60 Min.).

Leitfragen

»Was mir am besten an diesem Team gefällt, ist …«
»Mich frustriert am meisten, wenn …«
»Ich fühle mich dem Team am stärksten zugehörig, wenn …«
»Ich fühle mich vom Team im Stich gelassen, wenn …«
»Eine besondere Stärke, die ich in dieses Team einbringe, ist …«
»Ein wesentliches Problem für unser Team ist …«
»Ich arbeite am besten mit Leuten, die …«
»Ich könnte meine Stärken noch besser einbringen, wenn …«
»Das ganze Team arbeitet am besten, wenn …«
»Unser Team kommt nicht weiter, wenn …«
»Ich werde unruhig, wenn im Team …«
»Ich fühle mich am motiviertesten, wenn …«
»Eine der besten Entscheidungen, die wir je getroffen haben, war …«
»Einer der größten Fehler, die wir je gemacht haben, war …«
»Ein Ergebnis, über das ich mich besonders freuen würde, wäre …«

Die Teammitglieder können die Fragen auch auf einem Spaziergang besprechen – so entsteht eine noch lockerere, konstruktivere Atmosphäre. Räumen Sie dafür entsprechend mehr Zeit ein (ca. eine Stunde).

5.4 Großgruppen

Eine Herausforderung bei der Arbeit mit großen Gruppen besteht darin, dass die Bedürfnisse, Denkweisen und Zielvorstellungen der Beteiligten sehr heterogen sein können. Auch unterscheiden sich die Teilnehmenden im Umfang der bereits vor einem Termin investierten Zeit für eine themenbezogene Reflexion und Planung. Nicht zuletzt benötigen sie unterschiedliche Zugänge und unterschiedlich viel Zeit für eine Bearbeitung während eines Termins. Dieser Heterogenität und Asynchronität sollte durch die Strukturierung und Moderation Rechnung getragen werden. Ziel sollte es bei Terminen mit Großgruppen sein, möglichst allen Teilnehmenden eine ausreichende Möglichkeit zur inhaltlichen Beteiligung zu geben und hierbei verschiedene Arbeitsstile, Zeitbedarfe und emotionale Voraussetzungen zu berücksichtigen.

Organisatorisch sind hierbei vor allem arbeitsfähige Gruppengrößen und klare Arbeitsaufträge zu beachten. Gerade bei der gemeinsamen Analyse von Situationen, der Erarbeitung von Zielvorstellungen und dem Entwurf von Handlungsmöglichkeiten sollten alle Beteiligten die Chance haben, aktiv mitzuarbeiten und auch zu formal vergleichbaren Ergebnissen zu kommen.

Gruppengröße

Wie bereits in → **Praxistipp 23 »Delegation in großen Gruppen«** und → **Praxistipp 26 »Parallel Processing und Prototyping«** dargestellt, funktionieren viele Gespräche am besten in Kleingruppen. Die Herausforderung der Arbeit mit großen Gruppen besteht darin, diese immer wieder in arbeitsfähige Kleingruppen aufzuteilen, sie ein Teilthema oder eine Prozessphase bearbeiten zu lassen und die Ergebnisse dann wieder der gesamten Gruppe zugänglich zu machen.

Arbeitsaufträge

Bei der Arbeit mit Großgruppen sollten alle Beteiligten den Arbeitsablauf im Blick haben. Sie sollten wissen:

WAS sie gerade tun sollen (z. B. Bedürfnisse benennen, Ideensammlung, Ziele formulieren, Handlungen und Maßnahmen entwerfen),
WIE sie es tun sollen (z. B. Brainstorming, Kartenabfrage, Gruppendiskussion, Statt-Plan),
WOMIT sie es tun sollen (z. B. Moderationskarten: [gegebenenfalls die Farbzuordnung beachten!], Flipchart, Pinnwand),
WO sie es tun sollen (z. B. Gruppenraum, Konferenzraum, Beratungsraum),
MIT WEM sie es tun sollen (z. B. Gruppenzusammensetzung, in Partnerarbeit),
WANN sie es tun sollen (z. B. klarer Zeitplan oder Zeitfenster),
WIE LANGE sie es tun sollen (z. B. Uhrzeit, Deadline, Klingelzeichen),
WELCHE ERGEBNISSE erwartet werden (z. B. Kurzvorstellung, Plakat, Fotodokumentation),
WER eine Kleingruppe moderiert und **WER** Ergebnisse im Plenum präsentieren soll.

Diese Informationen können bestenfalls schriftlich und mit klaren Arbeitsanweisungen vorbereitet werden, sodass die Teilnehmenden einen verständlichen Ablaufplan zur Hand haben. Zusätzlich lässt sich eine Moderatorin oder ein Moderator benennen, um die Einhaltung der Vorgehensweisen und das Erreichen von Ergebnissen zu begleiten.

Je klarer den Teilnehmenden der Auftrag und die gewünschte Vorgehensweise ist, desto konzentrierter können sie an den Inhalten arbeiten. Gute Beschreibungen verschiedener Großgruppenmethoden finden sich in Holman und Devane (2006),

Brown und Isaacs (2007), Gray, Brown und Macanufo (2011), Vahs und Weiland (2020) sowie Steinhöfer (2021).

Praxistipp 30: Wenn du es eilig hast, nimm dir Zeit
Bei der Arbeit mit großen Gruppen muss immer Zeit für Raumwechsel, Materialorganisation, Flurgespräche und dergleichen eingeplant werden. Eine zu enge Zeitplanung, bei der erst ein kleiner Teil der Gruppe schon fertig ist und auf andere Teilnehmende warten muss, oder bei der die Einhaltung angekündigter Deadlines gefährdet ist, sollte vermieden werden.
Übergänge zwischen Phasen plant man daher besser großzügig. Es bietet sich an, dass ein/e oder mehrere Organisatorinnen und Organisatoren von Gruppe zu Gruppe gehen und rechtzeitig vor dem Ende einer Phase darauf hinweisen, dass die Bearbeitungszeit sich dem Ende nähert.

5.5 Jahresgespräche

Ein jährliches »Bilanz-« oder »Entwicklungsgespräch« bzw. ein »Mitarbeiterdialog« mit den einzelnen Mitarbeiterinnen und Mitarbeitern ist in den meisten Organisationen als Mittel zur Mitarbeiterbindung und Personalentwicklung fest verankert.

Sinn und Nutzen von Jahresgesprächen

»Wozu sollten wir ein Jahresgespräch führen? Wir reden doch ohnehin den ganzen Tag miteinander!« Diesen Einwand hört man von Führungskräften gerade in kleinen Organisationen oder intensiv zusammenarbeitenden Teams häufiger. In der Tat wäre ein Jahresgespräch verzichtbar, wenn es nur die Kommunikation reproduzieren würde, die das ganze Jahr über ohnehin stattfindet. Das Jahresgespräch soll sich aber in zweierlei Hinsicht von der Alltagskommunikation unterscheiden:

1. **In den Inhalten:**
Typische Themen des Jahresgesprächs sind die Zufriedenheit der Mitarbeiterin oder des Mitarbeiters mit der Tätigkeit, dem Arbeitsumfeld und der Führung, die Teamsituation sowie Perspektiven für die berufliche Weiterentwicklung.

2. **Im Charakter:**
Die benannten Inhalte sollten in einem geschützten Kommunikationsraum abseits des Arbeitsalltags besprochen werden. Wichtig ist der Aspekt der offenen und vertrauensvollen gegenseitigen Rückmeldung.

Die Erfahrung zeigt, dass in vielen Organisationen nicht regelmäßig über die genannten, eher grundlegenden und langfristigen Themen gesprochen wird. Oft fehlt es auch an Ruhe, Zeit und Abstand, um diese Themen mit der erforderlichen Tiefe anzugehen.

Zentrale Voraussetzungen, um ein Jahresgespräch zu führen, das diesen Namen wirklich verdient, sind Vertrauen und eine Kultur des offenen Austauschs zwischen den Hierarchieebenen. Auf der anderen Seite ist das Jahresgespräch ein wichtiges Instrument, um gerade diese Kultur zu entwickeln und zu pflegen. Wichtig ist, dass ein Jahresgespräch nicht den Charakter eines Verhörs annimmt, in dem die Führungskraft Fragen stellt und die Mitarbeitende antwortet. Auch der Charakter einer Abrechnung, bei der die Beteiligten alle Missverständnisse und Konflikte des vergangenen Jahres auf den Tisch packen, ist nicht hilfreich. Direktes Feedback und Konfliktklärungen sollten immer zeitnah erfolgen und nicht für das Jahresgespräch aufgehoben und gesammelt werden.

Ablauf eines Jahresgesprächs

Das Konzept des Jahresgesprächs muss auf die jeweilige Organisation zugeschnitten sein. Die folgenden Vorschläge zur Gestaltung verstehen sich daher nicht als Standardvorlage, sondern lediglich als Anregung.

Mögliche Themen und Ablauf des Gesprächs:

1. Begrüßung, Vereinbarungen zu Gesprächsinhalten, Dauer, Dokumentation etc.
2. Offener Bericht der Mitarbeiterin oder des Mitarbeiters über die aktuelle Arbeitssituation
   - Was läuft bei der Arbeit zurzeit gut?
   - Was läuft derzeit weniger gut?
3. Tätigkeit
   - Gab es Veränderungen in den Arbeitsinhalten?
   - Wie zufrieden ist der Mitarbeiter oder die Mitarbeiterin mit der Tätigkeit?
   - Ist die Tätigkeit motivierend? Bietet sie Gestaltungsspielräume?
   - Gibt es Veränderungswünsche?
4. Rahmenbedingungen
   - Wie erlebt die Mitarbeiterin oder der Mitarbeiter die aktuelle Situation in der Organisation (Unternehmenspolitik, Strategie, Veränderungsprozesse)?
   - Wie erlebt der Mitarbeiter oder die Mitarbeiterin die Zusammenarbeit im Team?
5. Führung
   - Wie zufrieden ist die Mitarbeiterin oder der Mitarbeiter mit der Führung?
   - Inwieweit fühlt sich der Mitarbeiter oder die Mitarbeiterin in Entscheidungen eingebunden?
   - Hat die Mitarbeiterin oder der Mitarbeiter das Gefühl, ausreichend Gestaltungspielräume zu haben?
   - Wie erlebe ich als Führungskraft die Zusammenarbeit mit dem Mitarbeiter oder der Mitarbeiterin?

- Gibt es »Bitten um erfüllbare Handlungen« an die Führungskraft?
- Gibt es »Bitten um erfüllbare Handlungen« an die Mitarbeiterin oder den Mitarbeiter?

6. Weiterentwicklung
   - Wo sieht der Mitarbeiter oder die Mitarbeiterin Stärken/Schwächen bei sich selbst?
   - In welche Richtung möchte sich die Mitarbeiterin oder der Mitarbeiter weiterentwickeln?
   - Welche Stärken/Schwächen sehe ich als Führungskraft? Wie schätze ich das Entwicklungspotenzial ein? Was ist realistisch möglich?
7. Vereinbarungen
   - Was wollen wir vor dem Hintergrund des Besprochenen vereinbaren?
   - Wann findet das nächste Gespräch statt?
8. Dokumentation
   - Was soll festgehalten werden?
   - Wurden Themen genannt, die weiterbearbeitet werden sollen?
   - Wer soll gegebenenfalls über welche Inhalte des Gesprächs informiert werden?

Das Jahresgespräch in der hier beschriebenen Form sollte nicht mit Beurteilungen oder Zielvereinbarungen vermischt werden, da dies die für das Gespräch nötige Offenheit beeinträchtigen würde. Zielvereinbarungs- und Beurteilungsgespräche sind im Folgenden als separate Gesprächsformate beschrieben.

Organisationale Einbettung von Jahresgesprächen

Professionelle Jahresgespräche benötigen einen professionellen organisationalen Rahmen. Das bedeutet:

- Es muss verbindliche und gegebenenfalls mit dem Betriebs- bzw. Personalrat abgestimmte Vorgaben für die Durchführung geben (Wer führt mit wem Jahresgespräche? Mit welchem Inhalt? Wie fließen die Ergebnisse in die Personal- und Organisationsentwicklung ein?).
- Der Einführungsprozess muss nach den Maßgaben des Change Managements gestaltet werden, d. h. Unterstützung durch das Top-Management, Workshops und Schulungen zur Vorbereitung der Führungskräfte auf ihre Rolle, systematische Kommunikation von Zielen und Nutzen des Gesprächs gegenüber den Mitarbeitenden, Klärung und transparente Kommunikation datenschutzrechtlicher Fragen etc.
- Ziele, Inhalte und Abläufe von Jahresgesprächen sollten in einem Leitfaden beschrieben sein, der allen Beteiligten bekannt ist.
- Sinnvoll ist die Erstellung eines Vorbereitungsbogens mit Leitfragen zu den wichtigsten inhaltlichen Kategorien. Etwa zwei Wochen vor dem Gespräch sollte ein

E-Mail-Kontakt oder ein kurzes Abstimmungsgespräch zwischen Führungskräften und der Mitarbeiterin oder dem Mitarbeiter stattfinden, bei dem dieser Gesprächsleitfaden übergeben wird. So wird Transparenz über die Inhalte des Gesprächs hergestellt und beide Beteiligte haben die Möglichkeit, sich so vorzubereiten, dass die für das Gespräch aufgewendete Zeit optimal genutzt werden kann.

5.6 Zielvereinbarungsgespräche

Das Zielvereinbarungsgespräch ist ein wichtiges Element eines zielorientierten Führungskonzepts (»Management by Objectives«). In vielen Organisationen gehört es zum Standard und ist in einen definierten Prozess der Vereinbarung, Überprüfung und Nachsteuerung von Zielen und Zielerreichung eingebunden. Zielvereinbarungsgespräche werden häufig ausschließlich mit Einzelpersonen geführt und oft mit einer Leistungsbeurteilung verknüpft, bei der erfolgsabhängige Entgeltbestandteile vom Grad der Zielerreichung abhängig gemacht werden. Die Individualisierung von Zielplanung und Leitungsbeurteilung ist aus einer organisationalen und psychologischen Sicht nicht sinnvoll. Bei vielen Zielen handelt es sich nicht um Einzelleistungen, weshalb sie nur unzureichend in Einzelgesprächen vereinbart werden können. Wenn einzelne Mitarbeitende für Erfolge oder Misserfolge verantwortlich gemacht werden, die sie nicht (oder nur zum Teil) zu verantworten haben, zerstört das nicht nur die Motivation und Identifikation mit dem Team oder der Organisation, sondern kann auch dazu führen, dass sie vorrangig um ihre persönliche Absicherung bemüht sind, das Eingehen möglicher Risiken scheuen oder eigene Beiträge in Abgrenzung zu Teamleistungen herausstellen. Dies mag in bestimmten Kontexten erwünscht sein, in stark vernetzten Arbeitszusammenhängen sind aber immer stärker teambezogene Leistungen vonnöten. Das durch eine Individualisierung von Zielvereinbarungen und Leistungsbewertung geschürte Konkurrenzverhalten kann die Kooperation in Teams erheblich erschweren.

Eine von manchen agilen Organisationen praktizierte Alternative zu einer auf das Individuum bezogenen Zielvereinbarung ist es, Teamziele zu vereinbaren und deren Erreichung mit der Auszahlung einer Teamprämie zu incentivieren, über deren Aufteilung das Team gemeinsam entscheidet (→ **Kapitel 3.8.2 »Individualziele, Teamziele und Organisationsziele«**).

Da sowohl die Arbeit mit Zielvereinbarungen als auch die Durchführung von Leistungsbeurteilungen mitbestimmungspflichtig sind, sollte gemeinsam mit der Interessenvertretung der Arbeitnehmerinnen und -nehmer und unter Einbezug von Mitarbeitenden ein transparentes System entwickelt werden, wie beides entsprechend den organisationalen Gegebenheiten gestaltet werden soll (Krause, 2002; Weißenrieder, 2019).

Warum Zielvereinbarungen so bedeutsam sind

Die Vereinbarung von Zielen ist aus mehreren Gründen von großer Bedeutung. Aus der Mission, Vision und Strategie der Organisation lassen sich Ziele ableiten, die sich auf Organisationseinheiten, Teams und letztlich einzelne Mitarbeitende herunterbrechen lassen. Umgekehrt bedeutet das: Wenn alle Mitarbeiterinnen und Mitarbeiter ihre Ziele realisiert haben, ist das Organisationsziel erreicht.

Darüber hinaus ist die Orientierung an Zielen auch aus motivationspsychologischer Sicht wichtig: Ziele bündeln den Aufmerksamkeitsfokus, spornen an und ermöglichen ein Befriedigungserleben, wenn sie erreicht werden. Dabei sollten – neben allen Aspekten einer eindeutigen Zielformulierung, wie sie in → **Kapitel 3.8** dargestellt sind – folgende Randbedingungen gegeben sein (Krause, 2002, S. 68–89; Schmidt u. Kleinbeck, 2006, S. 14; Hoffmann u. Pfister, 2019; Weißenrieder, 2019):

- Die Ziele müssen auf das Leistungsniveau von Einzelpersonen und Teamstrukturen abgestimmt sein. Sie sollten »angemessen herausfordernd«, d. h. nicht überfordernd, aber auch nicht zu leicht erreichbar sein, da sie sonst nicht wirklich motivierend sind. Ein Wettbewerb im Armdrücken gegen ein Grundschulkind ist langweilig (da man nur gewinnen kann) und gegen eine Wrestling-Weltmeisterin aussichtslos (da man nur verlieren kann).
- Das Zutrauen, ein herausforderndes Ziel erreichen zu können, hängt vom Selbstwirksamkeitserleben der Einzelnen und des Teams ab. Führungskräfte sollten Mitarbeitende ermutigen, herausfordernde Ziele zu verfolgen, da dies auch Vertrauen in ihre Leistungsfähigkeit signalisiert. Hier ist ein systemischer Blick hilfreich, um Fähigkeiten und Ressourcen der Mitarbeitenden zu aktivieren, die diese selbst vielleicht eher »übersehen« hätten. Führungskräfte sollten gerade Mitarbeiterinnen und Mitarbeiter mit geringem Selbstwirksamkeitserleben ihre Unterstützung anbieten und mit ihnen herausarbeiten, welche Beiträge sie als Einzelperson und in ihren Teamrollen leisten können.
- Das Engagement bei der Zielverfolgung hängt nicht nur von der Einschätzung der eigenen Erfolgschancen ab, sondern auch von der subjektiven und geteilten Bedeutsamkeit des jeweiligen Ziels. Die Ziele sollten also nicht nur an den Sinnkontext der Organisation (Stichwort »Purpose«) anknüpfen, sondern auch für die einzelnen Mitarbeitenden und ihre Teams sinnstiftend sein.
- Bei der Zielvereinbarung sollten die Aufgabenkomplexität und der Kontext berücksichtigt werden. Die Abhängigkeit von anderen Personen, nicht vorhersehbare Dynamiken und dergleichen können die Wahrscheinlichkeit der Zielerreichung beeinflussen.

Die dialogische Gestaltung von Zielvereinbarungen heißt nicht, dass die Mitarbeitenden ihre Ziele frei wählen sollen und dass die Leistungsanforderungen der Organisation erst an zweiter Stelle kommen. Es gilt, eine für beide Seiten gute Balance zu finden.

Hierbei können auch Impulse in Richtung der Organisation entstehen. Wenn die Ziele der Organisation und Ziele der Mitarbeitenden weit auseinanderliegen, ist dies sicher nicht auf der Ebene der Zielformulierung zu lösen, sondern verweist auf ein tieferreichendes Problem der Passung. Da die Leistungsfähigkeit von Menschen und Organisationen durch Freiwilligkeit, Gestaltungsspielräume und sinnstiftende Arbeit massiv erhöht werden kann, setzen viele Modelle der Organisations- und Teamentwicklung, des New Work und agiler Arbeitsformen auf Gestaltung solcher Aushandlungsprozesse. Bei der gemeinsamen Formulierung von Zielen ist es hierbei notwendig, das Spannungsfeld zwischen Sollen, Dürfen, Wollen und Können sowie der situativen Ermöglichung für die beteiligten Personen und das Team zu beachten (Abbildung 29).

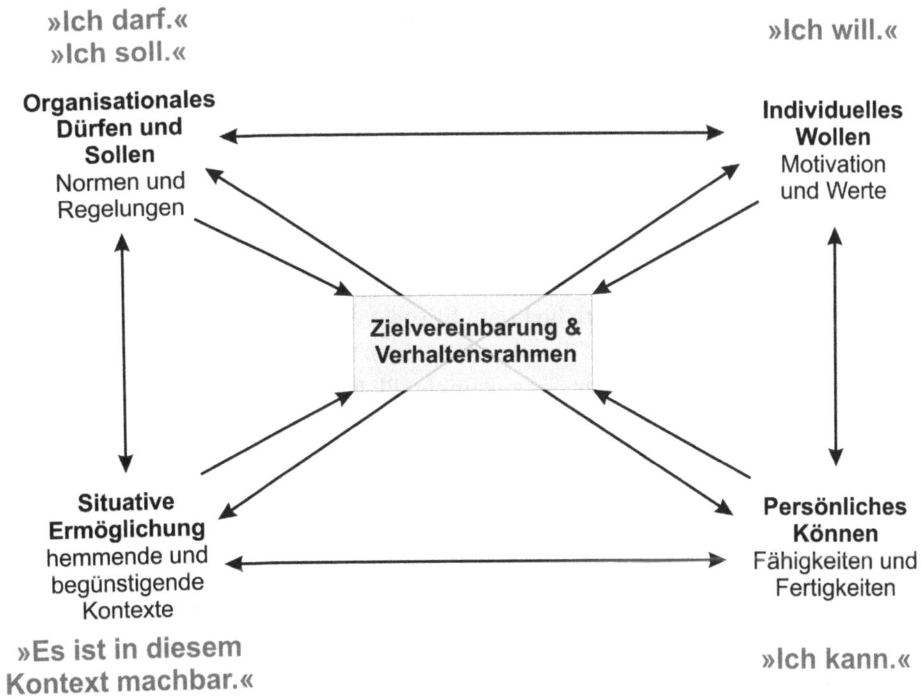

Abbildung 29: Balance zwischen Sollen, Dürfen, Wollen, Können und situativer Ermöglichung

Das Gespräch über Ziele und Zielerreichung schafft Transparenz, ermöglicht eine gemeinsame Ausrichtung, eröffnet die Chance, über die Rahmenbedingungen für Leistung (wenn ein Ziel erreicht werden soll) und Verbesserungsmöglichkeiten (wenn ein Ziel verfehlt wurde) zu sprechen. Ein regelmäßiges – bestenfalls positives und handlungsbezogenes – Feedback wirkt hierbei motivations- und leistungssteigernd. Regelmäßige Gespräche über Ziele bieten einen guten Raum, um etwas zu tun, das in Organisationen häufig zu kurz kommt, nämlich die Kreativität und Leistungen der Beteiligten gebührend zu würdigen und anzuerkennen.

Gestaltung von Zielvereinbarungsgesprächen

Ziele können nur dann ihre motivierende Kraft entfalten, wenn sie für die Mitarbeitenden sinnstiftend sind, zu ihren Fähigkeiten und ihrem Selbstwirksamkeitserleben passen. Konsensbasierte und gemeinsam getragene Zielvereinbarungen wirken daher ganz anders als einseitige Zielvorgaben. Leider werden Zielvereinbarungen dennoch oft missverstanden: Die Führungskraft verkündet dann eher von ihr selbst gesetzte Ziele statt mit den Mitarbeitenden auszuhandeln, welche Ziele diese – vor dem Hintergrund ihres jeweiligen Leistungsvermögens sowie den unabhängig von den vereinbarten Zielen zu erledigenden Regelaufgaben – glaubt, erreichen zu können. In den Aushandlungsprozess sollten auch Unterstützungsmaßnahmen, Prioritätensetzungen und Entlastungsangebote einfließen.

Wie alle anderen wichtigen Gespräche sollten auch Zielvereinbarungsgespräche gut vorbereitet sein. Eine Einladung sollte mindestens 14 Tage vor dem Gespräch erfolgen, gegebenenfalls unterstützt durch eine schriftliche Handreichung mit den wichtigsten Informationen zum Gespräch und einem Vorbereitungsbogen für den Mitarbeiter, die Mitarbeiterin oder das Team. Wichtig ist auch eine gute Vorbereitung seitens der Führungskraft. Da Zielvereinbarungsgespräche mit einzelnen Mitarbeitenden, aber auch mit dem gesamten Team geführt werden können, muss die Vorbereitung auf den gewählten Kontext ausgerichtet sein. Es sollte darauf geachtet werden, dass Zielvereinbarungen, die besser mit einzelnen Personen zu besprechen sind, nicht vor der Gruppe stattfinden. So können Schaukämpfe, Bloßstellungen und unnötige Widersprüche vermieden werden.

Am Anfang des Gesprächs lässt sich an die Zielvereinbarungen aus dem letzten Gespräch anknüpfen. Die Reflexion der bisherigen Zielerreichung gibt den Mitarbeitenden auch die Gelegenheit, die aktuelle Situation in ihrem Arbeitsbereich zu schildern.

Im Anschluss gibt die Führungskraft einen Überblick über die gegenwärtige Lage der Organisation und die strategischen Ausrichtungen für die kommenden ein bis zwei Jahre. Auf dieser Basis können Anforderungen an den Arbeitsbereich der Mitarbeitenden bzw. des Teams herausgearbeitet werden:

> »Woran müssen wir im kommenden Jahr verstärkt arbeiten?«
> »Wo liegen Prioritäten?«
> »Was verliert an Bedeutung?«
> »Wo soll der Arbeitsbereich in einem Jahr mindestens/im Optimalfall stehen?«
> »Was werden wir künftig weniger tun?«

Vor dem Hintergrund dieser Positions- und Strategiebestimmung können Mitarbeitende bzw. das Team Zielvorschläge einbringen, die die Führungskraft mit eigenen Zielvorschlägen abgleicht und gegebenenfalls ergänzt. Es ist sinnvoll, dabei verschiedene Zieldimensionen zu unterscheiden (z. B. entsprechend der Dimensionen der verwendeten Mess- und Dokumentationsinstrumente, wie z. B. Balanced Scorecard, oder Strategy Map).

Die aus diesem Abgleich resultierenden vorläufigen Zielformulierungen können mit Skalierungen auf Passung mit den in → **Kapitel 3.8.1 »Vollständige und unvollständige Zielformulierungen«** beschriebenen Kriterien überprüft werden. Hierzu eignen sich Reflexionsfragen, z. B. unter Nutzung von Skalierungen:

> »Das Ziel ist für mich/uns attraktiv.« (Skalierung: 1–10)
> »Das Ziel ist für die Organisation attraktiv.« (Skalierung: 1–10)
> »Das Ziel ist für unsere Kunden/unsere Marktposition wichtig.« (Skalierung: 1–10)
> »Wenn ich dieses Ziel verfolge, tue ich etwas, das ich für genau das Richtige halte.« (Skalierung: 1–10)
> »Ich kann das Ziel erreichen, wenn ich mich anstrenge.« (Skalierung: 1–10)
> »Das Ziel überfordert mich.« (Skalierung: 1–10)
> »Um das Ziel zu erreichen, brauche ich Unterstützung, und zwar …«

Ziele, die bei der Bewertung schlecht abschneiden, sollten – wenn möglich – modifiziert werden. Im nächsten Schritt müssen die Ziele mess- und überprüfbar formuliert werden (→ **Kapitel 3.8.1 »Vollständige und unvollständige Zielformulierungen«**, → **Kapitel 3.8.5 »Zielvereinbarungen«**).

Die formulierten endgültigen Ziele werden dokumentiert. Der letzte Schritt besteht in einem Meilensteinplan, der Ziele, Prioritäten und Ressourcen dokumentiert.

Controlling von Zielvereinbarungen

Je komplexer und volatiler die Umwelt ist, desto weniger erfolgversprechend ist das planmäßige Abarbeiten von Zielen. Ziele sollten daher nicht in Stein gemeißelt sein, sondern immer wieder mit der aktuellen Situation abgeglichen werden: Inwieweit bestehen die der Zielvereinbarung zugrunde gelegten Annahmen noch und wo haben sich signifikante Änderungen ergeben? Wo ergeben sich Hindernisse und Abweichungen, wo müssen wir nachsteuern?

Im Kontext sich schnell wandelnder Arbeitsbedingungen und agiler Arbeitsformen sind die in vielen Organisationen noch üblichen Jahreszyklen der Überprüfung und Neuformulierung von Zielen zu lang, um der Dynamik des Umfelds gerecht zu werden. Hier müssen Controlling- und Projektmanagementkonzepte mit kurzfristigeren Reflexionsschleifen genutzt und Prüfindikatoren definiert werden, die es ermöglichen, auch aus »schwachen Signalen« Warnhinweise für eine notwendige Zielkorrektur abzuleiten.

Die Überprüfung der Zielerreichung folgt folgendem Schema:

1. Bewertung des Zielerreichungsgrades aus Sicht der Mitarbeitenden:
   Welche Ziele haben sich verwirklichen lassen?
   Welche sind möglicherweise sogar übererfüllt?
   Welche Ziele sind noch nicht erreicht?
2. Bewertung des Zielerreichungsgrades aus Sicht des Vorgesetzten
3. Abgleich der Einschätzungen
4. Analyse der Zielabweichungen: Warum konnten einige Ziele nicht realisiert werden?
   Hier geht es nicht um Schuldzuweisungen, sondern um einen neutralen Situationsüberblick, da die Nachsteuerung der bestehenden Ziele ebenso wie die Vereinbarung weiterer Ziele auf die aktuelle Lage und auf Schwierigkeiten bei der Zielerreichung Rücksicht nehmen muss. An diesem Punkt ist es hilfreich, wenn man es sich angewöhnt hat, den Blick über das Augenfällige hinaus auf den systemischen Kontext und die Wechselwirkungen mit der Zielerreichung zu weiten.
5. Konsequenzen für die neue Zielperiode:
   Wie geht es mit den vereinbarten, noch nicht erreichten Zielen weiter?
   Müssen wir Ziele modifizieren, verwerfen oder neu vereinbaren?
   Welche Nachsteuerungs- und Entwicklungsmaßnahmen sind erforderlich?

5.7 Beurteilungsgespräche

Beurteilungsgespräche werden häufig mit »Jahresgesprächen« (→ **Kapitel 5.5**) und »Zielvereinbarungsgesprächen« (**Kapitel 5.6**) vermischt. Natürlich gibt es Zusammenhänge und Überschneidungen, denn die Einschätzung der Entwicklungsperspektiven im Jahresgespräch ebenso wie die Justierung der Ziele im Zielvereinbarungsgespräch sind nicht unabhängig von der Einschätzung der Leistung von Mitarbeitenden. Das Beurteilungsgespräch beinhaltet daher immer sowohl eine Leistungsbeurteilung als auch eine Potenzialbeurteilung. Allerdings verfälscht es die Reflexion von Kooperation und Arbeitszufriedenheit, wenn diese direkt mit der Beurteilung verknüpft werden.

Man kann Beurteilungsgespräche und die hinter ihnen stehenden Leistungsanreizsysteme durchaus kritisch betrachten. Während monetäre Anreize sich positiv auf die extrinsische Motivation auswirken, gibt es Hinweise darauf, dass eine Incentivierung durch Leistungsprämien die intrinsische Motivation sogar reduzieren kann (Frey, 1997; Deci, Koestner u. Ryan, 1999). Die Gefahr besteht dann darin, dass Mitarbeitende das (und nur das) tun, wofür Sie eine positive Beurteilung, einen Bonus oder einen Karrierevorteil erwarten, dafür aber wichtige, nicht der Leistungsbeurteilung unterliegende Beiträge (z. B. Unterstützung von Kollegen und Kolleginnen oder Routineaufgaben) vernachlässigen. Umso wichtiger ist es aus einer systemischen

Sicht, genau zu reflektieren, welche Beiträge eigentlich zur Realisierung der Team- und Organisationsziele wichtig sind. Aus dieser Perspektive kann es dann auch sinnvoller sein, Beurteilungen stärker an das Kooperationsverhalten zu knüpfen, »einzelkämpferisches« Verhalten nicht positiv in die Beurteilung und die Bemessung von Boni einfließen zu lassen oder sogar zugunsten von 360°-Feedbacksystemen ganz auf hierarchische Beurteilungssysteme zu verzichten.

Die Einführung eines Beurteilungssystems ist mitbestimmungspflichtig durch den Betriebsrat und bedarf einerseits einer gründlichen Schulung der Führungskräfte und andererseits eines Abgleichs der Leistungserwartungen zwischen den Führungskräften. Weiterführende Hinweise zur Durchführung von Beurteilungsgesprächen finden Sie in Brenner (2014).

Fairness in Beurteilungsgesprächen

Beurteilungsgespräche sind immer heikel: Hier können sich Unterschiede in der Einschätzung und Bewertung von Leistung und Verhalten ergeben, die umso schwerer wiegen als das Beurteilungsgespräch oft die Grundlage für Bonuszahlungen und Karriereentscheidungen, wie Beförderungen, Versetzungen oder die Aufnahme in interne career tracks, darstellt. Ein sensibler Umgang mit unterschiedlichen Wahrnehmungen und Erwartungen ist im Beurteilungsgespräch von extrem hoher Bedeutung: Wird die Beurteilung als unfair erlebt, kann dies die Motivation von Mitarbeiterinnen und Mitarbeitern in wenigen Minuten nachhaltig zunichtemachen. Gleichzeitig sind Diskrepanzen zwischen der Selbstwahrnehmung von Mitarbeitenden und der Fremdwahrnehmung durch die Führungskraft nicht unwahrscheinlich, was zu Rechtfertigungsdruck und Konflikten führen kann.

Als Führungskraft steht man in Beurteilungsgesprächen daher unter einem hohen Druck. Zentral ist dabei der Aspekt der Fairness – zum einen, weil das Allgemeine Gleichbehandlungsgesetz (AGG) eine Benachteiligung von Mitarbeitenden verbietet. Zum anderen, weil das Erleben von Fairness psychologisch eine große Rolle spielt. Es können drei Arten der Fairness unterschieden werden:

1. **Ergebnisfairness.** Dieser Aspekt betrifft die Frage, ob Mitarbeitende die erhaltene Beurteilung selbst als fair empfinden. Dazu gehört nicht nur, dass die Beurteilung der Leistung entspricht, sondern auch, dass die Beurteilung im Vergleich mit den Beurteilungen von Kolleginnen und Kollegen als gerecht erlebt wird.
   Natürlich sind diese beiden Voraussetzungen nicht immer gegeben: Man fühlt sich in seiner Leistung nicht angemessen gewürdigt oder meint, dass der eigene Beitrag besser hätte beurteilt werden müssen als die Leistung von Kolleginnen oder Kollegen, die die gleiche Beurteilung erhalten haben. Das Empfinden, ungerecht behandelt worden zu sein, hängt aber auch von den beiden anderen Arten der Fairness ab.

2. **Verfahrensfairness.** Dieser Aspekt betrifft die Frage, ob das Beurteilungsverfahren an sich als gerecht oder ungerecht erlebt wird. Zur Verfahrensfairness gehört z. B., dass die Beurteilungskriterien einheitlich definiert, nachvollziehbar und transparent kommuniziert sind. Den Mitarbeitenden sollte also schon zu Beginn des Beurteilungszeitraums klar sein, mit welchen Maßstäben ihre Leistung später bewertet wird. Hier muss es einen einheitlichen, für alle geltenden Beurteilungsstandard geben. Leistungs- und Kompetenzanforderungen sollten am besten schriftlich festgehalten sein – dies ist mit der üblichen Gestaltung von Stellenbeschreibungen noch nicht abgedeckt, da diese nur Aufgaben, aber keine Soll-Leistung definieren. Zur Verfahrensfairness gehört weiterhin, dass es über den Beurteilungszeitraum hinweg regelmäßige Rückmeldungen zur Leistungseinschätzung gibt, insbesondere wenn die Führungskraft mit der Leistung nicht zufrieden ist: Die Beurteilung sollte keine unerwartete Generalabrechnung sein. Anregungen, wie Sie ein Erwartungsmanagement mit regelmäßigem Abgleich von Selbst- und Fremdeinschätzung auf den relevanten Kompetenzdimensionen installieren können, finden Sie in Maiß und von Ameln (2015).
3. **Interpersonelle Fairness.** Dieser Aspekt betrifft die Frage, inwieweit sich Mitarbeitende von der Führungskraft auf einer persönlichen und strukturellen Ebene fair behandelt fühlen. Zu diesem fairen Umgang, der auch bei einer kritischen Bewertung möglich ist, gehört z. B. dem Mitarbeitenden über den Beurteilungszeitraum hinweg offene Rückmeldungen und damit die Chance zu geben, ihre Leistung zu verbessern. Ebenso ist es für die Führungskraft wichtig, sich an definierte Verfahren und Beurteilungskriterien zu halten, sich im Beurteilungsgespräch Zeit zu nehmen und die Beurteilung zu erklären.

Inwieweit Mitarbeitende die Beurteilung als fair erleben, hängt also von drei Fragen ab:
- Fühle ich mich fair beurteilt (Ergebnisfairness)?
- Habe ich das Gefühl, dass meine (kritische) Beurteilung in einem fairen Prozess zustande gekommen ist (Verfahrensfairness)?
- Habe ich mich von meiner Führungskraft auf der persönlichen Ebene fair behandelt gefühlt (interpersonelle Fairness)?

Wenn die zweite und dritte Frage mit »ja« beantwortet wird, wird dies die Unzufriedenheit mit der Bewertung selbst zumindest teilweise mindern. Wenn nicht nur die Beurteilung, sondern auch das Verfahren und das Verhalten des Vorgesetzten als unfair bewertet werden, kann dies zu einem Motivationsverlust bis hin zur inneren Kündigung führen.

In vielen Organisationen (z. B. im öffentlichen Dienst) gibt es zum Teil bizarre Richtlinien und Praktiken bei der Beurteilung von Mitarbeitenden, die es sehr schwer, wenn nicht unmöglich machen, die drei dargestellten Fairnessdimensionen gut zu gestalten.

Gestaltung von Beurteilungsgesprächen

Ähnlich wie im Jahresgespräch sollten Sie nach der Begrüßung und einer kurzen Abstimmung zum Rahmen des Gesprächs (Dauer, Protokollierung) zunächst die Selbsteinschätzung der Mitarbeitenden erfragen. Dabei können Sie sich an den Dimensionen des Beurteilungsbogens bzw. des Kompetenzprofils orientieren. Sie können auch auf die getroffenen »Zielvereinbarungen« Bezug nehmen (Kapitel 3.8.5). Die Mitarbeitenden sollten die Gelegenheit erhalten darzustellen, warum sie einzelne Ziele nicht ganz erreicht haben.

Im Anschluss teilen Sie Ihre Bewertung mit, wobei Sie sich wiederum auf die vorgegebenen Bewertungsdimensionen und die Zielvereinbarungen beziehen. Erläutern Sie, wie Sie zu Ihrer Einschätzung kommen. Sie sollten schon in Ihrer Gesprächsvorbereitung darauf achten, dass Sie möglichst viele Ihrer Einschätzungen belegen können, etwa anhand von Verkaufszahlen oder anderen Kennzahlen, eigenen Beobachtungen oder Kundenrückmeldungen. Halten Sie eine entsprechende Dokumentation für das Gespräch bereit. Auf jeder Bewertungsdimension können Sie folgende Punkte thematisieren:

- Wie sehe ich die Leistung des Mitarbeiters oder der Mitarbeiterin?
  Hier sollten Sie sich auf vorab definierte, beobachtbare Indikatoren beziehen können. Eine »gefühlte« Leistungsbeurteilung ist anfällig für Wahrnehmungseffekte aller Art und kann leicht als unfair angefochten werden.
- Wo sehe ich ausgesprochene Stärken?
- Was hat sich seit der letzten Beurteilung verbessert?
- Was hätte ich mir anders gewünscht?
- Wo sehe ich weiterhin Verbesserungsbedarf?

Mitarbeitende sollten die Gelegenheit bekommen, zu Ihrer Beurteilung Stellung zu nehmen. Dabei sollten Sie sich als Führungskraft Argumenten zugänglich zeigen und die Beurteilung korrigieren, wo es angemessen erscheint, aber natürlich auch nicht einknicken, um Konflikten aus dem Weg zu gehen. An den Stellen, an denen Sie Weiterentwicklungsbedarf sehen, können Sie »Zielvereinbarungen« treffen (→ **Kapitel 3.8.5**). Zum Abschluss sollten Sie ein Stimmungsbild einholen und das Gespräch gemeinsam auswerten.

5.8 Feedback- und Kritikgespräche

Grundsätzliches zu diesem Thema haben wir bereits in → **Kapitel 3.5.6 »Feedback geben und Feedback nehmen«** und → **Kapitel 6.3 »Wie kann ich angemessen Kritik äußern?«** beschrieben. Wie Sie Feedback- und Kritikgespräche konkret gestalten, hängt von verschiedenen Faktoren ab, z. B.

- von der Rollenkonstellation
  (Sprechen Sie aus der Vorgesetztenrolle zu Mitarbeitenden, aus der Rolle der agilen Führungskraft zu einem Teammitglied oder aus der Rolle der Kollegin oder des Kollegen zu einer Führungskraft auf derselben Hierarchieebene?),
- von der Arbeitsbeziehung zwischen Ihnen und der Person, der Sie ein Feedback geben möchten
  (Wo und wie arbeiten Sie zusammen? Handelt es sich tatsächlich um Ihre Kritik oder geht es um eine Kritik, die von anderen Personen an Sie herangetragen wurde?),
- von der Fehlerkultur, die Sie für Ihren Verantwortungsbereich anstreben
  (Haben Sie eine klare Handlungserwartung an Ihr Gegenüber? Was soll die betreffende Person verändern oder lernen?),
- von der Tragweite des kritikwürdigen Verhaltens und den Folgen, die beispielsweise ein Fehler des Mitarbeiters für das Team und das Unternehmen hat
  (Hatte das Verhalten, das Anlass zur Kritik gibt, eingrenzbare, klar benennbare Konsequenzen? Oder ist es eine eher vage benennbare Auswirkung?),
- von der Vorgeschichte
  (Handelt es sich um einen erstmaligen Vorfall oder gab es das Verhalten bereits vorher schon einmal oder mehrfach Anlass zur Kritik?).

Entscheiden Sie, wie sehr Sie einzelne Aspekte hierbei in den Vordergrund rücken möchten (Sach-, Selbstkundgabe-, Appell- oder Beziehungsebene, bzw. Beobachtung, Gefühl, Bedürfnis, Bitte). Ein Konfrontationsgespräch, beispielsweise bei wiederholter Kritik, sollte anders gestaltet werden als ein Gespräch, in dem es vorrangig um ein eher kollegial verstandenes Feedback geht. Es wäre unpassend, Smalltalk zu betreiben, Kekse anzubieten und Gutwetter zu machen, wenn Sie eine harte Kritik zu äußern haben. Hier sollten Sie schnell zum Thema kommen. Auch wenn Sie vehementer Ihren Ärger äußern, sollten Sie lösungs- und ressourcenorientiert vorgehen.

Gerade in Feedbackgesprächen, die Kritik beinhalten, ist die Versuchung groß, sich lange mit Problemen, Defiziten oder Ursachen aufzuhalten, obwohl dies nur bis zu einer gewissen Grenze notwendig und produktiv ist. Achten Sie also gerade in Kritikgesprächen darauf, den Grundsatz der Lösungsorientierung zu berücksichtigen. Stellen Sie sich selbst immer wieder die Frage, ob es Ihnen gerade um eine Lösung geht oder nur darum, »Dampf abzulassen«. Auch letzteres ist bei einem Feedback legitim, beispielsweise, indem Sie Ihr Gefühl benennen. Sie sollten aber die Sachorientierung und die Frage, wie es weiter geht (Appell, erfüllbare Bitte), nicht aus den Augen verlieren.

Um nicht von den eigenen Emotionen fortgerissen zu werden, ist es wichtig, sich gut vorzubereitet und die Selbst- und Rollenklärung gründlich in den Blick zu nehmen (→ **Baustein 1 »Klärung«**). Wenn hinter der Kritik ein persönlicher Ärger steht, kann dieser dazu führen, dass sich in Ihren lösungsorientierten Gesprächsansatz doch härtere Töne mischen, die zu einer Störung auf der Beziehungsebene führen. Auf der anderen

Seite kann es in Feedbackgesprächen durchaus wichtig sein, dass Ihr Ärger auch für die kritisierte Person spürbar wird. Wenn der »Harmoniewahrer« in Ihrem Inneren Team unbemerkt die Oberhand gewinnt, bewirkt das unter Umständen, dass die Kritik nicht deutlich rüberkommt – diese Dynamik ist in der Praxis von Feedback- und Kritikgesprächen häufig zu beobachten. Achten Sie also darauf, Ihr Inneres Team gut zu analysieren und für den von Ihnen gewählten Gesprächsansatz passend aufzustellen.

Grundsätzlich gilt:

- Beziehen Sie Feedback bzw. Ihre Kritik auf einzelne, klar umrissene Verhaltensweisen (»Sie sind der Kollegin in der Teambesprechung mehrfach ins Wort gefallen«), nicht auf die Gesamtperson (»Sie sind unkooperativ und nicht teamfähig«).
- Benennen Sie Punkte bzw. konkret benennbare Verhaltensweisen, die Ihr Gegenüber auch verändern kann.
- Verzichten Sie auf »Generalabrechnungen«, in denen Sie mehrere gesammelte Kritikpunkte abarbeiten – Ihr Gegenüber muss Ihr Feedback auch verarbeiten können.
- Aus Sicht der Gewaltfreien Kommunikation würde es darum gehen, mithilfe von Ich-Botschaften ein verhaltensorientiertes Feedback zu geben.

Feedback und Kritik als Gewaltfreie Kommunikation

Vieles spricht dafür, auch bei vorliegendem Fehlverhalten oder einem Anlass zur Kritik ein wertschätzendes Vorgehen zu wählen. Ein Hauptargument ist, dass Menschen sich nur selten wirklich auf ein Hinterfragen und eine Veränderung ihres Verhaltens einlassen, wenn sie sich unter Druck gesetzt und abgewertet fühlen. Lernen unter Druck bleibt oberflächlich, weil viele aus Trotz schnell zum ursprünglichen Verhalten zurückkehren, sobald sie sich nicht mehr unter Beobachtung glauben.

Gerade in modernen, agilen Arbeitskulturen setzt man auf die Lernbereitschaft der Mitarbeitenden, die nur dann aktiviert werden kann, wenn sich die Beteiligten respektiert und fair behandelt fühlen. Eine Kultur der psychologischen Sicherheit und damit des produktiven Umgangs mit Fehlern entsteht nur in einem Klima der Fehlertoleranz und des Respekts. Wichtig ist es hierbei, zu Beginn (bzw. schon bei der Gesprächseinladung) auf der Beziehungsebene den von Ihnen intendierten kooperativen Charakter des Gesprächs kenntlich zu machen:

> »Ich möchte mit Ihnen noch einmal über die Situation bei unserem Kundentermin am letzten Freitag reden. Ich habe diese Situation als angespannt erlebt. Es geht mir in diesem Gespräch nicht darum, Sie zur Rechenschaft zu ziehen, sondern ich möchte eher mit Ihnen gemeinsam darüber nachdenken, wie wir solche Situationen in Zukunft vermeiden können. Gern möchte ich Ihnen auch mein Erleben schildern. Dafür würde es mir helfen, wenn Sie mir zunächst schildern könnten, wie sich der Termin aus Ihrer Sicht dargestellt hat.«

Gemäß dem Grundsatz »Klar in der Sache, fair zur Person« bedeutet eine sorgsame Gestaltung auf der Beziehungsebene auch nicht, dass die Klarheit leiden muss. Eine deutliche, aber wertschätzend vorgetragene Kritik ist vielleicht viel klarer und wirksamer als eine aggressiv vorgetragene Litanei, die das Gegenüber in einen Verteidigungs-, Flucht- oder Erstarrungsmodus bringt, und sowohl seine Aufmerksamkeit als auch seine Kooperationsbereitschaft reduziert.

Das von uns vorgeschlagene Vorgehen orientiert sich an den bereits in → **Kapitel 3.5 »Gewaltfreien Kommunikation«** beschriebenen Aspekten zum Geben eines Feedbacks. Der komplette Ablauf einer wechselseitigen Kommunikation wäre:

1. Was habe ich gesehen oder gehört?
   Was hat die andere Person gesehen oder gehört?
2. Wie habe ich mich dabei gefühlt?
   Wie hat die andere Person sich dabei gefühlt?
3. Welche Ziele verfolgen wir als Organisation? Was ist mein Bedürfnis als Führungskraft? Wie sind die Bedürfnisse der anderen Person?
4. Was wünsche ich, das die andere Person tut?
   Was wünscht die andere Person, das ich tue?

Sie können Ihre Sichtweise aber auch als »Ansage« formulieren, in der Sie Ihre hypothetischen Ideen über das Erleben und Verhalten Ihres Gegenübers einbinden.

> (1) »Bei unserem Kundentermin am letzten Freitag habe ich festgestellt, dass Sie sich gegenüber der Kritik der Kundin häufig verteidigend geäußert haben. Sie haben erklärt, warum wir in unserem Konzept von den Absprachen aus dem Briefing abgewichen sind. Sie haben die Kundin einige Male unterbrochen und sind nicht auf ihre Punkte eingegangen.«
>
> (2) »Ich habe das als schroff und angespannt erlebt. Mich fordert die Kommunikation mit dieser Kundin auch heraus und es strengt mich an.«
>
> (3) »Ich kann Ihr Bedürfnis, sich zu verteidigen, gut verstehen. Wir müssen angesichts der aktuell schwachen Auftragslage schauen, dass wir die Kunden zufriedenstellen und ihren Wünschen entgegenkommen. Mir ist es wichtig, dass wir bei künftigen Gesprächen dieser Art unser Konzept erläutern, ohne gegenüber den Kunden den Eindruck zu erwecken, dass wir ihre Wünsche ignorieren und unser Konzept verteidigen müssen.«
>
> (4) »Daher bitte ich Sie, dass wir vor dem nächsten Außentermin am kommenden Donnerstag den Termin gut durchkonzipieren, unsere Gesprächsanteile absprechen und einen Probelauf für das Gespräch machen. Ich habe schon Frau Österreich angesprochen, sie hat ja viel Erfahrung mit schwierigen Kunden und würde für uns das Sparring übernehmen.«

In einigen Situationen mag sich die Frage stellen, ob der Aspekt der Selbstkundgabe – also die Äußerung eigener Gefühle und/oder Bedürfnisse – angemessen und notwendig ist. Oft sind die organisational zugrundeliegenden Werte – auf die sich auch individuelle Bedürfnisse beziehen können – bereits klar, da sie in wiederkehrenden Situationen im Kontext eines Unternehmens durch Vereinbarungen und Regelungen definiert sind. Auch muss eine ausführliche Offenlegung eigener Gefühle gegenüber Mitarbeitern und Mitarbeiterinnen, Kolleginnen und Kollegen nicht unbedingt zielführend sein.

Wenn es nicht um einen ausführlichen Austausch von Sichtweisen geht, sondern eher darum, eine klare Ansage zu machen, die sich auf ein konkret veränderbares Verhalten bezieht, kann eine Kurzform so aussehen:

1. Was habe ich gesehen oder gehört?
2. Was wünsche ich, das die andere Person tut?

Voraussetzung dabei ist, dass die organisationalen Ziele, aus denen sich die von der Führungskraft geäußerten Erwartungen ableiten, klar sind.

Wenn es um Rückmeldungen in Situationen geht, in denen der betreffenden Person bewusst ist, wie sie sich verhalten sollte und welche Regeln gerade einzuhalten sind, wäre auch eine reduzierte Kurzform denkbar:

1. Was wünsche ich, das die andere Person tut?

Kritik als Konfrontation

Lösungs- und Ressourcenorientierung führen nicht immer zu den gewünschten Ergebnissen. Gerade in Situationen, in denen Sie schon mehrfach Gespräche geführt, Ursachen und Verbesserungsmöglichkeiten reflektiert, Verständnis gezeigt und Unterstützung angeboten haben, kommt irgendwann der Moment, in dem eine deutliche Konfrontation erforderlich und hilfreich sein könnte. Hier werden Sie – im Sinne der im vorangegangenen Kapitel skizzierten Kurzformen – weniger auf Ihre Bedürfnisse eingehen. Auf der Beziehungsebene verschiebt sich die Tonlage von

> »Ich möchte Ihnen eine kollegiale Rückmeldung geben: ... hätte ich mir anders gewünscht.«

zu

> »So geht es nicht. Ich als Ihre Vorgesetze (Kollegin ...) erwarte von Ihnen, dass ...«.

Während die erste Variante auf Ich-Botschaften und wertungsfreie Kommunikation gesetzt hat, nutzt die zweite Variante eine klare und wertende Konfrontation:

> »Ich möchte mit Ihnen noch einmal über den Kundentermin am letzten Freitag reden. Ihr Verhalten gegenüber der Kundin war aus meiner Sicht völlig inakzeptabel und passt in keiner Weise zu unserem Anspruch an Kundenfreundlichkeit. Das ist nun schon der dritte Vorfall dieser Art, ich bin wirklich sauer, und wir müssen ernsthaft darüber reden, wie es weitergeht.«

Wenn Sie sich von dem Verhalten des Gegenübers persönlich verletzt fühlen, können Sie Ihr Erleben in Form eines klaren Feedbacks zurückmelden:

> »Sie haben nun schon zum dritten Mal im Meeting angedeutet, dass ich meine Arbeit nicht sorgfältig genug mache. Ich fühle mich wie ein kleines Kind behandelt, das öffentlich bestraft werden soll. Ich finde Ihr Verhalten völlig unangemessen – wir sind Kollegen auf einer Ebene und ich brauche mich von Ihnen nicht so von oben herab behandeln zu lassen. Ich bitte Sie also erneut darum, mir Ihr Feedback in einem vertraulichen Rahmen zu geben und nicht in der Öffentlichkeit.«

Wenn es sich aus Ihrer Sicht um ein klares Fehlverhalten handelt, können Sie in der konfrontativen Variante des Kritikgesprächs auch auf zu erwartende Konsequenzen hinweisen.

> »Folgendes ist (erneut) vorgefallen: … Aufgrund der geschilderten Situation werde ich nun folgende Maßnahmen durchführen …«

Bei jeder Konfrontation stellt sich die Frage, ob und wie Sie zu einer kooperativen, lösungs- und ressourcenorientierten Zusammenarbeit zurückkehren können oder sogar, ob Sie dies überhaupt wollen. Eine weitere Möglichkeit besteht darin, eine externe Konfliktmoderation oder Mediation hinzuzuziehen.

5.9 Konfliktmoderation als konfliktunbeteiligte Person

Die Bearbeitung von Konflikten ist eine sehr anspruchsvolle Aufgabe. Konflikte werden oft darauf zurückgeführt, dass einer der in den Konflikt Involvierten »nicht richtig tickt« oder die »Chemie« zwischen den Beteiligten nicht stimmt. Das in → Kapitel 2 ausführlich beschriebene »systemische Denken« ermöglicht eine andere Sicht der Dinge: Wenn wir davon ausgehen, dass Wahrnehmung subjektiv und Verhalten kontextabhängig ist, verschiebt sich der Blick von vermeintlichen Problemen der Personen auf ihre Ressourcen und auf die strukturellen Rahmenbedingungen des Verhaltens. Verhalten, das ohne Berücksichtigung der subjektiven Wahrnehmung und des Kontextes »verrückt« erscheint, kann so für andere Beteiligte nachvollziehbar werden.

Natürlich *kann* ein Konflikt auch mit Eigenschaften der beteiligten Personen zusammenhängen oder mit verdeckten Zielen, die diese verfolgen. Aus systemischer Sicht lohnt sich aber der Blick auf die unterschiedlichen Wahrnehmungen und die Kontextfaktoren:

- Wie sehen die einzelnen beteiligten Personen die Situation? Was haben sie beobachtet?
- Welche Rollen und Funktionen haben die an dem Konflikt Beteiligten inne? Gibt es rollen- oder zuschreibungsbedingte Konflikte? (Typische institutionalisierte Konflikte findet man z. B. zwischen Management und Betriebsrat, aber auch zwischen Entwicklung und Produktion oder Verwaltung und Marketing.)
- Führen widersprüchliche Ziele oder Werte dazu, dass Mitarbeitende in unterschiedliche Richtungen arbeiten?
- Sind die Prozesse klar oder gibt es unterschiedliche Vorstellungen davon, wie die beste Arbeitsweise aussieht?
- Geht es in dem Konflikt um Punkte, zu denen Regelungen fehlen oder uneindeutig sind (häufig zu finden z. B. bei Konflikten um Arbeitszeit, Vertretungsregelungen usw.)?
- Hat die Führung durch bestimmte Maßnahmen oder das Unterlassen frühzeitiger Rückmeldungen zur Konfliktentstehung beigetragen?
- Spiegeln sich in diesem Konflikt auch belastende Arbeitsbedingungen wider (z. B. im Pflegebereich, bei Unterbesetzung, Termindruck, oder bei widersprüchlichen gesellschaftlichen oder politischen Anforderungen)?

Konfliktbegünstigende Rahmenbedingungen, die hier nur beispielhaft aufgeführt sind, sind in Organisationen häufig anzutreffen. Als Beraterin oder Berater beobachten wir in den unterschiedlichsten Organisationen ähnliche Dynamiken – die Personen sind dabei weitgehend austauschbar; sie agieren als »Symptomträger« für Probleme, die mit ihnen gar nichts zu tun haben. Die Persönlichkeit der Beteiligten, ihr Kommunikationsstil sowie ihre Fähigkeiten im Geben von Feedback und in der Konfliktklärung tragen dann entscheidend dazu bei, welche Konfliktdynamik in den jeweiligen Rahmenbedingungen entsteht. Wer Konflikten auf den Grund gehen will, muss oft organisationale und strukturelle Defizite angehen. Das bedeutet: Strukturen klären, Prozesse schärfen, Ziele präzisieren, Ressourcen sicherstellen, Standards vereinbaren.

Diese Arbeit an den organisationalen Konflikttreibern kann bereits viel Druck aus einem Konflikt herausnehmen – dennoch muss der Konflikt auch auf der Ebene der Personen und der Kommunikation bearbeitet werden. Dabei ist es wichtig, dass Sie kritisch prüfen, welchen Beitrag Sie als Führungskraft hierzu leisten möchten. Hierbei gibt es nicht den einen richtigen Ansatz, sondern in Abhängigkeit von der Situation und Ihren Hypothesen müssen Sie jeweils individuell über die Vorgehensweise entscheiden. Die Hinzuziehung externer Mediatorinnen und Mediatoren oder einer

Organisationsberatung kann sehr hilfreich sein, damit die Führungskraft ebenfalls unter Anleitung ihre eigenen Anteile an Konflikten reflektieren kann. Zu ausführlichen Möglichkeiten der Konfliktklärung und Mediation siehe Lindemann, Mayer und Osterfeld (2020).

Praxistipp 31: Online oder face-to-face?
Viele Gesprächsformate funktionieren online fast genauso gut wie face-to-face. Für Konfliktgespräche trifft das nicht zu. Gerade bei Konflikten ist es wichtig, den persönlichen Kontakt zu haben und die nonverbalen Signale (z. B. Körperhaltung) des Gegenübers genau mitzubekommen. Versuchen Sie also, wann immer möglich, das Gespräch face-to-face durchzuführen.
In international arbeitenden Teams müssen auch Konflikte online geklärt werden. Dies ist aber eher dem organisatorischen Aufwand geschuldet, den Präsenztermine mit sich bringen würden.

Selbstregulation unterstützen

In Konflikten die Handlungs- und Entscheidungsfähigkeit wiederherzustellen, ist eine Führungsaufgabe. Häufig ergreifen Mitarbeitende keine eigenen Schritte zur Konfliktklärung, da es ja die Möglichkeit gibt, Konflikte durch Machteingriff »von oben« regulieren zu lassen. Hieraus kann eine konfliktvermeidende Kultur entstehen, in der man bei Reibungspunkten die Kollegin oder den Kollegen nicht (oder nur halbherzig) anspricht und sich stattdessen sofort bei der Führungskraft beschwert.

Idealerweise sollten Mitarbeitende ihre Konflikte selbst lösen. Insofern ist es zur Pflege der Konfliktkultur wichtig, den Rahmen für eine Klärung abzustecken: Wo ist es sinnvoll, als Führungskraft einzugreifen und wo sollte eine Konfliktklärung an die Beteiligten zurück delegiert oder sogar konkret und terminiert eingefordert werden? Eine Standardfrage lautet: »Haben Sie denn schon mit der betreffenden Person geredet?« Erst, wenn die Beschwerdeführerin oder der Beschwerdeführer darstellt, dass schon mehrere vergebliche Klärungsversuche gestartet wurden und sich dadurch bisher keine Lösung herbeiführen ließ, müssen Sie als Führungskraft eingreifen, beispielsweise indem Sie ein Klärungsgespräch moderieren.

Eine Rückdelegation der Konfliktklärung darf natürlich nicht ins andere Extrem umschlagen – Mitarbeiterinnen und Mitarbeiter dürfen in eskalierenden Konflikten nicht allein gelassen werden. Wenn es sich nicht um Einmalereignisse handelt, sondern im Team häufiger schlechte Stimmung herrscht, ist es sinnvoll, dies im Team zu thematisieren und darüber gegebenenfalls in eine Teamentwicklung einzusteigen.

Falls es sich um einen bilateralen Konflikt handelt (oder zu handeln scheint: häufig steckt noch mehr dahinter), von dem nur zwei Teammitglieder betroffen sind, ist es sinnvoll, zunächst mit den beiden betreffenden Personen zu arbeiten um herauszufinden, ob weitere Beteiligte auszumachen sind und gegebenenfalls in Gespräche eingebunden sein sollten.

Eskalationsgrad des Konfliktes einschätzen

Bevor Sie tätig werden, sollten Sie sich ein genaues Bild davon machen, auf welcher Eskalationsstufe der Konflikt steht. Das Konflikteskalationsmodell von Friedrich Glasl (2020) ist ein guter Wegweiser in diesem Prozess. Glasl beschreibt in seinem Modell, wie Konflikte über neun Stufen hinweg immer weiter eskalieren (Abbildung 30).

DYNAMIK	ESKALATIONSSTUFEN
Win-win	**Stufe 1: Verhärtung** Spannungen, Meinungsverschiedenheiten, gelegentliche Auseinandersetzungen
	Stufe 2: Debatte Versuche, das Gegenüber zu überzeugen; hitzige Debatten; Rechthaberei
Win-lose	**Stufe 3: Taten statt Worte** Erhöhung des Drucks durch Alleinentscheidungen und das Schaffen von Fakten
	Stufe 4: Koalitionen Suche nach Verbündeten, Lagerbildung, soziale Spaltung
	Stufe 5: Gesichtsverlust Demütigung, Herabwürdigung, Bloßstellung des jeweils anderen
Lose-lose	**Stufe 6: Drohstrategien** Handlungen, Maßnahmen, Sanktionen und Strafen werden angedroht
	Stufe 7: Begrenzte Vernichtung Dem jeweils anderen werden Schäden zugefügt.
	Stufe 8: Zersplitterung Das Ausmaß der Schäden nimmt zu, der Gegner soll zerstört werden.
	Stufe 9: Gemeinsam in den Abgrund Bei der Vernichtung des Gegners wird auch die eigene Zerstörung in Kauf genommen.

Abbildung 30: Die Stufen der Konflikteskalation

Auf **Stufe 1** prallen unterschiedliche Meinungen und Standpunkte aufeinander, die Beteiligten ringen darum, sich durchzusetzen. Auch wenn es dabei schon einmal hitzig zugehen kann, herrscht jedoch eine konstruktive Atmosphäre. Die Beteiligten sind bestrebt und überzeugt, sich einigen zu können. Auf dieser Stufe genügt meist eine Moderation, die die Diskussion strukturiert und dafür sorgt, dass die Kontrahenten sich nicht ins Wort fallen. Mit den klassischen Entscheidungstechniken (z. B. durch

Herausarbeiten und Gewichten der Anforderungen an die Entscheidung) lassen sich relativ leicht Kompromisse finden.

Die meisten Konflikte lösen sich auf Stufe 1 auf. Ist das nicht der Fall, geht der Konflikt in **Stufe 2** über. Diese zeichnet sich gegenüber der vorangegangenen dadurch aus, dass sich plötzlich ein gereizter Unterton in die bislang sachliche Diskussion mischt. Die Beteiligten machen ironische Bemerkungen und greifen sich gegenseitig an, die Stimmung beginnt zu kippen. Der Glaube an und die Motivation für eine Einigung schwinden.

Auf **Stufe 3** haben die Konfliktbeteiligten aus ihrer Sicht viele Anstrengungen für eine Einigung unternommen, die aber alle vergeblich geblieben sind. Sie kommen daher zu dem Schluss, dass Reden nicht mehr hilft. Glasl nennt diese Phase »Handeln statt Reden«: Jeder macht »sein Ding« und meidet ansonsten den Kontakt mit der anderen Partei. Stufe 3 ist deutlich »gefährlicher« als Stufe 2: Wer nicht mehr miteinander redet, kann auch keine Konflikte lösen.

Obwohl man nicht mehr miteinander redet, lässt der Ärger jedoch in der Regel nicht nach. Daher ist in **Stufe 4** ein typisches Phänomen zu beobachten: Die Konfliktgegner reden nicht mehr miteinander, dafür aber umso mehr übereinander. Weil beide versuchen, Verständnis und Bestätigung für ihre Sichtweise zu erlangen, werden nun auch bis dahin Unbeteiligte in den Konflikt hineingezogen. Glasl spricht von »Ausweitung der Arena«: Es bilden sich zwei Lager aus, die sich feindlich gegenüberstehen.

Die folgenden **Stufen 5–9** sind für unser Thema nicht maßgeblich. Sie kommen zwar durchaus im Arbeitsleben vor, können aber nicht mehr durch eine Konfliktmoderation gelöst werden. Auch auf Stufe 4 haben Sie als Führungskraft kaum noch eine Chance, den Konflikt ohne externe Unterstützung gütlich beizulegen. Durch die beschriebene Lagerbildungsdynamik wird auch die Führungskraft oft nicht mehr als neutral wahrgenommen (auch wenn sie sich selbst als neutral empfindet).

Wichtig ist für Sie, dass Sie beginnende Konflikte in Stufe 2, spätestens aber in Stufe 3 erkennen. Ab diesem Punkt sollten Sie eine professionelle externe Mediation einbeziehen.

■ Klärungsgespräch

In Konflikten verändert sich neben dem Umgang miteinander auch die Wahrnehmung, das Denken, Empfinden, Wollen und Handeln der Beteiligten. Ziel der Konfliktklärung ist es, einer dabei entstehenden polarisierenden und eskalierenden Dynamik entgegenzuwirken:

Wahrnehmung: Die Konfliktparteien sollen erkennen, dass ihre Wahrnehmung nicht die objektive Situation abbildet, sondern subjektiv und durch den Konflikt beeinflusst ist. Als moderierende Führungskraft haben Sie viel erreicht, wenn sich die Beteiligten auf einen »mentalen Perspektivenwechsel« einlassen und anerkennen können, dass das

Gegenüber nicht »unkooperativ« und »boshaft« ist, auch positive Motive und Eigenschaften hat – auf einer Ebene, die vielleicht aus dem Blick geraten ist –, und ebenso um eine Lösung bemüht ist wie man selbst.

Denken: Es kann helfen, den Blick zu weiten und die größeren Zusammenhänge, die zur Entstehung und Aufrechterhaltung des Konflikts beitragen, einzublenden. Schauen Sie sich den Kontext an und überlegen Sie, welche Faktoren, die nicht sofort ins Auge fallen, an dem Konflikt beteiligt sein könnten.

Empfinden: Der Perspektivenwechsel muss auch auf der emotionalen Ebene vollzogen werden. Typisch für Konflikte ist, dass die Beteiligten sich als Opfer und das Gegenüber als Täter empfinden (→ **Kapitel 3.7.2 »Das Dramadreieck«**). Dass die andere beteiligte Person vielleicht genauso unter der Situation leidet und sich als Leidtragende des Verhaltens der anderen Seite empfindet wie man selbst, wird oft nicht gesehen. Der Verlust des Einfühlungsvermögens ist vielleicht das größte Problem in Konflikten, daher liegt hier ein wesentlicher Fokus für die Konfliktklärung.

Wollen: Neben der mentalen und emotionalen Ebene ist ein wesentlicher Teil der Konfliktklärung der Versuch, einen Kompromiss zu finden. Bevor in einem oft zähen Verhandlungsprozess um eine für beide Seiten akzeptable Einigung gerungen werden kann, müssen die Beteiligten zunächst dazu bewegt werden, von ihren versteiften Alles-oder-nichts-Forderungen abzurücken und Verhandlungsspielräume zu schaffen. Ein Konfliktklärungsprozess setzt Ergebnisoffenheit voraus.

Handeln: Auf der Handlungsebene müssen in der Konfliktklärung Vereinbarungen für den zukünftigen Umgang miteinander getroffen werden. Hierbei ist eine Fokussierung auf erfüllbare Handlungen sinnvoll (→ **Kapitel 3.5 »Gewaltfreie Kommunikation«**).

Ein prototypisches Vorgehen, um diese Prozesse der Konfliktklärung anzustoßen, kann wie folgt aussehen.

1. Vorbereitung

Erläutern Sie im Vorfeld die Ziele und Arbeitsweise des Gesprächs. Regen Sie an, dass sich die Beteiligten vorab Notizen zu den wichtigsten Kritikpunkten machen, um ihre Beobachtungen und Anliegen im Konfliktklärungsgespräch auf den Punkt bringen zu können.

Sorgen Sie für eine angenehme, störungsfreie Umgebung auf »neutralem Boden«, z. B. in einem Besprechungsraum. Stellen Sie sicher, dass ein Flipchart und Moderationsmaterialien zur Verfügung stehen. Stellen Sie für das Gespräch drei Stühle in Dreiecksform auf. Zwei der Stühle sind für die Kontrahenten, einer ist für Sie. Auf eine Sitzordnung mit Tischen oder mit der Anmutung einer Gerichtsverhandlung sollte verzichtet werden. Freistehende Stühle geben zudem die Möglichkeit, einen größeren Abstand zwischen den Konfliktparteien einrichten zu können.

2. Gesprächsauftakt

Danken Sie den Beteiligten für ihr Kommen und ihre Bereitschaft, sich auf den gemeinsamen Termin einzulassen. Rekapitulieren Sie kurz den Anlass des Gesprächs. Stellen Sie die Regeln für das Gespräch vor (z. B. Vertraulichkeit, gegenseitiges Zuhören, Verzicht auf Angriffe und Beleidigungen, Lösungsorientierung) und weisen Sie darauf hin, dass Sie in ihrer Moderationsfunktion für die Einhaltung dieser Regeln sorgen werden.

Besonders wichtig ist der Hinweis darauf, dass die Gesprächsteilnehmer folgende Haltung berücksichtigen: »Jeder konstruiert seine eigene Wirklichkeit. In diesem Gespräch geht es nicht darum, wer Recht hat, sondern darum, die Wirklichkeit des anderen zu verstehen. Die subjektive Sicht des anderen ist grundsätzlich anerkennenswert.« Für das Gespräch ist es wichtig, dass nicht nur Sie als moderierende Führungskraft, sondern auch die Gesprächsparteien sich diese Haltung zu eigen machen. Schreiben Sie diese drei Sätze (so oder in Ihren eigenen Worten) auf ein Flipchart, um im Gespräch darauf verweisen zu können, wenn die Beteiligten wieder in den Streit um die »richtige, objektive« Sichtweise zurückfallen und die Wahrnehmung der Gegenseite infrage stellen.

Erläutern Sie, wie das Gespräch ablaufen wird und erkundigen Sie sich, ob es noch Fragen oder Wünsche zum Vorgehen gibt.

Es hat sich bewährt, wenn Sie zu Beginn nur mit einer der beteiligten Personen sprechen, während die andere nur zuhört. Dann wechseln Sie zur anderen Person und sprechen mit dieser, während die erste nur zuhört. Hierdurch unterbrechen Sie die Konfliktkommunikation und stellen sicher, dass die jeweils andere Person sich auf das Zuhören konzentrieren kann.

3. Sichtweisenschilderung: Was hat gestört?

Wenden Sie sich an eine der beteiligten Personen und bitten Sie sie, die drei wichtigsten Punkte zu formulieren, die sie am Verhalten der Kollegin oder dem Kollegen in den letzten Wochen gestört hat. Bitten Sie darum, sich auf beobachtbare Verhaltensweisen zu fokussieren: »Was hat X getan oder gesagt, das aus Ihrer Sicht die Zusammenarbeit erschwert?« Die Beteiligten können dafür die zuvor angefertigten Notizen verwenden. Setzen Sie gegebenenfalls eine Redezeitbegrenzung von maximal 5 Minuten.

Wenn die Person A ihre Kritikpunkte vorgetragen hat, sollte Person B nicht sofort Stellung beziehen oder sich verteidigen. Weisen Sie darauf hin, dass es hierfür wenig später Gelegenheit geben wird.

Bitten Sie nun Person B, in der gleichen Art und Weise ihre Kritikpunkte an Kollegen oder Kollegin A zu formulieren. Achten Sie auch hier auf die Redezeitbegrenzung.

In dieser Phase ist es oft äußerst hilfreich, wenn die jeweilige Person Ihnen schildert, was sie zu kritisieren hat und die betreffende Person dabei nicht direkt anspricht. Hierdurch werden konflikthafte Kommunikationsmuster unterbrochen und direkte Vorwürfe (»Du hast …«) reduziert.

4. Rollentausch

Dieser Schritt ist etwas ungewöhnlich und braucht vielleicht eine kurze Erläuterung, ist aber sehr effektiv, um die im Konflikt oft verlorengegangene Fähigkeit zum Perspektivenwechsel zu reaktivieren. Das Ziel ist – systemisch formuliert – den Beteiligten eine Umdeutung des gegnerischen Konfliktverhaltens zu ermöglichen.

Bitten Sie die beiden Gesprächsteilnehmenden, die Stühle zu tauschen. A sitzt nun auf dem Stuhl, auf dem vorher B saß und umgekehrt. Bitten Sie B, die zuvor von A geäußerte Kritik in eigenen Worten, aber aus der Rolle von A heraus wiederzugeben, also in der Form: »Ich, A, habe mich daran gestört, dass du, B, …«. Es ist wichtig, dieses Sprechen aus der Gegenrolle heraus zu beachten, damit die Intervention wirkt. Weisen Sie die andere Person darauf hin, gut zuzuhören.

Direkt im Anschluss wird A aufgefordert, die Kritikpunkte von B aus dessen Rolle heraus zu wiederholen: »Ich, B, habe mich daran gestört, dass du, A, …«

In der Regel werden die Beteiligten nur schwer in der Lage sein, die Äußerungen ihres Gegenübers zutreffend aus einer Ichperspektive wiederzugeben. Dies liegt nicht nur an dem konflikttypischen Verlust des Einfühlungsvermögens, sondern schon daran, dass die Beteiligten sich oft im ersten Durchlauf der Sichtweisenschilderung nicht wirklich zuhören.

Bitten Sie die beiden Beteiligten, auf ihre ursprünglichen Stühle zurückzukehren und fragen Sie sie, ob die andere Person die eigenen Kritikpunkte im Rollentausch korrekt wiedergegeben hat. Bitten Sie um nochmalige Formulierung der Punkte, die vom Gegenüber noch nicht oder nicht passgenau formuliert wurden (dieses Mal äußern die Beteiligten ihre Kritikpunkte wieder »normal« aus ihrer eigenen Rolle, d. h. A spricht für sich und B ebenfalls).

Nun findet ein nochmaliger Rollentausch statt: Die Beteiligten wechseln abermals die Stühle und formulieren nochmals aus der Gegenrolle, was sie verstanden haben (A: »Ich, B, habe mich daran gestört, dass du, A, …« usw.). Zurück auf den Ursprungsstühlen wird wieder gefragt, inwieweit die andere Person die Kritik gut zusammengefasst hat. In der Regel wird nun schon genauer wiedergegeben, welche Kritik geäußert wurde.

Wiederholen Sie dieses Prozedere so lange, bis Sie und die Beteiligten den Eindruck gewonnen haben, dass die Kritikpunkte von dem jeweiligen Gegenüber gut erfasst worden sind. Achten Sie darauf, die Reihenfolge zwischendurch zu wechseln, damit kein Gefühl der Bevorzugung oder Benachteiligung eines der Gesprächsbeteiligten entsteht.

Eine mehrfache Wiederholung von Sichtweisenschilderung und Rollentausch kann durchaus anstrengend sein. Ein adäquates Verständnis für die jeweilige Sichtweise und Kritik des Gegenübers ist aber eine fundamentale Voraussetzung für die weiteren Schritte der Konfliktbearbeitung.

5. Welches Erleben steht dahinter?

An diesem Punkt hat schon viel Erkenntnisgewinn stattgefunden, der bisweilen aber noch vorwiegend auf der kognitiven Ebene liegt. Wichtig ist aber auch, dass die

Konfliktbeteiligten nachempfinden, wie es dem Gegenüber ging. Daher wiederholen Sie nun das unter »Rollentausch« beschriebene Verfahren mit der Frage »Wie ging es mir dabei?« bzw. »Wie habe ich mich gefühlt?«.

A äußert also, wie er bzw. sie sich in den letzten Wochen der Zusammenarbeit mit B gefühlt hat, dann beantwortet B dieselbe Frage in Bezug auf A. Nun werden wieder die Rollen getauscht, um zu überprüfen, was »angekommen« ist. Auch hier wird es im ersten Durchlauf kaum gelingen, das Empfinden der anderen Person nachzuvollziehen bzw. adäquat wiederzugeben. Wiederholen Sie den Rollentausch so lange wie nötig.

6. Kontextfaktoren einbeziehen

Es kann für die Beteiligten sehr entlastend sein zu erkennen, dass der Konflikt auch durch äußere Faktoren geschürt wird. Um den systembezogenen Kontext einzubeziehen, lässt sich ein vierter Stuhl in einigem Abstand aufstellen. Dieser Stuhl steht für eine äußere Beobachterposition. Sie können ihn auch als »Adlerperspektive«, »Aussichtsturm« oder mit einem anderen Begriff bezeichnen. Die Beobachterposition können Sie beispielsweise wie folgt einführen: »Nehmen wir einmal an, dass die Schwierigkeiten in der Zusammenarbeit, die Sie benannt haben, gar nicht auf das fehlende Verständnis oder den mangelnden Willen von Ihnen beiden zurückgehen, sondern auf äußere Faktoren, die etwas mit den Rahmenbedingungen, der Organisation, der Situation in der Branche oder anderen Faktoren zu tun haben. Was fällt Ihnen hierzu ein?«

> »Welche Faktoren fallen Ihnen ein, die den Konflikt ausgelöst oder verschärft haben könnten? Sie können jetzt einmal wild spekulieren, was hier alles eine Rolle spielen könnte. Wenn Sie dazu eine Idee haben, wechseln Sie doch bitte mal auf den Stuhl der Beobachterposition und äußern Sie Ihre Hypothese.«

Oft können die Beteiligten den Einfluss des Kontextes sehr differenziert reflektieren. Natürlich dürfen auch Sie als Führungskraft den Beobachterstuhl einmal einnehmen und aus dieser Perspektive heraus Ihre Wahrnehmung schildern, welche äußeren Faktoren auf die Zusammenarbeit einwirken.

7. Vereinbarungen für die weitere Zusammenarbeit

Auf der Basis der bis hierhin erreichten Perspektivenwechsel können nun Vereinbarungen für die weitere Zusammenarbeit getroffen werden. Geben Sie den beiden Beteiligten die Möglichkeit, Wünsche für die weitere Zusammenarbeit zu formulieren – am besten als erfüllbare Handlung (»Wir sprechen uns direkt und unter vier Augen darauf an, wenn uns eine Verhaltensweise stört. Wir geben uns dann ein Feedback entsprechend den erarbeiteten Regeln.«) und nicht nur als Wunsch nach Bedürfniserfüllung (»Wir wollen künftig offener kommunizieren.«) oder gar Negativformulierungen (»Wir verzichten künftig darauf, uns Vorwürfe zu machen.«). Auf dieser Basis muss ausgehandelt werden, unter welchen Bedingungen die Beteiligten diesen Wünschen entsprechen können. Halten Sie die Vereinbarungen am Flipchart fest und vereinbaren Sie einen Controlling-Termin.

In ähnlicher Weise können auch bei Teamkonflikten (z. B. Lagerbildung) Kritikpunkte, Erleben im Konflikt, mögliche Hintergründe und Vereinbarungen für die zukünftige Zusammenarbeit geklärt werden. Konfliktmoderation ist, wie zu Beginn angesprochen, eine sehr herausfordernde Aufgabe, die eine hohe Sensibilität und Professionalität voraussetzt. Wann immer möglich, sollten Sie ab Konfliktstufe 3 eine externe Begleitung hinzuziehen. Wenn Sie sich intensiver in das Thema einarbeiten wollen, empfehlen wir die Einführungswerke von Lindemann, Mayer und Osterfeld (2020); Faller, Fechler und Kerntke (2014); Jiranek und Edmüller (2007) sowie Schwarz (2014).

5.10 Konfliktklärung als konfliktbeteiligte Person

Natürlich stehen Sie in einem Klärungsgespräch zu einem Konflikt, in den Sie selbst involviert sind, vor ganz anderen Herausforderungen als in einer Konfliktmoderation als unbeteiligte bzw. nur indirekt beteiligte Person. Während Sie in dem einen Fall »nur« als Führungskraft strukturell in Konflikte Ihrer Mitarbeitenden involviert sind, sind Sie im anderen Fall direkt beteiligt, wodurch sich Ihre Involviertheit weitaus größer darstellt.

In einer Konfliktmoderation können Sie die Beteiligten dazu anregen, sich auf die Sichtweise des Gegenübers einzulassen, von eigenen (Vor-)Urteilen Abstand zu nehmen und auf die andere Seite zuzugehen, obwohl jeder sich selbst als Opfer einer unfairen Behandlung empfinden mag. Als an einem Konflikt beteiligte Person müssen Sie sich selbst auf diese schwierigen Prozesse des Perspektivenwechsels einlassen. Sie müssen das Gespräch voranbringen, ohne es zu dominieren. Sie müssen versuchen, die Perspektive anderer beteiligten Personen einzunehmen und dabei dennoch sehr genau Ihren eigenen Standpunkt im Blick haben. Vor allem müssen Sie sich emotional einlassen und sich dennoch selbst »im Griff haben«.

Die Moderation eines Konfliktes, in den man selbst involviert ist, ist ein heikles Unterfangen, bei dem eine externe, unabhängige Moderation immer sinnvoll ist. Wenn der Konflikt Stufe 2 der Eskalation (→ **Kapitel 5.9 »Konfliktmoderation als konfliktunbeteiligte Person«**) bereits überschritten hat, empfehlen wir daher dringend, eine professionelle Gesprächsmoderation hinzuzuziehen. In vielen größeren Organisationen können interne Angebote der Supervision, Beratung oder des Konfliktmanagements diese Funktion übernehmen, ansonsten lohnt sich die Investition in eine externe Moderation. Achten Sie bei der Beauftragung darauf, dass diese Person Qualifikationen und Erfahrungen im Bereich Konfliktmoderation und Mediation hat.

Die folgenden Hinweise gehen davon aus, dass Sie das Gespräch ohne externe Moderation führen. Die Gesprächsvorbereitung ist jedoch auch hilfreich, wenn eine solche Moderation zur Verfügung steht. Konfliktgespräche sollten – wenn immer möglich – face-to-face geführt werden, da das Online-Format die für die Konfliktklärung sehr wichtige nonverbale Kommunikation einschränkt.

Die Gesprächsvorbereitung

Bei der Gesprächsvorbereitung können Sie sich an dem Ablauf orientieren, den wir in → **Baustein 1 »Klärung«** ausführlich beschrieben haben. Wie in der Einleitung gesagt, ist im Fall der eigenen Verwicklung in einen Konflikt die Selbstklärung von besonderer Bedeutung. Hierbei ist es zudem sehr hilfreich, den eigenen Konfliktstil zu kennen. Auch wenn jeder Konflikt in seinen Details einzigartig ist, neigen Menschen dennoch dazu, in Konflikten immer wieder ähnliche Verhaltensmuster zu reproduzieren. Hierbei lassen sich einige Grundmuster oder Konfliktstile unterscheiden (Abbildung 31; nach Thomas u. Kilmann, 1978).

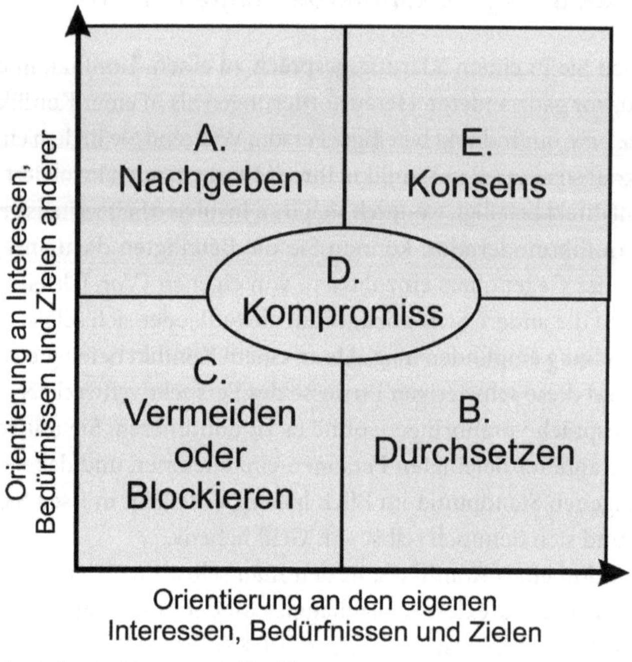

Abbildung 31: Strategien im Umgang mit Konflikten

Eine häufig zu beobachtende Tendenz ist der Versuch, Konflikten aus dem Weg zu gehen, indem man eigene Interessen unterdrückt oder zurückstellt. Viele Menschen haben ein ausgeprägtes Harmoniebedürfnis – wenn ein Konflikt droht, geben sie schnell nach und gehen der Konfrontation unter Inkaufnahme eigener Nachteile aus dem Weg (Quadrant A). Da sie nicht für ihre Interessen einstehen, gehen sie am Ende oft leer aus und empfinden sich als übervorteilt.

Einige Menschen sind vor allem bestrebt, ihre eigenen Interessen und Ziele durchzusetzen. Sie fühlen sich in Konflikten schnell herausgefordert und verteidigen ihren Standpunkt. Gegebenenfalls taktieren sie im Hintergrund, schmieden Allianzen und versuchen, sich Vorteile zu verschaffen. Im direkten Kontakt können sie auch laut und aggressiv werden (Quadrant B).

Andere Menschen gehen Konflikten eher passiv aus dem Weg und »sitzen die Situation aus« (Vermeiden). Sie beantworten E-Mails und Anrufe nicht, lassen sich verleugnen und meiden die andere Konfliktpartei. Eine andere Ausprägung dieser Strategie besteht darin, sich aktiv zu weigern, einen Konflikt zu bearbeiten und sich »stur zu stellen« (Blockieren). Diese Personen beharren hartnäckig auf ihrem Standpunkt und rücken keinen Zentimeter von ihrer Position ab, um der anderen Seite keine Zugeständnisse machen zu müssen. In beiden Fällen (Quadrant C) werden weder ihre Interessen, Bedürfnisse und Ziele verwirklicht (es sei denn, das Gegenüber gibt nach) noch die der anderen Seite (es sei denn, diese setzt sich durch).

Die klassischen Win-win-Situationen bestehen entweder in einem Kompromiss (Quadrant D), also in einer Lösung, bei der alle Beteiligten einen Teil ihrer Wünsche erfüllt bekommen, aber an anderer Stelle Zugeständnisse machen, oder in einem Konsens (Quadrant E), also in einer Lösung, die über einen Abgleich der Einzelinteressen hinausgeht, und die unter Umständen völlig neue Ergebnisse und Chancen bietet, die so vorher keine der beteiligten Parteien im Blick hatte.

Natürlich ist diese Einteilung nur eine grobe Typologie. Das Konfliktverhalten kann je nach Kontext variieren oder sich auch über einen Konfliktverlauf hinweg verschieben, z. B. vom Kampf zur Blockadehaltung. Dennoch ist es wichtig zu wissen, in welchem Quadranten man aufgrund der eigenen Persönlichkeit »beheimatet« ist. Daraus ergeben sich in Konflikten bestimmte Entwicklungsaufgaben, auf die man achten sollte: Harmoniebedürftige müssen aufpassen, dass sie nicht zu schnell nachgeben, Kämpferische sollten sich »herunterregulieren« können, um eine zu starke Eskalation des Konflikts zu vermeiden.

Vor dem Konfliktgespräch ist also ein genauer Blick auf das eigene Innere Team (→ **Baustein 1 »Klärung«**) angebracht, um herauszufinden, wo die eigenen wunden Punkte liegen. Finden sich hier »Teamplayer« wie »der Streitlustige«, »die Beleidigte« oder gar »der Rachsüchtige«, sollten Sie dafür sorgen, dass diese Anteile im Gespräch nicht die Oberhand bekommen. Stattdessen sollten Sie daran arbeiten, Ihre »innere Teamleitung« zu stärken. Passende Innere Anteile könnten »die Kreative«, »der Neugierige« oder »die Moderatorin« sein.

Aus systemisch-lösungsorientierter Sicht wäre es gut, wenn Sie schon im Vorfeld des Gesprächs konstruktive innere Teamrollen identifizieren und stärken würden. Das müssen keineswegs konziliante, nachgebende Rollen im Typus des Quadranten A sein, da diese zwar zu einer schnellen Beilegung des Konflikts führen können, aber auch dazu, dass Sie nicht das gewünschte Ergebnis erreichen. Aus systemischer Perspektive sind vielmehr innere Teamrollen hilfreich, die es Ihnen ermöglichen, den

Konflikt aus einer distanzierteren Sichtweise zu betrachten (z. B. »die Außerirdische«, die das Geschehen aus neutraler Perspektive von einem fernen Planeten verfolgt) und Sie daran erinnern, dass Sie von einer (in Konflikten immer naheliegenden) Problemtrance in eine lösungsorientierte Orientierung kommen sollten (z. B. »die Lösungssucherin«).

Gerade in der Vorbereitung auf ein Konfliktgespräch kann ein Coaching sehr hilfreich sein, um diese innere Sortierarbeit zu unterstützen, Sicherheit zu gewinnen, ein gutes Gesprächskonzept zu entwickeln und vielleicht auch einige Schlüsselmomente des Gesprächs im Rollenspiel zu üben.

Sich für Konfliktgespräche »auf neutralem Boden« zu treffen, ist sinnvoll. Reservieren Sie also – soweit möglich – einen Besprechungsraum, sorgen Sie dafür, dass Sie ungestört sind und dass eine Visualisierungsmöglichkeit (z. B. Flipchart, Moderationskoffer) zur Verfügung steht.

Das Gespräch

Im Gespräch selbst sollten die gleichen Prinzipien gelten, die in → **Kapitel 5.9** für die »Konfliktmoderation« genannt wurden. Wenn man selbst involviert ist, ist es allerdings besonders schwierig, diese Prinzipien zu beherzigen. Versuchen Sie, sich an folgenden Grundsätzen zu orientieren:

- Bemühen Sie sich darum, die Perspektive zu wechseln und die andere Seite zu verstehen.
- Prüfen Sie, bevor Sie etwas sagen, ob die Aussage (aus der Perspektive des Gegenübers!) eskalierend oder deeskalierend wirkt. Setzen Sie Provokationen, wenn überhaupt, nur gezielt ein. Bedenken Sie, dass das Ziel des Gesprächs eine Deeskalation und Klärung des Konflikts ist.
- Kämpfen Sie nicht um »die Wahrheit«.
- Machen Sie Ihrem Gegenüber Angebote. Legen Sie hierfür gegebenenfalls zuvor einen Verhandlungsspielraum fest.

Der Gesprächsablauf folgt der in → **Kapitel 5.9 »Konfliktmoderation«** beschriebenen Struktur. Für den dort vorgesehenen kontinuierlichen Stuhlwechsel zum Abgleich der Perspektiven braucht es eine externe Moderation. Nichtsdestoweniger müssen die Beteiligten auch in einem nicht extern moderierten Klärungsgespräch denselben Wechsel von eigener und fremder Perspektive im Kopf vollziehen, damit eine Annäherung stattfinden kann.

1. *Gesprächsziele und Gesprächsregeln gemeinsam festlegen.* Sollte sich das Gespräch schon an dieser Stelle »verhaken« und keine Einigkeit herstellen lassen, können Sie »Metakommunikation« einsetzen (→ **Kapitel 3.4.4**).

»Ich habe den Eindruck, dass wir uns jetzt schon streiten, obwohl wir noch bei den Rahmenbedingungen sind und prinzipiell das gleiche Ziel haben. Mir ist es wichtig, dass wir heute die wichtigsten heiklen Punkte ansprechen und zu einer Einigung kommen – wie sehen Sie das?«

2. *Störende Punkte in der Zusammenarbeit und eigene Befindlichkeit ansprechen.* Äußern Sie die Kritik »dosiert«, damit sie vom Gegenüber aufgenommen und verarbeitet werden kann. Achten Sie auch darauf, aus der Ich-Perspektive zu sprechen und auf der Beschreibungsebene zu bleiben, statt Schuldzuschreibungen vorzunehmen und zu bewerten: »Ich habe die Situation so und so erlebt …« statt »Du hast das ganze Meeting zum Platzen gebracht mit deiner Sturheit«. Beziehen Sie sich auf Ihre Beobachtungen und auf konkrete Verhaltensweisen.
   Um es der anderen Konfliktpartei zu erleichtern, sich in Ihre Position hineinzuversetzen, können Sie schon an dieser Stelle Ihre eigene Befindlichkeit ansprechen: »… und dabei habe ich mich so und so gefühlt«. Passen Sie diesen Teil sprachlich so an, dass er für den Kontext und Ihre Arbeitsbeziehung angemessen ist – in einem Stahlwerk redet man anders als in einer Bank, in einem Ministerium oder einer Schule, bei engen Kollegen wird man mehr von der eigenen Befindlichkeit offenbaren können als bei Menschen, die man nur oberflächlich kennt.

3. *Rückkopplung* (entspricht dem Rollentausch im in → **Kapitel 5.9 »Konfliktmoderation«** beschriebenen Ablauf): Was kann ich von dem, was mein Gegenüber gesagt hat, nachvollziehen, wo habe ich noch Fragen? Hier sollten Sie intensiv mit den Techniken »Paraphrasieren« und »Lösungsorientiertes Paraphrasieren« arbeiten (→ **Kapitel 3.3.1**, → **Kapitel 3.3.2**). Während eine externe Moderation dafür sorgen kann, dass beide Beteiligten sich in die Gegenrolle hineinversetzen, können Sie das als beteiligte Person in einem unmoderierten Konfliktgespräch nur schwer selbst moderieren. Wenn Sie sich hingegen selbst öffnen und Verständnis für die Lage des oder der anderen äußern, erleichtern Sie es, eine möglicherweise vorhandene Blockadehaltung aufzugeben und sich auch auf einen inneren Perspektivenwechsel einzulassen. Hier können Sie bestenfalls Vorbild sein.

4. *Wünsche für die zukünftige Zusammenarbeit äußern.* Hier ist es wichtig, klar, aber nicht zu fordernd, aufzutreten, um die bisher im Gespräch erreichte Annäherung nicht wieder aufs Spiel zu setzen. Formulierungen wie »Für die Zukunft wünsche ich mir …« oder »Ich fände es gut, wenn wir …« sind in dieser Hinsicht hilfreicher als »Wenn du nicht …, dann …« oder »Ich fordere künftig das folgende Vorgehen: …«.
   Beschränken Sie sich nicht darauf, nur die Erfüllung von Bedürfnissen und Werten zu formulieren (»Wir werden ab sofort ein kollegiales Miteinander pflegen«) oder festzulegen, was in Zukunft *nicht* mehr passieren soll (*keine* gegenseitigen

Anschuldigungen, *keine* Indiskretionen, *keine* Aktivitäten hinter dem Rücken des anderen usw.). Formulieren Sie besser klare, handlungsorientierte Aussagen für Ihre Zusammenarbeit (»Bevor ich meine Fachmeinung gegenüber der Herstellung kommuniziere, halte ich Rücksprache, sodass wir eine abgestimmte Haltung kommunizieren können.«).

5. *Vereinbarungen aushandeln.* In manchen Fällen reicht es aus, die beiderseitigen Wünsche auf den Tisch zu legen. In vielen Fällen wird es aber erforderlich sein, eine umfassendere, gegebenenfalls schriftliche Lösung auszuhandeln, sei es um einen Interessenausgleich zu erzielen, sei es, weil die Beteiligten nur schrittweise bereit sind, aufeinander zuzugehen, bis das Vertrauen wiederhergestellt ist: »Darauf kann ich mich nur einlassen, wenn du bereit bist ...«. Hierbei kann die Beachtung von zwei Grundsätzen hilfreich sein:
   - Verhandeln Sie nicht um Positionen, sondern um Interessen und Bedürfnisse! In Konflikten ist es häufig schwer, sich auf Vorschlag A (»Wir machen Urlaub in den Bergen!«) oder Vorschlag B (»Wir fahren ans Meer!«) zu einigen, weil die Beteiligten es immer als Niederlage erleben, die eigene Position aufzugeben und auf die Position des Konfliktgegners einzugehen. Oft ist es leichter zu erforschen, welche Interessen und Bedürfnisse mit den zur Diskussion stehenden Vorschlägen realisiert werden sollen: Was will man in den Bergen oder am Meer tun und erleben (Surfen lernen, Wanderungen)? Vielleicht findet sich auf diesem Wege ein neuer Vorschlag C (z. B. Bergsee mit Surfschule oder Küstenwanderweg), der die Interessen von allen Beteiligten integriert.
   - Seien Sie klar in der Sache, aber fair zur Person! Dieser Grundsatz greift die Erkenntnis auf, dass eine gute Gestaltung der Beziehungsebene Voraussetzung dafür ist, auf der Sachebene weiterzukommen. Gegenseitige Abwertung auf der Beziehungsebene trägt zu einer weiteren Eskalation und zu einer Verhärtung der Positionen bei: Fühlt man sich schlecht behandelt, wird man eher auf dem eigenen Standpunkt beharren und dem Gegenüber keinerlei Zugeständnisse machen wollen – »Jetzt erst recht nicht!«

Zum Abschluss des Gesprächs sollten Sie die erreichten Vereinbarungen schriftlich festhalten, einen neuen Termin ausmachen und nicht vergessen, den Teilnehmenden für ihre konstruktive Mitwirkung und ihr Entgegenkommen zu danken.

Übung 41: Lass es krachen!

Erinnern Sie sich an Situationen, in denen Ihnen eine Konfliktklärung nicht gelungen ist. Rufen Sie sich ins Gedächtnis, was genau Sie in der Situation gesagt haben und mutmaßen Sie, was schiefgelaufen sein könnte. Überlegen Sie anschließend, was Sie tun könnten, um einen Konflikt so richtig eskalieren zu lassen. Versuchen Sie dann, hierzu alternative Aussagen zu formulieren.

5.11 Gespräche zu Veränderungsprozessen

Veränderungsprozesse werden von vielen Mitarbeiterinnen und Mitarbeitern als Belastung erlebt, für einige sind sie aber auch willkommen und motivierend. Das hängt nicht nur mit der Persönlichkeit der Beteiligten zusammen, sondern vor allem damit, ob man sich in der jeweiligen Veränderungssituation als Gewinnerin oder Verliererin empfindet. Für Organisationen stellen Veränderungsprozesse in jedem Fall Irritationen dar, die ein hohes Maß an professioneller Führung und reichlich Kommunikation erfordern.

Auch bei Führungskräften rufen Change-Prozesse unterschiedlichste Dynamiken hervor: Je nach Persönlichkeit hat man eher eine skeptische oder eine optimistische Sicht auf die anstehende Wandlung. Abhängig von Führungsebene und Sichtweise ist man eher »Gestalterin« oder nur »Mitläufer« bzw. »Täter« oder »Opfer« von Veränderungen. Je nach Ergebnis des Prozesses sieht man sich eher auf der Gewinner- oder der Verliererseite. Oftmals ist auch noch gar nicht klar, wie die Veränderung eigentlich genau aussehen wird – und dennoch muss schon mit den Mitarbeitenden kommuniziert und deren Motivation gefördert werden.

Die eigene Betroffenheit und Haltung müssen mit all den Emotionen und Unsicherheiten, die sie auslösen, von der Führungskraft reflektiert werden, bevor die Mitarbeiterinnen und Mitarbeiter in ihrer eigenen Emotionalität und Unsicherheit aufgefangen werden können. Ein hilfreiches Instrument für diese Reflexion ist das »Innere Team«, das wir in → **Baustein 1 »Klärung«** bereits erläutert haben.

Der Verlauf eines Veränderungsprozesses folgt einer typischen Dynamik, die in der Literatur (z. B. bei Streich, 1997; Meifert, 2010, S. 197 ff.) unter dem Begriff der »Veränderungskurve« beschrieben ist (Abbildung 32). Natürlich handelt es sich dabei um ein Modell, das die Komplexität der Wirklichkeit in Organisationen nur schematisch abbildet.

Kommunikationsaufgaben in der Schockphase

Nach dem Modell der Veränderungskurve lösen größere Veränderungen (z. B. Umstrukturierungen oder Fusionen), wenn sie bekannt werden, erst einmal eine Schockreaktion aus. Die Veränderung ist das beherrschende Thema, die Reaktionen reichen von Ungläubigkeit bis hin zu Entsetzen, die Arbeit kommt zum Erliegen. In dieser Phase sind Führungskräfte oft bemüht, heftige Reaktionen von Mitarbeitenden auf der Sachebene aufzufangen – diese sind aber in der Schockphase für Sachinformationen nicht wirklich aufnahmefähig. Was wäre also eine angemessene Reaktion? Nehmen Sie sich Zeit, hören Sie zu, äußern Sie Verständnis – kurz: Seien Sie einfach für Ihre Mitarbeiterinnen und Mitarbeiter da. In dieser Phase sind die Kommunikationsebenen der Beziehung und der Selbstkundgabe deutlich wichtiger als die Sachebene.

Vermittlungs-prozesse	Sicherheit	Würdigung und Sinnstiftung	Empowerment und Training	Coaching	Monitoring

Abbildung 32: Phasen im Verlauf von Veränderungsprozessen

■ Kommunikationsaufgaben in der Abwehrphase

Nach der Schockphase folgt die Phase der Abwehr oder Verleugnung. Nach anfänglichem Ohnmachtserleben formiert sich nun Widerstand: Sinnhaftigkeit und Notwendigkeit der Veränderung werden vehement zurückgewiesen. Die Schockstarre weicht der Empörung und Ablehnung. Während in der Schockphase ein »Das kann doch nicht wahr sein« vorherrschte, dominieren nun typische Killerphrasen wie »Den Mist brauchen wir nicht« oder Abwiegelungen wie »Das wird bestimmt an uns vorüberziehen – es hat doch bislang immer so geklappt – wir können weitermachen wie bisher«. Auch in dieser Phase sind die Möglichkeiten der strategischen Kommunikation begrenzt: Motivationsreden aus dem Top-Management, die die Vorzüge der Veränderung in den schillerndsten Farben ausmalen, sind nicht hilfreich, weil sie nicht als glaubwürdig erlebt werden und den Widerstand eher verstärken.

Gehen Sie stattdessen auf die Widerständigen ein, indem Sie die bisherige Arbeitsweise würdigen. Menschen, die sich viele Jahre für ihre Organisation engagiert haben, fühlen sich entwertet, wenn diese Arbeit nicht im Nachhinein noch einmal wertgeschätzt wird und umstandslos dem Neuen, Besseren weichen soll. Ihnen fehlt häufig das Verständnis dafür, dass das, was jahrelang immer wichtig war, von heute auf morgen falsch und nicht mehr zukunftsfähig sein soll. Nehmen Sie sich also genug Zeit für eine aufrichtige Würdigung der bisher geleisteten Arbeit.

Damit Menschen verstehen, warum die Veränderung notwendig ist, sollten Sie sich weiterhin Zeit für eine Erläuterung nehmen, warum man nicht so weiterarbeiten kann wie bisher. Es muss deutlich werden, warum das bisherige Vorgehen bislang richtig war, ab sofort aber nicht mehr richtig ist. Hier braucht es eine ausführliche Beschäftigung mit den sich verändernden Rahmenbedingungen, gern auch unterstützt durch gut aufbereitete Zahlen und Prognosen.

Erkenntnisse aus den Fachgebieten Salutogenese und Resilienz, die sich damit beschäftigen, was Menschen in Belastungssituationen stärkt, können für die Kommunikation in Veränderungsprozessen äußerst wertvolle Hinweise liefern. Danach entwickeln Menschen Widerstandskräfte (Resilienz) gegen Belastung, wenn drei Faktoren erfüllt sind:

1. Vorhersehbarkeit

Unklare Zukunftsperspektiven sorgen für Angst und Orientierungslosigkeit. In Change-Prozessen braucht es daher einen »Fahrplan«, aus dem die geplanten Maßnahmen und Meilensteine des Projekts hervorgehen. Hier kann ein grafisches Schema in Form einer Timeline hilfreich sein, die den Ablauf auf einen Blick sichtbar macht. Diese Klarheit auf der Ebene des Gesamtprojekts ist wichtig, aber allein noch nicht ausreichend. Die Veränderung wird für die Mitarbeitenden erst dann wirklich einschätzbar, wenn erkennbar wird, welche Folgen der Change-Prozess für ihre eigene Arbeit haben wird. Die Führungsetage sollte den Change-Prozess deshalb so weit herunterbrechen, bis erkennbar wird, was aus den geplanten Veränderungsmaßnahmen auf der Ebene der Teams und jedes einzelnen Arbeitsplatzes resultiert. Wie verändert sich unsere Arbeit? Was fällt weg, was kommt hinzu? Was genau müssen wir zukünftig anders machen? Was bleibt so, wie es ist?

Hier sind Transparenz und Ehrlichkeit gefragt. Einseitige Darstellungen der Vorteile wecken bei Mitarbeitenden eher Misstrauen, daher sollten Nachteile nicht verschwiegen werden. Manche Folgen sind vielleicht noch nicht bekannt oder gegenwärtig nicht absehbar. Auch mit dieser Unsicherheit sollte transparent umgegangen werden.

2. Bewältigbarkeit

Veränderungsprozesse bringen neue Anforderungen mit sich: Es muss z. B. mit einer neuen Software gearbeitet werden, neue Abläufe müssen erlernt und neue Rollenanforderungen bewältigt werden. Die Zuversicht, dass diese Herausforderungen nicht überfordernd, sondern leistbar sein werden, hilft Menschen, sich auf Veränderungen angst- und stressfreier einzulassen. Für die Kommunikation bedeutet das: Arbeiten

Sie gemeinsam heraus, welche neuen Anforderungen ganz konkret an das Team und an jeden einzelnen Arbeitsplatz gestellt werden. Gleichen Sie diese Anforderungen mit den vorhandenen Kompetenzen ab und ermitteln Sie, welche Kompetenzfelder neu erschlossen werden müssen. Gerade in diesem Schritt ist eine ressourcen- und lösungsorientierte Haltung besonders förderlich: Angst und Unsicherheit führen dazu, dass sich der Fokus auf Defizite und Problematisches richtet. Das löst Gefühle der Überforderung, der Hilflosigkeit und des Alleingelassenseins aus. Richten Sie im Gespräch mit Mitarbeitenden den Blick auf die Ressourcen:

> »Was können wir bereits?«
> »Welche Herausforderungen haben wir in der Vergangenheit schon gemeinsam gemeistert?«
> »Über welche Ressourcen (Wissen, Erfahrungen, Hilfe von Kollegen) verfügen wir bereits, die bei der Bewältigung der neuen Anforderungen helfen?
> »Welche Unterstützungsmöglichkeiten kann ich als Führungskraft, welche kann unsere Organisation bieten? (Also beispielsweise regelmäßige Gespräche, Fortbildung, Mentoring, Coaching etc.)«
> »Was macht mich als Führungskraft zuversichtlich, dass wir es schaffen werden?«

Auch hier ist es wichtig, ein Klima der psychologischen Sicherheit zu schaffen, d. h., eine Atmosphäre, in der Fehler gemacht, besprochen und gemeinsam ausgewertet werden können, ohne dass die Mitarbeitenden Sanktionen befürchten, mit Schuldzuweisungen rechnen oder sich dem Spott der Kollegen ausgesetzt fühlen müssen. Darauf sollte besonderen Wert gelegt werden, während mit dem Team über die anstehenden Veränderungen gesprochen wird. Auch in dieser Hinsicht kann es helfen und die Glaubwürdigkeit stärken, wenn die Führungskraft eigene Unsicherheiten und Fehler offen formuliert.

3. Sinnhaftigkeit

Die Salutogenese-Forschung hat gezeigt, dass Menschen belastende Situationen besser meistern, sobald sie einen Sinn darin sehen, die Belastung auszuhalten. Ein typischer Fehler in Change-Prozessen besteht in der Annahme, es würde ausreichen, den Sinn top-down zu »verkünden«. Dabei wird zweierlei übersehen:

a) Was ein Mensch als sinnvoll erachtet, ist sehr subjektiv und von Person zu Person verschieden. Wenn das Top-Management oder Führungskraft A eine Veränderung notwendig und sinnvoll findet, bedeutet das noch lange nicht, dass eine Mitarbeiterin oder Führungskraft B diese Überzeugung teilt. Falls erwartet wird, dass Mitarbeiterinnen und Mitarbeiter Veränderungen unterstützen und im Prozess überzeugt mitziehen, muss für jeden Arbeitsplatz herausgearbeitet werden, welchen Sinn die betreffenden Stelleninhaber dem Veränderungsprozess zuschreiben können.

b) Darum kann Sinn auch nicht per Kommunikation »übermittelt« werden. Sinn ist keine Datei, die auf der Festplatte des Empfängers so ankommt, wie der Sender sie abgeschickt hat. Sinn wird nicht von Person zu Person »übertragen«, sondern von jedem Menschen auf der Basis der vorliegenden Informationen und vor dem Hintergrund seines individuellen Bewertungssystems *neu konstruiert.*

Weitere Anregungen zum Thema Haltung in Veränderungsprozessen und zu den diesbezüglichen Aufgaben der Führung sind in von Ameln und Gebhardt (2020b) ausführlicher beschrieben.

Praxistipp 32: Reflexion des Change-Prozesses
Gerade in der Abwehrphase herrscht ein emotionaler, oft pessimistischer Blick auf die anstehenden Veränderungen vor. Diese Emotionen müssen auf der einen Seite gewürdigt werden, auf der anderen Seite sollten weitere Aspekte in den Blick genommen werden, um die Veränderung umfassend bewerten und gestalten zu können.
Bei dieser Bewertung hilft das »Denkhüte-Modell« des Kreativitätsforschers Edward de Bono, um auf der Basis eines umfassenden Überblicks zu einer ausgewogenen Einschätzung und einem erfolgreichen Veränderungsansatz zu kommen (de Bono, 1987). Das Modell bietet eine Strukturierungshilfe, indem es dazu anregt, unterschiedliche Perspektiven auf Veränderungsprozesse jeweils gesondert zu betrachten und zu würdigen. So können alle Betroffenen in ein konstruktives Gespräch kommen und sich gemeinsam eine ausgewogene Meinung bilden.
In einem Team kann dies z. B. dadurch geschehen, dass sechs Moderationswände, die für die sechs Dimensionen des Modells stehen, in einem großen Raum verteilt werden. Die Gruppe teilt sich in sechs Gruppen auf und reflektiert in der jeweils vorgegebenen Perspektive der ihr zugewiesenen Dimension über den Veränderungsprozess.

1. **Die wertungsfreie Perspektive:**
Wie stellen sich die Tatsachen bewertungsfrei dar? In welcher Situation befinden wir uns?
2. **Die emotionale Perspektive:**
Was löst diese Situation auf der persönlichen Ebene aus? Welche Emotionen stellen sich ein?
3. **Die pessimistische Perspektive:**
Was könnte schlimmstenfalls passieren? Wo liegen Risiken, Gefahren?
4. **Die optimistische Perspektive:**
Wo liegt – trotz aller Schwierigkeiten – die Chance in der Situation? Was können wir daraus lernen?
5. **Die kreative Perspektive:**
Welche Möglichkeiten gibt es, positiv mit der Situation umzugehen? Wie können wir die Veränderung erfolgreich meistern? Welche (auch ungewöhnlichen) Möglichkeiten gibt es?
6. **Die strukturierende Perspektive:**
Wie lassen sich alle diese Perspektiven zusammen denken? Wie können wir den Überblick gewinnen?

Wichtig ist hier, dass es in jeder Gruppe eine Moderatorin oder einen Moderator gibt, der sicherstellt, dass nur aus der vorgegebenen Perspektive über (z. B.) Chancen diskutiert und beherzt eingreift, wenn die Diskussion (z. B.) zu den Risiken abgleitet. Die wichtigsten Ergebnisse werden auf der Moderationswand dokumentiert.

Es dürfte deutlich geworden sein, welcher enorme Kommunikationsaufwand gerade in der Abwehrphase erforderlich ist, um Veränderungsprozesse erfolgreich zu gestalten.

Doch wer soll diese Mammutaufgabe leisten? Letztlich muss jede Mitarbeiterin und jeder Mitarbeiter selbst eine ganz individuelle Antwort auf die Frage »Warum ist die Veränderung nicht nur unvermeidlich, sondern auch sinnvoll?« finden – doch es ist Aufgabe der Führungskräfte, sie dabei zu unterstützen. Der Dialog mit der Führungskraft ist der Ort der gemeinsamen Sinnstiftung. »Sinnstiftung« kann bedeuten, Einsicht in die Notwendigkeit zu schaffen, warum die geplanten Maßnahmen für das Überleben der Organisation unerlässlich sind. »Sinn« kann aber auch bedeuten, gemeinsam den Nutzen der anstehenden Veränderungen herauszuarbeiten (ohne dass dabei die möglichen Nachteile verschwiegen oder verschleiert würden). Hierbei ist eine lösungs- und ressourcenorientierte systemische Haltung sehr wertvoll.

■ Kommunikationsaufgaben in den Phasen der Einsicht und Akzeptanz

Die beschriebenen Kommunikationsmaßnahmen dienen dem Ziel, die Mitarbeiter und Mitarbeiterinnen aus der Abwehrphase heraus- und in die dritte und vierte Phase der Einsicht und Akzeptanz hineinzuführen. Je professioneller in der Abwehrphase kommuniziert wird, desto früher setzt sich die Erkenntnis durch, dass die Veränderungen notwendig sind und dass man sich mit ihnen beschäftigen muss. Das bedeutet noch nicht, dass die Mitarbeitenden vollständig von dem anstehenden Change überzeugt wären – die Akzeptanz steht sozusagen unter dem Vorbehalt, dass die Maßnahmen sich in der Praxis tatsächlich als bewältigbar und bestenfalls sogar nutzenstiftend erweisen.

■ Kommunikationsaufgaben in der Phase des Ausprobierens

In der Phase des Ausprobierens hat die Führungskraft die Aufgabe, die Mitarbeiterinnen und Mitarbeiter zu ersten Experimenten mit der neuen Arbeitsweise zu ermutigen und diesen Experimentierprozess unterstützend zu begleiten. Machen Sie also Experimentierfelder ausfindig, die nicht überfordernd sind und die ein Erfolgserleben ermöglichen. In den begleitenden Gesprächen sollten Sie als Lerncoach zur Verfügung stehen, positives Feedback geben und vor allem darauf achten, dass Fehler – die unvermeidlich sein werden – nicht sanktioniert, sondern als Chance zur Weiterentwicklung (sowohl für die Mitarbeitenden als auch für die Organisation) genutzt werden.

■ Kommunikationsaufgaben in den Phasen der Erkenntnis und Integration

In diesen Phasen müssen Sie als Führungskraft dazu beitragen, Gelingensbedingungen herauszustellen und ein Monitoring neuer Arbeitsmuster betreiben. Feedbackprozesse und gemeinsame Auswertungsgespräche sind hierzu sinnvoll.

5.12 Gespräche mit Vorgesetzten

Gespräche mit Vorgesetzten sind oft mit ganz eigenen Herausforderungen verbunden. Schwierig wird das Gespräch, wenn Spannungen bestehen, das Vertrauen gestört ist, es um Kritik am Führungsverhalten des Vorgesetzten geht oder Unterstützung bzw. Ressourcen eingefordert werden müssen, die nicht ohne Weiteres gewährt werden. Hinzu kommen Erwartungen und Interessen der Mitarbeitenden, die mit den Erwartungen und Interessen der Vorgesetzten häufig im Konflikt stehen – die berüchtigte Sandwich-Position der Führung, bei der Führungskräfte nicht nur Mitarbeitende »unter sich«, sondern auch die Etage »über sich« zu berücksichtigen haben (Steinhübel, 2018).

In solchen Fällen kann es hilfreich sein, erst einmal eine Bestandsaufnahme zu machen: Wie erleben Sie die Arbeitsbeziehung zu Ihren Vorgesetzten? Was erwarten sie von Ihnen? Was erwarten verschiedene Mitarbeitende, was möglicherweise Kolleginnen und Kollegen auf derselben Hierarchieebene? Und nicht zuletzt: Was wäre aus der Sicht der Kunden und Kundinnen das Beste? Ein hilfreiches Instrument zur Klärung dieser Fragen ist das sogenannte »soziale Atom« (Moreno, 1974; von Ameln, 2014).

Praxistipp 33: Das soziale Atom

Nehmen Sie einen großen Papierbogen (DIN A3 oder Flipchart) und zeichnen Sie die für Ihre aktuelle Konflikt- oder Entscheidungssituation relevanten Akteure auf. Orientieren Sie sich dabei an der Darstellungsweise in Abbildung 33: Markieren Sie Arbeitsbeziehungen, die Sie als positiv erleben, mit einer durchgezogenen Linie, negative Beziehungen mit einer gestrichelten Linie, ambivalente Beziehungen mit einer Schlängellinie. Wählen Sie auch weitere Symbole wie Fragezeichen oder Blitze. Wollen Sie die Beziehungen genauer abbilden, können Sie auch auf übliche Darstellungen aus Soziogrammen oder Genogrammen zurückgreifen (McGoldrick, Gerson u. Petry, 2008).

Fragen Sie sich auch, wie Ihr Gegenüber die Beziehung wohl einschätzen würde. So werden kongruente (d. h. beidseitige) und inkongruente Beziehungen (d. h. solche, bei denen die positive Beziehungseinschätzung der einen Person auf eine negative Beziehungseinschätzung der anderen Person stößt) sichtbar. Dieses Abbild des Beziehungsgeflechts ist schon für sich sehr aufschlussreich, weil es Konflikte offenbart sowie positive und als stärkende Ressource nutzbare Beziehungen, die im Arbeitsalltag zu oft aus dem Blick geraten.

Im zweiten Schritt lassen sich nun die Erwartungen aufnehmen, die die verschiedenen in Ihrem sozialen Atom abgebildeten Personen an Sie haben. Dabei kann es sich z. B. um explizite Erwartungen Ihrer Vorgesetzten handeln, die sie Ihnen schon offen mitgeteilt haben, etwa in einem Zielvereinbarungsgespräch (z. B. »Senken Sie die Kosten um 10 Prozent!«). Spannend sind auch verborgene Erwartungen, die Sie »zwischen den Zeilen« herausgehört haben, ohne dass Ihre Vorgesetzte sie offen geäußert hätte (z. B. »Halten Sie mir die Arbeit und die Unzufriedenheit der Belegschaft vom Hals!«). Ebenso wie bei der Einschätzung, wie die anderen Personen die Beziehung zu Ihnen wahrnehmen, sind die hier im zweiten Schritt von Ihnen aufgeführten Erwartungen eine Mischung aus Wissen, gesicherter Vermutung und Spekulation. Wenn Sie allerdings feststellen, dass Sie länger darüber rätseln, was die jeweilige Person eigentlich von Ihnen erwartet, wäre dies möglicherweise ein guter Anlass für eine Erwartungsklärung in einem offenen Gespräch.

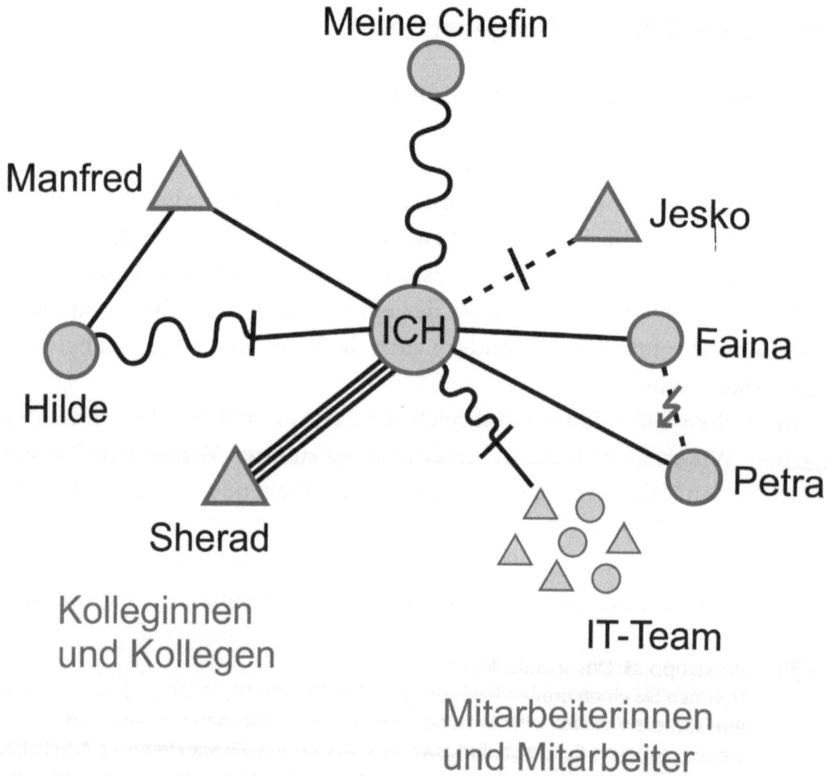

Abbildung 33: Beispiel für ein soziales Atom

Überlegen Sie im dritten Schritt, wie Sie auf die einzelnen Erwartungen reagieren möchten und was dies für das Gespräch mit Ihrer Vorgesetzten bedeutet:

»Welche Erwartungen der Vorgesetzten halte ich für problemlos erfüllbar?«
»Bei welchen Erwartungen sehe ich Klärungsbedarf, z. B. im Hinblick auf genaue Zielindikatoren, Zeitvorgaben oder benötigte Ressourcen?«
»Welche Erwartungen halte ich für nicht erfüllbar? Mit welcher Begründung? Welche alternativen Lösungen hätte ich anzubieten?«
»Wo sehe ich Konflikte zwischen verschiedenen Erwartungen der Vorgesetzten? Wo passen Erwartungen der Vorgesetzten und meine Erwartungen bzw. Erwartungen der Mitarbeitenden nicht zusammen?«
»Wo gibt es Konflikte zwischen den Erwartungen meiner direkten Vorgesetzten und den Erwartungen anderer Vorgesetzter?«
»Welche Erwartungen meiner Mitarbeiterinnen und Mitarbeiter möchte ich gegenüber der Vorgesetzten vertreten?«

Die Klärung mithilfe des sozialen Atoms stellt eine gute Grundlage für Ihre Gesprächsvorbereitung dar (→ **Baustein 1 »Klärung«**). In der Vorbereitung schwieriger Gespräche mit Vorgesetzten sollten Sie auf folgende Aspekte besonders achten:

- Überlegen Sie vor allem, wie Sie die *Beziehungsebene* zu der vorgesetzten Person gut gestalten können. Eine funktionierende und klare Beziehungsebene ist ein wichtiger Schlüssel zum Gelingen von Gesprächen. In der Beziehungsebene liegt aber gerade in Gesprächen mit Vorgesetzten unter Umständen auch eine entscheidende Hürde, wenn das gegenseitige Rollenverhältnis der Beteiligten zu stark voneinander abweicht. Weder Unterordnung noch Anmaßung sind hierbei hilfreich. Vielmehr gilt es, eine gute und kollegiale Balance zu finden. Machen Sie sich bewusst, wo die Verantwortung Ihrer Führungsfunktion liegt, woran Sie gemessen werden und was Sie von der vorgesetzten Person brauchen, um Ihre Arbeit gut zu machen. Diese Punkte dürfen Sie ruhig klar einfordern, ohne anmaßend zu sein oder Ihre Rolle zu verlassen.

- Rüsten Sie sich auf der *Sachebene* mit Zahlen, Daten und Fakten aus, die erforderlich sind, um Ihre Argumentation zu belegen. Bereiten Sie diese Fakten so auf, dass sie im Gespräch leicht zu erfassen sind, ohne dass sich Ihr Gegenüber durch lange Zahlenreihen kämpfen oder längere Texte lesen muss. Hier können pointierte Kernaussagen auf einer Powerpoint-Folie, einfache Grafiken oder Fotos aus der Werkshalle hilfreich sein.
- Unterschätzen Sie nicht die Wirkung der *Selbstkundgabe*. In vielen Organisationen, in denen man sich um Sachlichkeit bemüht, ist es ungewohnt und unbehaglich, etwas von sich selbst preiszugeben, also ein Gefühl oder ein Bedürfnis zu benennen. Es kann aber sehr wichtig sein, dass die vorgesetzte Person erfährt, dass Sie besorgt sind, frustriert über die ausbleibenden Projektfortschritte oder ärgerlich über die aktuelle Zusammenarbeit der Führungsebene.
- Um auch auf der *Appellebene* klar zu kommunizieren, formulieren Sie im Vorfeld präzise, was Ihr Vorgesetzter konkret tun soll. Äußern Sie erfüllbare Bitten. Unterscheiden Sie, ob es sich um einen Wunsch, eine dringende Bitte oder um eine Erwartung handelt. In jedem Fall ist ein vager Appell, der sich nur auf die Erfüllung von Bedürfnissen bezieht (»Ich erwarte mehr Unterstützung«), zu unkonkret – welche Unterstützung möchten Sie genau haben und in welcher Form?

6 Umgang mit herausfordernden Situationen

Kommunikation ist so vielseitig und vielschichtig, dass es unmöglich ist, Patentrezepte zu geben. Daher sind die folgenden Hinweise, wie Sie besonders herausfordernden Situationen mit einer systemisch-lösungsorientierten Haltung begegnen können, auch nicht als Universallösungen zu verstehen. Es sind aber Ideen und Vorschläge, die wir als hilfreich erachten. Wir gehen hier von einigen typischen Gesprächskonstellationen aus, die in der Praxis in unzähligen Varianten und Mischformen zutage treten, sodass Sie unsere Empfehlungen jeweils situativ anpassen und miteinander kombinieren sollten.

6.1 Was kann ich tun, wenn sich das Gespräch im Kreis dreht?

Viele Besprechungen im Team und mit Einzelpersonen verlaufen ineffizient. Das Gespräch dreht sich im Kreis. Man stellt fest, dass sich Argumente und Schilderungen wiederholen, dass man bei einem Nebenthema oder in einer inhaltlichen Sackgasse gelandet ist, dass es kein greifbares Ergebnis gibt, dass der Zeitrahmen überschritten wird und man sich immer wieder vertagen muss.

Dass das Gespräch in Schleifen und auf Abwege gerät, kann verschiedene Ursachen haben:

- Vielleicht fehlt eine Moderation, die dafür sorgt, dass das Gesprächsziel im Auge behalten wird und die Gesprächsregeln eingehalten werden.
- Vielleicht fehlt eine Visualisierung, in der die zentralen Aspekte sichtbar hervorgehoben werden.
- Vielleicht sitzen Leute am Tisch, die das Thema nicht wirklich betrifft.
- Vielleicht gibt es unausgesprochene Rollenmuster und Konflikte, die das Vorankommen behindern. Das »Dramadreieck« ist ein solches Rollenmuster, das Sie als Führungskraft zur Reflexion der Gesprächsdynamik nutzen können (→ **Kapitel 3.7.2**). Manche Themen (z. B. Kritik oder Verteilung von Aufgaben) sind für einige Beteiligte so unangenehm, dass diese bewusst oder unbewusst versuchen, »Nebelkerzen« zu werfen und das Gespräch vom Kurs abzubringen.

Für Ihre Gesprächsführung ist es in solchen Situationen das Allerwichtigste, ein *Gesprächsziel* definiert zu haben und im Blick zu behalten (→ **Baustein 7 »Gesprächsziele«**). Wie wir in → **Kapitel 3.8.4** erläutert haben, ist dabei vor allem die Unterscheidung zwischen Gesprächszielen und Handlungszielen wichtig. Ein Handlungsziel allein

(z. B. »Die Mitarbeiterin soll unterhalb der festgesetzten Fehlerquote bleiben«) bietet Ihnen im Gespräch zu wenig Orientierung, da es offenlässt, was Sie im Gespräch erreichen müssen, damit die anschließende Erfüllung des Handlungsziels wahrscheinlicher wird. Deshalb braucht es zusätzlich ein auf dieses Handlungsziel bezogenes, innerhalb des Gesprächs erreichbares Gesprächsziel, dies könnte etwa so lauten: »Ich möchte erfragen, wie die Arbeitsfehler aus der Sicht der Mitarbeiterin zustande kommen.« Wenn das Gespräch Schleifen zieht, ist es oft schon ausreichend, sich an Ihr Gesprächsziel zu erinnern. Dafür ist es hilfreich, das Gesprächsziel transparent zu kommunizieren und gegebenenfalls schriftlich zu notieren.

Um das Gespräch zielführend zu gestalten, ist (auch im Zweiersetting) eine professionelle Gesprächsleitung bzw. Moderation erforderlich. Es zahlt sich aus, Themen vorab festzulegen, zu jedem Thema ein Zeitfenster zu definieren und zu klären, welchen Charakter das Gespräch zu dem jeweiligen Thema haben soll, beispielsweise Meinungsaustausch, Ideenfindung, Entscheidung etc. (→ **Baustein 7 »Gesprächsziele«**). Oftmals sind den an einem Gespräch beteiligten Personen Themen wichtig, die nicht zur Tagesordnung passen. Sie neigen dazu, diese immer wieder vorzubringen und damit das Gespräch vom Kurs abzubringen. Sie als Gesprächsleitung sollten diese Themen nicht »abbügeln«, sondern sie (inklusive der dahinterstehenden Bedürfnisse) zumindest kurz würdigen. Meistens sind die Beteiligten einverstanden, wenn diese Aspekte in einem *Themenspeicher* zur späteren Bearbeitung notiert werden oder auf einen gesonderten Termin oder ein zusätzliches Meeting verwiesen wird, in dem das Thema bearbeitet werden kann.

Dreht sich das Gespräch trotz klarer Zielsetzung und stringenter Moderation im Kreis, kann »Metakommunikation« hilfreich sein (→ **Kapitel 3.4.4**). Sprechen Sie Ihren Eindruck des Gesprächsverlaufs an, z. B.:

> »Unsere Argumente und Gesprächsbeiträge beginnen sich zu wiederholen. Ich weiß nicht, wie es Ihnen geht, aber ich habe den Eindruck, wir drehen uns hier im Kreis und kommen nicht richtig weiter. Wie sehen Sie das?«

Wenn Ihre Gesprächspartnerinnen und -partner guten Willens sind, ist diese Intervention oft schon ausreichend, um den gestörten Gesprächsverlauf gemeinsam zu reflektieren und nach Lösungen zu suchen. Auch eine *Pause* löst unter Umständen Verstrickungen und macht die Köpfe der Beteiligten wieder frei. Sollte das alles nicht helfen und einzelne Teilnehmende leisten weiterhin immer wieder destruktive Beiträge, ist ein Feedback angebracht, etwa in der folgenden Form:

> »Sie haben diesen Punkt jetzt schon zum dritten Mal angesprochen. Ich denke, dass er nichts mit unserem Thema zu tun hat und wir hier auch nichts zu Ihrem damit verbundenen Anliegen beitragen können. Ich habe Ihre Anmerkungen aber zur Kenntnis genommen. Ich möchte hier gern die beiden vereinbarten Themen mit Ihnen allen

> besprechen und würde mir wünschen, alles, was wir hier im Rahmen dieses Termins nicht klären können, an anderer Stelle zu diskutieren.«

Misslungene Gespräche sind nur selten Einzelfälle in einer ansonsten konzentrierten und zielorientierten Gesprächskultur. Von den meisten werden Meetings generell als ineffizient, ja sogar als Zeitverschwendung erlebt. Das deutet darauf hin, dass das Problem tiefer liegt. In diesen Fällen sind mehrheitlich mangelnde Vorbereitung und Planung, fehlende Moderation oder ungeschriebene Regeln Faktoren, die dazu führen, dass sich immer wieder dieselben unproduktiven Gesprächsverläufe wiederholen. Um wiederkehrende Gesprächsdynamiken zu unterbrechen, ist es wichtig, zunächst die Gesprächsplanung und -moderation sowie die ungeschriebenen Regeln auszuformulieren und ins Bewusstsein zu bringen. Da Organisationsmitglieder für die eigene Organisationskultur immer – zumindest teilweise – betriebsblind werden, ist hier ein Blick von außen, z. B. durch eine Beraterin, einen Supervisor oder Coach, sehr hilfreich. Wenn die wichtigsten ungeschriebenen Gesprächsregeln identifiziert sind, ist es Ihre Aufgabe als Führungskraft, dysfunktionale Regeln konsequent zu verändern.

Wenn eine ungeschriebene Regel z. B. lautet »Jeder kommt, wann er will«, sollten Sie verstärkt darauf achten, Meetings wie geplant zu beginnen und Zuspätkommende mit ihrer Unpünktlichkeit zu konfrontieren. Wenn Sie die Regel »Alle müssen sich zu allem äußern« identifiziert haben, können Sie dieser Dynamik mit einer klaren Moderation und mit festgelegten Redezeiten entgegenwirken. Etablieren Sie musterunterbrechende Praktiken, die eine ziel- und lösungsorientierte Dynamik fördern. Hier sind Kreativität und psychologisches Geschick gefordert. Ein lösungsorientierter Umgang mit dem Bedürfnis, sich zu allem zu äußern, könnte beispielsweise darin bestehen, statt einer langen Diskussionsrunde ein kurzes »Blitzlicht« oder eine Abfrage mit Klebepunkten an der Moderationswand vorzusehen. Nutzen Sie Metakommunikation, um mit allen Beteiligten herauszuarbeiten, wie die Besprechung aus ihrer Sicht so gestaltet werden könnte, dass alle einen Nutzen aus ihr ziehen.

Die Strategien, die Sie einsetzen können, wenn sich das Gespräch im Kreis dreht, hier noch einmal im Überblick:

- Gesprächsziel vorab definieren und während des Gesprächs im Blick behalten,
- bei Störungen im Gespräch an das Gesprächsziel erinnern,
- klare Strukturierung durch Moderation und Visualisierung,
- Auslagerung von Randthemen in einen Themenspeicher,
- Auslagerung nicht passender Themen (z. B. in andere Meetings oder Gespräche mit Funktionsstellen der Organisation),
- Metakommunikation,
- Feedback,
- ungeschriebene Regeln thematisieren, ausformulieren und gemeinsam reflektieren,
- Regeln für eine produktive Gesprächskultur etablieren und einfordern.

6.2 Wie kann ich damit umgehen, wenn die Selbstwahrnehmung von Mitarbeitenden von meiner Einschätzung abweicht?

Wenn Menschen ihre Einschätzungen von Leistung und Verhalten abgleichen, z. B. im Rahmen einer Retrospektive im Team, in einem Feedbackgespräch zur Verbesserung der Zusammenarbeit oder in einem Entwicklungs- oder Beurteilungsgespräch, gehen die Wahrnehmungen oft auseinander. Gerade bei Leistungsbeurteilungen und darauf aufbauenden Entscheidungen über die weitere Karriere von Mitarbeiterinnen und Mitarbeitern kommt es häufig vor, dass die Selbsteinschätzung des Gegenübers von Ihrer Einschätzung als Führungskraft abweicht. Wenn Ihr Gegenüber sich in solchen Situationen als sehr viel kompetenter darstellt, als Sie ihn erleben, kann es sich natürlich um strategische Kommunikation und »Impression Management« handeln: In einer Leistungsbewertungssituation ist es strategisch geboten, sich positiver darzustellen, als man sich selbst sieht, die eigenen Stärken herauszustellen und die Schwächen eher unter den Teppich zu kehren. Oft nimmt sich Ihr Gegenüber jedoch tatsächlich ganz anders wahr als Sie.

Dass Menschen ihre eigenen Leistungen und Verhaltensweisen oft positiver einschätzen als andere (z. B. ihre Führungskräfte), ist ein weit verbreitetes und natürliches Phänomen. Es gibt eine Reihe psychologischer Mechanismen, die dazu beitragen, dass Selbst- und Fremdwahrnehmung häufig divergieren (Semmer u. Jacobshagen, 2010). Menschen haben ein Bedürfnis nach einem hohen Selbstwert, was dazu führt, dass

- Informationen, die den Selbstwert der eigenen Person infrage stellen, eher vermieden, abgewertet, umgedeutet oder verdrängt werden,
- negatives Feedback für unglaubwürdig gehalten wird,
- positives Feedback eher gesucht und negatives Feedback eher vermieden wird.

Diese Tendenzen sind besonders bei Menschen mit geringer emotionaler Stabilität und hohem, aber labilem Selbstwert (bis hin zum Narzissmus) ausgeprägt. Je stärker ein Mensch diese Neigungen hat, desto weniger wird er erreichbar sein für Feedback und desto unwahrscheinlicher wird es, dass er seine Selbstwahrnehmung im Sinne dieses Feedbacks korrigiert. Die Einschätzung, wo die jedem aus eigener Erfahrung vertraute Widerständigkeit gegen kritisches Feedback oder das Eingestehen von Fehlern aufhört und wo ein hartnäckiger Widerstand gegen Fremdwahrnehmungen, kritisches Feedback und damit verbundene Verhaltensänderungen beginnt, ist für Führungskräfte oft nur schwer möglich.

Der Abgleich von Selbstbild und Fremdbild kann in unterschiedlichen Gesprächsformaten zum Thema werden, je nach Format ergeben sich dann unterschiedliche Gesprächsziele: Während manchmal die Kritik an einzelnen Verhaltensweisen im Vordergrund steht (→ **Kapitel 5.8 »Feedback- und Kritikgespräch«**), geht es in Beurteilungsgesprächen (→ **Kapitel 5.7**) darum, von Ihnen getroffene Entscheidungen (etwa zu

Leistungsbewertung oder Beförderung) vor dem Hintergrund einer positiveren Selbsteinschätzung Ihres Gegenübers zu vertreten. In Team-Reviews (→ **Kapitel 5.3**) oder Jahresgesprächen (→ **Kapitel 5.5**) wird es eher um einen dialogischen Abgleich der Wahrnehmungen gehen.

In all diesen Fällen gilt: Eine Veränderung des Selbstbildes – und daran anschließend des Verhaltens – ist natürlich leichter zu erreichen, wenn sie über Einsicht und nicht über Zwang erfolgt. Deshalb sollten Sie sich also zunächst um Einsicht und Konsens bemühen, sobald es darum geht, die Selbstwahrnehmung einer Kollegin oder eines Kollegen mit Ihrer eigenen Sicht abzugleichen.

Beginnen Sie damit, zunächst die Sicht des Gegenübers zu erfragen: Wie sieht es sich selbst, wo nimmt es Stärken und Entwicklungsfelder wahr, welchen Anspruch hat es an seine Arbeit etc.? Nehmen Sie sich zurück und stellen Sie Fragen, die bewertungs- und vorwurfsfrei aus einer Haltung authentischen Interesses gestellt werden. Entsteht der Eindruck, dass die Fragen darauf abzielen, Ihren Gesprächspartner oder Ihre Gesprächspartnerin vorzuführen oder sich eine eigene, bereits feststehende Wahrnehmung Ihrerseits mit rhetorischen Tricks bestätigen zu lassen, werden Sie mit hoher Wahrscheinlichkeit eine Abwehrreaktion provozieren und Ihr Gesprächsziel verfehlen.

Erst nachdem Sie die Sichtweise Ihres Gegenübers kennengelernt haben, sollten Sie Ihre eigene Wahrnehmung schildern. Bestätigen und verstärken Sie zunächst die Aspekte, an denen die Selbstwahrnehmung Ihres Gegenübers mit Ihrer Fremdwahrnehmung übereinstimmt. Gehen Sie dann zu den Punkten über, an denen Ihre Sichtweise von der des Gegenübers abweicht. Sprechen Sie in »Ich-Botschaften« und wenden Sie die Regeln für das Geben von »Feedback« an (→ **Kapitel 3.4.1**, → **Kapitel 3.5.6**).

Die Idee, dass Ihre Gesprächspartner oder -partnerinnen Ihr Feedback dankbar annehmen, mag ein nachvollziehbarer Wunsch sein, stellt aber kein taugliches Gesprächsziel dar. Das Gesprächsziel könnte eher sein, die eigene Sicht der Dinge darzustellen, und das Prozessziel könnte lauten, dies auf eine möglichst anschlussfähige Art zu formulieren, die es Ihrem Gegenüber erleichtert, das Feedback anzunehmen und konstruktiv umzusetzen. Auch hier hilft die bereits erläuterte Methode des »Rollentauschs«: Bitten Sie Ihr Gegenüber darum zu wiederholen, was es als Rückmeldung von Ihnen gehört hat. Wiederholen Sie gegebenenfalls Ihr Feedback. Bei der »Annahme oder Ablehnung von Rückmeldungen« können Skalierungsfragen hilfreich sein, um dichotome Entweder-oder-Muster zu unterbrechen.

> »Ich habe verstanden, dass Sie meine Sichtweise nicht vollständig teilen. Können Sie mir dennoch sagen, welche meiner Punkte Sie nachvollziehen können und welche gar nicht?«

Hierdurch können eine strikte Verweigerungshaltung und Ablehnung oft aufgeweicht werden. Das Ergebnisziel sollte in der Regel das Treffen einer Vereinbarung sein. Zu ihr könnte etwa gehören, sich zu dem betreffenden Thema ein oder mehrere weitere Feedbacks von anderen Personen einzuholen.

Mit diesen Tipps verfügen Sie über ein Instrumentarium zur Lösung von Herausforderungen, die sich ergeben, wenn das Selbstbild einer Mitarbeiterin oder eines Mitarbeiters mit einer abweichenden Fremdeinschätzung aufeinanderprallen. Am besten ist es natürlich, wenn solche Abweichungen gar nicht erst entstehen. Ergänzend sind die Tipps zum Führen von Beurteilungsgesprächen hilfreich (→ **Kapitel 5.7**): Stellen Sie Transparenz über Ihre eigenen Erwartungen her, legen Sie gemeinsam Indikatoren fest, an denen Sie Leistung bzw. Qualität von Zusammenarbeit messen, und richten Sie regelmäßige Feedbackschleifen ein, in denen Sie die verschiedenen Wahrnehmungen miteinander abgleichen.

6.3 Wie kann ich angemessen Kritik äußern?

Es gibt Situationen, in denen Fehlverhalten oder Probleme zurückgemeldet werden müssen. Beim Äußern von Kritik gilt es, zwei widerstreitende Prinzipien miteinander in Einklang zu bringen: Klarheit und Feingefühl. Wenn die Rückmeldung zu scharf geäußert wird, wird sie für das Gegenüber verletzend und die Chance sinkt, dass der Gesprächsbeteiligte diese akzeptiert. Je mehr der Feedbackgebende aber um Feingefühl bemüht ist, desto größer ist die Gefahr, dass die Klarheit verloren geht und das Gespräch zwar angenehm ist, die Kritik aber nicht angemessen deutlich rüberkommt.

Die Art und Weise, wie Sie Ihre Kritik formulieren, sollte auf den Gesprächspartner oder die Gesprächspartnerin, Ihr Rollenverhältnis und Ihre gemeinsame Vorgeschichte abgestimmt sein. Hier ist eine gute Balance gefragt. Orientieren Sie sich bei der Vorbereitung von Kritikgesprächen an den Hinweisen in → **Baustein 1 »Klärung«**: Denken Sie über Ihr Gesprächsziel nach, nehmen Sie einen mentalen Rollenwechsel mit dem Gesprächspartner bzw. der Gesprächspartnerin vor und überlegen Sie sich, wie Sie die Beziehungsebene gestalten wollen.

Hinterfragen Sie Ihren Kommunikationsstil: Gehen Sie eher mit Samthandschuhen an potenzielle Konfliktsituationen heran oder ertappen Sie sich selbst öfter dabei, dass Sie Ihre Rückmeldung zu offensiv formulieren? Versuchen Sie schon in der Gesprächsvorbereitung, die Balance zwischen Klarheit und Feingefühl zu finden. Kritik soll im besten Fall zu einer Verhaltensänderung motivieren. Oft führen kritische Rückmeldungen allerdings nur zu Verletztheit, schlechter Stimmung, Konflikten und Rückzug. Deshalb ist das Ziel einer systemisch-lösungsorientierten Gesprächsführung, Kritik so zu formulieren, dass sie nicht nur angenommen werden kann, sondern das Gegenüber bestenfalls sogar stärkt und motiviert. Um dies zu erreichen, sollten Sie folgende Regeln beherzigen, die Sie größtenteils schon in den Kapiteln über »Gewaltfreie Kommunikation« (→ **Kapitel 3.5**) und »Feedback« (→ **Kapitel 3.5.6**) kennengelernt haben:

- Nutzen Sie Ich-Botschaften. Schildern Sie Ihre Wahrnehmung und versuchen Sie, Vorwürfe zu vermeiden.
- Beziehen Sie sich mit Ihrer Rückmeldung auf (veränderbares) Verhalten, nicht auf (unveränderbare) Eigenschaften der Person.
- Vermeiden Sie Pauschalisierungen. Benennen Sie die aus Ihrer Sicht unangemessenen Verhaltensweisen möglichst konkret und vermeiden Sie es, vorhandene Kritik ausschließlich »durch die Blume« zu formulieren.
- Wenn Sie das Bedürfnis benennen, das hinter Ihrem Wunsch nach Verhaltensänderung steht, wird diese für Ihr Gegenüber leichter nachvollziehbar.
- Formulieren Sie Ihr Feedback dosiert – mehr als drei Wünsche, Hinweise oder Kritikpunkte in einem Gespräch sind für Feedbacknehmende kaum zu verarbeiten. Haben Sie mehr Punkte zu thematisieren, ist dies oft ein Hinweis darauf, dass Sie das Gespräch schon früher hätten führen sollen. Nehmen Sie dies als Hinweis darauf, künftig früher das Gespräch zu suchen.
- Achten Sie darauf, sich im Gespräch nicht in das Problem zu verstricken. Begeben Sie sich stattdessen gemeinsam auf die Suche nach Lösungen. Bedenken Sie: »Wer nach Problemen sucht, findet Probleme; wer nach Lösungen sucht, findet Lösungen.« Fordern Sie Ihr Gegenüber auf, Lösungsvorschläge zu machen, die die von Ihnen geschilderten Situationen oder Konflikte verbessern.
- Vermeiden Sie negative Reizbegriffe, die kränkend oder eskalierend wirken könnten. »Entwicklungsfeld« klingt anders als »Defizit«, »Tippfehler« besser als »Rechtschreibfehler«. Formulieren Sie, was Sie sich wünschen und nicht, was Ihr Gegenüber unterlassen soll.
- Testen Sie vor dem Gespräch Formulierungen. Wertschätzung und Lösungsorientierung zu formulieren, braucht einiges an Übung. Wenn Sie eine Störung auf der Beziehungsebene vermeiden möchten, legen Sie sich vorher genaue Formulierungen zurecht und prüfen Sie, wie sich diese aus der Sicht der Gesprächspartnerin oder des Gesprächspartners anhören könnten.

Eine gute Technik, um Kritikpunkte im Sinne einer systemisch-lösungsorientierten Haltung so in Worte zu fassen, dass die Bereitschaft des Gegenübers zum Annehmen von Feedback steigt, besteht darin, »Defizite« als Übertreibung einer Tugend zu beschreiben. Stellen Sie sich beispielsweise folgenden Fall vor: Ihre Mitarbeiterin Frau Schmeling ist ein sehr gewissenhafter Typ. Vor drei Wochen ist eine weitere Kollegin in den Mutterschutz gegangen, sodass die Arbeitsbelastung fühlbar gestiegen ist. Eigentlich wäre es nun erforderlich, die eigenen Aufgaben besser zu priorisieren und weniger Zentrales zurückzustellen. Frau Schmeling gelingt aufgrund ihres Perfektionismus diese Priorisierung nicht, sie versucht alles hundertzehnprozentig zu erledigen und gerät so immer weiter in Rückstand. Die Vorhaltung »Sie sind zu langsam!« oder die Forderung »Sie müssen schneller werden!« sind hier weder wertschätzend noch lösungsorientiert. Während das Attribut »langsam« defizitorientiert ist und in der

Kommunikation eine Störung der Beziehungsebene bewirkt, beinhaltet die positive Umdeutung »besonders gründlich« ein positives Beziehungssignal. In einem Feedbackgespräch mit Frau Schmeling könnte sich das wie folgt anhören:

> »Frau Schmeling, ich schätze Ihre gründliche Arbeitsweise sehr. Ich weiß, wenn es für einen Vorgang besondere Sorgfalt braucht, dann ist dieser Vorgang bei Ihnen am besten aufgehoben. Und weil Sie so besonders sorgfältig sind, kann es manchmal passieren, dass Sie in einer Situation, in der wir ein besonders hohes Arbeitsvolumen haben, Ihre Gründlichkeit über Notwendigkeit der zügigen Bearbeitung stellen. Ich würde mir wünschen, dass Sie zukünftig bewerten, wo Sie gründlich arbeiten müssen und welche Vorgänge Sie mit weniger Aufwand in möglichst kurzer Zeit wieder vom Tisch bekommen können. Haben Sie Ideen, wie das gelingen kann? Gibt es etwas, von dem Sie denken, dass ich oder andere dazu beitragen können, dass Ihnen das gelingt?«

Im Führungsalltag werden Sie nicht jede Kritik auf diese Weise formulieren können. Nicht immer ist ein kollegialer Gesprächsansatz adäquat, und es gehört zu Ihrer Rolle, bei gravierendem Fehlverhalten auch Sanktionen anzukündigen oder durchzusetzen – bis hin zu einer Abmahnung oder Kündigung. Wenn die Möglichkeiten einer lösungsorientierten Einigung mit den Mitarbeitenden nach kritischer Selbstprüfung ausgeschöpft sind – wenn es beispielsweise schon mehrere Gespräche mit Vereinbarungen gegeben hat, an die sich die Mitarbeiterin oder der Mitarbeiter nicht gehalten hat – werden Sie klare Grenzen ziehen müssen. In diesem Fall darf Ihr Gegenüber durchaus spüren, dass Sie sich ärgern und dass bei Ihnen eine Grenze kooperativer Klärungsversuche überschritten ist – auch auf der Beziehungsebene. Hier ist ein anderes Instrumentarium als das der systemisch-lösungsorientierten Gesprächsführung erforderlich.

6.4 Wie kann ich reagieren, wenn ich kritisiert werde?

Kritik kann kränkend, aber auch eine Lernchance sein. Ein natürlicher, doch in der Regel nicht hilfreicher Impuls bei Kritik ist, das kritisierende Gegenüber zu unterbrechen und sich zu rechtfertigen. Indem Sie das tun, bringen Sie sich aber nicht nur unnötig in die Defensive, sondern nehmen sich auch die Möglichkeit, aus der Kritik zu lernen.

In Situationen, in denen Sie kritisiert werden, sollten Sie daher nicht sofort reagieren und erst einmal in Ruhe zuhören. Wenn Ihr Gegenüber zu Ende gesprochen hat, sollten Sie seine Bereitschaft, Ihnen ein Feedback zu geben, anerkennen. Gerade in hierarchischen Strukturen und für Menschen, die normalerweise eher zurückhaltend mit dem Geben von Feedback sind, kostet eine kritische Äußerung gegenüber der Führungskraft in den meisten Fällen Überwindung. Deshalb sollten Sie diesen Schritt würdigen und sich für die Offenheit Ihres Gesprächspartners oder Ihrer Gesprächspartnerin bedanken. Das bedeutet aber nicht, dass Sie die Art, wie das Feedback vorgetragen wurde, oder die Inhalte, die dabei benannt wurden, widerspruchslos akzeptieren müssen. Kommentieren Sie das Feedback und versuchen Sie zunächst, die aus Ihrer Sicht berechtigten Anteile lösungsorientiert zu paraphrasieren:

> »Ihren ersten Kritikpunkt, nämlich dass ich Sie nicht rechtzeitig informiert habe, kann ich sehr gut nachvollziehen. Sie hätten sich gewünscht, früher informiert zu werden. Ich hätte Ihnen tatsächlich zumindest eine E-Mail schicken müssen, das ist mir in dieser hektischen Woche einfach durchgegangen. Ich bedanke mich für Ihr Feedback, und bitte, das zu entschuldigen. Ich werde mich beim nächsten Mal bemühen, eine rechtzeitige Information sicherzustellen. Darf ich Sie darum bitten, mir gegebenenfalls wieder eine Rückmeldung zu geben, wenn es aus Ihrer Sicht notwendig ist?«

Wenn man Feedback als Kritik empfindet, fällt es oft schwer, den Sachgehalt, die Selbstkundgabe und den Appell darin zu hören. Oft steht für uns die Beziehungsaussage einseitig im Vordergrund. Starten Sie keine Gegenangriffe und vermeiden Sie Rechtfertigungen, falls die Rückmeldung aus Ihrer Sicht unangemessen ist. Versuchen Sie, mithilfe der Gewaltfreien Kommunikation zu reformulieren oder zu erfragen, welches Feedback sich hinter einer wertenden Kritik verbirgt (→ **Kapitel 3.5.5 »Gewaltfreie Kommunikation als Fragetechnik«**, → **Kapitel 3.5.6 »Feedback geben und Feedback nehmen«**). Versetzen Sie sich in Ihr Gegenüber, um seine Sichtweise nachvollziehen zu können. Für den Fall, das Sie die emotionale Lage nachempfinden können, können Sie aktives Zuhören einsetzen, um Ihre Empathie zu zeigen. Fehlt Ihnen dieses Verständnis, fragen Sie weiter nach oder schildern Sie Ihre Sichtweise differenziert mithilfe Gewaltfreier Kommunikation.

> »Den zweiten Kritikpunkt, ich hätte Sie im Meeting übergangen und gegenüber anderen Kolleginnen und Kollegen zurückgesetzt, sehe ich nicht so. Ich höre aber heraus, dass Sie frustriert sind und den Eindruck haben, unfair behandelt worden zu sein – stimmt das?« (aktives Zuhören)
> »Aus meiner Sicht hat sich die Situation wie folgt dargestellt: Ich habe aus Zeitgründen nur noch zwei Wortmeldungen zugelassen und hierfür anderen Teilnehmenden das Wort erteilt (Beobachtung). Das hatte aus meiner Sicht keinen persönlichen oder wertenden Hintergrund. Ich höre aber Ihr Bedürfnis, Ihre fachliche Meinung einzubringen und gehört zu werden (Bedürfnis). Auch sehe ich, dass Sie sich darüber geärgert haben, nicht das Wort erteilt bekommen zu haben (Gefühl). Ich werde mir Gedanken darüber machen, wie sich der Fachaustausch auf den Meetings optimieren lässt (Handlung). Ich bitte Sie, mir mitzuteilen, wenn Sie hierzu eine Idee haben.« (Bitte um eine erfüllbare Handlung)

Wenn sich Ihr Gesprächspartner mit seiner Kritik massiv im Ton vergreift, finden Sie in → **Kapitel 6.10 »Wie kann ich mit aggressiven Gesprächspartnerinnen und -partnern umgehen«** weitere Anregungen.

6.5 Wie kann ich spontane Gespräche professionell führen, wenn keine Zeit für Vorbereitung bleibt?

Im Führungsalltag gibt es Gespräche, bei denen keine Gelegenheit zur Vorbereitung besteht. Man wird spontan zwischen Tür und Angel angesprochen. In solchen Fällen sollte man sich fragen, ob das Thema in dieser Situation überhaupt angemessen besprochen werden kann. Sollte das nicht möglich sein, ist es besser, um eine Verschiebung zu bitten und eine passende Zeit und einen passenden Ort vorzuschlagen:

> »Ich verstehe, dass es Ihnen wichtig ist, über dieses Thema zu sprechen. Ich würde mich aber gern darauf vorbereiten, damit wir zu einem möglichst guten Ergebnis kommen. Wäre es Ihnen recht, wenn wir uns hierzu morgen zusammensetzen? Bei mir würde es gegen 11:30 Uhr gut passen.«

Wenn eine Vertagung nicht möglich ist, sollten Sie sich Zeit für Überlegungen nehmen und sich Ihr eigenes Gesprächsziel klarmachen. Auf der Basis ist es Ihnen möglich, das Gespräch zu gestalten, ohne ins Schwimmen zu geraten. In vielen Fällen kann es sinnvoll sein, mit Ihrer Gesprächspartnerin oder Ihrem Gesprächspartner zusammen ein Gesprächsziel zu vereinbaren – dies schafft eine gemeinsame Ausrichtung und eine kooperative Gesprächsatmosphäre. Nehmen Sie sich im Gesprächsverlauf bewusst Zeit zum Nachdenken, z. B. in folgender Form:

> »Auf diese Frage habe ich spontan keine Antwort. Geben Sie mir ein wenig Zeit, um darüber nachzudenken.«

6.6 Wie kann ich damit umgehen, wenn sich in einer Arbeitsbeziehung private und berufsbezogene Aspekte vermischen oder wenn ich zur Führungskraft ehemaliger Kolleginnen und Kollegen werde?

Viele Führungskräfte stehen mit ihren Mitarbeitern, Kolleginnen oder Vorgesetzten auch in privatem Kontakt. Man kennt sich oft seit Jahren und hat vieles gemeinsam erlebt. In diesen Fällen ist ein Rollenkonflikt zwischen privaten und formalen Rollenanforderungen schon fast der Normalfall, gerade wenn man in der Vertretung von Organisationsinteressen unangenehme Botschaften verkünden und durchsetzen muss, die aus der Sicht der privaten Beziehung als unkollegial, unsolidarisch oder gar als Verrat empfunden werden. Ein ähnlicher Rollenkonflikt kann sich ergeben, wenn man innerhalb einer Organisation aufsteigt: gestern noch Kollegin, heute Chefin.

In solchen Fällen ist es wichtig, dass die Führungskraft zunächst ihre eigene innere Konfliktlage klärt, bevor sie in das Gespräch einsteigt. Eine Klärungshilfe hierfür ist das Modell des »Inneren Teams«. Dabei geht es darum, sich über die inneren Stimmen zu den eigenen Motiven und Wünschen, Vorbehalten und Befürchtungen sowie die dadurch entstehenden Ambivalenzen bewusst zu werden. Abbildung 34 zeigt eine typische »innere Teamkonstellation« bei einem Konflikt zwischen kollegialen und Vorgesetzten-Rollenanteilen:

Praxisbeispiel:
Frau Soussi ist Teamleiterin bei der Polizei. Mit ihrem Mitarbeiter Helmut hat sie schon viele Stunden gemeinsam im Streifenwagen verbracht, das Verhältnis ist recht eng und immer vertrauensvoll gewesen. Vor einigen Wochen hat das Ministerium die Anweisung gegeben, auf den Straßen verstärkt auf die Einhaltung der Corona-Hygieneregeln zu achten. Seitdem fällt auf, dass Helmut einen großen Teil seiner Zeit in den Betriebssport steckt und kaum Zeit für die Corona-Streifen hat. Frau Soussi ärgert sich darüber, dass Helmut sich so drückt und die ihm offenbar unangenehme Aufgabe den Kollegen überlässt. Sie will ihn zur Rede stellen, um seine Solidarität einzufordern, weiß aber nicht, wie sie das angesichts der langen kollegialen Beziehung am besten machen soll.
Frau Soussis Inneres Team zeigt den Konflikt zwischen den inneren Anteilen »Hüterin des Dienstfriedens«, »Vorgesetzte« und »Ärgerliche« auf der einen Seite, und den Anteilen »Kollegin« und »Diplomatin« auf der anderen Seite. Das Bewusstmachen dieser inneren Stimmen ermöglicht Frau Soussi eine Selbstreflexion mit dem Ziel, die verschiedenen Aspekte ihres inneren Teams abzuwägen und sich in der Kommunikation mit Helmut klar zu positionieren.

Wenn sich das Bedürfnis nach kollegialer Rücksichtnahme mit den Anforderungen der Führungsrolle vermischt, ist es in vielen Fällen produktiv, das Einerseits und das Andererseits im Inneren Team auch nach außen hin transparent zu machen und Widersprüche zwischen verschiedenen inneren Stimmen zu benennen. So kann es Ihnen gelingen, positive Signale auf der Beziehungsebene zu senden und Ihrem Gegenüber ein Verständnis für den Zwiespalt zu vermitteln, in dem Sie sich befinden. Das Wichtigste ist dabei, die Botschaft aus der Vorgesetztenrolle nicht durch die persönliche Seite im Inneren Team zu verwässern und beide Seiten klar auszusprechen. Eine unklare Rückmeldung entsteht oftmals, wenn das Verständnis und der Wunsch nach der Wahrung der kollegialen Beziehung (meist unbewusst) das Übergewicht bekommen, man aber dennoch Führung übernehmen will. Falls Sie sich scheuen, Klartext zu reden und lieber die kollegiale Ebene wahren möchte, wird Ihr Auftreten als Kollegin oder Kollege auch im Vordergrund stehen.

Die Erwartung (in unserem Fallbeispiel repräsentiert durch die inneren Anteile »Hüterin des Dienstfriedens« und »Vorgesetzte«) muss klar kommuniziert werden. In unserem Fallbeispiel könnte eine Kommunikation, die Kritik und Erwartungen klar zum Ausdruck bringt, die Führungsrolle wahrt, aber auch die kollegiale Seite nicht außer Acht lässt, in Kurzform wie folgt aussehen:

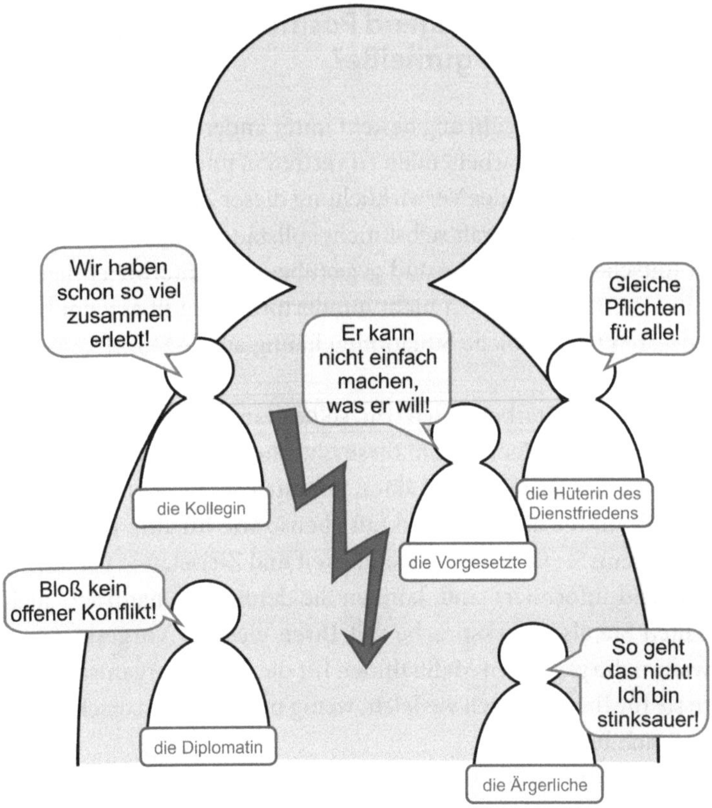

Abbildung 34: Visualisierung des Inneren Teams von Frau Soussi

Praxisbeispiel:
»Helmut, in letzter Zeit habe ich den Eindruck, dass du dich mit dem Betriebssport ein bisschen aus unserem Team rausziehst und die anderen dadurch zum Teil deinen Job mit übernehmen müssen. Es ist für mich nicht leicht, das anzusprechen, denn einerseits sitze ich als deine Kollegin hier und denke mir: Wir arbeiten nun schon viele Jahre zusammen und ich erinnere mich an viele Situationen, wo wir zusammen Streife gefahren sind und wie super das war. Als Kollegin gibt es eine Seite, wo ich mir sage: ›Lass doch einfach fünfe gerade sein.‹ Da möchte ich auch nicht, dass unsere gute Zusammenarbeit belastet wird. Auf der anderen Seite bin ich aber auch die Teamleitung, und da muss ich darauf achten, dass die Arbeit gleichmäßig und gerecht verteilt wird und dass jeder seinen Anteil erfüllt. Ich hoffe, dir ist klar, dass ich das als Teamleitung nicht einfach so hinnehmen kann. Deshalb erwarte ich von dir, dass du ab sofort deinen Betriebssport auf eine Stunde pro Woche reduzierst und in der Woche mindestens zwei Corona-Kontrollstreifen fährst.«

Wichtig ist, am Ende des Gesprächs konkrete Vereinbarungen zu treffen.

6.7 Wie kann ich überzeugend Positionen vertreten, die ich selbst nicht gutheiße?

Eine zentrale Aufgabe von Führung besteht unter anderem darin, die Ziele der Organisation gegenüber den Mitarbeitenden zu vertreten, und zwar möglichst so, dass alle überzeugt und motiviert an der Verwirklichung dieser Ziele arbeiten. Was mache ich aber, wenn ich als Führungskraft selbst nicht vollständig hinter den im Management getroffenen Entscheidungen stehe und gegenüber den Mitarbeitenden eine Position vertreten muss, von der ich selbst nicht hundertprozentig überzeugt bin? Gerade in Change-Prozessen treten solche Situationen häufig auf (→ **Kapitel 5.11 »Gespräche zu Veränderungsprozessen«**).

Bevor man vor die Mitarbeitenden tritt, sollte man sich als Führungskraft die Frage stellen: »Habe ich verstanden, warum diese Entscheidung für das Unternehmen sinnvoll ist?« Sinn ist ein ganz zentraler Faktor, um intrinsische Motivation entwickeln zu können. Das gilt für Sie als Führungskraft ebenso wie für Ihre Mitarbeiter und Mitarbeiterinnen: Wenn Sie über die Notwendigkeit und Zielsetzung von Entscheidungen nicht ausreichend informiert sind, können Sie deren Sinn natürlich auch nicht vermitteln. Halten Sie also Rücksprache mit Ihren eigenen Vorgesetzten, um zu diskutieren, warum die geplanten Maßnahmen für die Gesamtorganisation wichtig sind (auch wenn sie für Ihren Bereich vielleicht wenig nutzbringend erscheinen oder sogar Nachteile mit sich bringen).

Anschließend können Sie Ihr »Inneres Team« befragen, um Pro- und Contra-Anteile in Ihrer eigenen Haltung näher zu erforschen. Dies hilft Ihnen, eine eigene Position zu finden. Wie wichtig innere Klarheit ist, um nach außen klar kommunizieren zu können, darauf haben wir bei unserer Darstellung des Modells des Inneren Teams bereits hingewiesen. Gelingt es Ihnen nicht, sich Ihres inneren Zwiespalts bewusst zu werden, besteht die Gefahr, dass sich Anteile wie »der Rebellische« oder »der Frustrierte« auf die Bühne drängen (Abbildung 35).

Das kann dazu führen, dass Sie sich – ohne es zu wollen – mehr oder weniger offensichtlich mit den Mitarbeiterinnen und Mitarbeitern solidarisieren und dadurch die Führungsrolle verlassen, wie in folgendem (vielleicht leicht überspitztem, aber nicht unrealistischem) Dialog:

> Mitarbeiter A: »Ich finde, diese neue Ausrichtung auf die institutionellen Großkunden führt uns in die ganz falsche Richtung!«
> Mitarbeiterin B: »Außerdem haben wir das ja schon vor zehn Jahren versucht und wir haben ja gesehen, wohin das führt!«
> Führungskraft: »Sie sprechen mir aus der Seele. Ich kann mir auch nicht vorstellen, dass das was bringt (der Skeptiker) und finde es viel sinnvoller, dass wir uns verstärkt um die Privatkunden kümmern (der Besserwisser). Aber wenn die Damen und Herren da oben meinen, sie wüssten alles besser, werden sie schon sehen, wohin das führt (der Rebellische)!«

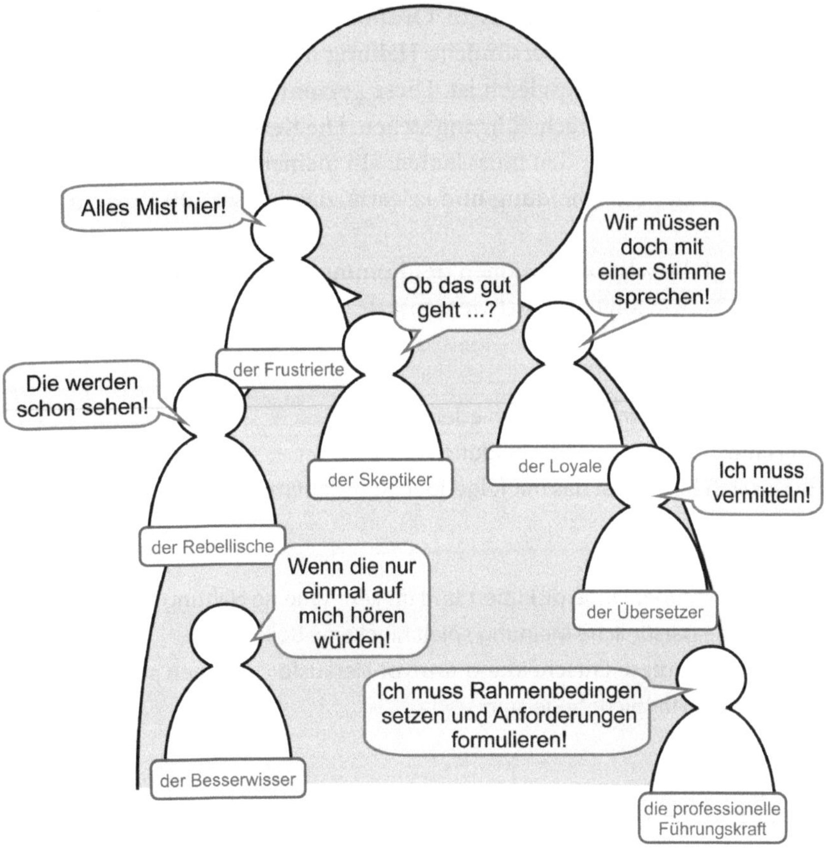

Abbildung 35: Visualisierung von Anteilen eines Inneren Teams bei Werte- oder Zielkonflikten

Wenn Sie Positionen vertreten müssen, die Sie selbst nicht gutheißen, sollten Sie üben, Einstellungen und Emotionen, die Ihrem Auftrag als Führungskraft zuwiderlaufen, nicht ungefiltert zum Ausdruck zu bringen. Die Konsequenz daraus heißt aber nicht, dass Sie Ihre persönliche Haltung gegenüber den getroffenen Entscheidungen ganz und gar aus der Kommunikation verbannen müssen, was allenfalls professionellen Schauspielerinnen und Schauspielern überzeugend gelingen dürfte. Wenn Sie lange und eng mit Ihren Mitarbeitenden zusammenarbeiten, werden Sie Ihnen eine Selbstverleugnung Ihrer kritischen inneren Stimme im Sinne von: »Ich bin von dieser Entscheidung voll und ganz überzeugt« nicht abnehmen.

Wir haben es also mit einem Dilemma zu tun: Auf der einen Seite müssen Sie Ihrer Rolle als Vertretung der Organisationsinteressen gerecht werden, indem Sie die Umsetzung der getroffenen Entscheidungen ohne Wenn und Aber einfordern. Auf der anderen Seite müssen Sie glaubwürdig bleiben, da Sie sonst Ihre persönliche Autorität und die Bindung zu Ihren Mitarbeitern und Mitarbeiterinnen aufs Spiel setzen. Wie gelingt ein solcher Drahtseilakt?

Wir meinen, dass es durchaus in Ordnung ist, wenn Sie als Führungskraft anklingen lassen, dass Ihre persönliche Haltung nicht mit der offiziellen Position des Unternehmens deckungsgleich ist. Diese persönliche Haltung sollte aber nicht im Vordergrund der Gesprächsführung stehen. Die Kernbotschaft in der Kommunikation mit den Mitarbeitenden muss lauten: »In meiner Funktion als Führungskraft stehe ich hinter der Entscheidung und erwarte, dass sie zu 100 Prozent umgesetzt wird.«

Bezogen auf die vier Dimensionen des Kommunikationsquadrats sollte die Kommunikation also wie folgt gestaltet werden:

Sachinhalt:
»Die Geschäftsführung hat entschieden, dass …«
»Der Hintergrund dieser Entscheidung ist …«
»Für unseren Bereich ist das mit folgenden Konsequenzen verbunden: …«

Selbstkundgabe:
»Wir haben darüber lange diskutiert und ihr kennt meine Haltung zu dieser Frage.«
»Aber: Meine persönliche Meinung spielt hier keine Rolle …«
»Ich weiß, dass diese Entscheidung uns vor Herausforderungen stellt und habe Verständnis, wenn ihr nicht begeistert seid.«

Beziehung:
»Dennoch werde ich als Führungskraft konsequent auf die Umsetzung der Beschlüsse achten.«

Appell:
»Ich erwarte ganz klar, dass ihr die Beschlüsse umsetzt.«
»Wenn ihr Fragen oder Klärungsbedarf habt, meldet euch.«

Weiterführende Ideen, wie Sie in Veränderungsprozessen die Sinnhaftigkeit thematisieren und die Motivation stärken können, finden Sie in → **Kapitel 5.11 »Gespräche zu Veränderungsprozessen«**.

Was können Sie tun, wenn die eigenen Ambivalenzen so groß sind, dass eine balancierte Kommunikation nicht mehr gelingt? Was können Sie tun, wenn Sie so sehr davon überzeugt sind, dass die getroffenen Entscheidungen falsch sind? In diesen Extremfällen können Sie gegebenenfalls Ihre Vorgesetzten darum bitten, die Position stellvertretend für Sie zu kommunizieren und selbst den Hintergrund der Entscheidung zu erklären. Bei komplexen Zusammenhängen, die nicht in Ihre eigene Fachlichkeit als Führungskraft fallen, kann es auch hilfreich sein, dass ein fachlicher Experte die neuen Anforderungen erläutert und bei kritischen Fragen, die Sie selbst nicht hinreichend beantworten könnten, Rede und Antwort steht.

Falls sich die Situationen häufen, in denen Sie eine Unternehmenspolitik vertreten müssen, die Ihren Werten und Überzeugungen zuwiderläuft, geht es irgendwann nicht mehr darum, wie Sie diese Unternehmenspolitik gegenüber Ihren Mitarbeitenden vertreten können, sondern um eine ganz andere Frage, nämlich, ob Sie in diesem Unternehmen noch an der richtigen Stelle sind oder möglicherweise zu einer anderen Organisation wechseln sollten.

6.8 Wie kann ich reagieren, wenn Teilnehmende starke Emotionen zeigen?

Der Umgang mit starken Emotionen, wie Wut, Angst und Trauer, stellt Führungskräfte vor große Herausforderungen. Gerade in sachlichen, eher emotionsvermeidenden Organisationskulturen lösen diese Emotionen oft Reaktionen der Überforderung und Unsicherheit aus.

Wut zeigt sich etwa in persönlichen Angriffen, Zwischenrufen, Beleidigungen und Regelverstößen sowie in »Du-Botschaften und Killerphrasen« (→ **Kapitel 6.12 »Wie kann ich auf Zwischenrufe, Beleidigungen und Regelverstöße reagieren?«**, → **Kapitel 6.13 »Wie kann ich auf Du-Botschaften und Killerphrasen reagieren?«**). Eine häufige Reaktion besteht in verbalen Gegenangriffen (»Was fällt Ihnen ein, …?«; »Ich verlange, dass Sie sich sofort entschuldigen, sonst …!«).

Angst oder *Trauer* eines Gesprächspartners oder einer Gesprächspartnerin lösen beim Gegenüber oft den Reflex aus, zu beschwichtigen (»So schlimm ist es doch gar nicht«), die Emotion beiseite zu wischen (»Machen Sie sich keine Sorgen«) oder Argumente gegen das Empfinden des Gegenübers aufzuzählen (»Ihre Angst ist unbegründet, denn …«).

Das Motiv für solche Abwehrreaktionen ist dabei psychologisch in der Regel dasselbe: Wir wollen uns selbst schützen oder uns dem unangenehmen Gefühl entziehen, indem wir es auf eine rationale Ebene heben. Diese nachvollziehbare Abwehrreaktion kann aber leicht dazu führen, dass Ihr Gegenüber sich unverstanden und mit seiner Emotion nicht angenommen fühlt. Hinzu kommt die eigene Unsicherheit der Führungskraft: Wie kann ich mit dieser Situation umgehen, gerade in einer Arbeitskultur, in der das Zeigen von Emotionen als Schwäche betrachtet wird, sodass ihr Auftreten als unangemessen und peinlich erscheint?

Zudem tendieren Emotionen dazu, sich aufzuheizen. Oft erleben wir Situationen, in denen andere Beteiligte Resonanz auf die durch eine andere Person gezeigte Emotion zeigen, indem sie entweder dagegenhalten oder mitschwingen. Ein unkontrolliertes Laufenlassen emotionaler Äußerungen führt daher häufig zu einer Eskalation.

Der erste Schritt zu einem angemessenen Umgang mit starken Emotionen besteht darin, die eigene Betroffenheit zuzulassen und über Gefühlsäußerungen nicht hinwegzugehen. In der Regel sind aber keine »weisen Worte« der Führungskraft gefragt. Vielmehr ist es angemessen, eine Pause einzulegen, Verständnis zu äußern und kleine Gesten der Menschlichkeit zu zeigen, wie z. B. ein Taschentuch anzubieten. Zunächst steht also im Vordergrund, für eine Unterbrechung zu sorgen, damit das Gespräch nicht in einer Spirale der Wut, Angst oder Trauer – oder der jeweiligen Gegenreaktionen hierauf – eskaliert.

Um emotionale Äußerungen von Teilnehmenden nachvollziehen zu können, ist es hilfreich zu verstehen, dass Gefühle – entsprechend den Grundannahmen der Gewaltfreien Kommunikation – prinzipiell aus befriedigten oder unbefriedigten Bedürfnissen resultieren (Rosenberg, 2005, S. 73 f.). Es kann daher in unserem Kontext nie um eine »Bearbeitung von Gefühlen« gehen, sondern bestenfalls um eine Klärung der dahinterliegenden Bedürfnisse und um eine Vereinbarung, wie diese angemessen erfüllt werden können.

Unabhängig davon, welche Emotionen Teilnehmende zeigen, lassen sich aus der Gewaltfreien Kommunikation (Rosenberg, 2005) einige Grundsätze für die Gesprächsführung ableiten:

1. **Zeigen Sie Verständnis für die Gefühle anderer.**
   Es ist vollkommen berechtigt, diese Gefühle zu haben. Gefühle haben ihre Begründung und ihre Geschichte und basieren auf – in der Regel nachvollziehbaren und berechtigten – Bedürfnissen.
2. **Übernehmen Sie keine Verantwortung für die Gefühle anderer.**
   Es sind die Gefühle der anderen Person, nicht Ihre eigenen. Es bleibt zu klären, ob Sie zur Erfüllung dahinterliegender Bedürfnisse beitragen können und wollen.
3. **Übernehmen Sie die Verantwortung für das Hier und Jetzt.**
   Sie können Pausen anbieten, Getränke, Taschentücher, eine Änderung der Sitzordnung oder die Möglichkeit zum Führen eines Telefonats. Auch eine Vertagung des Termins kann angeboten werden, wenn Sie den Eindruck gewinnen, dass dies der Auseinandersetzung mit dem Thema dienlich ist.
4. **Erkunden Sie die Bedürfnisse hinter dem Gefühl.**
   Es lohnt sich, wertschätzend nach den hinter dem Gefühl liegenden Bedürfnissen zu fragen und zu thematisieren, wie – und auch durch wen – diese zufriedengestellt werden können.
5. **Arbeiten Sie »Bitten um erfüllbare Handlungen« heraus.**
   Um benannte, oft unbefriedigte Bedürfnisse zu erfüllen, sollte eine Bitte an einen konkreten Adressaten formuliert werden. Hierbei kann auch herausgearbeitet werden, ob es etwas gibt, das in Ihren Verantwortungsbereich fällt.
6. **Vermeiden Sie jede Parteinahme.**
   Unter Parteinahme kann auch das Spenden von Trost fallen oder die Zusicherung, »dass alles gut werden wird«. Durch Zuwendung bei gezeigten Emotionen geraten Sie schnell in eine Rolle des Dramadreiecks! Statt der Person selbst beizustehen, sollten Sie fragen, wer Trost spenden und wie man bzw. wer der betreffenden Person auf

welche Weise Zuversicht geben könnte (siehe Punkte 4 und 5). Durch ein solches Verhalten vermitteln Sie die Erfüllung dieser Bedürfnisse an eine andere »zuständige Person«, ohne selbst die Partei der emotional reagierenden Person zu ergreifen.

Da Sie normalerweise immer auch selbst beteiligte Person sind und keine unabhängige externe Gesprächsführung, ist es außerordentlich anspruchsvoll, eine derart strukturierte und moderierende Haltung zu gezeigten Emotionen anderer Personen einzunehmen. Letztlich bleibt es eine Frage Ihrer professionellen Distanz wie auch Ihrer Empathie und Wachsamkeit, wie stark Sie selbst auf die Erfüllung der Bedürfnisse eingehen, die in emotionalen Situationen zum Ausdruck kommen.

6.9 Wie kann ich mit eigenen starken Emotionen umgehen?

Das Auftreten eigener starker Emotionen stellt eine Herausforderung dar, die bei allen bereits behandelten Gesprächssituationen auftauchen kann. Empfinden Sie starke Emotionen wie Ärger, Frustration, Neid, Angst oder Trauer, führt das unter Umständen dazu, dass Ihnen die für eine zielführende Gesprächsführung wichtige Distanz und Ruhe verloren geht. Wutausbrüche und andere impulsive Reaktionen Ihrerseits können Störungen auf der Beziehungsebene bewirken und eine sachliche Klärung erschweren. Aber auch positiv konnotierte Emotionen wie Freude und Euphorie sind stark genug, um die Steuerung zu übernehmen und das Gespräch in eine unsachliche und unproduktive Richtung laufen zu lassen.

Da Sie als Führungskraft zum einen Verantwortung für Ihre Mitarbeitenden tragen, und sich zum anderen in einer Machtposition befinden, in der es für andere Personen schwierig sein kann, sich der Situation zu entziehen, tragen Sie in hohem Maße Verantwortung für die von Ihnen gezeigten Emotionen. Der deshalb verständliche Versuch, eigene Emotionen zu verleugnen oder zu unterdrücken, ist im Arbeitsleben häufig und gerade bei Personen mit Führungsverantwortung zu beobachten, aber nicht zielführend.

Emotionen spielen in unserem Handeln eine zentrale Rolle. Sie treten oft spontan aufgrund bestimmter Wahrnehmungen und Gedanken auf und sind eine zentrale Grundlage unserer Handlungssteuerung. Versteht man Emotionen zudem als Hinweise auf erfüllte oder unerfüllte Bedürfnisse, sind sie ein wichtiger Indikator für diese Erfüllung bzw. Nichterfüllung. Der Versuch, »Gefühle rauszuhalten«, sie herunterzuspielen oder zu ignorieren, ändert nichts an den dahinterliegenden Bedürfnissen. So gesehen können Gefühle hilfreiche Ressourcen für die Gesprächsführung sein: Sie zeigen an, was uns wirklich wichtig ist, sie warnen uns vor Bedrohungen, sie geben Hinweise darauf, was im Gespräch oder bezogen auf das thematisierte Thema falsch läuft. Eigene Emotionen auf diese Weise als Wegweiser für die Gesprächsführung zu nutzen, setzt voraus, sowohl mit den eigenen Gefühlen als auch mit dem Gegenüber und dessen Emotionen im Kontakt zu sein. Damit dies gelingt, stellen Sie sich in der Vorbereitung auf ein Gespräch folgende Fragen:

- Wie sehr berührt mich das Thema oder zu erwartende Äußerungen anderer beteiligter Personen emotional?
- Welche meiner Bedürfnisse sind möglicherweise unbefriedigt, sodass bei mir eine starke Emotion entstehen könnte?
- Was kann ich tun, um diese Bedürfnisse bezogen auf das Thema oder erwartete Reaktionen anderer zu erfüllen?
- Wie kann ich meine Gefühle, Bedürfnisse und mögliche Handlungsideen ansprechen?
- Was kann ich tun, wenn ich in einem Gespräch merke, dass sich bei mir starke Emotionen zeigen?

Als Reaktion auf eigene Emotionen ist es hilfreich, diese kommunikativ zu rahmen und sich selbst eine deeskalierende Pause zu organisieren.

> »Sie haben gerade auch gemerkt, dass ich hier ärgerlich werde und meine Wortbeiträge an Vehemenz zunehmen. Ich möchte daher eine kurze Pause einlegen, um nachzudenken, was der Hintergrund davon sein kann. Ich bitte Sie ebenfalls, sich darüber Gedanken zu machen, wo Sie gerade emotional herausgefordert sind und welche Ideen Sie dazu haben, welche Ursachen das haben könnte.«
> »Wir sind gerade in einer sehr euphorischen Stimmung. Das ist erst einmal ein gutes Anzeichen dafür, dass wir zu diesem Thema eine gemeinsame Basis gefunden haben. Dennoch möchte ich jetzt zunächst eine kurze Pause einlegen, um im Anschluss mit etwas mehr Neutralität und Distanz noch einmal alle Punkte durchzugehen.«

Wenn eine vorherige Selbstklärung und kurze Unterbrechungen nicht weiterhelfen, eigene Emotionen nutzbringend einzusetzen, bietet es sich an, die Situation später in einem anderen Kreis auf der Metaebene zu besprechen, z. B. in einer Leitungssupervision, oder gegebenenfalls einen Beratungs- oder Coachingtermin in Anspruch zu nehmen.

6.10 Wie kann ich mit aggressiven Gesprächspartnerinnen und -partnern umgehen?

Aggression ist eine gegen andere gerichtete Haltung, die sich in verschiedensten Handlungen zeigt. Diese reichen von bösen Blicken über provozierende Gesten bis zu verbalen und körperlichen Angriffen. Bei Aggressionen ist es typisch, dass beide Gesprächsparteien versuchen, in die überlegene Position zu gelangen, indem sie sich unterbrechen, noch lauter und aggressiver sprechen als die andere usw. Wenn uns Aggression entgegenschlägt, sind wir auf einer unbewussten Ebene versucht, in einen der typischen Reaktionsmodi aus Gegenangriff, Flucht oder Verteidigung zu gehen. Diese Reaktionsmuster sind in der Regel (gerade in der Führungsrolle) nicht hilfreich, weil sie in die Eskalation führen (Gegenangriff), uns in die unterlegene Position bringen (Verteidigung) oder dem Gegenüber die Bühne überlassen (Flucht).

Wird ein Gespräch aggressiv, sollte Ihr Hauptanliegen zunächst sein – wie beim Umgang mit starken Emotionen –, einen Schlagabtausch und eine Eskalation zu vermeiden. Versuchen Sie, bei aggressiven Gesprächsbeteiligten in eine Haltung der Gelassenheit zu gehen. Dies ist nicht leicht und bedarf einer Strategie, die Sie in solchen Situationen aktivieren können, sowie etwas Übung. Um Sie in diese Haltung der Gelassenheit zu bringen, helfen innere Vorstellungsbilder. Sie können sich beispielsweise imaginieren, Sie seien Wasser, durch das die Aggression einfach hindurchgeht, oder eine Karatekämpferin, die dem Angriff ihres Gegners keinen Widerstand entgegensetzt, sondern dessen Energie umlenkt und damit neutralisiert. An ein gelassenes Rollenvorbild zu denken, unterstützt Sie ebenfalls, auf die Aggression nicht einzusteigen (z. B. »mein Bruder, der auf Angriffe immer so cool reagiert«). Überlegen Sie, welches Vorstellungsbild für Sie am besten passt.

Sollte es Ihnen nicht gelingen, cool zu bleiben, und Sie bemerken, dass die Aggression des Gegenübers bei Ihnen Ärger oder Wut auslöst, und diese Emotionen Ihre Reaktion bestimmen, haben Sie die Möglichkeit für eine konstruktive Gesprächsleitung bereits aus der Hand gegeben. Unterbrechen Sie also rechtzeitig, bevor Sie Teil eines aggressiven Schlagabtausches werden.

Für Sie als gesprächsführende Führungskraft bieten sich also zwei Möglichkeiten, auf aggressiv werdende Gesprächsbeteiligte zu reagieren:

1. Sofortige Unterbrechung.

Handeln Sie direkt, indem Sie freundlich, aber bestimmt unterbrechen. Achten Sie darauf, dass Sie ruhig und ohne Drohung auftreten. Oft helfen dem Gegenüber eindeutige und beruhigende Gesten, um auf eine Unterbrechung eingehen zu können.

> »So nicht, Herr Schlüter. Stopp! Ich sehe, dass Sie sehr aufgewühlt sind. Das hat sicherlich gute Gründe. Ich möchte aber vermeiden, dass wir hier aneinandergeraten. Ich möchte Sie daher in aller Höflichkeit darum bitten, mein Büro zu verlassen und in Ruhe zu sortieren, was Sie mir mitteilen möchten. Bitte gehen Sie jetzt. Ich bin gern für Sie und Ihr Anliegen da, wenn Sie sich sortiert haben.«
> »Ich möchte nicht, dass wir hier so miteinander reden. Ich möchte das Gespräch an dieser Stelle beenden. Bitte schlafen Sie eine Nacht darüber und kommen Sie gern morgen wieder, um Ihr Anliegen vorzutragen.«

2. Erst einmal gar nicht reagieren.

Wenn Sie die aggressiv vorgetragenen Äußerungen Ihres Gegenübers zunächst schweigend anhören, kann es Wut und Ärger erst einmal loswerden. Dagegenzuhalten würde das Gespräch hingegen aufschaukeln. Vermeiden Sie Appelle wie »So beruhigen Sie sich doch!«. Diese sind meist wirkungslos oder animieren das Gegenüber sogar dazu, noch vehementer zu werden. Sobald die andere Person fertig ist, weil sie ihre Emotion und ihr Anliegen platzieren konnte und ihre Emotionen ausgeklungen sind, können Sie ein klärendes Gespräch über die Situation suchen (Metakommunikation). Dieses kann durchaus mit einiger zeitlicher Verzögerung erfolgen.

> »Du bist sehr wütend. Das sehe ich. Und sicherlich hat das Gründe. Ich habe einige Themen gehört, die du gern klären möchtest. In deinem aufgewühlten Zustand glaube ich aber nicht, dass das hier und jetzt gut gelingen kann. Ich bitte dich, für den Moment zu gehen und biete dir an, morgen um 11 Uhr zu einem Gespräch zu kommen.«

Beide Vorgehensweisen haben zum Ziel, Zeit zu gewinnen und das Gespräch zu einem späteren Zeitpunkt fortzusetzen, wenn sich die Gemüter etwas beruhigt haben. Auf das Gespräch können Sie sich inhaltlich vorbereiten, indem Sie anhand der Schritte der Gewaltfreien Kommunikation überlegen, welche Beobachtungen und Bedürfnisse Ihres Gegenübers zu seiner Aggression geführt haben und was möglicherweise eine Bitte um eine erfüllbare Handlung an Sie sein könnte. An diese Vorüberlegungen anschließend können Sie diese Aspekte dann auch im Gespräch erfragen, um Ihre Hypothesen zu überprüfen. Bei diesem zeitverzögerten Gespräch ist es wichtig, nicht nur auf die Inhalte einzugehen, sondern auch die Art und Weise, miteinander umzugehen, zu besprechen. Thematisieren Sie auf der Metaebene, wie die aggressive Kommunikation gelaufen ist. Treffen Sie inhaltliche und prozessbezogene Vereinbarungen.

6.11 Wie kann ich damit umgehen, wenn sich die am Gespräch Beteiligten gegenseitig angreifen?

Engagierte Diskussionen, gegenseitige Beschuldigungen und Angriffe sind in Gesprächen keine Seltenheit. Sobald es darum geht, unterschiedliche Standpunkte zu klären, ist der Konflikt nicht weit. Er stellt unter Umständen eine wichtige Lernchance für die Weiterentwicklung der beteiligten Mitarbeiterinnen und Mitarbeiter, des Teams und der gesamten Organisation dar. Konflikte konstruktiv zu nutzen, setzt allerdings voraus, dass die Beteiligten im Sinne des Gesamtsystems denken und nicht auf ihren Positionen verharren. Ein Ja zu Konflikten bedeutet nicht, gegenseitige Angriffe und Kränkungen zu akzeptieren. Es ist ein Ja dazu, Konflikte als Indikatoren für emotionale Betroffenheit und für das subjektive Empfinden der Beteiligten zu sehen, die einen Anlass bieten, die dahinterliegenden Wünsche, Bedürfnisse und Ziele zu thematisieren.

Konflikte bringen typische Dynamiken mit sich, die das Wahrnehmen, Denken, Empfinden, Wollen und Handeln der Person verändern:

- **Wahrnehmung:** Die Wahrnehmung verengt sich in Konflikten, sodass vorwiegend negative Aspekte des Konfliktgegners gesehen werden und positive aus dem Blick geraten (Scheuklappen-Blick).
- **Denken:** In Konflikten bilden sich Überzeugungen und Glaubenssätze aus, die dazu führen, dass nur noch ein Teil der komplexen Situation berücksichtigt wird. Der Perspektivenwechsel zum Wahrnehmen und Erleben des Gegenübers gelingt oft nicht mehr.
- **Empfinden:** Auf der emotionalen Ebene herrschen in Konflikten zunächst Angst, Frustration und Ärger vor. Diese werden (oft nur zeitweise oder zu Beginn eines Konfliktes) unterdrückt oder zeigen sich in verschiedenen Bewältigungsstrategien, wie in Rückzug, Verdrängung, Erstarrung oder Angriff.
- **Wollen:** Während die Beteiligten zu Beginn des Konfliktes noch flexibel sind, schränkt sich die Kompromissfähigkeit mit zunehmender Dauer immer weiter ein. Man versteift sich auf ein Ziel, das auf jeden Fall – und auch nur auf dem Weg, den man selbst für richtig hält – umgesetzt werden muss.
- **Handeln:** Aggressive Handlungsmuster (z. B. Vorwürfe, Drohungen, verbale oder sogar tätliche Attacken), Rückzug (z. B. aus dem Weg gehen, Vermeidung von Terminen, kurzfristige Absagen) oder Verzweiflung (z. B. Weinen, Erstarrung, Krankmeldung) nehmen bei Konflikten fortwährend zu. Lösungsorientiertes Verhalten (zuhören, nachfragen, Verständnis äußern, aufeinander zugehen) nimmt ab.

Auf der Ebene der Interaktion bilden sich in Konflikten Kommunikationsmuster aus, die Fritz B. Simon (2010) in Anlehnung an Niklas Luhmann als fortgesetzte »Negation der Negation« beschrieben hat. Die Beteiligten lehnen ihre Kommunikationsangebote und die dahinterstehende Sprecherposition gegenseitig ab:

> A: »Sie haben mir das Konzept zu spät geschickt.«
> B: »Aber Sie haben mir auch zu wenig Zeit gegeben, um ein vernünftiges Konzept zu erstellen.«
> A: »Sie hatten mehr als genug Zeit.«
> etc.

Würde eine der beteiligten Personen – egal welche – einlenken, wäre die Konfliktdynamik durchbrochen:

> A: »Sie haben mir das Konzept zu spät geschickt.«
> B: »Ja, stimmt, tut mir leid.«

oder

> A: »Sie haben mir das Konzept zu spät geschickt.«
> B: »Aber Sie haben mir auch zu wenig Zeit gegeben, um ein vernünftiges Konzept zu erstellen.«
> A: »Da haben Sie Recht, ich versuche, Sie demnächst früher einzubinden.«

Lenkt keine Partei ein, entsteht eine Konfliktdynamik, die sich selbst verstärkt und den Konflikt immer weiter in die Eskalation treibt (Glasl, 2020; → **Kapitel 5.9 »Konfliktmoderation als unbeteiligte Person«**).

Wenn Sie als Führungskraft in Ihrem Team mit einem Konflikt konfrontiert sind (z. B. im Rahmen einer Teambesprechung), ist es Ihre Aufgabe, in einem möglichst frühen Stadium einzugreifen, um zu verhindern, dass die Beteiligten in diesen Teufelskreis hineingeraten. Hierfür kann es aus systemischer Sicht schon genügen, die entstehenden Interaktionsschleifen der gegenseitigen Ablehnung zu durchbrechen, z. B., indem Sie einen Kompromissvorschlag unterbreiten (»Ich denke, dass sich Ihre beiden Positionen miteinander vereinbaren lassen. Darf ich einen Kompromissvorschlag machen? Wir können dann gemeinsam schauen, wie wir diese Zwischenposition konkretisieren können.«), das Thema vertagen (»Ich glaube, es würde uns guttun, wenn wir alle noch einmal darüber schlafen, unsere Anliegen bezogen auf dieses Thema klären und uns am Mittwoch wieder treffen, um uns darüber auszutauschen.«) oder eine Pause machen (»Ich möchte das Gespräch hier unterbrechen und eine Pause einlegen. Wenn wir dann in 30 Minuten weitermachen, möchte ich mit Ihnen, Ihre Argumente sachlich klären und ein Verständnis für die jeweilige Gegenposition entwickeln.«).

In einem frühen Konfliktstadium hilft vor allem Metakommunikation bei der Unterbrechung der Konfliktmuster. Stellen Sie Ihre Beobachtung in Form von Ich-Botschaften zur Verfügung, um die beginnende Verhärtung zu spiegeln und zu thematisieren. Achten Sie darauf, dass dies empathisch und frei von Vorwürfen geschieht, und ohne dabei Partei zu ergreifen:

> **Positivbeispiel**
> »Lassen Sie mich einmal kurz eingreifen. Ich merke, dass Sie sehr um eine Lösung ringen. Ich habe großen Respekt davor, dass Sie so engagiert für die Interessen Ihrer Teams eintreten. Ihr starkes Engagement führt aber dazu, dass hier die Emotionen ziemlich hochschlagen. Mir wäre es wichtig, dass wir diese Diskussion ohne gegenseitige Vorwürfe, Angriffe oder Schuldzuschreibungen führen.«

> **Negativbeispiele**
> »Jetzt platzt mir aber langsam der Kragen. Sie sind jetzt schon zehn Minuten ausschließlich damit beschäftigt, sich gegenseitig Vorwürfe zu machen und auf Ihrem Standpunkt zu beharren. Das ist doch kein Kindergarten hier!«

> »Jetzt bleiben Sie doch mal sachlich und hören Sie auf, sich gegenseitig anzugreifen, vor allem Sie, Herr Jones. Ich finde, Herr Habibi hat schon recht, die Konzepte, die in diesem Jahr von Ihrem Team kamen, waren ja wirklich unterirdisch.«

Natürlich können Sie als Führungskraft Stellung beziehen und Ihre Meinung und Erwartungen äußern. Machteingriffe in Form einer Entscheidung sind durchaus in der Lage, eine Konfliktdynamik zu unterbrechen. Hierbei besteht aber die Gefahr, dass die Entscheidung Sie parteiisch wirken lässt. Wenn es darum geht, dass die Beteiligten gemeinsam eine für alle Seiten akzeptable Lösung finden, sollten Sie besser eine allparteiliche und moderierende Haltung einnehmen.

Grundsätzlich sollten Sie Überlegungen dazu anstellen, wie Sie die bereits beschriebene Konfliktdynamik unterlaufen können:

- **Wahrnehmung:** Um der für Konflikte typischen Verengung der Wahrnehmung entgegenzuwirken, kann es im Sinne der systemisch-lösungsorientierten Grundhaltung hilfreich sein, den Blick auf das Positive zu lenken, z. B. durch eine Frage wie: »Mein Eindruck ist, wir fokussieren hier sehr auf die schwierigen Seiten der Zusammenarbeit. Ich würde gern wissen: Was hat denn aus Ihrer Sicht in den letzten sechs Wochen in der Zusammenarbeit gut geklappt?« »Ich möchte zunächst noch einmal zusammenfassen, über welche Punkte Einigkeit besteht: …«.
- **Denken:** Versuchen Sie, das Konfliktthema in seinen verschiedenen Facetten zu reflektieren. Hierfür eignet sich beispielsweise eine schriftliche Gegenüberstellung von Vor- und Nachteilen der umstrittenen Vorschläge. Lassen Sie die jeweils andere Seite zusammenfassen, was sie von dem anderen Vorschlag verstanden hat (Rollentausch, → **Kapitel 5.9 »Konfliktmoderation als konfliktunbeteiligte Person«**). Fordern Sie Person B auf, zu wiederholen, was Person A gerade über ihre Wahrnehmung und ihr Erleben gesagt hat. Person A kann dann bestätigen, korrigieren und ergänzen. Dann wechselt die Perspektive: Nun versetzt sich Person A in die Rolle von B und wiederholt, was B gesagt und empfunden hat. Anschließend kann Person B bestätigen, korrigieren und ergänzen.
- **Empfinden:** Wie bereits beschrieben, ist die abnehmende Fähigkeit und Bereitschaft zum Perspektivenwechsel eines der Hauptprobleme in Konflikten. Lassen Sie die Beteiligten formulieren, worüber sie sich in der Zusammenarbeit in den (z. B.) zurückliegenden sechs Wochen geärgert haben und welches Empfinden der Konflikt ausgelöst hat. Dabei ist wieder darauf zu achten, dass diese Gefühle als Selbstkundgaben geäußert werden und möglichst nicht als Vorwürfe. Um die schwindende Empathie der Konfliktparteien zu stärken, ist es ausschlaggebend, dass die Beteiligten die Gefühle und die dahinterliegenden Bedürfnisse der Gegenseite anerkennen. Auch hierbei hilft der mentale Rollentausch.
- **Wollen:** Ein Grundsatz der Verhandlungsführung lautet: Fokussiere nicht auf Positionen, sondern auf Interessen und dahinterliegende Bedürfnisse. Ein Kompromiss ist leichter zu erzielen, wenn die Beteiligten nicht an einer konkreten Lösung fest-

halten und stattdessen gemeinsam überlegen, welche Lösungsmöglichkeiten allen Interessen und Bedürfnissen gerecht werden.

- **Handeln:** Als Führungskraft sind Sie Moderator und verantwortlich für das Einhalten der Umgangsregeln, die Sie sich für Ihren Bereich wünschen. Unterbrechen Sie konsequent Angriffe und Vorwürfe, damit Konflikte nicht eskalieren. Sammeln Sie gemeinsam Handlungsideen und stellen Sie diese als gleichwertige Optionen nebeneinander. Helfen Sie den Anwesenden dabei, die hinter ihren Äußerungen stehenden Interessen und Bedürfnisse in Form von »erfüllbaren Bitten« zu formulieren.

Für Sie als Führungskraft ist es wichtig, den richtigen Zeitpunkt für Ihr Eingreifen zu wählen: Intervenieren Sie zu früh, schwächen Sie die Eigeninitiative der Beteiligten, intervenieren Sie zu spät, besteht das Risiko, dass sich der Konflikt so weit verhärtet, dass eine Konfliktlösung kaum mehr möglich ist. Um den richtigen Zeitpunkt für Ihr Eingreifen abzupassen, brauchen Sie eine gute Beobachtungsgabe sowie Kenntnis davon, wie sich Konflikte entwickeln und aufschaukeln und womit das bei den Konfliktbeteiligten einhergeht. Dann haben Sie gute Chance, entstehende Konflikte möglichst frühzeitig zu erkennen und lösungsorientiert einzugreifen.

Um Ihre eigene Rolle in der Konfliktdynamik zu reflektieren, eignet sich das in → **Kapitel 3.7.2** vorgestellte »Dramadreieck«. Da sich Konfliktbeteiligte oft selbst als Opfer und die jeweils andere Seite als Täterin oder Täter sehen, geraten Sie schnell in die Situation, als Retterin oder als Retter auftreten zu müssen: Sie sollen entscheiden, wer mit seinem Erleben und seiner Bewertung Recht hat. Als Führungskraft sollten Sie aber besser vermittelnd und moderierend handeln, solange es um Themen geht, die zwischen den Beteiligten ausgehandelt werden können. Bei Sachentscheidungen, die Mitarbeitende nicht unter Ihrer Begleitung aushandeln können, sollten Sie zunächst überlegen, auf welcher Ebene und unter welcher Beteiligung entsprechende Entscheidungen getroffen werden können.

6.12 Wie kann ich auf Zwischenrufe, Beleidigungen und Regelverstöße reagieren?

Ein erster Impuls mag darin bestehen, bei Zwischenrufen, Beleidigungen und Regelverstößen einzuschreiten und auf die vereinbarten Regeln oder auf allgemeine Umgangsformen zu verweisen. Wenn Sie eingreifen, kann dies zuerst mit Gesten und eindeutiger Körpersprache geschehen, etwa durch Kopfschütteln, den Zeigefinger auf die Lippen legen oder das beschwichtigende Heben einer Hand. Das ist allerdings erst notwendig, sollten sich die Störungen wiederholen und nicht einmalig sein.

Haben Sie sich entschlossen, bei Zwischenrufen, Beleidigungen und Regelverstößen vehementer einzuschreiten, bietet es sich an, drei der bereits vorgestellten Techniken und Modelle miteinander zu kombinieren: aktives Zuhören, Erlaubnisfragen und das Modell der Gewaltfreien Kommunikation. Zunächst können Sie das (emotionale) Engagement würdigen und dann Ihre eigenen Bedürfnisse benennen:

> »Ich möchte Sie an dieser Stelle kurz unterbrechen. Dieses Thema scheint Ihnen wirklich sehr nahezugehen. Es ist gut, dass Sie das offen zeigen. Mir ist es aber wichtig, strukturiert vorzugehen, damit keine wichtigen Inhalte verloren gehen. Ich bitte Sie daher, Ihren Beitrag gleich einzubringen, wenn Sie an der Reihe sind.«
> »Entschuldigen Sie, dass ich Sie unterbreche. Sie sind sehr engagiert bei diesem Thema. Das ist sehr hilfreich. Ich möchte aber sicherstellen, dass sich niemand dadurch verletzt oder herabgewürdigt fühlt. Können wir bitte kurz über die Art reden, wie Sie hier Ihre Beiträge einbringen?«

Gespräche können durchaus auf eine Weise eskalieren, die für die Gesprächsführung zu belastend wird oder in ihr den Wunsch weckt, massiver einzugreifen. In diesem Fall können andere, stärkere Interventionen weiterhelfen:

> »Ich habe das Gespräch jetzt zum dritten Mal wegen Beleidigungen und erhöhter Lautstärke unterbrochen. Ich verstehe, dass Ihnen das Thema sehr wichtig ist und dass Sie emotional stark beteiligt sind. Um das Gespräch gemäßigter weiterführen zu können, möchte ich jetzt eine Pause einlegen. Ich bitte Sie darum, sich zehn Minuten zu nehmen, um sich zu beruhigen. Anschließend führe ich das Gespräch gern mit Ihnen weiter.«
> »Ich befürchte, dass es wenig hilfreich ist, wenn ich eingreife, sobald ihr euch gegenseitig ins Wort fallt. Ich werde daher eine zehnminütige Pause einlegen und den Raum verlassen. In dieser Zeit werde ich mir Gedanken darüber machen, wie ich das Gespräch weiterführen möchte. Euch beide bitte ich, solange hier sitzen zu bleiben und nicht zu sprechen. Vielleicht fallen euch in dieser Zeit ja auch Aspekte ein, die ich bei der Gesprächsleitung noch verbessern kann.«
> »Ich scheine dieses Gespräch nicht so leiten zu können, dass jeder in Ruhe ausreden kann. Ich hätte jetzt noch zwei Ideen: 1) Entweder die Person, die gerade nicht an der Reihe ist, setzt sich dort hinten hin und hört nur zu – und wenn sie dann an der Reihe ist, kommt sie nach vorne und die andere Person setzt sich nach hinten. Oder 2) wir schieben eine Moderationspinnwand zwischen Sie. Vielleicht ist das auch schon ausreichend, um einander ausreden zu lassen. Welche der beiden Möglichkeiten möchten Sie ausprobieren?«

Letztlich können Sie die Teilnehmenden auch um Rat fragen, indem Sie sie darum bitten, in eine Metakommunikation einzusteigen (→ **Kapitel 3.4.4 »Metakommunikation«**). Hierfür können Sie die Anwesenden auffordern, sich hinter ihre Stühle zu stellen. Von dieser »Metaposition« aus beginnen Sie dann eine Unterhaltung über die Gesprächssituation. Fordern Sie die Beteiligten auf, in der dritten Person zu formulieren. So wird ein zirkulärer Perspektivenwechsel angeleitet, der es ermöglicht, die Situation »von außen« zu betrachten (→ **Kapitel 3.6.6 »Zirkuläre Fragen«**). Hierzu ein Beispiel:

> »Darf ich Sie kurz unterbrechen? Ich würde gern mit Ihnen besprechen, wie wir hier zusammenarbeiten. Okay? Stehen Sie dafür bitte auf, auch wenn Ihnen das ungewöhnlich erscheinen mag, und stellen sich hinter Ihre Stühle. Danke.«
> »Also, ich saß da und habe gehört, wie Sie miteinander reden und wie engagiert Sie beim Thema sind, aber auch wie verletzend Ihre Äußerungen formuliert sind.«
> »Wenn Sie von außen betrachten, wie Sie miteinander sprechen, welchen Eindruck haben Sie dann? Haben Sie Ideen, was hilfreich sein könnte, um das Gespräch weiterzuführen? Welche Ratschläge hätten Sie für die Personen, die da miteinander reden, damit das Gespräch eine produktive Wendung nehmen kann?«
> »Ich habe mich gefragt, was diese Führungskraft da machen kann, damit das Gespräch ruhiger, vielleicht auch wertschätzender verläuft. Haben Sie, von außen betrachtet, eine Idee, wie sie das hinbekommen könnte?«
> »Wenn Sie das bisherige Gespräch einmal von außen betrachten: Was sehen Sie dann bei den Kolleginnen, die dort sitzen? […]. Und wenn Sie schauen, was die Führungskraft bisher so gemacht hat, was könnte sie vielleicht noch dazu beitragen, damit das Gespräch besser läuft?«

6.13 Wie kann ich auf Du-Botschaften und Killerphrasen reagieren?

Fallen in einem Gespräch Du-Botschaften (»Home-Office! Du willst doch nur gemütlich zu Hause bleiben!«) oder Killerphrasen (»Das klappt sowieso nicht!«) löst das typischerweise verschiedene innere Reaktionen aus:

- Widerspruch: »Das sehe ich ganz anders!«
- Irritation: »Das kann doch nicht sein, dass die das wirklich so meint!«
- Bekehrungsversuch: »Den muss ich überzeugen!«
- Ärger und Aggression: »Was fällt der ein, so mit mir zu reden?«

Hinter einem Widerspruch steht zunächst nur eine abweichende Wahrnehmung, die sich auf der Sachebene klären ließe. Die Irritation ließe sich produktiv nutzen, um die Sichtweise des Gegenübers näher kennenzulernen. Die letzten beiden Impulse, Bekehrungsversuch und Ärger, führen aber dazu, dass das Gespräch typischerweise schnell in einer Konfrontation mündet. Nutzen Sie bei Du-Botschaften und Killerphrasen daher besser die Reaktionen Widerspruch und Irritation, versuchen Sie aber nicht, jemanden zu bekehren und lassen Sie sich nicht von Ihrem Ärger mitreißen.

Bleiben Sie bei Du-Botschaften und Killerphrasen zuallererst ruhig und nehmen Sie das Tempo aus dem Gespräch. Wenn Ihr Gegenüber mit seiner provokanten Haltung beabsichtigt, Sie aus dem Konzept zu bringen, sollten Sie nicht darauf einsteigen und stattdessen die Kommunikation auf der Metaebene reflektieren (→ **Kapitel 3.4.4 »Metakommunikation«**).

Ein erstes Ziel der Gesprächsführung sollte es sein, den Beteiligten die Möglichkeit zu geben, ihre Aussage zu relativieren oder herauszuarbeiten, welche Erfahrungen, Bedürfnisse oder Sorgen hinter ihrer Pauschalisierung stehen. Erfragen Sie hierfür die vier Aspekte der Gewaltfreien Kommunikation (→ **Kapitel 3.5.5 »Gewaltfreie Kommunikation als Fragetechnik«**). Falls dies noch nicht zu einer Veränderung des Gesprächsverlaufs führt, können Sie weitere Gesprächstechniken einsetzen:

Spiegeln
Sie wiederholen die verabsolutierende Aussage Ihres Gegenübers.

> »Bei keinem Meeting in den letzten Monaten ist wirklich etwas herausgekommen!«
> »Bei *keinem* Meeting?«

Lösungsorientiertes Paraphrasieren
Sie formulieren das Gesagte wertschätzend als subjektive Aussage des Sprechers um. Verändern Sie Negativaussagen und Formulierungen der »Abwesenheit von etwas« positiv – beispielsweise als Wunsch – und als »Anwesenheit von etwas« um.

> »Bei keinem Meeting in den letzten Monaten ist wirklich etwas herausgekommen!«
> »Sie wünschen sich also eine stärkere Ergebnisorientierung unserer Meetings. Welche Ideen haben Sie, um das zu erreichen?«

Schriftliches Paraphrasieren
Sie schreiben das Gesagte wortwörtlich auf und analysieren es Wort für Wort. Hierdurch werden die wertenden bzw. abwertenden Anteile der Äußerungen deutlich. Aber Achtung: Der Einsatz dieser Technik ist äußerst konfrontativ und kann sehr belehrend wirken.

Ich-Botschaften
Sie stellen Fragen, die die Sprecherin in Form von Ich-Botschaften beantworten muss: Was genau ist ihr Bedürfnis und was ihre konkrete Bitte?

> »Bei keinem Meeting in den letzten Monaten ist wirklich etwas herausgekommen!«
> »Was wäre Ihnen denn wichtig?«
> »Welche konkrete Bitte haben Sie denn an die Beteiligten?«

Aktives Zuhören
Sie verbalisieren die Emotionen und Bedürfnisse, die Sie aus der Aussage des Gegenübers heraushören. Stellen Sie eine Überprüfungsfrage, um Ihre Wahrnehmung mit

der inneren Situation Ihres Gegenübers abzugleichen. Diese Technik ist nur anwendbar, wenn Sie sich in Ihr Gegenüber einfühlen können und eine authentische Idee haben, was in der Person vor sich gehen mag. Vermeiden Sie Spekulationen und Interpretationen.

> »Unsere Meetings bringen gar nichts!«
> »Ich habe den Eindruck, Sie möchten gern mit dem Projekt vorankommen und sind frustriert, dass die Meetings uns dabei nicht so weiterhelfen, wie Sie es sich wünschen – kann das sein?«

Skalierungsfragen
Sie stellen Fragen, durch die ein Schwarz-weiß- bzw. Entweder-oder-Denken differenziert werden muss.

> »Unsere Meetings in den letzten beiden Wochen haben alle nichts gebracht!«
> »Wenn Sie unsere Meetings auf einer Skala von 1 für ›sehr ergebnisarm‹ bis 10 für ›super ertragreich‹ einordnen sollten, wie würden Sie die Meetings in dieser und in der letzten Woche einschätzen? Und welche Vorschläge hätten Sie, um Ihre Wertung eine Zahl höher anzusetzen?«

Fragen nach Ausnahmen
Sie stellen Fragen, zu deren Beantwortung Ihr Gegenüber nach vorhandenen Ressourcen suchen muss.

> »Bei keinem Meeting in den letzten Monaten ist wirklich etwas herausgekommen!«
> »Welches Meeting der letzten Monate war denn ein bisschen effektiver als die anderen?«
> »Was war in diesem Meeting anders?«

Verschlimmerungsfragen
Sie fragen die betreffende Person, was man tun könnte, um das von ihr benannte Problem noch zu verstärken. Dann können Sie gemeinsam herausarbeiten, was man stattdessen tun könnte.

> »Unsere Meetings sind reine Zeitverschwendung!«
> »Welche Möglichkeiten fallen Ihnen ein, damit die Meetings noch schlimmer werden? Ich würde anschließend gern mit Ihnen gemeinsam schauen, was wir stattdessen tun könnten.«

Zirkuläre Fragen
Sie fragen den Sprecher, wie seine Wertung wahrscheinlich auf eine andere Person wirkt, oder auch, wie eine andere Person die Situation beschreiben würde.

> »Unsere Meetings bringen gar nichts!«
> »Wenn Ihre Teamleiterin das hören würde, was würde sie darüber denken?
> »Was würde Ihr Kollege Herr Wermel über die Meetings sagen, wenn ich ihn danach fragte?«

Wenn es Ihnen mit einer dieser Techniken gelingt, dass Ihr Gesprächspartner oder Ihre Gesprächspartnerin differenzierter bzw. bedürfnis- und handlungsbezogen antwortet, kann die Konfrontationsdynamik der Du-Botschaften und Killerphrasen produktiv gewendet werden. Nun lässt sich gemeinsam an der Lösung des Problems (in diesem Fall: der Verbesserung der Meetings) arbeiten.

Neben den Basistechniken gibt es noch weitere Reaktionsmöglichkeiten, z. B.:

Übertreiben, Verallgemeinern oder einen Spaß daraus machen

Sie reagieren mit der gleichen Form der Verallgemeinerung oder Killerphrase, übertreiben diese zusätzlich oder verwenden ein Sprichwort oder einen Witz, der das Gesagte aufgreift. Diese Technik kann sehr provokant wirken, aber auch dazu führen, dass das Gespräch eine positive Wendung nimmt.

Ignorieren

Sie reagieren gar nicht auf das Gesagte und fahren in der Gesprächsführung fort.

Metaphern und Bildersprache nutzen

Sie verwenden eine Metapher, indem Sie die Sprecherin oder den Sprecher beispielsweise fragen: »Wenn dieser Redebeitrag eine Sportart oder eine Waffe gewesen wäre, welche wäre das?« Sie können nach der Antwort die Frage ergänzen, mit welcher sportlichen oder kriegerischen Maßnahme das Gegenüber demnach am besten antworten solle.

Wenn Ihr Gegenüber auf die verschiedenen Versuche, das Gespräch zu versachlichen und zu differenzieren, nicht reagiert, bleibt Ihnen als letzte Möglichkeit der Abbruch des Gesprächs. Dabei können Sie Ihre Frustration deutlich zum Ausdruck bringen und klare Erwartungen aus der Führungsrolle formulieren: »Egal wie Sie zu den Meetings stehen – ich erwarte, dass Sie sich zukünftig konstruktiv beteiligen. Das heißt für mich, dass Sie belegbare Beobachtungen schildern und Vorschläge zur Verbesserung einbringen. Allgemeine Wertungen und Verabsolutierungen sind hierfür nicht hilfreich. Einen Gesprächsverlauf, wie ich ihn jetzt gerade erlebt habe, finde ich äußerst frustrierend.«

Einfache Patentrezepte für die Reaktion auf Du-Botschaften und Killerphrasen gibt es leider nicht. Mit der folgenden Übung können Sie aber ausprobieren, welche Reaktionen Sie als hilfreich erleben und in Ihr Gesprächsführungsrepertoire übernehmen möchten.

Übung 42: Drehbücher für Schlagfertigkeit

1. Nehmen Sie die Beispiele zu »Du-Botschaften und Killerphrasen« in → Kapitel 3.4.2 und formulieren Sie mögliche Reaktionen darauf. Spielen Sie diese Reaktionen in Rollenspielen und Simulationen durch. Lassen Sie sich von dem Sprecher der Du-Botschaft bzw. Killerphrase berichten, wie Ihre jeweils gewählte Entgegnung auf ihn wirkt.

2. Entwerfen Sie dann eigene Du-Botschaften und Killerphrasen. Verwenden Sie bevorzugt Phrasen, die Sie selbst schon gehört haben und denen Sie sprachlos oder verärgert gegenüberstanden. Konfrontieren Sie andere Personen in Rollenspielen und Simulationen mit ihnen, und lassen Sie diese spontan darauf reagieren. Setzen Sie sich im Anschluss zusammen und formulieren Sie passende Entgegnungen. Probieren Sie auch diese in Rollenspielen und Simulationen aus.

6.14 Wie kann ich im Gespräch mit frustrierten oder demotivierten Mitarbeitenden umgehen?

Frustration und Demotivation sind in Organisationen, bis hin zur inneren Kündigung, weit verbreitet. Die Gründe hierfür sind vielfältig. Menschen haben – abhängig von ihrer Persönlichkeit und ihrer Einstellung – eine unterschiedliche Frustrationstoleranz und verschieden ausgeprägte Ressourcen und Strategien, um mit Frustrationserlebnissen umzugehen. Ebenso sind Arbeitsanreize und innere Motivation sehr individuell zu betrachten.

Wenn wir das in → Kapitel 2 beschriebene systemische Menschenbild zugrunde legen, können wir von der Grundannahme ausgehen, dass hinter Frustration und Demotivation in der Regel kein böser Wille oder ein schlechter Charakter stehen, sondern konkrete negative Erfahrungen, die die ursprünglich vorhandene Motivation beeinträchtigen. Möglicherweise hat die Mitarbeiterin oder der Mitarbeiter den Eindruck, dass ihr Einsatz nicht hinreichend honoriert wurde und sich zukünftiges Engagement daher nicht lohnt. Eine monetäre Honorierung oder andere äußere Anreize spielen für diese subjektive Bilanzierung eine eher untergeordnete Rolle. Bedeutsamer sind psychologische Faktoren, wie der Sinn der Tätigkeit, die erlebte Wertschätzung und Verlässlichkeit sowie das Empfinden von Gerechtigkeit. Diese ganz subjektive Bilanzierung (»Jeder konstruiert seine eigene Wirklichkeit«) wird als »psychologischer Vertrag« bezeichnet (Raeder u. Grote, 2012): Wenn wir uns für andere engagieren, achten wir (oft eher unbewusst) darauf, dass das Verhältnis von Geben und Nehmen ausgeglichen ist. Ebenso wie wir im Privatleben beispielsweise darauf achten würden, dass auf eine Einladung eine Gegeneinladung folgt, erwarten wir auch im Beruf eine Gegenleistung für unser Engagement. Diese Gegenleistung kann in ganz unterschiedlichen »Währungen« erfolgen: Lob, ein ansprechend gestalteter Arbeitsplatz, flexible Arbeitszeiten, interessante Aufgaben, Unterstützung der innerbetrieblichen Weiterentwicklung, Fortbildungsangebote, soziale Angebote und das Zeigen von persönlichem Interesse (Feiern, Glückwünsche) oder die Hervorhebung des wichtigen Beitrags einer Mitarbeiterin oder eines Mitarbeiters bei der Projektvorstellung. Erwartungen, die in den psychologischen Vertrag eingehen, können schon vor dem ersten Arbeitsvertrag entstehen, z. B. wenn das Unternehmen sich auf Plakaten oder im Bewerbungsgespräch als familienfreundlicher Arbeitgeber mit einer partizipativen Kultur darstellt – sobald diese Erwartungen dann nicht eingelöst werden, ist der anfängliche Enthusiasmus schnell gedämpft.

Während der Arbeitsvertrag mit dem ihm zugrundeliegenden Tauschhandel »Arbeit gegen Gehalt« objektiv, transparent und stabil ist, ist der psychologische Vertrag weitaus stärker von der subjektiven Wahrnehmung abhängig. Er besteht meist unbewusst und unausgesprochen und ist in hohem Maße von Veränderungen betroffen. So kann die Arbeitszufriedenheit von Mitarbeitenden bei einer Veränderung der Tätigkeit (z. B. Automatisierung), Neuzugängen im Team, einer Änderung des Arbeitsumfeldes (z. B. längerer Anfahrtsweg durch Standortverlegung) oder einem Wechsel der Führungskraft schnell sinken.

Das Ziel in einem Gespräch mit frustrierten, demotivierten Mitarbeiterinnen oder Mitarbeitern besteht in erster Linie darin, sich verständnisvoll mit ihrer Gemütslage auseinanderzusetzen, die Ursachen für die Frustration zu ermitteln, Ressourcen zu identifizieren und Möglichkeiten der Motivation zu erarbeiten. Um die für ein solches Gespräch nötige positive Beziehungsgrundlage zu schaffen, ist es wichtig, auf Vergleiche mit anderen zu verzichten (»Der soll sich mal nicht so anstellen, andere hätten viel mehr Grund, frustriert zu sein«) und daraus resultierenden Ärger zurückzustellen. Schildern Sie möglichst bewertungsfrei Ihre Wahrnehmung und laden Sie Ihr Gegenüber mit einer offenen Frage zum Reden ein:

> »Jonas, ich habe in letzter Zeit den Eindruck, dass du nicht mehr mit so viel Spaß bei der Arbeit bist, wie ich das von dir kenne. Auf mich wirkst du oft abgekämpft und verschlossen, so als würde dich irgendetwas frustrieren und auf deine Motivation drücken. Ich wüsste gern, wie das aus deiner Sicht aussieht und möchte gern das Gespräch nutzen, um zu schauen, was wir gemeinsam tun können, um etwas daran zu verändern. Was meinst du dazu?«

Hören Sie vor allem zu und stellen Sie gezielte Nachfragen, ohne in eine anklagende Rolle zu gehen. Setzen Sie aktives Zuhören und lösungsorientiertes Paraphrasieren ein und äußern Sie Verständnis:

> Mitarbeiterin: »Seit der Neuorganisation sind wir ja total einzelkämpferisch unterwegs, wie soll man denn da motiviert arbeiten? Und ich finde auch, dass dadurch die Qualität unserer Beratungsleistungen leidet. Aber den neuen Bereichsleiter kümmert das ja nicht die Bohne.«
>
> Führungskraft: »Ich höre, dass du die Zusammenarbeit mit den Kollegen und Kolleginnen im Team vermisst. Und du hast den Eindruck, dass du in der neuen Struktur deinem

> eigenen Qualitätsanspruch nicht mehr gerecht wirst. Und du bist frustriert, weil du dir von der neuen Bereichsleitung wünschst, dass sie bestehende Mängel anerkennt und mit uns aktiv etwas dagegen unternimmt. Kann das sein?«

Suchen Sie für die demotivierenden Aspekte gemeinsam nach Lösungen. Sie können dabei nach vier Kategorien unterscheiden:

1. Welche Rahmenbedingungen kann ich als Führungskraft verändern, um ein möglichst motivationsförderliches Umfeld zu schaffen und Demotivation zu vermeiden?
2. Was könnte der Mitarbeiter oder die Mitarbeiterin selbst verändern, um die Motivation aufrechtzuerhalten oder zu verbessern (z. B. Änderungen der eigenen Arbeitsweise)?
3. Was wäre eine erfüllbare Bitte, die die Mitarbeiterin oder der Mitarbeiter an eine andere Person richten könnte?
4. Welche Aspekte müssen akzeptiert werden, weil sie von uns nicht verändert werden können?

Zu den Aspekten, die in der Verantwortung der Mitarbeitenden liegen, sollten diese selbst Lösungsvorschläge anbringen. Natürlich können Sie dafür Unterstützung anbieten. Unveränderbare Demotivationsfaktoren (z. B. Budgetrestriktionen, politische Vorgaben) sollten im Team besprochen werden, um gemeinsame Bewältigungsstrategien zu erarbeiten.

Arbeiten Sie mit Ihrem Gesprächspartner oder Ihrer Gesprächspartnerin auch heraus, wie es auf der Ebene des psychologischen Vertrags das Gleichgewicht von Geben und Nehmen erlebt: Wo hat sich das Gegenüber engagiert? Wie wurde sein Engagement aus seiner Sicht honoriert? Inwieweit hat es den Eindruck, von Ihnen als Führungskraft und von anderen Organisationsmitgliedern fair behandelt worden zu sein? Wo gab es Dämpfer für die Motivation und wo sind Frustration und Ärger entstanden?

6.15 Was kann ich tun, wenn mein Gesprächspartner oder meine Gesprächspartnerin beharrlich schweigt?

Beharrliches Schweigen ist herausfordernd, weil es Gefühle der Hilflosigkeit und des Ärgers oder auch Schuld hervorrufen kann. Als erste Intervention sollten Sie die Ursache und die Befindlichkeit Ihres Gegenübers erfragen:

> »Herr Sommer, mich würde der Grund für Ihr Schweigen interessieren – möchten Sie mir sagen, was Sie gerade denken?«

Wenn dies nicht hilft, können Sie hypothetisches Sprechen aus der Rolle Ihres Gegenübers bzw. das »Doppeln« einsetzen (→ **Kapitel 3.4.3**):

> »Ich kann mir vorstellen, dass Sie mit meiner Entscheidung nicht einverstanden sind. Vielleicht denken Sie sich: ›Ich habe mich so reingehängt für das Team und jetzt das.‹ Wenn das so wäre, könnte ich das gut verstehen … Was sagen Sie?«

Wenn Sie hinter der Blockade Ihres Gesprächspartners oder Ihrer Gesprächspartnerin eine persönliche Thematik vermuten, über die diese nicht sprechen möchten, können Sie ein Kooperationsangebot machen und Gesprächsbereitschaft signalisieren:

> »Wenn unser Gespräch bei Ihnen Punkte angestoßen hat, die Sie jetzt nicht mit mir besprechen möchten, ist das okay. Sie können jederzeit im Nachgang zu mir kommen, sollten Sie es sich anders überlegen.«

In anderen Fällen kann ein Feedback sinnvoll sein:

> »Herr Sommer, ich merke, dass mich Ihr Schweigen unruhig und auch ärgerlich macht. Ich wünsche mir Offenheit und Mitteilungsbereitschaft. Ich bitte Sie darum, sich zu äußern, auch wenn Sie etwas zu sagen haben, was Ihnen unangenehm ist oder von dem Sie denken, dass es mich verletzen könnte.«

Das Schweigen von Mitarbeitenden erleben Führungskräfte oft als noch schwieriger als ausufernde Wortbeiträge. Aufgrund der einseitigen Gesprächssituation entsteht leicht eine sich selbst verstärkende Gesprächsdynamik: Da ein Dialog nicht zustande kommt, müht sich die Führungskraft ab, das Gespräch in Gang zu bringen, das Gegenüber aus der Reserve zu locken und zu einer Stellungnahme zu bewegen. Die Führungskraft verfällt in einen Monolog, was dazu führen kann, dass sich ihr Gegenüber bedrängt fühlt und nur noch beharrlicher schweigt.

Bei allem Bemühen, Ihr Gegenüber zum Reden einzuladen, sollten Sie vermeiden, sich an dem Schweigen in einer Art Quiz-Dynamik abzuarbeiten: Ihr Gegenüber versteckt seine Gründe und Sie müssen sie herausfinden. Wenn Sie Ihrer Gesprächspartnerin oder Ihrem Gesprächspartner ein faires Angebot gemacht haben, sich zu äußern, und diese das Angebot nicht annehmen, können Sie das Gespräch beenden und die anderen auffordern, wiederzukommen, wenn sie sich entschieden haben, ihr Schweigen zu brechen. Hierfür lässt sich auch eine Frist vereinbaren oder eine schriftliche Rückmeldung, als Möglichkeit, sich zu äußern, anbieten.

Schweigen ist mehrdeutig und lädt zum Spekulieren ein: Die Führungskraft versucht herauszufinden, was hinter dem Schweigen steht, das Gegenüber beantwortet mögliche Interpretationsversuche vielleicht nur mit Kopfschütteln. Schweigen kann als Vermeidungsreaktion zahlreiche Hintergründe haben:

- emotionale Betroffenheit;
- Angst, eigene Emotionen zu zeigen;
- Scham, etwas Peinliches oder Persönliches zu offenbaren;
- Angst, einen Fehler einzugestehen;
- Sorge vor Konsequenzen im Anschluss an die Äußerung;
- Konfliktvermeidung;
- eigene Ratlosigkeit.

Häufig mischen sich mehrere der aufgezählten Motive, etwa wenn Ihr Gegenüber schweigt, weil es persönliche Themen (z. B. eine Krise in der Partnerschaft) nicht offen ansprechen möchte, auch weil es befürchtet, dabei starke Emotionen zu zeigen. Signalisieren Sie in allen Fällen Akzeptanz und versuchen Sie, Ihr Gegenüber nicht zu bedrängen:

> »Ich merke, Sie möchten über dieses Thema nicht sprechen. Das ist vollkommen in Ordnung und ich will da auch nicht in Sie dringen. Wenn Sie sich entscheiden, mich wissen zu lassen, was Sie beschäftigt, dann können Sie sich gern bei mir melden – ich habe auf jeden Fall ein offenes Ohr für Sie.«

Gerade bei schweigenden Gesprächspartnern und -partnerinnen ist es sinnvoll, die Ebene der Metakommunikation einzunehmen und das Gespräch frühzeitig zu beenden, etwa so:

> »Ich habe den Eindruck, wir kommen hier nicht weiter. Sie haben sicher einen guten Grund zu schweigen. Es bringt sicher wenig, wenn ich die ganze Zeit versuche, den Grund dafür herauszufinden, oder Vermutungen darüber anstelle, was Sie möglicherweise sagen könnten. Ein solches Vorgehen wäre für mich sehr anstrengend und für Sie sicher auch. Daher möchte ich das Gespräch jetzt beenden. Schlafen Sie einmal über die Sache und überlegen Sie, was Sie mir mitteilen möchten. Kommen Sie bitte morgen wieder zu mir.«

Wenn in dem Gespräch auch eigene Erwartungen geäußert werden sollen, z. B. wegen eines Fehlverhaltens, sollten Sie diese trotz des Schweigens des Gegenübers ansprechen:

> »Mit Ihrem Schweigen geben Sie mir leider keine Gelegenheit, um mit Ihnen zu besprechen, warum die Kundenbeschwerden so zugenommen haben und was wir dagegen unternehmen könnten. Wenn Sie es sich anders überlegen und reden wollen, können wir gern darüber sprechen. Bis dahin möchte ich aber noch einmal darauf hinweisen, dass ich weiterhin einen professionellen Umgang mit den Kundinnen und Kunden von Ihnen erwarte und wünsche, dass keine weiteren Beschwerden bei uns eingehen.«

6.16 Wie kann ich Vielrednerinnen und Vielredner stoppen?

Vielrednerinnen und Vielredner merken häufig gar nicht, dass sie den ihnen zustehenden Gesprächsrahmen überschreiten und die Geduld der anderen Teilnehmenden strapazieren. Manche Führungskräfte lassen Vielredner und -rednerinnen gewähren, um nicht unhöflich zu erscheinen und der betreffenden Person eine mögliche Bloßstellung oder einen Gesichtsverlust vor der Gruppe zu ersparen. Falls sich jemand über Gebühr ausbreitet, ist allerdings schon eine unangenehme Situation entstanden, die von Minute zu Minute zunimmt. Durch ein wertschätzendes Unterbrechen tragen Sie nicht nur zur Fokussierung von Gesprächsbeiträgen bei, sondern beenden auch eine unangenehme Situation. Dies ist häufig auch ganz im Interesse der betreffenden Person.

Geben Sie dem Vielredner oder der Vielrednerin zunächst ein nonverbales Signal, etwa indem Sie die Hand heben. Wenn Sie mit der Person vertraut sind, die Länge von Gesprächsbeiträgen gegebenenfalls auch schon mit ihr thematisiert haben, können Sie auch schon im Vorfeld der Besprechung ein unauffälliges Signal verabreden für den Fall, dass die Person wieder einmal kein Ende findet. Angenommenen, dass dies nicht hilft, senden Sie deutlichere nonverbale Signale (z. B. Aufstehen oder eindeutigere Handgeste) oder sprechen Sie die Person mit Namen an.

In dem Moment, in dem Sie ihre Aufmerksamkeit bekommen haben, äußern Sie Ihre Wertschätzung für den Gesprächsbeitrag, paraphrasieren Sie gegebenenfalls die zentralen Punkte und erklären Sie den Grund für die Unterbrechung – ohne Angriff oder Vorwurf. Verweisen Sie auf eventuell zuvor vereinbarte Gesprächsregeln (→ **Baustein 5 »Rahmen und Regeln«**):

> »Frau Möller? Entschuldigen Sie die Unterbrechung. Ich finde den von Ihnen benannten Aspekt sehr wichtig. Bevor Sie fortfahren, möchte ich aber erfahren, wie die anderen Kolleginnen und Kollegen die Sache einschätzen. Deswegen gebe ich das Wort jetzt zunächst an Frau de Campos weiter. Damit sich alle äußern können, bitte ich Sie alle, die vereinbarte Redezeit von zwei Minuten pro Beitrag einzuhalten.«

Gibt es keine vereinbarte Redezeit, kann diese – gegebenenfalls auch nur für dieses Meeting – bei der ersten Unterbrechung vereinbart werden. Wenn die Person nach ein oder zwei wertschätzenden Interventionen dieser Art immer noch nicht zu stoppen ist, können Sie auch ein Feedback entlang der in → **Kapitel 3.5.6 »Feedback geben und Feedback nehmen«** beschriebenen Struktur geben.

> »Herr Hertel, Sie geben jetzt schon zum dritten Mal in diesem Meeting einen sehr ausführlichen Beitrag (Wahrnehmung). Andere Teilnehmende haben sich hingegen noch gar nicht geäußert (Wahrnehmung). Ich merke, dass mich das ungeduldig macht (Gefühl). Mir ist es wichtig, dass alle gehört werden und dass die Beiträge prägnant

> vorgetragen werden (Bedürfnis). Daher fordere ich Sie noch einmal auf, die vereinbarte Redezeit von zwei Minuten pro Beitrag einzuhalten (Wunsch).«

Sollten Sie den Eindruck haben, dass der Gesprächsbeitrag, auch in seiner Ausführlichkeit, sinnvoll und nützlich ist, sollten Sie unterbrechen und eine längere Redezeit mit den anderen Anwesenden rückkoppeln:

> »Frau Qasar, ich möchte Sie kurz unterbrechen. Ihre Redezeit ist bereits überschritten. Ich habe aber den Eindruck, dass Ihr ausführlicher Bericht wichtig für uns ist. Sehen die anderen Anwesenden das auch so?«
> »Gern können Sie nun Ihren Bericht fortsetzen. Versuchen Sie aber bitte, sich auf das Wesentliche zu beschränken.«

Handelt es sich um ein wiederkehrendes Verhalten, sollten Sie die Mitarbeiterin oder den Mitarbeiter zu einem Feedbackgespräch einladen. In ihm erarbeiten Sie gemeinsam, wie die Prägnanz von Beiträgen erhöht und die Redezeit begrenzt werden kann.

6.17 Wie kann ich kulturelle Unterschiede und andere Formen von Diversität in Gesprächen angemessen berücksichtigen?

Diversitätslinien sind vielfältig, sie entstehen, wenn wir etwas oder jemanden als »anders« oder »fremd« erleben, weil es, er oder sie sich von uns unterscheiden: »alt oder jung«, »männlich, weiblich, divers«, »BIPOC oder *weiß*«, »inter-, trans-, homo-, heterosexuell« oder zahlreiche weitere Formen der Sexualität, »vegan, vegetarisch oder karnivor« oder auch Formen körperlicher, kognitiver oder psychischer Beeinträchtigung. Mitarbeitende können »hochsensibel«, »autistisch«, »laktoseintolerant«, »depressiv«, »vater-, mutter- oder kinderlos«, »alleinerziehend, verheiratet, verlobt, geschieden« sein. An vielen Punkten kommt es zu Differenzen in der Zusammenarbeit aus Unkenntnis oder Unverständnis der Lebensumstände anderer. Konflikte sind vorprogrammiert, wenn die eigene Lebensweise, die eigene Weltsicht, die eigene Kultur und die eigene Art wahrzunehmen als Norm vorausgesetzt werden.

Eine der zentralen Dimensionen von Diversität – neben biologischem und sozialem Geschlecht, Alter, Beeinträchtigungen, sozialem Status oder Lebensweisen (wie Essensgewohnheiten oder sexueller Orientierung) – ist das Herkunftsland. Unsere Arbeitswelt ist durch die zunehmende Diversität der Mitarbeitenden geprägt, und seit einiger Zeit wird die Unterschiedlichkeit von Menschen aufgrund personenbezogener oder lebensgeschichtlicher Faktoren als für Führung und Organisation relevant wahrgenommen und thematisiert. Herkunfts- und Sprachenvielfalt sind hierbei nicht nur für die länderübergreifende Kooperation in global operierenden

Unternehmen bedeutsam, sondern auch in der Zusammenarbeit mit Kolleginnen und Kollegen mit direkter oder indirekter Migrationserfahrung, die in ihrer familiären Sozialisation unterschiedliche Herkunftskulturen erlebt haben. Vieles, was wir hier am Beispiel der Interkulturalität exemplarisch beschreiben, gilt ebenso für andere Formen der Diversität.

Ein wesentlicher Faktor, der sich störend auf die Zusammenarbeit und Kommunikation auswirken kann, ist der Umstand, dass wir unsere eigenen kulturellen Denk-, Wahrnehmungs-, Bewertungs- und Kommunikationsmuster fälschlicherweise als universal und allgemeingültig erachten und im Regelfall noch nicht einmal bemerken, dass wir dies tun. Aus diesen blinden Flecken gegenüber anderen kulturellen Sicht-, Erlebens- und Handlungsweisen kommt es leicht zu Missverständnissen und Diskriminierung.

Nach dem Modell des Organisationsforschers Edgar Schein (2010) beruht Kultur auf der elementarsten Ebene aus Grundannahmen über das Wesen des Menschen, über Beziehungen, über Raum und Zeit etc. Auf diesen Grundannahmen entsteht eine Ebene der Werte, Normen und Glaubenssätze, die auf der letzten Ebene in Verhaltensweisen, Gewohnheiten und Ritualen mündet. Alle drei Ebenen beeinflussen unser Denken, Empfinden und Handeln, ohne dass wir uns dessen immer bewusst wären. Oft erlebt man erst in der Begegnung mit Menschen eines anderen kulturellen Hintergrundes, von welchen Selbstverständlichkeiten man ausgeht, und dass diese Annahmen für andere keineswegs selbstverständlich sind.

Wir treffen beispielsweise auf andere Vorstellungen zum Umgang mit Zeit, zur Angemessenheit von Körperkontakt, zum Verhalten in und gegenüber Hierarchien, zum Äußern von Kritik, zu Kleidung, Erziehung, Familie, Politik und Religion. Von der Reaktion auf Lob oder Kritik, der Art und Weise, einen Vorschlag oder ein Angebot abzulehnen, bis hin zur Festlegung von Terminen, der Begrüßung durch Händeschütteln, dem Überreichen von Geschenken, der Auswahl angemessener Gesprächsthemen, die Gestaltung der Sitzordnung oder dem Konsum von Alkohol bei Geschäftsessen gibt es zahlreiche kulturelle Gewohnheiten, die je nach Herkunft ganz unterschiedlich gehandhabt werden. Auch nonverbale Signale, die in der Kommunikation einen großen Teil der Bedeutung transportieren, bedeuten in verschiedenen Kulturen Unterschiedliches (z. B. kann Kopfschütteln mal »Nein« und mal »Ja« heißen). Auf der sprachlichen Ebene verändern Worte, Bilder und Metaphern in der Übersetzung oft ihre Bedeutung.

Vor diesem Hintergrund ist es nicht verwunderlich, dass in Kommunikation und Zusammenarbeit oft der Eindruck von Irritation, Peinlichkeit oder Kränkung entsteht. Selbst in Fällen, in denen man sich (z. B. vor einem längeren Auslandseinsatz oder bei einem neu zusammengestellten Team) über die Gepflogenheiten anderer Kulturen informieren kann, bleibt die interkulturelle Kommunikation ein Feld, in dem man sensibel und achtsam miteinander umgehen muss. Grundsätzlich hilft eine offene Metakommunikation über Situationen, in denen man selbst unsicher ist. Falls

Sie beispielsweise nicht wissen, wie man den Namen eines Gesprächspartners oder einer Gesprächspartnerin korrekt ausspricht, sollten Sie zu Beginn des Gesprächs nachfragen. Wenn Sie hinsichtlich eigener Verhaltensweisen im Zweifel sind oder Verhaltensweisen Ihres Gegenübers Sie irritieren, suchen Sie das Gespräch und fragen Sie nach. Solange Sie dies aus einer Haltung des Interesses an Ihrem Gegenüber, des Respekts und der gemeinsamen Zielorientierung tun, entwickelt sich in der Regel eine hilfreiche und wertschätzende Kommunikation über kulturelle Unterschiede.

Beachten Sie hierbei einige Grundsätze:

- Reduzieren Sie Ihr Gegenüber nicht auf seine Nationalität, Kultur- oder Religionszugehörigkeit – oder auf ein anderes Diversitätsmerkmal (»Wie sehen Sie das als Iranerin?«, »Das ist für einen Moslem sicherlich ganz anders, oder wie sehen Sie das?«, »Herr Kajcic, bestellen Sie für unser Team-Event dann dreimal halal und zwölfmal *normales* Essen.«).
- Betrachten Sie jede kulturelle Gepflogenheit und Haltung – erst recht die eigenen – als Ausdruck der jeweiligen Erfahrung. Vermeiden Sie Wertungen (»Das ist ja verrückt/seltsam/ungewöhnlich/bizarr/putzig!«, »Das können Sie in einem professionellen Umfeld so nicht machen.«).
- Die Art und Weise, Fragen zu stellen, Feedback, Lob oder Kritik zu geben, eigene Leistungen zu präsentieren, sich Informationen zu beschaffen, Angebote zu machen oder abzulehnen, zu zeigen, dass man etwas nicht weiß oder nicht kann und dergleichen mehr, unterscheiden sich kulturbedingt oft erheblich. Fragen Sie nach: »Ich hatte den Eindruck, dass es Sie irritiert hat, als ich beim letzten Kundentermin die Gesprächsführung übernommen habe. Aber vielleicht liege ich da ja falsch? Mich würde interessieren, wie Sie die Situation erlebt haben.« Eine gute Form, die jeweiligen Gewohnheiten zu erfragen, besteht in hypothetischen Fragen: »Wenn ich … so machen wollte, dass es in deinen Augen Anerkennung findet und professionell ist, wie sollte ich das tun?« Kulturspezifisch kann auch eine Frage, die in der dritten Person formuliert ist, als angemessen erscheinen: »Wenn eine Geschäftsfrau das auf eine Weise machen wollte, die in deinen Augen Anerkennung findet und professionell ist, wie sollte sie dann vorgehen?«
- Informieren Sie sich mithilfe passender Literatur zu den für Sie wichtigsten Herkunftsländern und Kulturen. Vertrauen Sie aber nicht allein auf diese Texte, sondern fragen Sie bei den einzelnen Personen nach. Texte zu kulturellen Gepflogenheiten pauschalisieren, sind unter Umständen veraltet und es entsteht leicht der Eindruck eines Stereotyps: »Die Japaner …«, »Die Franzosen …«, »Die Amerikaner …«.
- Beachten Sie, dass jede Person immer mehrere Formen der Diversität in sich vereint. Wer auch immer »Deutsche« oder »Deutscher« ist, hat auch noch ein Geschlecht, ein Alter, einen bestimmten Lebensstil, sozialen Status und dergleichen. Vieles davon ist privat und unausgesprochen. Im interkulturellen Kontext ist hierbei

durchaus zu entscheiden, über welche Diversitätslinien und Diversitätserfahrungen gesprochen wird bzw. gesprochen werden kann oder sollte.

- Geben Sie Kolleginnen und Kollegen wertschätzende Rückmeldung, wenn Sie ein Verhalten bemerken, das als unpassend erlebt werden könnte. Bei offener Beleidigung oder Diskriminierung sollten Sie entschiedener eingreifen. Wichtig kann es auch sein, die betreffende Person nach ihrem Erleben der Situation zu fragen und sich zu erkundigen, welches Verhalten sie sich von Ihnen wünscht. Beachten Sie hierbei, dass ein offenes Eingreifen als »Retterin« oder »Retter« die betreffende Person unter Umständen in eine »Opferposition« versetzt, wodurch das Entstehen von »Dramadreiecken« begünstigt wird. Zudem ist ein solches Verhalten in einigen Kulturen auch für die Person, für die sie eigentlich einstehen wollen, sehr beschämend und gleichbedeutend mit einem Gesichtsverlust.
- Informieren Sie sich über den kulturellen Umgang mit anderen Diversitätslinien, wie Alter, Geschlecht, sexuelle Orientierung, Beeinträchtigung etc. Hier gibt es zahlreiche Tabus und Sichtweisen, die sich von Ihren eigenen unterscheiden können.

In jeder diversitätssensiblen Kommunikation ist eine Kombination aus Selbstkundgabe, respektvollem Feedback, dem Stellen von Fragen und Metakommunikation hilfreich, um zu erkunden, wie die Beteiligten ihre Unterschiedlichkeit, ihre Zusammenarbeit und ihre Kommunikation erleben. Mitunter stößt aber selbst das Sprechen über Unterschiede und Formen von Diversität an persönliche und kulturelle Grenzen.

6.18 Wie kann ich diskriminierende Äußerungen und diskriminierendes Verhalten ansprechen?

In jeder Organisation spiegeln sich gesellschaftliche Machtverhältnisse sowie Bevorteilungen und Benachteiligungen von Personengruppen aufgrund bestimmter, verfestigter Unterschiedsmarkierungen wider. Bei genauerer Betrachtung – insbesondere, wenn Sie von Diskriminierung betroffenen Menschen aufmerksam zuhören – werden Sie auch in Ihrem Unternehmen Organisationsmuster und zwischenmenschliche Dynamiken erkennen können, die sich aufgrund von Privilegien und Benachteiligungen im Kontext historisch gewachsener Über- und Unterordnungen von Personengruppen gebildet haben. Gehen Sie davon aus, dass es grundsätzlich keine diskriminierungsfreien, sondern nur diskriminierungsärmere Organisationen gibt. Im Allgemeinen Gleichbehandlungsgesetz (AGG) ist ein Benachteiligungsverbot festgeschrieben. Arbeitgebende sind laut AGG verpflichtet, Maßnahmen zu ergreifen, um Benachteiligungen aufgrund von Rassifizierung, ethnischer Herkunft, Geschlecht, Religion oder Weltanschauung, einer Behinderung, des Alters oder der sexuellen Orientierung in ihrem Betrieb zu verhindern oder zu beseitigen. Das AGG ist ein arbeitsrechtliches Instrument, das insbesondere auf die Verbesserung innerbetrieblicher Strukturen und Verfahren sowie auf den Schutz strukturell benachteiligter Personen zielt. Es gehört zu Ihren Aufgaben als Führungskraft, im Fall irgendeiner Form von Belästigung geeignete Maßnahmen zu ergreifen. Unterlassen Sie das, sind die betroffenen Beschäftigen berechtigt, ihre Tätigkeit ohne Verlust des Arbeitsentgelts einzustellen, sofern dies zu ihrem Schutz erforderlich ist (§ 14 AGG).

Grundsätzlich raten wir Ihnen, die formulierten Ziele der Gleichstellung, Gleichbehandlung und Chancengleichheit in Beruf und Beschäftigung ernst zu nehmen und immer wieder auf die Agenda zu setzen. Ziehen Sie externe Expertinnen und Experten zurate, die Sie bei der Umsetzung der gesetzlichen Vorgaben unterstützen. Entwickeln Sie Präventions- und Awareness-Konzepte und bieten Sie Schulungen an, so dass ein grenzachtender Umgang der Mitarbeitenden untereinander kultiviert wird. Richten Sie eine Vertrauensstelle ein, an die sich Betroffene wenden können. Machen Sie sich – zumindest rudimentär – mit den Bundes- und Landesgleichstellungsgesetzen sowie mit dem AGG vertraut. Vermeiden Sie Diskriminierungen in Bewerbungs-, Beförderungs- und Entlohnungsverfahren durch Unkenntnis.

Neben den gesetzlich vorgeschriebenen, organisationalen Instrumenten können Sie zudem über Ihre Gesprächsführung maßgeblich zu einer diskriminierungsärmeren Kultur und damit zu einer größeren Arbeitszufriedenheit, einer besseren Kooperation im Team und einer stärkeren Bindung an das Unternehmen beitragen. Ausschlaggebend für das Gelingen einer diversitätsbejahenden Kultur ist Ihre eigene Haltung zu Gleichstellung, Gleichbehandlung und Diversität. Nehmen Sie die Selbstklärung ernst und schämen Sie sich nicht für Ihre Vorurteile und Privilegien. Scheuen Sie sich nicht, eigene rassistische oder patriarchale Handlungsmuster anzuschauen und erkennen zu wollen. Sie sind als Führungskraft immer auch Vorbild für Ihre Mitarbeitenden: leben Sie die eigene Involviertheit in Systemdynamiken vor und vermeiden Sie, Rassismus und andere Diskriminierungsformen als etwas rein Äußeres zu betrachten (Ogette, 2019, 2022; Hasters, 2019).

Der diskriminierungssensible Ansatz

Eine diskriminierungsärmere Kultur kann entstehen, wenn Sie anerkennen, dass äußerliche Merkmale, wie Hautfarbe, die Beschaffenheit des Körpers oder das vermutete Geschlecht mit unterschiedlicher Stellung und Akzeptanz in der Gesellschaft und mit Privilegien verbunden sind. Vermeiden Sie, die Benennung von Diskriminierung als Anklage gegen Sie persönlich zu interpretieren. Im diskriminierungssensiblen Ansatz geht es darum, Unterschiedsmarkierungen wahrzunehmen, diese als gesellschaftlichen Status Quo anzuerkennen und damit individuelle Diskriminierungserfahrungen überhaupt in einem sicheren Rahmen konstruktiv ansprechbar zu machen. Eine gute Handlungsorientierung bieten die Leitsätze des Antidiskriminierungsverbands Deutschland (advd, www.antidiskriminierung.org):

- Diskriminierung benennen,
- Betroffene unterstützen,
- Gleichbehandlung umsetzen.

Für die Anregungen zur Umsetzung dieser Leitsätze mittels Gesprächsführung unterscheiden wir im Folgenden vier Fälle:

Fall 1: Sie nehmen selbst, etwa in einer Teamsitzung, diskriminierende Äußerungen oder Verhalten gegenüber Mitarbeitenden oder Kunden wahr.

Fall 2: Eine Mitarbeiterin erlebt diskriminierendes Verhalten von einem Kooperationspartner, einer Kundin oder einem Kollegen und wendet sich vertrauensvoll an Sie.

Fall 3: Ein Mitarbeiter erlebt durch eine Äußerung oder ein Verhalten von Ihnen Diskriminierung und spricht Sie direkt darauf an.

Fall 4: Sie selbst erleben Diskriminierung und fragen sich, wie Sie sich in Ihrer Rolle als Führungskraft verhalten sollten.

Die unterschiedlichen Anlässe machen unterschiedliche Gesprächsformate und unterschiedliche Bausteine der Gesprächsführung notwendig. In allen vier Fällen kommen zunächst die Elemente von → **Baustein 1 »Klärung«** zum Tragen. Nehmen Sie eine System-, Rollen- und Selbstklärung vor.

Zu unterscheiden sind offensichtliche Belästigungen, wie etwa explizit frauenfeindliche oder rassistische Äußerungen und implizit diskriminierendes Verhalten, das unbewusst, automatisiert und absichtslos erfolgt. Die Effekte dieser sogenannten Mikroaggressionen, denen systematisch untergeordnete Personengruppen alltäglich ausgesetzt sind, wirken nicht nur schädlich auf den Selbstwert und die persönliche und berufliche Entwicklung der betroffenen Personen, sondern verhindern auch nachhaltig das konstruktive und produktive Miteinander im Team.

Um die Diskriminierung benennen und angemessen handeln zu können, sind Signale an die Belegschaft wichtig.

Anlass

- Was ist vorgefallen? Was haben Sie konkret beobachtet?

Selbst- und Systemklärung

- Wer wendet sich in welcher Rolle an Sie? Sind Sie als Kollegin, Freund oder als Führungskraft angesprochen?
- Wer ist betroffen? Wer gehört zum relevanten System?
- Wen möchten Sie aus welcher Rolle heraus ansprechen?
- Welche Erwartungen sind mit dem Gespräch verbunden?
- Wer ist zuständig für Beschwerden und wie läuft das Verfahren?
- Wie werden das Gleichstellungsgesetz und das Antidiskriminierungsgesetz in Ihrer Organisation umgesetzt?

- Welches Beschwerde- und Konfliktmanagement gibt es?
- Gibt es eine Vertrauensperson für solche Fälle?
- Wie gut sind die Mitarbeitenden über die Prozesse informiert und wie hoch ist die Akzeptanz?
- In welcher Weise sind Sie involviert oder verstrickt?
- Wie ist Ihre Haltung zu Privilegien und Diskriminierung am Arbeitsplatz?
- Wie wichtig ist es Ihnen, sich für eine Grenzen achtende Kultur einzusetzen?
- Was könnten Sie und Ihre Organisation gewinnen, wenn Sie Diskriminierung zum Thema machen?

Für die Selbst- und Systemklärung und zur Klärung der möglichen Funktion des Gesprächs ist es grundsätzlich ratsam, wenn Sie die Gesetzeslage kennen. Sie gibt Ihnen eine rechtlichen Rahmen und ethische Orientierung für die Gesprächsführung. Achten Sie bei der Anliegen- und Auftragsklärung neben der Gesetzeslage auch auf den Entscheidungsspielraum Ihrer Funktion innerhalb Ihrer Organisation, auf bereits vorhandene organisationale Regeln und Abläufe und klären Sie, ob das Setting geeignet ist für den Anlass und das Anliegen. Bedenken Sie auch, dass eine angezeigte Diskriminierung ein Verfahren in Gang setzt, das für die betroffene Person überfordernd und schädigend sein kann. Informieren Sie sich bei ausgewiesenen Expertinnen und Experten über Awareness-Strategien und Schutzmöglichkeiten für Betroffene.

Fall 1: Sie nehmen selbst, etwa in einer Teamsitzung, diskriminierende Äußerungen oder Verhalten gegenüber Mitarbeitenden, Kundinnen und Kunden wahr.

Wenn Sie unmittelbar Zeuge oder Zeugin einer diskriminierenden Äußerung sind, sollten Sie sofort an Ort und Stelle intervenieren. Machen Sie deutlich, dass Sie solche Äußerungen und diskriminierendes Verhalten nicht dulden. Geben Sie der Diskriminierung keinen Raum und unterbrechen Sie die Situation. Benennen Sie Ihre Beobachtung und definieren Sie diese als diskriminierend.

Beobachtungen konkret schildern und einordnen

Zu bedenken ist, dass diskriminierendes Verhalten in den meisten Fällen nicht absichtsvoll geschieht. Es geht also nicht nur um den offensichtlich sexistischen oder rassistischen »Witz«, sondern um die vielen Mikroangriffe, Mikrobeleidigungen und Mikroabwertungen, also um Alltagsphänomene, die aus privilegierter Position in der Regel nicht als diskriminierend gemeint und nicht als solche wahrgenommen werden. Selten will jemand eine andere Person tatsächlich diskriminieren. Wichtig ist dann, den Unterschied zwischen Intention und Effekt herauszustellen. Indem Sie Ihre Beobachtungen möglichst konkret schildern, können Sie die von Ihnen wahrgenommenen Effekte in den Fokus nehmen, ohne mögliche Intentionen zu unterstellen.

Orientieren Sie sich bei Ihrer Selbstkundgabe oder Ihren Fragen an den Schritten der »Gewaltfreien Kommunikation« (→ **Kapitel 3.5**). Insbesondere das wertfreie und nicht verurteilende Schildern der eigenen Beobachtungen macht eine ernsthafte und nachhaltige Auseinandersetzung mit diskriminierendem Verhalten möglich und minimiert Rechtfertigungs- und Verteidigungshaltungen der verursachenden Person (→ **Kapitel 3.5.1 »Eigene Beobachtungen schildern, ohne zu werten«**).

> »Ich habe in der gestrigen Teamsitzung beobachtet, wie du Lauras Wortbeitrag unterbrochen hast. Du hast dann von deiner Idee erzählt, ohne dich auf ihren Beitrag zu beziehen. Das Gespräch hat sich anschließend um den von dir vorgeschlagenen Ansatz gedreht. Laura hat sich nicht mehr beteiligt. Diese Dynamik habe ich auch letzten Dienstag und auch beim Teamtag wahrgenommen. Ich beobachte, dass sich Laura immer mehr zurücknimmt. Das finde ich sehr schade, da ich ihre Beiträge sehr schätze. Ich werde deswegen das Gespräch mit ihr suchen und werde sie ermutigen, sich wieder stärker einzubringen. Dich bitte ich, in den Sitzungen darauf zu achten, Laura zuzuhören und sie ausreden zu lassen. Es wäre auch zu begrüßen, wenn du dich auf ihre Beiträge beziehst.«

Fall 2: Eine Mitarbeiterin erlebt diskriminierendes Verhalten von einem Kooperationspartner, einer Kundin oder einem Kollegen und wendet sich vertrauensvoll an Sie.

Zeigen Sie, dass Sie es schätzen, dass sich eine Person mit ihrer Diskriminierungserfahrung an Sie wendet. Werten Sie das als Vertrauen gegenüber Ihrer Person. Werden Sie auf diskriminierendes Verhalten von Dritten angesprochen, zeigen Sie im Gesprächskontakt Empathie und eine Bereitschaft, zuzuhören. Diskriminierungserfahrungen sind ein sensibles Thema und für die betroffene Person ist es wichtig, dass sie sich mit ihrer Erfahrung ernst genommen fühlt und ihr Erleben nicht angezweifelt wird. Demonstrieren Sie Ihre Ansprechbarkeit. Zeigen Sie Ihr Interesse und Ihre Bereitschaft zum Gespräch und klären Sie das Anliegen und den Auftrag:

- Mit welchen Erwartungen wendet sich die Person an Sie? Möchte sie »einfach nur« gehört werden und wünscht sich einen Zuhörer und Resonanzraum?
- Welche Form der Unterstützung wünscht sie sich? Werden Sie als Richter angesprochen und wird von Ihnen deutliche Parteilichkeit gefordert?

Sie sollten die Erwartungen und den Auftrag aufmerksam abfragen, da die Gefahr besteht, dass Sie sich mit der Rolle des Retters oder der Retterin identifizieren und in eine »Dramadreieck«-Dynamik geraten (→ **Kapitel 3.7.2**). Diese wäre wenig förderlich für eine konstruktive und nachhaltige Klärung der Sachlage.

Zuständigkeit klären

Prüfen Sie die Zuständigkeit. Sind Sie die richtige Person und Stelle? Welche Verfahren gibt es in Ihrem Unternehmen? Klären Sie die Person beispielsweise darüber auf, dass sie die Möglichkeit hat, sich an eine geschulte Vertrauensperson zu wenden, um eine Entscheidung treffen zu können, ob sie den vorliegenden Fall anzeigen möchte. Zeigen Sie, dass Sie die Anklage ernst nehmen und dass es Ihnen wichtig ist, dass sich die Person im Unternehmen sicher fühlen kann und dass Sie eine wertschätzende Kultur fördern möchten.

> »Danke, dass Sie sich an mich wenden. Ich höre Ihnen gern zu und möchte mit Ihnen gemeinsam nach einem Weg suchen, der diesen Vorfall angemessen klärt.«
> »Ich habe von Ihnen gehört, dass sich Herr Timmendorf am Donnerstag in der Kantine anzüglich über Ihren Kleidungsstil geäußert hat und dass Sie das sehr verärgert hat. Ich habe auch Ihren Wunsch gehört, nicht mehr mit ihm Pause machen zu müssen. Sie haben die Äußerung als Abwertung gegenüber sich als Person of Color erlebt. Das kann ich gut nachvollziehen und ich teile Ihre Empörung über diese diskriminierenden Äußerungen. Danke, dass Sie mir das erzählen!«
> »Danke, dass Sie mir von dem Vorfall erzählen. Das ist sehr mutig. Es tut mir leid, dass Sie diese sexualisierte Gewalt erlebt haben. Solches Verhalten ist eindeutig unerwünscht in diesem Unternehmen. Nach dem AGG bin ich verpflichtet, der Anzeige nachzugehen und für Klärung zu sorgen. Ich muss Ihre Aussage laut Gesetz auch überprüfen. Haben Sie die Konsequenzen eines solchen Verfahrens für sich selbst schon bedacht? Die Mitarbeiterin in unserer Vertrauensstelle kann Sie gerne dazu beraten und Sie begleiten, wenn Sie das wünschen. Hier haben Sie außerdem eine Liste mit externen Beratungsstellen, die auf sexualisierte Gewalt am Arbeitsplatz spezialisiert sind und anonym beraten können.«

Gesprächsziel klären

Klären Sie, was Sie im Rahmen des Gesprächs tun können und was Sie nicht tun werden. Klären Sie das Gesprächsziel. Ein Gesprächsziel könnte z. B. sein, dass Sie den Vorfall angehört und gemeinsam das weitere Verfahren besprochen haben. Prüfen Sie, in welcher Form Sie involviert oder verstrickt und zu welchen Schritten Sie gesetzlich verpflichtet sind.

> Fall 3: Ein Mitarbeiter erlebt durch eine Äußerung oder ein Verhalten von Ihnen Diskriminierung und spricht Sie direkt darauf an.

Sollte Ihnen das passieren, möchten wir Sie beglückwünschen. Sie scheinen, einen guten Boden für eine Ansprechkultur bereitet zu haben. Sie können es als Zeichen des Vertrauens werten, wenn das Thema Diskriminierung nicht tabuisiert wird, sondern im Team oder der gesamten Organisation ansprechbar ist, auch Ihnen selbst gegenüber.

Werden Sie direkt auf Ihr Verhalten angesprochen, ist es ratsam, sich in eine zuhörende Haltung zu begeben und sich, wie in → **Baustein 9 »Sichtweisen hören«** beschrieben, ganz auf die Schilderung der Sichtweise durch Ihr Gegenüber einzulassen. Vermeiden Sie, sich angeklagt und angegriffen zu fühlen. Das könnte Sie dazu verleiten, sich zu rechtfertigen und Ihre zuhörende Haltung zu verlassen. Bleiben Sie mit der Aufmerksamkeit neugierig bei den Botschaften, die die Person von sich preisgibt. Sie ermöglicht Ihnen damit zu erfahren, wie sie sich in Beziehung zu Ihnen erlebt. Sie können dadurch etwas über Ihren »blinden Fleck« herausbekommen. Bedanken Sie sich für das »Feedback« (→ **Kapitel 3.5.6**) und fragen Sie, was sich die Person konkret von Ihnen wünscht. Fragen Sie nach einer erfüllbaren Handlung: Was genau müssten Sie in welcher Situation anders tun oder sagen, damit sich die andere Person nicht abgewertet fühlt?

Sie können in der Selbstklärung und Reflexion des Gesprächs folgende Punkte bedenken und überprüfen:

- Was habe ich über mich und die Mitarbeitende erfahren?
- Wie nehme ich unsere Arbeitsbeziehung wahr?
- Welche Hinweise gibt mir das Gespräch auf Missstände in der Organisation?
- Welche Signale sende ich in Richtung der Mitarbeitenden?
- Was kann ich aus der Rückmeldung lernen?
- Was werde ich demnächst anders machen?

Fall 4: Sie selbst erleben Diskriminierung und fragen sich, wie Sie sich in dem Fall in Ihrer Rolle als Führungskraft verhalten sollten.

Sie sind als Führungskraft Vorbild für Ihre Mitarbeitenden. Daher wird ihr Verhalten besonders in Augenschein genommen und hat ein starkes Gewicht. Wenn Sie sich zum Wohle der Organisationskultur zur Verfügung stellen und Effekte von Diskriminierung, die Sie an sich selbst wahrnehmen, zur Debatte stellen, machen Sie anderen Mitarbeitenden Mut, von eigenen Diskriminierungserfahrungen zu sprechen.

Eine Organisation, die sich Diversität nicht nur auf die Fahne schreibt, sondern diese tatsächlich lebt und von ihr profitieren will, braucht eine Ansprechkultur und die Bereitschaft, Privilegien und Benachteiligungen zu reflektieren. Gehen Sie mutig voran.

6.19 Was kann ich tun, um von älteren und erfahreneren Mitarbeiterinnen und Mitarbeitern respektiert zu werden?

Eine neue Rolle einzunehmen, benötigt Zeit, Klärung und viel Kommunikation. Führung ist eine herausfordernde Rolle, die unterschiedlich aufgefasst und ausgefüllt wird. Bestimmende Faktoren für Ihren Führungsstil und seine Passung zu Ihrem Tätigkeitsbereich sind Ihre Persönlichkeit, Ihre Vorlieben und Ihre Erfahrungen, ebenso wie die Organisationsstruktur und die Kommunikationskultur im Unternehmen und nicht zuletzt die Erfahrungen und das Verhalten der Mitarbeitenden sowie die Besonderheiten der Branche.

Wir erleben in unserer Beratungspraxis häufig, dass eine für alle Seiten klare Rollen- und Aufgabenbeschreibung für Führungskräfte in Organisationen fehlt. Viele Schwierigkeiten interner Kommunikation und ein Großteil innerbetrieblicher Konflikte sind durch eine umfängliche Rollen- und Erwartungsklärung vermeidbar. Und selbst wenn die Erwartungen an Sie und die Mitarbeitenden transparent kommuniziert sind, bleibt es eine anspruchsvolle Aufgabe, die Rolle angemessen auszufüllen und als Führungskraft akzeptiert und anerkannt zu werden. Ein Grund dafür sind die interpersonellen, informellen Strukturen und Abläufe, die sich parallel zu den formalen Positionen und Linien im Unternehmen entwickeln: die nicht direktiv steuerbaren Systemdynamiken.

In der Entwicklungsgeschichte eines Teams oder einer Organisation bilden sich neben den organisationalen Hierarchien üblicherweise auch informelle Machtstrukturen. Einzelne Mitarbeitende übernehmen informell Leitungsaufgaben. Ein Grund dafür ist, dass Aufgaben formaler Führung nicht klar formuliert und kommuniziert werden und dass ein Machtvakuum zu Selbstorganisation einlädt. Diese »informellen Leitungskräfte« sind oft langjährige Mitarbeitende und verfügen über Insiderwissen. Sie sind Ihnen aufgrund von Lebens- und Berufserfahrung »voraus« und strahlen eine »natürliche Autorität« aus. Sie sind eng mit dem Unternehmen und den Unternehmensgeschichten verbunden, sie wissen vieles und tatsächlich manches besser.

Rollen- und Erwartungsklärung

Möchten Sie von diesen Mitarbeitenden respektiert werden, ist es ratsam, das direkte Gespräch zu suchen und die Rollen und Erwartungen zu klären. Das Verständnis von Führung als einer Rolle, die eingenommen, gewechselt und auch abgelegt werden kann, ist ein relativ modernes Verständnis, das einer Erklärung bedarf.

Selbstkundgabe und Beziehung

Zeigen Sie sich als lernende Person, die von den älteren und erfahreneren Mitarbeitenden gern Unterstützung annimmt. Äußern Sie, dass Sie den Rat und die Hilfe der erfahrenen Mitarbeitenden benötigen, um die Leitungsrolle gut ausüben zu können. Binden Sie die »erfahrenen Hasen« von Beginn an in Überlegungen und Prozesse ein und fragen Sie sie als Mentorinnen und Mentoren an. Vermeiden Sie – insbesondere bei langjährigen Mitarbeitenden – Ihre formal übergeordnete Position auszuspielen und ihnen »von oben herab« zu begegnen. Fragen Sie die langjährigen Mitarbeitenden nach ihrer Einschätzung und nach ihrer Meinung. Holen Sie sich Rat und nutzen Sie ihre Erfahrungen und ihre Sonderstellung im Team. Bauen Sie Allianzen.

Einladung zum Gespräch

Sprechen Sie die Mitarbeitenden frühzeitig an und führen Sie offene Gespräche über gegenseitige Erwartungen und Wünsche. Das ist besonders dann wichtig, wenn Sie innerhalb der Organisation aufgestiegen sind und vorher auf einer Ebene mit den Kollegen operiert haben. Manche Gewohnheiten, wie z. B. die Teilnahme an der WhatsApp-Gruppe, werden Sie aufgeben müssen. Kommunizieren Sie die Gründe und womöglich auch Ihr Bedauern darüber. Nehmen Sie sich Zeit für den Abschied aus dem Team und von Ihrer alten Funktion und Rolle.

Achten Sie bei der Gesprächseinladung darauf, dass Sie Ich-Botschaften senden und von Ihren Bedürfnissen und Wünschen sprechen. Sie können sich dabei am Modell der »Gewaltfreien Kommunikation« (→ **Kapitel 3.5**) orientieren. Es ist ein Zeichen von Stärke, wenn Sie Ihre Unsicherheit mit der neuen Rolle zeigen. Es ist normal, Unterstützung zu benötigen, um sich in einer neuen Rolle zurechtzufinden. Bleiben Sie authentisch.

> »Cordula, ich werde ab Januar die Teamleitung übernehmen. Ich möchte gern mit dir über unsere zukünftige Zusammenarbeit sprechen. Ich schätze dich sehr und weiß, dass du viel Erfahrung hast. Ich bin ja noch nicht so lange dabei und mich interessiert deine Einschätzung zum Projekt. Außerdem möchte ich von dir hören, was dir bezogen auf Leitung wichtig ist.«
> »Einar, ich wünsche mir ein Feedback von dir. Ich mache mir Gedanken darüber, was es für mich und das Team bedeutet, dass ich jetzt die Leitung übernommen habe. Du bist schon ewig dabei und hast viele Leitungswechsel erlebt. Was ist deiner Meinung nach wichtig, zu bedenken? In welche Fettnäpfchen könnte ich treten? Ich möchte mir gern Zeit für das Gespräch nehmen. Wann kannst du es in der kommenden Woche einrichten?«
> »Nora, ich weiß, dass du dich auch um die Führungsposition beworben hast. Ich kann mir vorstellen, dass du unzufrieden mit der Entscheidung der Geschäftsführung bist, und ich kann mir vorstellen, dass es dir schwerfällt, mich als Leitung zu akzeptieren. Vor allem, weil ich noch so jung bin und du viel mehr Erfahrung hast und den Verwaltungsapparat viel besser kennst als ich. Ich merke auch, dass ich dir gegenüber deswegen noch unsicher bin. Ich möchte gern ein Gespräch mit dir führen, wie wir in Zukunft konstruktiv zusammenarbeiten können und was du dir von mir in der Rolle als Führungskraft wünschst.«

Ein Feedbackgespräch ankündigen

Sollten Sie den Eindruck haben, als Führungskraft nicht angenommen oder nicht ernst genommen zu werden, dann sprechen Sie das möglichst zeitnah an und benennen Sie klar und deutlich Ihren Bedarf nach einem Gespräch. Sie sollten dabei möglichst konkrete Aussagen treffen und sich auf beobachtbare Begebenheiten beziehen. Ziel des Gesprächs ist der Aufbau oder das Wiedererlangen von Kooperation. Achten Sie darauf, dass Sie konkrete Handlungsvorschläge machen, die für den Mitarbeiter oder die Mitarbeiterin nachvollziehbar und umsetzbar sind.

> »Shirley, ich möchte für nächste Woche Montag einen Gesprächstermin mit dir ausmachen und über unsere Zusammenarbeit sprechen. Ich möchte dir mitteilen, welche Wünsche und Erwartungen ich an dich habe. Ich hatte bei der gestrigen Besprechung den Eindruck, dass du mit der neuen Wochenstruktur nicht einverstanden bist. Du hast während meiner Präsentation mehrfach die Augen verdreht und das Gesicht verzogen. Ich habe das als Respektlosigkeit mir und meiner Rolle gegenüber empfunden. Ich habe auch den Eindruck, dass du meine Entscheidung zum Verfahren mit dem Kunden XP nicht mitträgst. Das finde ich ärgerlich, auch weil ich dich vorher nach deiner Meinung gefragt und dich um Unterstützung bei der Entscheidungsfindung gebeten hatte. Um meine Führungsrolle gut und auf der Basis von Vertrauen ausüben zu können, bin ich darauf angewiesen, dass du mit mir kooperierst und meine Entscheidungen akzeptierst. Ich kann den Laden nicht ohne dich voranbringen. Ich möchte gern von dir erfahren, was dich unzufrieden macht und was ich tun müsste, damit du dich konstruktiver einbringst und mir gegenüber respektvoll verhältst.«
>
> »Ich schätze deine Erfahrung und dein Wissen sehr, Jittaka. Zugleich bin ich verärgert über deine Alleingänge. Wir haben besprochen, dass du mir die Entwürfe vorlegst, bevor du die Grafiken aufs Board stellst. Ich habe dir erläutert, warum mir das wichtig ist. Meine Bitte hast du nun wiederholt missachtet.«
>
> »Martin, ich brauche gerade deine Unterstützung, damit ich im Team als Führungskraft respektiert werde. Bitte halte auch du dich beim nächsten Mal an unsere Absprachen und die vorgesehenen Abläufe – auch wenn du die Texte fachlich eigenständig bearbeiten könntest.«

Unterschiede herausstellen und Anweisungen geben

Falls Sie auch mit Feedbackgesprächen keinen respektvolleren Umgang und keine Kooperation erzeugen können, sollten Sie Ihre formale Macht demonstrieren und anwenden. Gerade im öffentlichen Dienst gibt es Mitarbeitende, die es gewohnt sind, Anweisungen zu erhalten und sich mit den Anforderungen der moderneren Führungsstile und mit Eigenständigkeit nicht gut zurechtfinden. In der Regel haben sie andere Vorgänge gelernt und verhalten sich den gewohnten Abläufen gegenüber konform. Möglicherweise erhalten Sie genau dann Respekt, wenn Sie Entscheidungen treffen, die Umsetzung Ihrer Vorgaben einfordern und Anweisungen geben – denn in jenem Moment haben Sie sich in den Augen jener Mitarbeitenden den Respekt »verdient«.

Als »gute Führungskraft« sollten Sie dafür sorgen, dass die Erfahrungen und die reichen Kenntnisse der älteren Mitarbeitenden wertgeschätzt werden. Finden Sie – am besten gemeinsam mit ihnen – einen stimmigen Platz im Unternehmen, der ihnen und ihren Lebensleistungen gerecht wird.

Dank

Wir danken allen Teilnehmerinnen und Teilnehmern von Seminaren, Fortbildungen und Workshops, in denen wir systemische und lösungsorientierte Gesprächsführung und Beratung vermittelt haben. Durch ihre Fragen und den Austausch haben wir viel gelernt.

Direkt daran anschließend gilt unser Dank den Supervisionsgruppen, Arbeitsgruppen, Teams, Unternehmen, Klientinnen und Klienten, für die wir in der Beratung, Supervision, Mediation und Organisationsentwicklung tätig waren und von denen wir lernen durften.

Unser Dank gilt auch den Kolleginnen und Kollegen, die mit uns diskutiert, das Manuskript gelesen und uns Rückmeldungen gegeben haben. Ein besonderer Dank gilt Katja Vittinghoff für ihre Durchsicht des Manuskriptes.

Vandenhoeck & Ruprecht danken wir für die hervorragende Unterstützung bei der Umsetzung dieses Buches.

Holger Lindemann, Falko von Ameln und Nikola Siller

Literatur

Ameln, F. von (2004). Konstruktivismus. Die Grundlagen systemischer Therapie, Beratung und Bildungsarbeit. Tübingen: Francke.

Ameln, F. von (2014). Soziales Atom/Rollenatom. In H. Möller, S. Kotte (Hrsg.), Diagnostik im Coaching. Grundlagen, Analyseebenen, Praxisbeispiele (S. 251–261). Berlin: Springer.

Ameln, F. von (2018a). Führung und Beratung. Kognitive Landkarten durch die Welt der Führung für Coaching, Supervision und Organisationsberatung. Göttingen: Vandenhoeck & Ruprecht.

Ameln, F. von (2018b). Organisationen. In J. Willemse, F. von Ameln, Theorie und Praxis des systemischen Ansatzes. Die Systemtheorie Watzlawicks und Luhmanns verständlich erklärt (S. 199–220). Heidelberg: Springer.

Ameln, F. von, Gebhardt, R. (2020a). Haltungs-Management in Transformationsprozessen. Download unter https://www.profil-concept.net/01-2020 (Zugriff am 26.07.2022).

Ameln, F. von, Gebhardt, R. (2020b). Virtuelle Teams entwickeln und erfolgreich führen. Download unter https://www.profil-concept.net/07-2020 (Zugriff am 26.07.2022).

Ameln, F. von, Heintel, P. (2016). Macht in Organisationen. Denkwerkzeuge für Führung, Beratung und Change Management. Stuttgart: Schaeffer-Poeschel.

Ameln, F. von, Kramer, J. (2013). Doppeln in Organisationsentwicklung und Coaching. Zeitschrift für Psychodrama und Soziometrie, 12 (2), 283–296.

Ameln, F. von, Kramer, J. (2014). Psychodrama: Grundlagen (3. Aufl.). Berlin: Springer.

Ameln, F. von, Zech, R. (2011). Die Zukunft liegt im Verborgenen. Über latente Organisationsregeln als Schlüsselfaktor gelingenden Change Managements. Organisationsentwicklung, 30 (4), 49–55.

Andersen, T. (Hrsg.) (1990). Das reflektierende Team. Dialoge und Dialoge über Dialoge. Dortmund: modernes Lernen.

Andreas, S., Faulkner, C. (Hrsg.) (2005). Praxiskurs NLP. Paderborn: Junfermann.

Antonovsky, A. (1997). Salutogenese. Zur Entmystifizierung der Gesundheit. Tübingen: dgvt.

Bähner, C., Oboth, M., Schmidt J. (2008). Praxisbox Konfliktklärung in Teams & Gruppen. Praktische Anleitung und Methoden zur Mediation in Gruppen. Paderborn: Junfermann.

Balgo, R. (1997). Vom Defizit zum Profizit – oder: von Lern- und Verhaltensproblemen zu möglichen Lösungen. System Schule – Zeitschrift für innovative Schulpraxis, 1 (3), 90–93.

Bamberger, G. G. (2010). Lösungsorientierte Beratung. Weinheim: Beltz.

Bass, B. M., Avolio, B. J. (1994). Improving organizational effectiveness through transformational leadership. Thousand Oaks: Sage.

Belbin, R. M. (2003). Management teams: Why they succeed or fail. Oxford: Elsevier Butterworth Heinemann.

Benien, K. (2003). Schwierige Gespräche führen: Modelle für Beratungs-, Kritik- und Konfliktgespräche im Berufsalltag. Reinbek bei Hamburg: Rowohlt.

Blake, R. R., Shepard, H. A., Mouton, J. S. (1964). Managing intergroup conflicts in industry. Houston: Gult.

Braunschweig, C., Kindermann, D. F., Wehrlin, U. (2001). Grundlagen der Managementlehre. München/Wien: Oldenbourg.

Brenner, D. (2014). Beurteilungsgespräche souverän führen. Ein Überblick für Führungskräfte. Wiesbaden: Springer Gabler.

Brown, J., Isaacs, D. (2007). Das World Café. Kreative Zukunftsgestaltung in Organisationen und Gesellschaft. Heidelberg: Carl-Auer.

Brückner, F., Ameln, F. von (2016). Agilität. Gruppe. Interaktion. Organisation – Zeitschrift für Angewandte Organisationspsychologie, 47 (4), 383–386. http://rdcu.be/kfx6 (Zugriff am 27.07.2022).

Brüggemann, H., Ehret-Ivankovic, K., Klütmann, C. (2007). Systemische Beratung in fünf Gängen. Ein Leitfaden. Göttingen: Vandenhoeck & Ruprecht.

Cianci, A. M., Klein, H. J., Seijts, G. H. (2010). The effect of negative feedback on tension and subsequent performance: The main and interactive effects of goal content and conscientiousness. Journal of Applied Psychology, 95 (4), 618–630.

de Bono, E. (1987). Das Sechsfarben-Denken: Ein neues Trainingsmodell. Stuttgart: Econ.

De Jong, P., Berg, I. K. (1998). Lösungen (er-)finden. Das Werkstattbuch der lösungsorientierten Kurztherapie. Dortmund: modernes lernen.

de Shazer, S. (1989). Der Dreh. Überraschende Wendungen und Lösungen in der Kurzzeittherapie. Heidelberg: Carl-Auer.

de Shazer, S., Dolan, Y. (2007). Mehr als ein Wunder. Lösungsfokussierte Kurzzeittherapie heute. Heidelberg: Carl-Auer.

Deci, E. L., Koestner, R., Ryan, R. M. (1999). A meta-analytic review of experi-ments examining the effects of extrinsic rewards on intrinsic motivation. Psychological Bulletin, 125 (6), 627–668.

Detrey, D. (2016). Neues wagen – anders tagen. Die Rolle des Managements für effektive Sitzungen. Organisationsentwicklung, 35 (4), 20–21.

Dick, R. van, West, M. A. (2005). Teamwork, Teamdiagnose, Teamentwicklung. Göttingen: Hogrefe.

Diez, H. (2005). Werkstattbuch Mediation. Köln: Centrale für Mediation.

Doppler, K., Fuhrmann, H., Lebbe-Waschke, B., Voigt, B. (2002). Unternehmenswandel gegen Widerstände. Change Management mit den Menschen. Frankfurt a. M./New York: Campus.

Drucker, P. F. (1954). The practice of management. New York: Harper and Brothers.

Drucker, P. F. (2007). Was ist Management? Berlin: Econ.

Edmondson, A. (1999). Psychological safety and learning behavior in work teams. Administrative Science Quarterly, 44 (2), 350–383.

Engelmann, B. (2012). Therapie-Tools. Positive Psychologie. Achtsamkeit, Glück, Mut. Weinheim: Beltz.

Faller, K., Fechler, B., Kerntke, W. (Hrsg.) (2014). Systemisches Konfliktmanagement: Modelle und Methoden für Berater, Mediatoren und Führungskräfte. Stuttgart: Schäffer-Poeschel.

Faller, K., Kerntke, W., Wackmann, M. (2009). Konflikte selber lösen: Ein Trainingshandbuch für Mediation und Konfliktmanagement in Schule und Jugendarbeit (2. Aufl.). Mülheim: Verlag an der Ruhr.

Fengler, J. (2004). Feedback geben. Strategien und Übungen. Weinheim: Beltz.

Fisher, R., Ury, W., Patton, B. (2018). Das Harvard-Konzept (4. Aufl.). München: Deutsche Verlags-Anstalt.

Foerster, H. von, Pörksen, B. (1998). Wahrheit ist die Erfindung eines Lügners: Gespräche für Skeptiker. Heidelberg: Carl-Auer.

Freitag, S., Richter, J. (Hrsg.) (2015). Mediation – das Praxisbuch: Denkmodelle, Methoden und Beispiele. Weinheim: Beltz.

Frey, B. S. (1997). Markt und Motivation: Wie ökonomische Anreize die (Arbeits-)Moral verdrängen. München: Vahlen.

Fritzsche, K. (2013). Praxis der Ego-State-Therapie. Heidelberg: Carl-Auer.

Früchtel, F., Budde, W., Cyprian, G. (2012). Sozialer Raum und Soziale Arbeit: Fieldbook: Methoden und Techniken (3., bearb. Aufl.). Wiesbaden: Springer VS.

Furtner, M. (2016). Effektivität der transformationalen Führung: Helden, Visionen und Charisma. Wiesbaden: Springer Gabler.

Gergen, K. J. (2002). Konstruierte Wirklichkeiten. Eine Hinführung zum sozialen Konstruktionismus. Stuttgart: Kohlhammer.

Gigerenzer, G., Gaissmaier, W. (2011). Heuristic decision making. Annual Review of Psychology, 62, 451–482.

Glasersfeld, E. von (1992). Konstruktion der Wirklichkeit und des Begriffs der Objektivität. In H. Gumin, A. Mohler (Hrsg.), Einführung in den Konstruktivismus (S. 9–40). München: Piper.

Glasl, F. (2020). Konfliktmanagement: Ein Handbuch für Führung, Beratung und Mediation (12. Aufl.). Bern: Haupt.

Göbel, E. (1998). Theorie und Gestaltung der Selbstorganisation. Berlin: Duncker & Humblot.

Goffman, E. (1967). Interaktionsrituale. Frankfurt a. M.: Suhrkamp.

Gomez, P., Probst, G. (1987). Vernetztes Denken im Management. Die Orientierung Nr. 89. Bern: Schweizerische Volksbank.

Gray, D., Brown, S., Macanufo, J. (2011). Gamestorming. Ein Praxisbuch für Querdenker, Moderatoren und Innovatoren. Köln: O'Reilly.

Groth, T., Krejci, G. P., Günther S. (Hrsg.) (2021). New Organizing. Wie Großorganisationen Agilität, Holacracy & Co. einführen – und was man daraus lernen kann. Heidelberg: Carl-Auer.

Gührs, M., Nowak, C. (2014). Das konstruktive Gespräch. Ein Leitfaden für Beratung, Unterricht und Mitarbeiterführung mit Konzepten der Transaktionsanalyse. Meezen: Limmer.

Haken, H. (1991). Die Selbstorganisation der Information in biologischen Systemen aus Sicht der Synergetik. In B.-O. Küppers (Hrsg.), Ordnung aus dem Chaos. Prinzipien der Selbstorganisation und Evolution des Lebens (S. 127–242). München: Piper.

Haken, H., Schiepek, G. (2010). Synergetik in der Psychologie. Selbstorganisation verstehen und gestalten. Göttingen: Hogrefe.

Hammel, S. (2011). Handbuch der therapeutischen Utilisation. Vom Nutzen des Unnützen in Psychotherapie, Kinder- und Familientherapie, Heilkunde und Beratung. Stuttgart: Klett-Cotta.

Hansel, J. (2018). Spotlight »Informelle oder laterale Führung«. In F. von Ameln, Führung und Beratung. Kognitive Landkarten durch die Welt der Führung für Coaching, Supervision und Organisationsberatung (S. 84–90). Göttingen: Vandenhoeck & Ruprecht.

Hanswille, R. (2016). Haltungen systemischer Therapeuten und Therapeutinnen. In R. Hanswille (Hrsg.), Handbuch systemische Kinder- und Jugendlichenpsychotherapie (S. 23–69). Göttingen: Vandenhoeck & Ruprecht.

Hasters, A. (2019). Was weiße Menschen nicht über Rassismus hören wollen aber wissen sollten. München: Carl Hanser.

Heiden, U. an der (1992). Selbstorganisation in dynamischen Systemen. In W. Krohn, G. Küppers (Hrsg.), Emergenz: Die Entstehung von Ordnung, Organisation und Bedeutung (S. 57–88). Frankfurt a. M.: Suhrkamp.

Hersey, P., Blanchard, K. H. (1977). Management of organizational behaviour: utilizing human resources (3rd ed.). Englewood Cliffs: Prentice-Hall.

Hertel, G., Lauer, L. (2012). Führen auf Distanz und E-Leadership. In S. Grote (Hrsg.), Die Zukunft der Führung (S. 103–118). Wiesbaden: Springer Gabler.

Hoffmann, C., Pfister, A. (2019). Führen mit Zielen. In E. Lippmann, A. Pfister, U. Jörg (Hrsg.), Handbuch Angewandte Psychologie für Führungskräfte (5. Aufl., S. 675–724). Berlin: Springer.

Holler, I. (2005). Trainingsbuch Gewaltfreie Kommunikation. Paderborn: Junfermann.

Holman, P., Devane, T. (Hrsg.) (2006). Change Handbook. Zukunftsorientierte Großgruppen-Methoden (2. Aufl.). Heidelberg: Carl-Auer.

Holmes, T. (2013). Reisen in die Innenwelt. Systemische Arbeit mit Persönlichkeitsanteilen. München: Kösel.

Jaspers, K. (1948). Der philosophische Glaube. München/Zürich: Artemis.

Jaspers, K. (1949). Vom Ursprung und Ziel der Geschichte. München/Zürich: Artemis.

Jiranek, H., Edmüller, A. (2007). Konfliktmanagement. Konflikten vorbeugen, sie erkennen und lösen. Planegg: Haufe.

Kaltenecker, S. (2015). Selbstorganisierte Teams führen: Arbeitsbuch für Lean & Agile Professionals. Heidelberg: dpunkt.

Karpman, S. (1968). Fairy tales and script drama analysis. Transactional Analysis Bulletin, 7 (26), 39–43.

Keim, H. (1992). Kategoriale Klassifikation von Plan-, Rollenspielen und Fallstudien. In H. Keim (Hrsg.), Planspiel, Rollenspiel, Fallstudie. Zur Praxis und Theorie lernaktiver Methoden (S. 122–151). Köln: Bachem.

Klindworth, G. (2021). Leiten mit respektierter Autorität. Mehr als eine Bitte und weniger als ein Befehl. Göttingen: Vandenhoeck & Ruprecht.

Königswieser, R., Exner, A. (2002). Systemische Interventionen. Architekturen und Designs für Berater und Veränderungsmanager. Stuttgart: Klett-Cotta.

Königswieser, R., Sonuç, E., Gebhard, J. (Hrsg.) (2006). Komplementärberatung. Das Zusammenspiel von Fach- und Prozeß-Know-how. Stuttgart: Klett-Cotta.

Königswieser, U., Burmeister, L., Keil, M. (Hrsg.) (2012). Komplementärberatung in der Praxis. Schnelle Optimierung bei nachhaltiger Entwicklung. Stuttgart: Schäffer-Poeschel.

Konradt, U., Kießling, S. (2006). Das Teamrolleninventar von Belbin: Psychometrische Überprüfung einer deutschsprachigen Fassung. Universität Kiel: Institut für Psychologie, Arbeits-, Organisations- und Marktpsychologie.

Krause, U. H. (2002). Zielvereinbarungen und leistungsorientierte Vergütung. Gestaltungsmöglichkeiten und Restriktionen im Tarifbereich. Wiesbaden: Deutscher Universitäts-Verlag.

Kruse, P. (2004). next practice: Erfolgreiches Management von Instabilität. Veränderung durch Vernetzung. Offenbach: Gabal.

Kühl, S. (2000). Das Regenmacher-Phänomen. Widersprüche und Aberglaube im Konzept der lernenden Organisation. Frankfurt a. M.: Campus.

Küppers, G., Krohn, W. (1992). Selbstorganisation. Zum Stand einer Theorie in den Wissenschaften. In W. Krohn, G. Küppers (Hrsg.), Emergenz: Die Entstehung von Ordnung, Organisation und Bedeutung (S. 7–26). Frankfurt a. M.: Suhrkamp.

Laloux, F. (2015). Reinventing Organizations: Ein Leitfaden zur Gestaltung sinnstiftender Formen der Zusammenarbeit. München: Vahlen.

Liechti, J. (2009). Dann komm ich halt, sag aber nichts. Motivierung Jugendlicher in Therapie und Beratung. Heidelberg: Carl-Auer.

Lindemann, H. (2003). Perspektiven erweitern: Von der Ursachensuche zu systemischem Denken. In R. Balgo, R. Werning (Hrsg.), Lernen und Lernprobleme im systemischen Diskurs (S. 131–152). Dortmund: Borgmann.

Lindemann, H. (2008). Systemisch beobachten – lösungsorientiert handeln. Ein Lehr-, Lern- und Arbeitsbuch für die pädagogische und betriebliche Praxis. Münster: Ökotopia.

Lindemann, H. (2017a). Unternehmen Schule: Führung und Zusammenarbeit. Göttingen: Vandenhoeck & Ruprecht.

Lindemann, H. (2017b). Unternehmen Schule: Organisation und Organisationsentwicklung. Göttingen: Vandenhoeck & Ruprecht.

Lindemann, H. (2019). Konstruktivismus, Systemtheorie und praktisches Handeln. Eine Einführung für pädagogische, psychologische, soziale, gesellschaftliche und betriebliche Handlungsfelder. Göttingen: Vandenhoeck & Ruprecht.

Lindemann, H. (2021). Die systemische Metaphern-Schatzkiste. Grundlagen und Methoden für die Beratungspraxis (4., erw. und überarb. Aufl.). Göttingen: Vandenhoeck & Ruprecht.

Lindemann, H., Mayer, C. H., Osterfeld, I. (2020). Systemisch lösungsorientierte Mediation und Konfliktklärung (2. Aufl.). Göttingen: Vandenhoeck & Ruprecht.

Luhmann, N. (1987). Soziale Systeme. Grundriß einer allgemeinen Theorie. Frankfurt a. M.: Suhrkamp.

Luhmann, N. (1990). Die Wissenschaft der Gesellschaft. Frankfurt a. M.: Suhrkamp.

Malik, F. (2014). Führen – Leisten – Leben. Frankfurt a. M.: Campus.

Margerison, C., McCann, D. (1996). Team management: Practical new approaches. Chalford: Management Books.

Maiß, S., Ameln, F. von (2015). Probezeit professionell gestalten. Wie man Leistung fördert und Minderleistung frühzeitig erkennt. Arbeit und Arbeitsrecht, 70 (3), 161–163.

Maslow, A. H. (1981). Motivation und Persönlichkeit. Reinbek bei Hamburg: Rowohlt.

Maturana, H. R. (1982). Erkennen: Die Organisation und Verkörperung von Wirklichkeit. Braunschweig: Vieweg.

Maturana, H. R. (1996). Was ist Erkennen? München: Piper.

Maturana, H. R., Varela, F. (1987). Der Baum der Erkenntnis. München u. a.: Scherz.

Maturana, H. R., Varela, F. (1991). Der Baum der Erkenntnis. Die biologischen Wurzeln des menschlichen Erkennens. München: Goldmann.

McGoldrick, M., Gerson, R., Petry, S. (2008). Genogramme in der Familienberatung. Bern: Huber.

McGregor, D. (1970). Der Mensch im Unternehmen. Düsseldorf: Econ.

Mehmood, Q., Hamstra, M. R. W., Nawab, S., Vriend, T. (2016). Authentic leadership and followers' in-role and extra-role performance: The mediating role of followers' learning goal orientation. Journal of Occupational and Organizational Psychology, 89 (4), 877–883.

Meifert, M. (Hrsg.) (2010). Führen. Die erfolgreichsten Instrumente und Techniken. Freiburg: Haufe.

Molitor, C. (2012). Ich und die Anderen: Wie Genogramm- und Aufstellungsarbeit Familienmuster sichtbar und lösbar werden lassen. Einführung und Praxisbeispiele. Norderstedt: Books on demand.

Montada, L., Kals, E. (2013). Mediation. Psychologische Grundlagen und Perspektiven. Weinheim: Beltz.

Moreno J. L. (1974). Die Grundlagen der Soziometrie. Wege zur Neuordnung der Gesellschaft. Opladen: Westdeutscher Verlag.

Neumann, E., Heß, S., Trainernetzwerk study&train (2005). Mit Rollen spielen. Rollenspielsammlung für Trainerinnen und Trainer. Bonn: ManagerSeminare.

Oboth, M., Seils, G. (2011). Mediation in Gruppen und Teams. Praxis und Methodenbuch. Junfermann: Paderborn.

Oestereich, B., Schröder, C. (2017). Das kollegial geführte Unternehmen. München: Vahlen.

Ogette, T. (2019). Exit Racism. Rassismuskritisch denken lernen. Münster: Unrast.

Ogette, T. (2022). Und jetzt Du. Rassismuskritisch leben. München: Penguin.

Palmowski, W. (1995). Der Anstoß des Steins. Systemische Beratungsstrategien im schulischen Kontext. Dortmund: Borgmann.

Peichl, J. (2012). Hypno-analytische Teilearbeit. Ego-State-Therapie mit inneren Selbstanteilen. Stuttgart: Klett-Cotta.

Probst, G. J. B. (1987). Selbst-Organisation. Ordnungsprozesse in sozialen Systemen aus ganzheitlicher Sicht. Berlin: Parey.

Quinn, R. E., Rohrbaugh, J. (1983). A spatial model of effectiveness criteria: Towards a competing values approach to organizational analysis. Management Science, 29 (3), 363–377.

Raeder, S., Grote, G. (2012). Der psychologische Vertrag. Göttingen: Hogrefe.

Rosenberg, M. B. (2005). Gewaltfreie Kommunikation. Paderborn: Junfermann.

Rottkay, K. von (2015). Arbeiten 4.0: Mehr Eigenverantwortung wagen. In T. Sattelberger, I. Welpe, A. Boes (Hrsg.), Das demokratische Unternehmen. Neue Arbeits- und Führungskulturen im Zeitalter digitaler Wirtschaft (S. 249–262). Freiburg: Haufe.

Schein, E. (2010). Organisationskultur (3. Aufl.). Bergisch Gladbach: EHP.

Schiffer, E. (2001). Wie Gesundheit entsteht. Salutogenese: Schatzsuche statt Fehlerfahndung. Weinheim/Basel: Beltz.

Schlippe, A. von (2015). Systemisches Denken und Handeln im Wandel. Impulse für systembezogenes Handeln in Beratung und Therapie. Kontext – Zeitschrift für systemische Therapie und Familientherapie, 46 (1), 6–26.

Schlippe, A. von, Schweitzer, J. (2000). Lehrbuch der systemischen Therapie und Beratung. Göttingen: Vandenhoeck & Ruprecht.

Schmidt, K.-H., Kleinbeck, U. (2006). Führen mit Zielvereinbarung. Göttingen: Hogrefe.

Schulz von Thun, F. (1981). Miteinander reden 1. Störungen und Klärungen. Allgemeine Psychologie der Kommunikation. Reinbek bei Hamburg: Rowohlt.

Schulz von Thun, F. (1989). Miteinander reden 2. Stil, Werte und Persönlichkeitsentwicklung. Differentielle Psychologie der Kommunikation. Reinbek bei Hamburg: Rowohlt.

Schulz von Thun, F. (1998). Miteinander reden 3. Das »Innere Team« und situationsgerechte Kommunikation. Kommunikation, Person, Situation. Reinbek bei Hamburg: Rowohlt.

Schulz von Thun, F. (2020). Riskiere den Streit! Chrismon – Das evangelische Magazin, 3/2020, 26–29.

Schulz von Thun, F., Stegemann, W. (Hrsg.) (2004). Das Innere Team in Aktion. Praktische Arbeit mit dem Modell. Reinbek bei Hamburg: Rowohlt.

Schwarz, G. (2014). Konfliktmanagement. Konflikte erkennen, analysieren, lösen (9. Aufl.). Wiesbaden: Springer Gabler.

Schwing, R., Fryszer, A. (2006). Systemisches Handwerk. Werkzeug für die Praxis. Göttingen: Vandenhoeck & Ruprecht.

Seifert, J. W. (2001). Visualisieren, Präsentieren, Moderieren. Offenbach: Gabal.

Seifert, J. W. (2009). Moderation und Konfliktklärung. Leitfaden zur Konfliktmoderation. Offenbach: Gabal.

Seliger, R. (2014). Positive Leadership. Die Revolution in der Führung. Stuttgart: Schäffer-Poeschel.

Seliger, R. (2021). Das Dschungelbuch der Führung. Ein Navigationssystem für Führungskräfte (8. Aufl.). Heidelberg: Carl-Auer.

Semmer, N., Jacobshagen, N. (2010). Feedback im Arbeitsleben – eine Selbstwert-Perspektive. Gruppendynamik und Organisationsberatung, 41 (1), 39–55.

Simon, F. B. (2000). Meine Psychose, mein Fahrrad und ich. Zur Selbstorganisation der Verrücktheit. Heidelberg: Carl-Auer.

Simon, F. B. (2007). Einführung in die systemische Organisationstheorie. Heidelberg: Carl-Auer.

Simon, F. B. (2010). Einführung in die Systemtheorie des Konflikts. Heidelberg: Carl-Auer.

Simon, F. B. (2012). Einführung in Systemtheorie und Konstruktivismus. Heidelberg: Carl-Auer.

Simon, W. (2004). GABALs großer Methodenkoffer – Grundlagen der Kommunikation. Offenbach: Gabal.

Stadler, M., Kruse, P. (1992). Konstruktivismus und Selbstorganisation: Methodologische Überlegungen zur Heuristik psychologischer Experimente. In S. J. Schmidt (Hrsg.), Kognition und Gesellschaft. Der Diskurs des Radikalen Konstruktivismus 2 (S. 146–166). Frankfurt a. M.: Suhrkamp.

Steinbrecher, W., Fischbach, J. (2016). Praxisbuch Informationsmanagement: Wissen im Unternehmen teilen. Guter Umgang mit Dokumenten, E-Mails, Aufgaben und Meetings. Karlsruhe: Common Sense Team.

Steinhöfer, D. (2021). Liberating Structures. Entscheidungsfindung revolutionieren. München: Vahlen.

Steinhübel, A. (2018). Spotlight: Führung in der Sandwichposition. In F. von Ameln, Führung und Beratung. Kognitive Landkarten durch die Welt der Führung für Coaching, Supervision und Organisationsberatung (S. 91–98). Göttingen: Vandenhoeck & Ruprecht.

Stewart, I., Joines, V. (2000). Die Transaktionsanalyse. Eine Einführung. Freiburg im Breisgau: Herder Spektrum.

Streich, R. K. (1997). Veränderungsmanagement. In M. Reiß, L. von Rosenstiel, A. Lanz (Hrsg.), Change Management. Programme, Projekte und Prozesse (S. 237–254). Stuttgart: Schäffer-Poeschel.

Tannenbaum, R., Schmidt, W. H. (1958). How to choose a leadership pattern. Harvard Business Review, (March/April), 95–101.

Thomann, C. (1998). Klärungshilfe 2. Konflikte im Beruf. Methoden und Modelle klärender Gespräche. Reinbek bei Hamburg: Rowohlt.

Thomann, C., Schulz von Thun, F. (1988). Klärungshilfe. Handbuch für Therapeuten, Gesprächshelfer und Moderatoren in schwierigen Gesprächen. Theorien, Methoden, Beispiele. Reinbek bei Hamburg: Rowohlt.

Thomas, K. W., Kilmann, R. H. (1978). Comparison of four instruments measuring conflict behavior. Psychological Reports, 42 (3), 1139–1145.

TimeInvest (2020). Meeting Report 2020. https://www.timeinvest.com/page/meeting-report-2020 (Zugriff am 05.09.2022).

Vahs, D., Weiland, A. (2020). Workbook Change Management: Methoden und Techniken (3. Aufl.). Stuttgart: Schäffer-Poeschel.

van Dick, R., West, M. A. (2005). Teamwork, Teamdiagnose, Teamentwicklung. Hogrefe: Göttingen.

Vester, F. (2002). Die Kunst vernetzt zu denken. Ideen und Werkzeuge für einen neuen Umgang mit Komplexität. München: dtv.

Watkins, J. G., Watkins, H. H. (2003). Ego-States – Theorie und Therapie. Ein Handbuch. Heidelberg: Carl-Auer.

Watzlawick, P. (1994). Selbsterfüllende Prophezeiungen. In P. Watzlawick (Hrsg.), Die erfundene Wirklichkeit: Wie wissen wir, was wir zu wissen glauben? Beiträge zum Konstruktivismus (S. 91–110). München: Piper.

Weißenrieder, J. (2019). Nachhaltiges Leistungs- und Vergütungsmanagement. Entgeltsysteme zwischen Status quo, Agilität und New Pay. Stuttgart: Springer.

Whitmore, J. (1997). Coaching für die Praxis. München/Frankfurt a. M.: Heyne/Campus.

Willemse, J., Ameln, F. von (2018). Theorie und Praxis des systemischen Ansatzes. Die Systemtheorie Watzlawicks und Luhmanns verständlich erklärt. Heidelberg: Springer.

Wunderer, R. (2007). Führung und Zusammenarbeit. Eine unternehmerische Führungslehre. Köln: Luchterhand.

Young, S. F., Richard, E. M. Moukarzel, R. G., Steelman, L. A., Gentry, W. A. (2017). How empathic concern helps leaders in providing negative feedback: A two-study examination. Journal of Occupational and Organizational Psychology, 90 (4), 535–558.

Yukl, G. (2012). Effective leadership behavior: What we know and what questions need more attention. Academy of Management Perspectives, 26 (4), 66–85.

Verzeichnis der Übungen und Tipps

Übungen

Praxistipps

Kritik

Zielperspektive

Hinweis zum Download-Material

Das Material finden Sie im Verlagswebshop beim Buchtitel im Downloadbereich.

Code: rd4waCiK

Die Autoren und Autorin

Holger Lindemann

Jahrgang 1970

- Erziehungswissenschaftler
- Professor für Entwicklungspsychologie und Systemische Beratung an der Medical School Berlin
- Leiter HafenCity Institut für Systemische Ausbildung (HISA) an der Medical School Hamburg
- freiberufliche Tätigkeit als Fortbildner, Coach, Supervisor und Organisationsberater
- zertifizierter Lehrender (SG/DGSF) für Systemische Beratung, Systemisches Coaching, Systemische Supervision und Systemische Organisationsentwicklung
- zertifizierter Mediator

- langjährige Erfahrung als Führungskraft und Einrichtungsleitung in der offenen Kinder-, Jugend- und Behindertenhilfe
- zahlreiche Veröffentlichungen zu Konstruktivismus und Systemtheorie, systemisch-lösungsorientierter Beratung, Coaching und Therapie, zu Schulorganisation und Schulentwicklung

✉: holger.lindemann@lindecon.de
🌍: www.lindecon.de

Falko von Ameln

Jahrgang 1970

- Diplom-Psychologe
- Promotion zu systemischen Führungskonzepten
- Habilitation mit venia Beratungswissenschaft an der Alpen-Adria-Universität Klagenfurt
- Supervisor/Coach (DGSv)
- Psychodrama-Leiter (DFP)
- Organisationsberater, Trainer und Coach mit Arbeitsschwerpunkten Führungskräfteentwicklung, Veränderungsmanagement sowie Ausbildung von Beraterinnen und Beratern
- Lehraufträge zu Systemischer Beratung, Organisationsentwicklung und Coaching an verschiedenen Hochschulen
- Mitglied der Ausbildungsleitung bei BASTA e. V. Supervision und Coaching Leipzig
- Editor-in-Chief »Gruppe. Interaktion. Organisation. (GIO)«
- zahlreiche Veröffentlichungen zu systemischer Beratung, Management und Führung

✉: info@vonameln.net
🌍: www.vonameln.net

Nikola Siller

Jahrgang 1975

- Politikwissenschaftlerin, M.A.
- zertifizierte Lehrende (SG/DGSF) für Systemische Beratung, Systemisches Coaching und Systemische Organisationsentwicklung
- zertifizierte Lehrende (DGSF) für Systemische Supervision
- Lehrtätigkeiten an diversen Hochschulen und Weiterbildungsinstituten (C3L – Universität Oldenburg, BSP – Business & Law School Berlin und Hamburg, HISA – HafenCity Institut für Systemische Ausbildung, ISTB – Therapie und Organisationsentwicklung GmbH)
- Geschäftsführerin von BerufsWege e. V., Leiterin der Kontakt- und Informationsstelle für Gleichstellung und diverse Unternehmenskultur »Kompanera« in Münster
- freiberufliche Tätigkeit als Fortbildnerin, Supervisorin, Coach und Organisationsberaterin in eigener Praxis mit den Schwerpunkten New Work und Diversity

✉: info@beratung-siller.de
🌍: www.beratung-siller.de
🌍: www.kompanera.de